ABC DU BAC

Réussite

Physique-Chimie

Term S

Karine Bazouni-Marteau

Le papier de cet ouvrage est composé de fibres naturelles, renouvelables
et fabriquées à partir de bois provenant de forêts gérées de manière responsable.

Nathan

Crédit-photo :

Les photos p. 21, 56, 260, 334 à 337 et le spectre p. 14 sont de l'auteur, © K. Bazouni-Marteau.

Réalisation éditoriale : Roselyne Messager

Édition : Fanny Morquin, Fanny Mezzarobba

Conception graphique intérieur : Julie Lannes

Couverture : Marc & Yvette

Compositeur : Scientech Livre

ISBN : 978-2-09-189354-9

Mode d'emploi

Un ouvrage synthétique pour réviser et progresser avec méthode !

Cours

L'essentiel | Méthode | Exercices | Corrigés

- Le cours est structuré en doubles-pages, pour faciliter les révisions. La page de gauche présente un **cours précis et concis** ; la page de droite présente les **documents** associés au cours, ainsi que le **vocabulaire**.

L'essentiel

Cours | Méthode | Exercices | Corrigés

- Une **double page Révision Express** résume les points importants à retenir, les mots importants et présente un schéma récapitulatif des notions du chapitre ; un **Quiz** permet de se tester rapidement.

Méthode

Cours | L'essentiel | Exercices | Corrigés

- Cette rubrique présente de manière simple les **savoir-faire** de calcul, lecture et interprétation requis dans le programme de SES et pour le baccalauréat. Ces **fiches méthode** s'appuient sur des cas **concrets** et présentent la démarche à suivre de manière très détaillée, grâce à un exercice **corrigé**.

Exercices

Cours | L'essentiel | Méthode | Corrigés

- Variés, les **exercices d'entraînement** permettent de manipuler les notions du chapitre et d'appliquer la méthode.
- Des exercices **Vers le bac** permettent de vous entraîner sérieusement à tous les types d'épreuve du baccalauréat, avec des sujets de **dissertation** et des trois parties de l'**épreuve composée**.

Corrigés

Cours | L'essentiel | Méthode | Exercices

- Les corrigés sont accompagnés de petites « bulles » présentant des **conseils**, des **remarques**, des **astuces pour gagner des points**…

Connectez-vous à abcbac.com

DESCRIPTION DE L'ÉPREUVE

1 La structure de l'épreuve

- L'épreuve de physique-chimie se déroule en deux temps :
– une épreuve écrite,
– une épreuve d'évaluation des capacités expérimentales (TP).

Ces deux épreuves sont obligatoires, pour tous les candidats.

■ **Durée :** 3 h 30 pour l'écrit ; 1 h pour le TP.

■ **Coefficient :** 6 (ou 8 si Spécialité Physique-Chimie).

2 Les types d'exercices de l'épreuve écrite

■ **Sujet :** unique, il comporte 3 exercices, dont 2 communs à tous les candidats. Ils sont notés sur 15 points.

■ **Usage de la calculatrice :** dans certaines épreuves, elle peut être interdite. Dans ce cas, une aide au calcul sera donnée dans l'énoncé lorsque cela sera nécessaire.

3 L'épreuve de TP (évaluation des capacités expérimentales)

■ **Déroulement :** l'épreuve se passe dans votre établissement. Vous avez une heure pour mener à bien un protocole expérimental sous le regard d'un examinateur. Vous devez l'appeler pour lui faire part de vos résultats à différents moments de la séance d'évaluation. De plus, vous devez compléter et rendre, à l'issue de cette séance, un compte-rendu pré-rempli.

■ **Sujet :** TP de physique ou de chimie (qui peut être de Spécialité si vous avez Physique-Chimie en Spécialité), déterminé par tirage au sort.

■ **Usage de la calculatrice :** elle est autorisée.
Les deux parties de l'épreuve sont notées sur 20 points. La note globale de l'épreuve est donnée sur 20 points. Elle est obtenue en multipliant par 0,8 la note sur 20 de la partie écrite, et par 0,2 la note sur 20 de la partie pratique, puis en additionnant ces deux résultats.

Sommaire

Mode d'emploi 3
Description de l'épreuve 4

PARTIE I • OBSERVER – Ondes et matière

CHAPITRE 1 Ondes et particules

1. Rayonnement dans l'Univers 14
2. Les ondes dans la matière 16
3. Exemple des ondes sismiques 18
4. Détecteurs d'ondes et de particules 20
Méthode 22
Exercices 24
Corrigés 31

CHAPITRE 2 Acoustique musicale

1. Ondes sonores 36
2. Sons musicaux 38
3. Analyse spectrale 40
Méthode 42
Exercices 44
Corrigés 50

CHAPITRE 3 Propriétés des ondes

1. Diffraction 56
2. Interférences 58
3. Effet Doppler 60
Méthode 62
Exercices 64
Corrigés 69

CHAPITRE 4 Analyse spectrale

1. Spectre UV-visible 76
2. Spectre infrarouge 78
3. Groupes caractéristiques dans les spectres infrarouges 80
4. Spectres RMN du proton 82

Méthode 84
Exercices 88
Corrigés 93

PARTIE II • COMPRENDRE – Lois et modèles

CHAPITRE 5 Cinématique et dynamique newtoniennes

1. Mouvement d'un point matériel et principe d'inertie (rappels de 2de) 100
2. Vecteurs position, vitesse et accélération 102
3. Quantité de mouvement et lois de Newton 104
4. Lois de Kepler 106
5. Mouvement d'un satellite 108

Méthode 110
Exercices 112
Corrigés 118

CHAPITRE 6 Mesure du temps et oscillateur, amortissement

1. Travail d'une force 124
2. Énergies potentielle et mécanique 126
3. Oscillations libres 128
4. Mesure du temps, horloges atomiques 132

Méthode 134
Exercices 136
Corrigés 141

CHAPITRE 7 Temps et relativité restreinte

1. Vitesse absolue, temps relatif 146
2. Espace-temps, notion d'événement 148
3. Temps propre et temps impropre, dilatation des durées 150
Méthode 152
Exercices 154
Corrigés 158

CHAPITRE 8 Temps et évolution chimique : cinétique et catalyse

1. Réactions lentes/rapides, facteurs cinétiques 162
2. Évolution d'une quantité de matière au cours du temps 164
3. Catalyse 166
Méthode 168
Exercices 170
Corrigés 175

CHAPITRE 9 Représentation spatiale des molécules

1. Isomères de constitution et stéréoisomères 180
2. Stéréoisomères de configuration de type optique : énantiomérie 182
3. Stéréoisomères de configuration : diastéréoisomérie 184
4. Stéréoisomères de conformation 186
Méthode 188
Exercices 190
Corrigés 193

CHAPITRE 10 Transformation en chimie organique

1. Fonctions organiques 198
2. Aspects macroscopiques 200
3. Aspects microscopiques 202
Méthode 204
Exercices 206
Corrigés 210

CHAPITRE 11 Réaction chimique par échange de proton

1. pH : définition et mesure 216
2. Théorie de Brönsted : acides faibles, bases faibles 218
3. Constante d'acidité et pKa 220
4. Échelle des pKa, domaine de prédominance 222
5. Acides forts, bases fortes dans l'eau 224
Méthode 226
Exercices 228
Corrigés 232

CHAPITRE 12 Transferts d'énergie entre systèmes macroscopiques

1. Système et énergie interne 240
2. Transferts thermiques 242
3. Mesure du transfert thermique 244
4. Diffusion thermique 246
Méthode 248
Exercices 250
Corrigés 253

CHAPITRE 13 Transferts quantiques et dualité onde-particule

1. Émission et absorption quantiques 258
2. Principe du laser 260
3. Onde électromagnétique et photon 262
4. Particule de matière et onde de matière 264
Méthode 266
Exercices 268
Corrigés 273

PARTIE III • AGIR – Défis du XXIe siècle

CHAPITRE 14 Économiser les ressources et respecter l'environnement

1. Enjeux énergétiques et respect de l'environnement 280
2. Dosage par étalonnage : spectrophotométrie 282
3. Dosage par étalonnage : conductimétrie 284
4. Dosage direct : principe du titrage 286
5. Dosage par titrage direct : titrage pH-métrique 288
6. Dosage par titrage direct : titrage conductimétrique 290
Méthode 292
Exercices 294
Corrigés 299

CHAPITRE 15 Synthétiser des molécules, fabriquer de nouveaux matériaux

1. Stratégie de la synthèse organique 306
2. Composé polyfonctionnel : réactif chimiosélectif et protection des fonctions 308
3. Polymérisation 310
4. Structure des polymères 312
5. Exemples particuliers 314
Méthode 316
Exercices 318
Corrigés 324

CHAPITRE 16 Chaîne de transmission d'informations : image numérique et signal analogique/numérique

1. Image numérique : généralités 332
2. Image numérique : pixellisation 334
3. Image numérique : codage 336
4. Conversion d'un signal analogique en signal numérique : échantillonnage 338
5. Conversion d'un signal analogique en signal numérique : quantification et numérisation 340
Méthode 342
Exercices 344
Corrigés 348

CHAPITRE 17 Procédés physiques de transmission et codage optique

1. Généralités 354
2. Fibres optiques 356
3. Transmission de l'information 358
4. Stockage optique : lecture d'un CD 360
5. Stockage optique : écriture d'un CD-R ou d'un CD-RW 362
Méthode 364
Exercices 366
Corrigés 369

Annexes 375
La classification périodique des éléments 376
Les conductivités molaires ioniques et les énergies de liaison 377
Les indicateurs colorés, le cercle chromatique
et le spectre de la lumière blanche 378

Index 379

Liste des méthodes

- Calculer la célérité d'une onde de surface 22
- Calculer la fréquence et la longueur d'onde d'une onde périodique sinusoïdale 23
- Comparer deux sons grâce à leur enregistrement 42
- Déterminer la valeur du niveau sonore 43
- Déterminer expérimentalement le diamètre d'un fil 62
- Nommer les alcools, aldéhydes, cétones et acides carboxyliques 84
- Déterminer la couleur d'une solution à partir de son spectre visible 86
- Savoir faire correspondre une formule semi-développée à un spectre RMN ^{1}H 87
- Déterminer les vecteurs position et vitesse 110
- Déterminer la vitesse constante d'un satellite 111
- Établir l'équation du mouvement à l'aide du bilan énergétique d'un système dissipatif 134
- Vérifier l'équation du mouvement obtenue grâce à la seconde loi de Newton 135
- Déterminer un intervalle de temps 152
- Montrer la simultanéité entre deux événements 153
- Décrire l'évolution de la vitesse volumique de réaction 168
- Déterminer expérimentalement le temps de demi-réaction et la durée de la réaction 169
- Déterminer une formule topologique 188
- Déterminer la configuration absolue R,S d'un C* 189
- Établir l'équation de déshydratation 204
- Déterminer la nature d'une réaction 205
- Écrire la réaction entre deux couples acide-base 226
- Déterminer la force d'un acide ou d'une base 227
- Représenter le profil de température d'une paroi 248
- Calculer la résistance thermique d'un ensemble de matériaux 249
- Associer un domaine spectral à la nature de la transition 266
- Établir la relation à l'équivalence 292
- Déterminer l'équivalence *E* par la méthode des tangentes 293
- Écrire l'équation de polymérisation 316
- Calculer le rendement d'une synthèse 317
- Déterminer l'espace mémoire de stockage d'une image 342
- Associer un tableau de valeurs à un signal analogique 343
- Déterminer le trajet du faisceau laser dans une fibre optique à saut d'indice 364
- Coder le signal utile d'une piste de CD 365

PARTIE 1
Observer
Ondes et matière

CHAPITRE 1

Ondes et particules

1 Rayonnement dans l'Univers

1 Rayonnement électromagnétique solaire (rappels de 1re S)

• Le rayonnement électromagnétique émis par le Soleil a un spectre très étendu : des ondes radio de grande longueur d'onde aux rayons γ ou X de courte longueur d'onde.

• Cependant, la chromosphère solaire ou l'atmosphère terrestre contiennent des atomes ou des ions qui absorbent une partie de ce rayonnement électromagnétique : seuls nous parviennent les rayonnements ultraviolet (UV), visible et infrarouge (IR), les autres parties du rayonnement ayant été filtrées.

• Par ailleurs, dans le spectre visible par exemple, on peut aussi observer une multitude de **raies d'absorption** plus ou moins intenses.

Spectre solaire visible

• L'origine de ces raies d'absorption est double.

– Les absorptions dues aux atomes ou ions de l'atmosphère terrestre ont des **raies d'intensité variable** lorsque le Soleil passe **du zénith à l'horizon**, car l'épaisseur de l'atmosphère traversée n'est pas constante (elle est plus épaisse quand le Soleil est en train de se coucher). Pour ces mêmes raisons, le spectre enregistré au niveau de la mer n'est pas le même qu'en haute atmosphère.

– Les raies d'absorption dont **l'intensité ne varie pas** sont probablement des raies d'origine solaire (absorption par les gaz de la chromosphère).

Remarque : Les raies d'absorption sur le spectre électromagnétique d'une étoile enregistrées en haute atmosphère ou par des satellites permettent de connaître les éléments chimiques présents dans l'atmosphère du corps stellaire.

2 Rayonnement associé à la radioactivité (rappels de 1re S)

- La radioactivité est un phénomène physique par lequel un noyau instable se désintègre pour constituer un noyau plus stable. Il en existe plusieurs types :

– le **rayonnement α** s'accompagne de l'émission d'un noyau d'hélium ${}_{2}^{4}He$;

– le **rayonnement β^-** s'accompagne de l'émission d'un électron ${}_{-1}^{0}e$ et le **rayonnement β^+** de celle d'un positron ${}_{+1}^{0}e$;

– le **rayonnement γ** s'accompagne de l'émission de photons γ.

- La **radioactivité naturelle** est issue de la désintégration de noyaux présents dans la nature (radioactivité naturelle des roches par exemple), alors que la **radioactivité artificielle** provient de l'activité humaine (médecine nucléaire, centrale nucléaire de production d'électricité…).

3 Rayonnement cosmique

- Ce rayonnement est constitué par des particules **cosmiques** se propageant dans l'Univers et incidentes sur Terre : particules chargées (essentiellement des protons, mais aussi des noyaux d'hélium ou des électrons), neutrinos et photons γ. Ces particules relativistes constituent ce que l'on appelle le **rayonnement primaire**, dont l'origine est solaire, galactique ou intergalactique.

- Les particules primaires peuvent interagir avec l'atmosphère et créer des **gerbes secondaires** produisant d'autres particules. L'ensemble des particules élémentaires est classé en deux grandes catégories : les **leptons** et les **hadrons**.

Exemples : Les électrons, les positrons, les muons et les neutrinos sont des leptons, alors que les protons, les neutrons et les pions sont des hadrons constitués d'une sous-structure.

4 Sources de rayonnement

Le tableau ci-dessous récapitule quelques sources de rayonnement radio, IR et UV.

Rayonnement	Radio	IR	UV
Sources	Soleil, pulsars, quasars, restes de supernovæ, amas stellaires… Industrie Communications	Soleil, nuages de gaz de poussières, étoiles froides de la galaxie Corps à température ambiante Industrie	Soleil, étoiles jeunes et proches Lampes UV

2 Les ondes dans la matière

1 Ondes mécaniques

Une onde mécanique est la propagation d'une perturbation ou d'une déformation d'un milieu matériel élastique.

Une onde mécanique progressive est une onde telle que la perturbation progresse en s'éloignant de sa source.

Exemples : Les ondes sismiques, les ondes à la surface de l'eau ou le phénomène de houle, et les ondes acoustiques sont des ondes mécaniques.

2 Caractéristiques et propriétés

Les caractéristiques et propriétés des ondes mécaniques progressives sont multiples.

- **Nature transversale ou longitudinale :** une onde est transversale (resp. longitudinale) si la perturbation est perpendiculaire (resp. parallèle) à la direction de propagation.

Exemples : Les ondes sonores sont des ondes de compression et dilatation du milieu : ce sont des ondes longitudinales.

- **Propagation :** elle s'effectue sans transport de matière. C'est uniquement l'énergie qui se propage. Pour les milieux homogènes et isotropes, la célérité des ondes mécaniques progressives est supposée constante.

- **Superposition :** lorsque deux ondes se rencontrent, elles se superposent, c'est-à-dire que les perturbations s'additionnent de manière algébrique.

- **Périodicité :** lorsque le phénomène vibratoire est périodique, on parle d'onde progressive périodique. Une onde sinusoïdale est une onde progressive périodique.

La **longueur d'onde**, notée λ (en m), est la période spatiale de l'onde. La **période**, notée T (en s), est sa période temporelle. La relation entre les périodes spatiale λ (en m) et temporelle T (en s) d'une onde périodique est :

$$\lambda = v\boldsymbol{T} = \frac{v}{f} \text{ avec } \begin{cases} v : \text{célérité de l'onde (en m} \cdot \text{s}^{-1}\text{)}, \\ f : \text{fréquence (en Hz).} \end{cases}$$

• La fréquence f de l'onde se définit comme l'inverse de la période et s'exprime en hertz (Hz) : $f = \frac{1}{T}$.

EXERCICE RÉSOLU

Définir une onde

ÉNONCÉ

Un petit caillou est jeté dans l'eau. Il crée à la surface de l'eau une onde circulaire progressive périodique.

a. Quelle est la nature de cette onde ?

b. Pourquoi un petit objet flottant à la surface de l'eau n'est-il pas emporté au loin par la perturbation ?

c. Sachant que la célérité de l'onde est $v = 0{,}50\ \text{m}\cdot\text{s}^{-1}$, exprimer et calculer la période temporelle T de cette onde de période spatiale 3,5 cm.

CORRIGÉ

a. Une onde de surface se propage à la surface de l'eau (les vagues se déplacent donc horizontalement), alors que la déformation de la surface est perpendiculaire à celle-ci (la perturbation est verticale). On en déduit que l'onde est **transversale**.

Méthode
Rechercher les directions de propagation de l'onde et la direction de la perturbation.

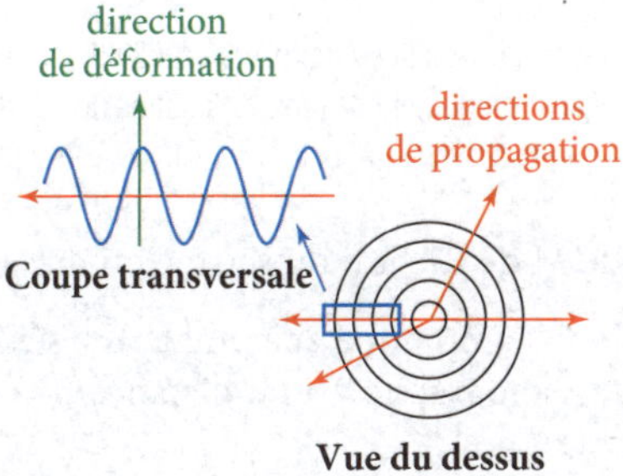

b. Une onde mécanique ne transporte pas de matière : le petit objet subit la déformation verticale, mais reste toujours au même endroit vis-à-vis de la source. **Il n'y a jamais de transport de matière.**

c. La période spatiale λ est telle que $\lambda = vT$, soit pour la période T : $T = \frac{\lambda}{v}$.

A. N. : $T = \frac{3{,}5 \cdot 10^{-2}}{0{,}50} = 7{,}0 \cdot 10^{-2}$ s soit $\boldsymbol{T = 70}$ **ms**.

3 Exemple des ondes sismiques

1 Ondes de volume et ondes de surface

- Les ondes sismiques sont des ondes mécaniques produites soit lors des tremblements de terre, soit artificiellement, afin de renseigner sur la constitution de la matière traversée. On distingue les ondes de volume et les ondes de surface.

- Les **ondes de volume** se propagent dans le globe terrestre avec une vitesse de propagation dépendant du milieu. On distingue les **ondes P** ou **primaires** (ondes de compression/dilatation enregistrées en premier dans un séisme) et les **ondes S** ou **secondaires** (ondes dites de cisaillement qui arrivent plus tard et qui ne se propagent pas dans les liquides).

Remarque : Les différences de temps d'arrivée au sismographe entre les ondes P et S renseignent sur l'épicentre du séisme.

- Les **ondes de surface** sont des ondes mécaniques guidées par la surface de la Terre. Elles sont moins rapides que les ondes de volume.

2 Échelle de Richter

- La magnitude M d'un séisme permet de mesurer l'énergie libérée et de comparer les séismes entre eux.

Exemple : La magnitude du séisme de L'Aquila en Italie le 6 avril 2009 (épicentre Paganica) était de 6,3 sur l'échelle de Richter. Entre 6 et 6,9, le tremblement de terre est qualifié de « destructeur dans des zones jusqu'à 180 km de l'épicentre ».

On définit la magnitude M de Richter du séisme ou magnitude locale :

$$M = \log\left(\frac{A(d)}{A_0(d)}\right) \text{ avec } \begin{cases} A : \text{amplitude maximale du séisme enregistrée sur le sismographe à une distance } d = 100 \text{ km de l'épicentre (en mm),} \\ A_0 : \text{amplitude de référence pour un séisme de } M = 0, \text{ soit } A_0 = 1\ \mu\text{m} = 10^{-3} \text{ mm.} \end{cases}$$

Remarque : La magnitude M est telle que $\log E = 1{,}5M + 4{,}32$ où E est l'énergie rayonnée par le séisme (en J).

- La magnitude M donne une idée des effets ressentis (voir tableau en page suivante).

Magnitude	Effets ressentis
Moins de 2	Micro-tremblement de terre, non ressenti
de 2 à 2,9	Généralement non ressenti, mais détecté par les sismographes
de 3 à 3,9	Souvent ressenti, mais causant très peu de dommages
de 4 à 4,9	Objets secoués à l'intérieur des maisons, bruits de chocs, dommages importants
de 5 à 5,9	Dommages majeurs sur des édifices mal conçus dans des zones meubles ; légers dommages sur des édifices bien construits
de 6 à 6,9	Destructeur dans des zones jusqu'à 180 km de l'épicentre
de 7 à 7,9	Dommages sévères dans des zones plus vastes
de 8 à 8,9	Dommages sérieux dans des zones à des centaines de kilomètres de l'épicentre
9 et plus	Dommages très sérieux dans des zones à des centaines de kilomètres de l'épicentre

EXERCICE RÉSOLU

Donner la nature des ondes P et S

ÉNONCÉ

Les ondes P sont des ondes de compression/dilatation du milieu. Sont-elles transversales ou longitudinales ? Sachant que les ondes S de cisaillement sont de nature différente, en déduire la direction de déformation du milieu élastique.

CORRIGÉ

Les ondes P correspondent à la propagation de zones de compression et de dilatation du milieu : la déformation est donc parallèle à leur propagation. Les ondes P sont donc des ondes **longitudinales**. En revanche, les ondes S sont transversales : la déformation est donc **perpendiculaire à leur direction de propagation**.

Rappel

La propagation en compression/dilatation est celle d'une onde mécanique le long d'un ressort qui joint ou disjoint ses spires.

4 Détecteurs d'ondes et de particules

1 Définition

Un **capteur** convertit une grandeur physique en grandeur électrique analogique.

Le signal électrique à la sortie du capteur peut être :
– soit **lu directement** par un appareil traitant les informations analogiques ;
– soit **transformé en signal numérique** par un convertisseur analogique-numérique (CAN) avant d'être enregistré par un oscilloscope numérique, un ordinateur, etc.

Exemple : Le récepteur d'ultrasons utilisé par les élèves au lycée transforme le signal acoustique de fréquence supérieure à 20 kHz en un signal électrique lu sur un oscilloscope.

2 Caractéristiques

- **Temps de réponse :** si le détecteur est rapide, il peut suivre le signal en temps réel. En revanche, s'il n'est pas rapide, il ne donnera qu'une valeur moyenne du signal.

- **Linéarité :** un détecteur linéaire produit une grandeur électrique proportionnelle au signal d'entrée. Il existe d'autres types de détecteurs à réponse logarithmique ou quadratique.

Exemples : L'oreille humaine est un détecteur à réponse logarithmique. Un détecteur lumineux est un détecteur à réponse quadratique, sensible à la valeur moyenne du carré de la norme du champ électrique.

- **Uniformité :** un détecteur n'est pas toujours sensible de la même manière en tout point de la surface de détection. Il faut donc connaître la réponse de chaque point du détecteur afin de corriger ses réponses.

- **Efficacité :** elle qualifie la capacité du capteur à réagir au signal.

Exemple : Un photomultiplicateur est un détecteur pixellisé de photons. Les zones mortes correspondent par exemple aux zones entre les pixels qui n'enregistrent aucun photon. Les temps morts correspondent aux temps de transmission par le détecteur lorsqu'il y a eu détection d'un photon : ils doivent être courts pour que le photon suivant puisse être détecté. Si un photon arrive avec un angle tel qu'il ne peut entrer dans le détecteur, il ne sera pas détecté : on parle alors d'acceptance du détecteur.

3 Exemples de détecteurs

- Les exemples de détecteurs classiques sont :
– le microphone et l'oreille pour les ondes sonores, le récepteur ultrasons pour les hautes fréquences non audibles ;
– le photomultiplicateur, le capteur CCD et la photodiode pour les ondes électromagnétiques ;
– le sismographe pour les ondes sismiques…

- La photographie suivante est celle d'un **détecteur de muons cosmiques** au pied du volcan de la Soufrière en Guadeloupe dont le but est la radiographie du volcan par les muons.
Chaque plan de détection (en jaune sur la photo) est constitué par des détecteurs en barreaux de scintillateurs (polystyrène solide dopé) : un muon traversant un barreau de scintillateur y laisse une partie de son énergie qui est restituée au milieu sous forme de photons. Chaque photon (émission spontanée) est transmis au photomultiplicateur (PM) par fibre optique. Au niveau de chaque photomultiplicateur, le photon est transformé en électron (par effet photoélectrique) : un courant électrique est ainsi créé.

Détecteur de muons cosmiques (Soufrière de Guadeloupe)

Calculer la célérité d'une onde de surface

ÉNONCÉ

Arrivant dans un port, un bateau jette l'ancre. Cela entraîne la formation d'ondes quasi circulaires semblables aux ondes formées à la surface d'une cuve à ondes.

Le schéma ci-contre, à l'échelle 1/100, représente la position du front de l'onde (début de la déformation de l'eau) à deux instants t_1 et t_2 tels que :

$$t_2 - t_1 = 3{,}0 \text{ s.}$$

Déterminer la célérité v de l'onde.

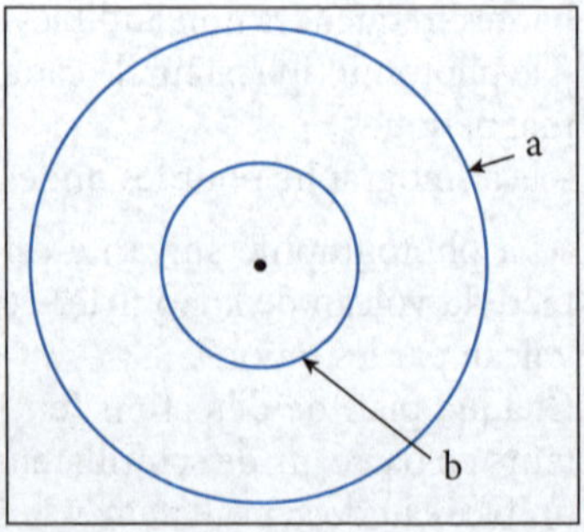

MÉTHODE

▶ **1.** Mesurer la distance entre les fronts a et b avec la règle graduée sur le schéma de l'énoncé. Soit *d* cette valeur (en cm).

▶ **2.** Grâce à l'échelle, en déduire la valeur réelle *D* de la distance entre a et b. Convertir ensuite *D* en mètres, unité du système international.

▶ **3.** La célérité de l'onde se calcule comme $v = \dfrac{D}{t_2 - t_1}$ (en $m \cdot s^{-1}$ et en ayant bien pris soin d'avoir $t_2 - t_1$ en s).

CORRIGÉ

1. La mesure directe de la distance entre les fronts a et b est $d = 1{,}05$ cm.

2. On en déduit alors que la distance réelle est $D = 100d$, car l'échelle est au 1/100, donc 1 cm sur le dessin correspond à 100 cm dans la réalité.

On a alors :

$D = 100 \times 1{,}05 = 105$ cm ou 1,05 m.

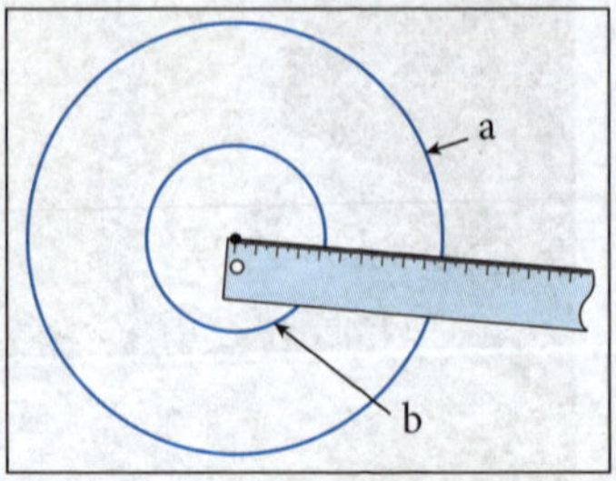

3. Finalement, la célérité des ondes de surface est :

$$v = \frac{D}{t_2 - t_1}$$

soit $v = \dfrac{1{,}05}{3{,}0} = 0{,}35 \text{ m} \cdot \text{s}^{-1}$.

Piège à éviter

La mesure de *d* se fait en plaçant la règle graduée suivant un rayon du disque.

Calculer la fréquence et la longueur d'onde d'une onde périodique sinusoïdale

ÉNONCÉ

Une onde acoustique est enregistrée par un récepteur ultrasons relié à l'écran d'un oscilloscope.
Déterminer la fréquence de cette onde, ainsi que sa longueur d'onde dans l'air.

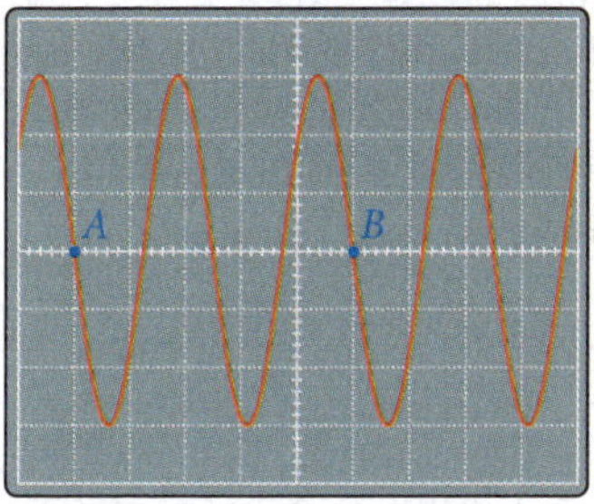

Cœfficient de balayage : 10 µs/div

MÉTHODE

▶ **1.** Déterminer la période de l'onde :
T = nombre de divisions lues par période × coefficient de balayage.

▶ **2.** En déduire la fréquence f (en Hz) sachant que $f = \frac{1}{T}$ (si T est en s).

▶ **3.** La longueur d'onde est telle que $\lambda = vT$, avec v la vitesse de l'onde dans le milieu considéré, soit $v(\text{air}) = 340\ \text{m} \cdot \text{s}^{-1}$.

CORRIGÉ

Réflexe à avoir

Pour calculer T, ne pas hésiter à choisir plusieurs motifs repérés facilement sur l'oscillogramme.

1. T correspond sur l'oscillogramme au nombre de divisions d'un motif, soit 2,5 divisions (entre A et B, points du quadrillage, on a 2 périodes pour 5 div., donc une période correspond bien à 2,5 div.). On a alors :
$T = 2{,}5\ \text{div} \times 10\ \mu\text{s/div} = 25\ \mu\text{s}$, soit encore $T = 2{,}5 \cdot 10^{-5}$ s.

2. On a ainsi $f = \frac{1}{T} = \frac{1}{2{,}5 \cdot 10^{-5}} = 4{,}0 \cdot 10^{4}$ Hz. On vérifie que ce sont des ondes ultrasonores.

3. La longueur d'onde s'écrit $\lambda = vT$, avec $v(\text{air}) = 340\ \text{m} \cdot \text{s}^{-1}$.
On en déduit $\lambda = 340 \times 2{,}5 \cdot 10^{-5}\ \text{s} = 8{,}5 \cdot 10^{-3}$ m, soit $\lambda = 8{,}5$ mm.

Vérifiez vos connaissances

1 QCM

Cet exercice est un questionnaire à réponses ouvertes courtes. À chaque question peuvent correspondre aucune, une ou plusieurs propositions exactes.

Ondes infrasonores

Les éléphants émettent des infrasons (dont la fréquence est inférieure à 20 Hz). Cela leur permet de communiquer sur de longues distances et de se rassembler.

Un éléphant est sur le bord d'une étendue d'eau et désire indiquer à d'autres éléphants sa présence. Pour cela, il émet un infrason. Un autre éléphant, situé à une distance $L = 24{,}0$ km, reçoit l'onde au bout d'une durée $\Delta t = 70{,}6$ s.

1. La valeur de la célérité de l'infrason dans l'air v est :

a) □ $v = 34{,}0\ km \cdot s^{-1}$.

b) □ $v = 340\ km \cdot s^{-1}$.

c) □ $v = 340\ m \cdot s^{-1}$.

Ondes à la surface de l'eau

Au laboratoire, on dispose d'une cuve à ondes contenant de l'eau immobile à la surface de laquelle flotte un petit morceau de polystyrène. On laisse tomber une goutte d'eau au-dessus de la cuve, à l'écart du morceau de polystyrène. Une onde se propage à la surface de l'eau.

2. Cela correspond :

a) □ à une onde mécanique.

b) □ à une onde longitudinale.

c) □ à une onde transversale.

3. L'onde atteint le morceau de polystyrène.

a) □ Celui-ci se déplace parallèlement à la direction de propagation de l'onde.

b) □ Celui-ci se déplace perpendiculairement à la direction de propagation de l'onde.

c) □ Celui-ci monte et descend verticalement.

Ondes le long d'une corde

L'extrémité gauche d'une corde est reliée à un vibreur effectuant des oscillations sinusoïdales entretenues à partir d'un instant de date $t_0 = 0$ s.

Les graphiques 1 et 2 représentent l'état de la corde à une date donnée. Les élongations y et les abscisses x sont graduées en cm. On néglige tout amortissement.

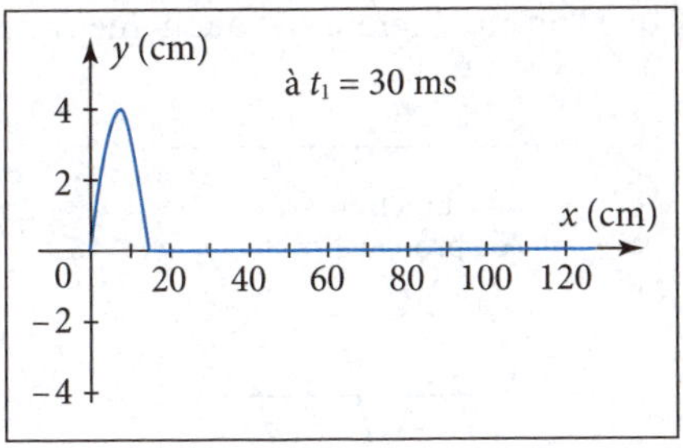

Graphique 1

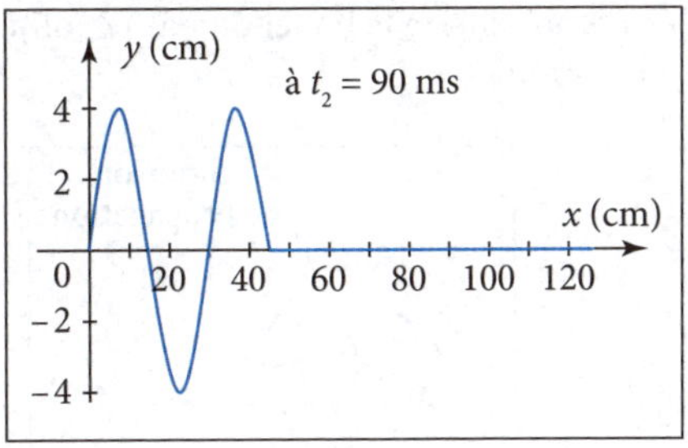

Graphique 2

4. Le graphique 2 ci-dessus permet de déterminer la valeur numérique de la longueur d'onde λ, soit :

a) □ $\lambda = 20$ cm. **b)** □ $\lambda = 30$ cm. **c)** □ $\lambda = 46$ cm.

5. À partir des graphiques 1 et 2, la période temporelle T vaut :

a) □ $T = 30$ ms. **b)** □ $T = 60$ ms. **c)** □ $T = 18$ ms.

6. La célérité de l'onde dans la corde est :

a) □ $v = 5{,}0\ \text{m} \cdot \text{s}^{-1}$. **b)** □ $v = 10{,}0\ \text{m} \cdot \text{s}^{-1}$. **c)** □ $v = 15{,}0\ \text{m} \cdot \text{s}^{-1}$.

Ondes lumineuses

7. La propagation de la lumière visible :

a) □ montre que c'est une onde mécanique.

b) □ s'effectue avec une célérité plus petite dans l'eau que dans le vide (indice de réfraction de l'eau : $n = 1{,}3$).

c) □ s'effectue avec la même célérité, dans un milieu dispersif donné, quelle que soit la fréquence de la radiation.

8. La lumière rouge :

a) □ correspond à des longueurs d'onde plus grandes que celles de la lumière bleue.

b) □ se situe dans un domaine de fréquences plus petites que celles du domaine de l'infrarouge.

c) □ est moins énergétique que la lumière bleue.

2 Démonstration

Montrer, à l'aide de schémas bien choisis, qu'un bouchon à la surface de l'eau subit un mouvement périodique sinusoïdal lors de la propagation d'une onde de surface, elle-même progressive périodique sinusoïdale.

On représentera le bouchon par le point *B* que l'on considérera en haut d'une crête à l'instant *t*.

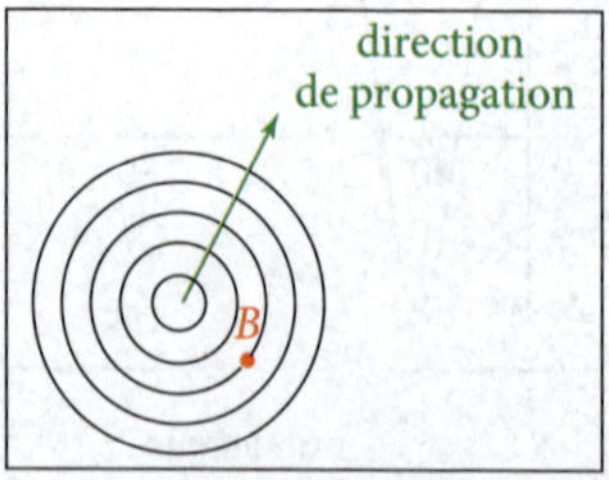

Vue du dessus

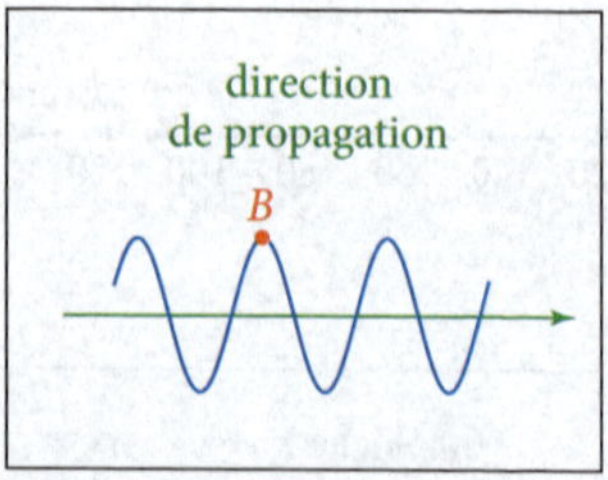

Coupe transversale

Exercices d'application

3 Ondes sismiques

Lors d'un séisme, la Terre est mise en mouvement par des ondes de différentes natures, qui occasionnent des secousses plus ou moins violentes et destructrices en surface.

L'enregistrement des ondes P et S par des sismographes à la surface de la Terre permet de déterminer l'**épicentre** du séisme (lieu de naissance de la perturbation).

1. Définir une onde longitudinale et indiquer le schéma correspondant à chaque type d'onde.

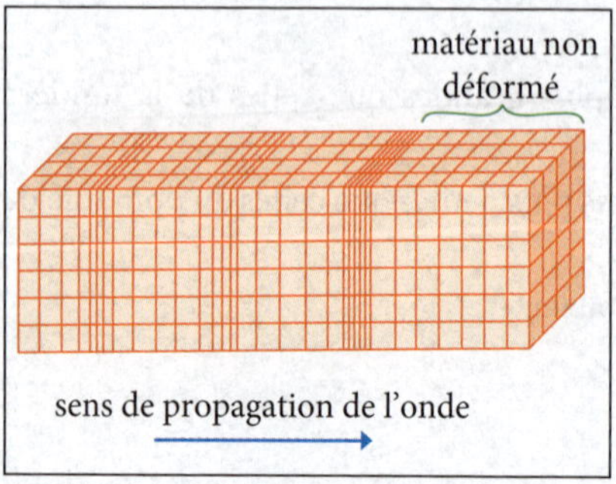

Schéma 1

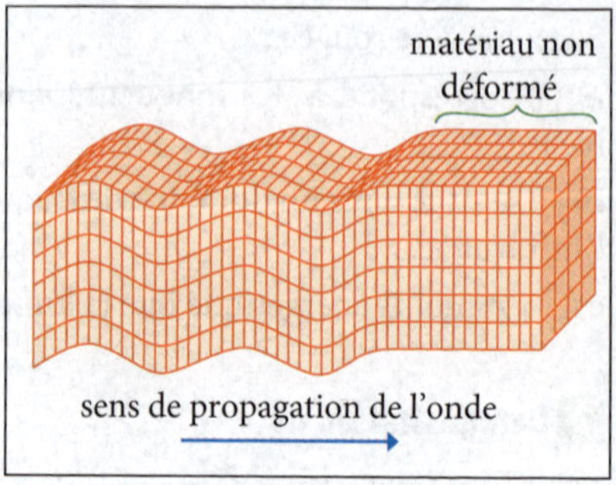

Schéma 2

Un séisme s'est produit à San Francisco (Californie) en 1989.

Le sismogramme ci-après a été enregistré à Eureka, station sismique située au nord de la Californie. L'origine du repère ($t = 0$ s) a été choisie à la date du début du séisme à San Francisco. Le sismogramme présente deux trains d'ondes repérés par *A* et *B*.

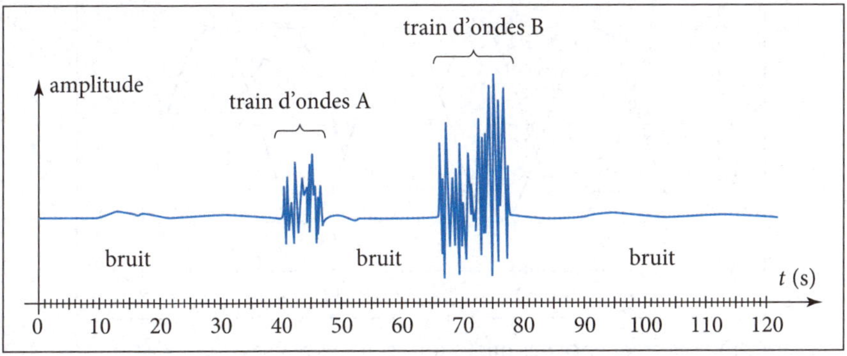

2. À quel type d'onde (S ou P) correspond chaque train d'ondes ?

3. Sachant que le début du séisme a été détecté à Eureka à 8 h 15 min 20 s TU (temps universel), déterminer l'heure TU (h ; min ; s) à laquelle le séisme s'est déclenché à l'épicentre.

4. Sachant que les ondes P se propagent à une célérité moyenne de 10 $km \cdot s^{-1}$, calculer la distance séparant l'épicentre du séisme de la station Eureka.

5. Calculer la célérité moyenne des ondes S.

4 Ultrasons

Exercice à caractère expérimental

Le dauphin est un mammifère de la famille des cétacés. Il perçoit, comme l'homme, les sons ayant une fréquence comprise entre 20 Hz et 20 kHz. Il est aussi capable d'émettre et de capter des ultrasons lui permettant de se localiser par écho grâce à un sonar biologique.

1. À quelles fréquences se situent les ultrasons ?

Pour étudier expérimentalement les ultrasons produits par les dauphins, un binôme d'élèves dispose d'un émetteur et de deux récepteurs à ultrasons placés dans un récipient rempli d'eau. L'émetteur génère une onde ultrasonore progressive et sinusoïdale. Un oscilloscope permet d'enregistrer les signaux détectés par chaque récepteur séparé d'une distance *d* égale à 12 mm, le récepteur 1 étant le plus proche de l'émetteur.

On obtient l'oscillogramme suivant :

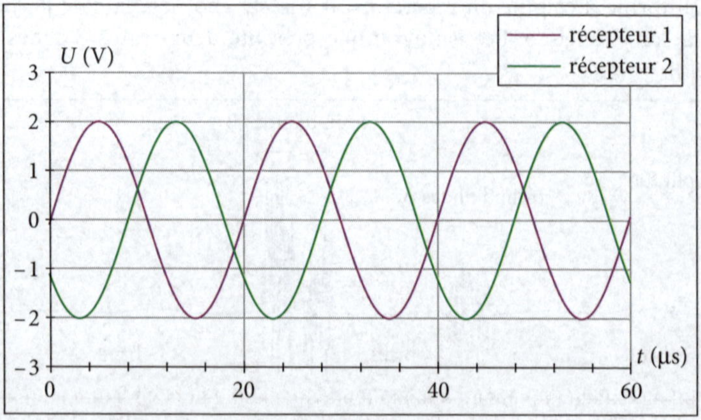

2. Déterminer la fréquence des ondes ultrasonores émises.

3. Quel est le retard que présente la détection des ondes au niveau du récepteur 2 par rapport au récepteur 1, sachant que ce retard est inférieur à la périodicité temporelle ? En déduire la célérité des ondes ultrasonores dans l'eau.

4. Définir, puis calculer la longueur d'onde des ondes ultrasonores dans l'eau.

Vers le bac

5 La houle

Exercice à caractère documentaire

Lorsque le vent souffle sur une mer calme, le frottement de l'air crée de petites rides, puis des vaguelettes, et enfin des vagues à mesure que la vitesse du vent augmente. L'ensemble de ces vagues, généré sur un intervalle de temps plus ou moins long, constitue la houle. Cette houle peut être décrite à l'aide de trois paramètres :
– la **hauteur *h***, définie comme la distance verticale entre le sommet de la crête et le fond du creux de la vague ;
– la **longueur *L***, définie comme la distance entre deux crêtes ou deux creux successifs ;
– la **cambrure Ca**, définie comme le rapport de sa hauteur sur sa longueur.

On s'intéresse dans cet exercice à l'étude de la houle en haute mer, à savoir en eau profonde, et à ses caractéristiques en fonction d'une échelle en intensité appelée *échelle de Beaufort*.

Le phénomène de la houle peut être considéré comme une onde mécanique. On peut donc assimiler dans tout l'exercice la houle à une onde progressive périodique sinusoïdale dont les paramètres caractéristiques peuvent varier suivant l'état de la mer.

1. À quelle grandeur spatiale, caractéristique d'un phénomène ondulatoire, est associé le terme « longueur » du texte d'introduction ?

2. Quelle grandeur temporelle permet de caractériser une onde mécanique périodique progressive ?

L'échelle de Beaufort, établie en 1805 – du nom de l'amiral de la marine britannique Francis Beaufort – et graduée de 0 à 12, permet de caractériser la vitesse des vents. L'état de la mer étant directement lié à la vitesse du vent, cette échelle permet également de caractériser l'état de la mer, et donc les conditions de navigation.

Le tableau présente les derniers degrés d'une échelle de Beaufort simplifiée.

Degré sur l'échelle	Hauteur *h* de la houle (m)
5	2,0
6	3,0
7	4,0
8	5,5
9	7,0
10	9,0
11	11,5
12	14,0

On se place dans le cas où la cambrure des vagues notée Ca est telle que Ca = 1/7. On gardera cette valeur de cambrure pour tout le reste de l'exercice.

3. Donner l'expression reliant la hauteur h des vagues, leur longueur L et leur cambrure Ca.

4. Déterminer alors la longueur des vagues pour les degrés 6, 8, 10 et 12 de l'échelle de Beaufort.

5. Donner l'expression reliant la longueur L, la célérité v de l'onde et sa période T. En déduire l'expression reliant la longueur L, la célérité v et la fréquence f de l'onde associée.

6. Le tableau ci-après donne également les périodes associées aux différents degrés de l'échelle. Pour les degrés 7 et 10 de l'échelle de Beaufort, déterminer la célérité v de l'onde associée.

Échelle de Beaufort	5	6	7	8	9	10	11	12
Hauteur *h* de la houle (m)	2,00	3,00	4,00	5,50	7,00	9,00	11,5	14,0
Longueur *L* (m)	14,0		28,0		49,0		80,5	
Période *T* (s)	2,10	2,60	3,00	3,50	4,00	4,50	5,10	5,60
Célérité *v* ($m \cdot s^{-1}$)	6,67	8,08		11,0	12,3		15,8	17,5

On donne la courbe traduisant l'évolution $v^2 = f(L)$.

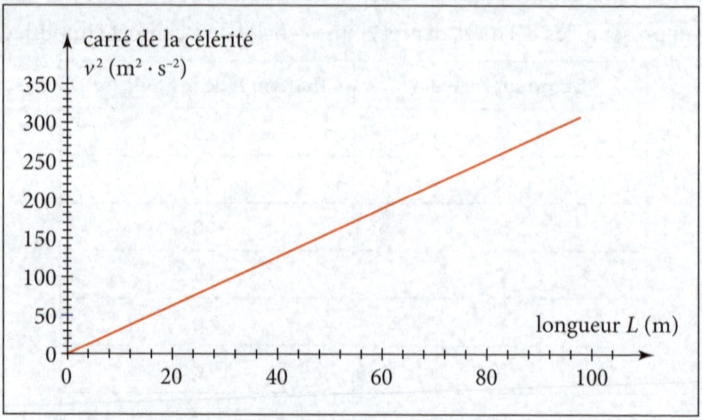

Évolution de la célérité au carré en fonction de la longueur $v^2 = f(L)$

7. Quel est le type de courbe obtenue ? Quelle expression mathématique simple relie alors le carré de la célérité à la longueur ?

8. Calculer alors le coefficient k caractéristique de cette relation. On précisera l'unité de cette grandeur.

9. Déterminer l'expression littérale reliant la célérité v de la houle à sa fréquence f.

10. Conclure quant à la nature dispersive de ce milieu.

Vérifiez vos connaissances

1 QCM

1. c) $v = \frac{L}{\Delta t} = \frac{24{,}0 \cdot 10^3}{70{,}6} = 339{,}94\ \text{m} \cdot \text{s}^{-1}$, soit en gardant 3 chiffres significatifs et en ayant pris soin de convertir L en m, $v = 340\ \text{m} \cdot \text{s}^{-1}$.

2. a) et **c)** Une onde de surface est la propagation d'une perturbation décrite par une variable mécanique : il n'y a pas de transport de matière, mais uniquement d'énergie. Cette propagation se fait le long de la surface libre calme, alors que la déformation lui est perpendiculaire : l'onde est donc transversale.

3. b) et **c)** Le solide se déplace suivant la verticale, soit de haut en bas et de bas en haut, perpendiculairement à la direction de propagation.

4. b) La longueur d'onde est obtenue en mesurant la période spatiale de l'onde, soit ici 30 cm (distance consécutive entre deux maxima ou deux minima par exemple).

5. b) Le graphique 1 montre qu'au bout de $t_1 = 30$ ms, la distance parcourue par l'onde correspond à une demi-longueur d'onde, soit 15 cm. La durée nécessaire au parcours d'une longueur d'onde est donc $T = 2t_1 = 2 \times 30 = 60$ ms.

On peut aussi retrouver T à partir du graphique 2 : 1,5 longueur d'onde est parcourue en un temps $t_2 = 90$ ms, donc 1 longueur d'onde est parcourue en :

$T = \frac{t_2}{1{,}5} = \frac{90}{1{,}5} = 60$ ms.

> **Gagnez des points !**
> Calculer T à partir de l'un des deux graphiques, et vérifier sa valeur grâce à l'autre.

6. a) $v = \frac{\lambda}{T} = \frac{30 \cdot 10^{-2}}{60 \cdot 10^{-3}} = 5{,}0\ \text{m} \cdot \text{s}^{-1}$ en donnant un résultat numérique avec 2 chiffres significatifs.

7. b) La lumière est une onde électromagnétique et non mécanique, dont la célérité dépend de l'indice du milieu. Par définition de n, la vitesse de propagation de l'onde dans un milieu est telle que $v_{\text{milieu}} = \frac{c_{\text{vide}}}{n}$, avec c_{vide} la vitesse de la lumière dans le vide. Si $n > 1$, alors $v_{\text{milieu}} < c_{\text{vide}}$.

Dans un milieu dispersif, la vitesse de l'onde dépend de sa fréquence.

8. a) et **c)** La lumière rouge correspond à de plus faibles fréquences et donc de plus grandes longueurs d'onde que celles de la lumière bleue.

$E = h\nu$, donc l'énergie est proportionnelle à la fréquence : les rayonnements rouges sont donc moins énergétiques que les bleus.

Le domaine infrarouge, comme son nom l'indique, correspond à un domaine de fréquences plus petites que celles de la lumière rouge.

2 Démonstration

Soit T la période de l'onde. B revient à sa position initiale, en haut de la crête, à l'instant $t + T$.

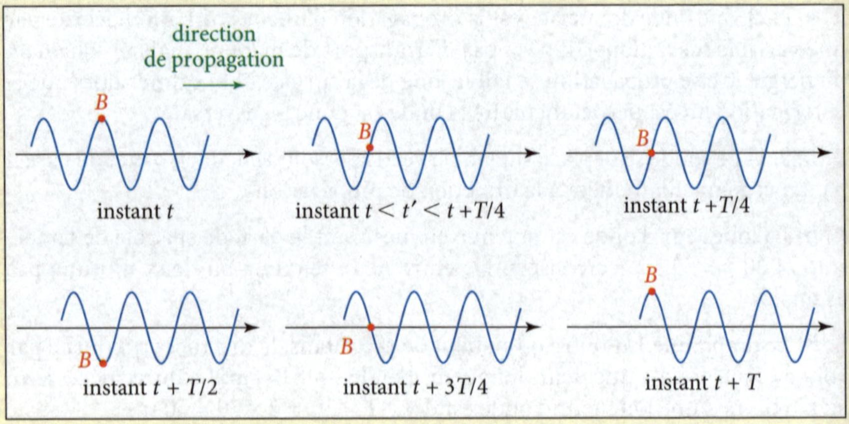

On ne représente que la partie de l'onde équivalente à trois motifs, car l'onde avance dans la direction de propagation et superpose à nouveau ses motifs pour $\Delta t = T$.

L'astuce du prof

Représenter la position du point B sur la surface de l'eau entre les instants t et $t + T$ en faisant avancer la vague.

Dans cette période T, le point B a les positions indiquées par les schémas précédents : on constate alors qu'en une période, B décrit un aller-retour entre les crêtes et les creux de la surface de l'eau.

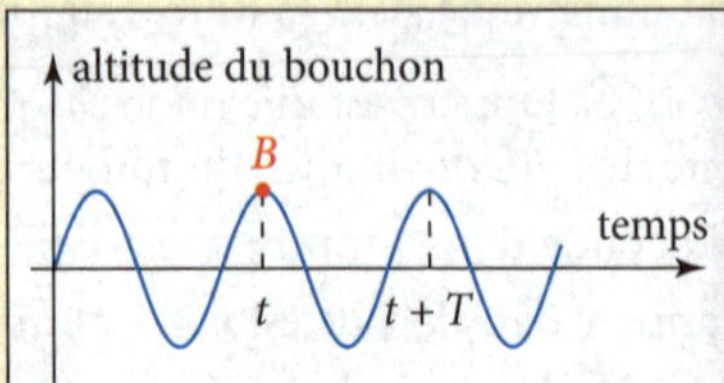

On peut récapituler son mouvement en fonction du temps : il s'agit bien d'un mouvement sinusoïdal de même période que l'onde.

Exercices d'application

3 Ondes sismiques

1. Une onde longitudinale est la propagation d'une perturbation correspondant à une déformation le long de la direction de propagation. Les **ondes de compression/dilatation** déforment le milieu horizontalement dans le **schéma 1**, soit dans le sens de propagation : on a alors une onde **longitudinale**.

En revanche, la déformation dans le **schéma 2** est perpendiculaire au déplacement : l'**onde de cisaillement** est donc **transversale**.

2. Le train d'ondes A est arrivé à une date t_A inférieure à la date t_B du train d'ondes B, donc **A correspond aux ondes primaires P**, et **B aux ondes secondaires S.**

> **Rappel**
> Les ondes P sont plus rapides que les ondes S.

3. Le début du séisme a été détecté à Eureka à 8 h 15 min 20 s TU, et l'enregistrement montre que le train d'ondes P a été détecté au temps $t_A = 40$ s. On en déduit que le séisme a eu lieu 40 s avant 8 h 15 min 20 s TU, soit à **8 h 14 min 40 s TU.**

4. Les ondes P ont mis $t_A = 40$ s pour parcourir la distance D séparant l'épicentre du séisme de la station Eureka. On en déduit que $D = v_P t_A = 10 \times 40 = 400$ km ou, en ne retenant que 2 chiffres significatifs, $\mathbf{D = 4,0 \cdot 10^2}$ **km.**

5. La célérité des ondes S est telle que $v_S = \dfrac{D}{t_B}$.

A. N. : $v_S = \dfrac{400}{66}$ soit $\mathbf{v_S = 6,1}$ **km · s⁻¹**, la lecture de t_B donnant 66 s pour le début du train d'ondes B.

4 Ultrasons

Exercice à caractère expérimental

1. Les ultrasons sont des ondes acoustiques de **fréquence supérieure à 20 kHz.**

2. La période de l'onde ultrasonore est de **20 µs** d'après l'enregistrement ci-après.

La fréquence est alors $f = \dfrac{1}{T} = \dfrac{1}{20 \cdot 10^{-6}}$, soit $f = 50$ **kHz.**

La fréquence est supérieure aux fréquences audibles, donc le signal est bien un signal ultrasonore.

> **L'astuce du prof**
> Les deux enregistrements indiquent évidemment la même période, il faut alors faire le choix de celui pour lequel les points de repère sont plus faciles.

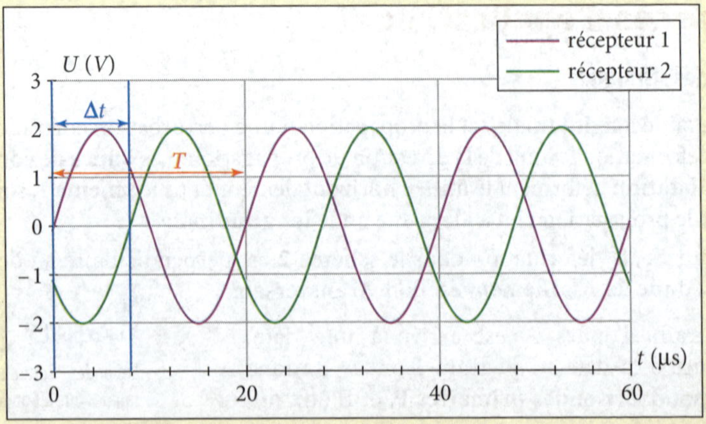

3. Le retard Δt que présente la détection des ondes au niveau du récepteur 2 par rapport au récepteur 1 est donné par le décalage entre les deux signaux pour une même valeur du signal.

On peut faire le choix ici de deux amplitudes nulles sur une arche montante de la sinusoïde : on peut donc lire sur l'oscilloscope que $\mathbf{\Delta t = 8{,}0}$ **µs**, ce qui est bien inférieur à une période $T = 20$ µs.

La célérité des ondes est telle qu'elles parcourent une distance $d = 12$ mm entre les deux récepteurs pendant une durée $\Delta t = 8{,}0$ µs. On a alors :

$$v = \frac{d}{\Delta t}$$

A. N. : $v = \dfrac{12 \cdot 10^{-3}}{8{,}0 \cdot 10^{-6}} = 1\,500 \text{ m} \cdot \text{s}^{-1}$,

soit en gardant 2 chiffres significatifs : $\boldsymbol{v} = \mathbf{1{,}5}$ $\mathbf{km \cdot s^{-1}}$.

> **Gagnez des points !**
> Avoir à l'esprit les ordres de grandeur des vitesses des ondes acoustiques dans l'air (340 m · s^{-1}), les liquides (environ 1 500 m · s^{-1}) et les solides (3 000 à 4 000 m · s^{-1}).

4. La longueur d'onde du signal ultrasonore est sa période spatiale : on peut la représenter comme la distance, dans la direction de propagation, entre deux zones de compression ou entre deux zones de dilatation du milieu de propagation.

La longueur d'onde s'obtient alors selon la formule :

$$\lambda = vT$$

A. N. : $\lambda = 1{,}5 \cdot 10^3 \times 20 \cdot 10^{-6} = 0{,}030$ m, soit $\boldsymbol{\lambda} = \mathbf{3{,}0}$ **cm**.

Vers le bac

5 La houle

Exercice à caractère documentaire

1. Le terme « longueur » fait référence à la période spatiale de l'onde, c'est-à-dire la **longueur d'onde λ**.

2. La grandeur temporelle permettant de caractériser une onde mécanique périodique progressive est la **période** T.

3. Le texte mentionne la cambrure comme le rapport de la hauteur sur la longueur de la vague, donc on conclut que $\text{Ca} = \frac{h}{L}$.

4. $L = \frac{h}{\text{Ca}} = \frac{h}{\frac{1}{7}} = 7h$. Pour le degré 6, $h = 3{,}0$ m donc $\boldsymbol{L(6)} = 7 \times 3{,}0 = \mathbf{21{,}0\ m}$.

De même, on a alors : $\boldsymbol{L(8)} = 7 \times 5{,}5 = \mathbf{38{,}5\ m}$; $\boldsymbol{L(10)} = 7 \times 9{,}0 = \mathbf{63{,}0\ m}$ et $\boldsymbol{L(12)} = 7 \times 14{,}0 = \mathbf{98{,}0\ m}$.

5. Sachant que $L = \lambda$, on en déduit facilement que $L = vT$ et donc que $L = \frac{v}{f}$.

6. $v = \frac{L}{T}$ donc pour les degrés 7 et 10, on obtient :

$v(7) = \frac{L(7)}{T(7)} = \frac{28{,}0}{3{,}00} = \mathbf{9{,}33\ m \cdot s^{-1}}$ et $v(10) = \frac{L(10)}{T(10)} = \frac{63{,}0}{4{,}50} = \mathbf{14{,}0\ m \cdot s^{-1}}$.

7. La courbe obtenue est une **droite passant par l'origine** (fonction linéaire). Le carré de la vitesse est donc proportionnel à L : $v^2 = kL$ avec k le coefficient directeur de la droite.

8. $k = \frac{\Delta(v^2)}{\Delta L} = \frac{v^2(A) - v^2(O)}{L(A) - L(O)}$

A. N. : $k = \frac{300}{96}$ soit $\boldsymbol{k} = \mathbf{3{,}1\ m \cdot s^{-2}}$ si l'on prend l'origine $O(0, 0)$ et le point $A(96, 300)$ comme points de la droite.

> **Gagnez des points !**
> Un coefficient directeur a une unité, celle de la grandeur en ordonnée divisée par celle de l'abscisse.

9. En remplaçant L par son expression $L = vT = \frac{v}{f}$, on obtient $v^2 = kL = k\frac{v}{f}$.

La célérité étant non nulle, on en déduit que $v = \frac{k}{f}$.

10. La vitesse de propagation est inversement proportionnelle à la fréquence de l'onde, k étant constant : la célérité dépend de la fréquence, le milieu de l'eau est donc **dispersif**.

CHAPITRE 2

Acoustique musicale

1 Ondes sonores

1 Propriétés

- Une **onde acoustique** est une onde longitudinale qui se propage par compression/dilatation de l'air.

- Notre récepteur, l'oreille, est sensible aux ondes acoustiques de fréquence comprise **entre 20 Hz et 20 kHz** : les **ondes sonores.**

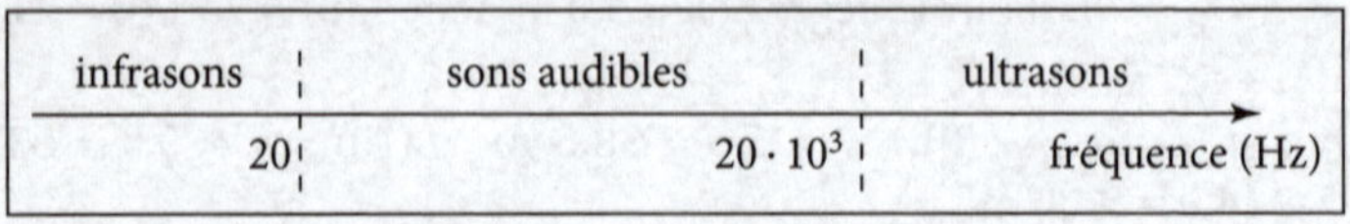

Remarque : Les ondes acoustiques non audibles de basses fréquences sont appelées infrasons, alors que celles de hautes fréquences sont les ultrasons.

- Les ondes sonores sont telles que :
– plus l'amplitude de l'onde mécanique est grande, plus la sensation auditive est intense ;
– plus la fréquence est grande, plus le son est aigu ;
– leur propagation à partir de la source sonore se fait dans toutes les directions ou dans un cône, et notre oreille ne reçoit qu'une partie de l'énergie transportée.

2 Intensité et niveau sonores

On définit l'**intensité acoustique *I*** s'exprimant en $W \cdot m^{-2}$ comme la puissance acoustique P reçue par un récepteur, par unité de surface S :

$$I = \frac{P}{S} \text{ avec } \begin{cases} P : \text{puissance (en W)}, \\ S : \text{surface (en m}^2\text{)}. \end{cases}$$

- Cette intensité acoustique est liée à la sensation de notre récepteur. Pour l'oreille humaine, l'intensité acoustique minimale perçue est $I_0 = 10^{-12}\ W \cdot m^{-2}$, et le seuil de douleur se situe à $I = 25\ W \cdot m^{-2}$.

Exemples : L'intensité acoustique d'une conversation normale se situe autour de $10^{-6}\ W \cdot m^{-2}$; le bruit d'un marteau-piqueur, qualifié de dangereux, autour de $10^{-2}\ W \cdot m^{-2}$; le bruit d'une fusée au décollage, qualifié de douloureux, autour de $102\ W \cdot m^{-2}$.

• Le physiologiste allemand Fechner (1801-1887) a remarqué que les sensations variaient de manière logarithmique.

Le **niveau d'intensité sonore** L, exprimé en décibels (dB), est défini par :

$$L = 10\log\left(\frac{I}{I_0}\right) \text{ avec } \begin{cases} \log : \text{fonction logarithme décimal,} \\ I : \text{intensité acoustique (en W} \cdot \text{m}^{-2}\text{),} \\ I_0 : \text{intensité de référence } (I_0 = 10^{-12}\ \text{W} \cdot \text{m}^{-2}). \end{cases}$$

EXERCICE RÉSOLU

Calculer un niveau sonore ou une intensité sonore

ÉNONCÉ

a. Calculer le niveau d'intensité sonore du seuil d'audibilité.

b. Calculer le niveau sonore d'un restaurant scolaire dont l'intensité acoustique est de l'ordre de $10^{-4}\ \text{W} \cdot \text{m}^{-2}$.

c. Exprimer et calculer l'intensité sonore du passage d'une voiture de Formule 1 sur un circuit F1 dont le niveau sonore atteint 120 dB.

CORRIGÉ

a. Le seuil d'audibilité se situe à une intensité $I = I_0$, donc en remplaçant I par I_0 dans la définition du niveau sonore, on obtient :

$L = 10\log\left(\frac{I}{I_0}\right) = 10\log 1$, soit $\boldsymbol{L = 0}$.

b. $L = 10\log\left(\frac{I}{I_0}\right)$.

A. N. : $L = 10\log\left(\frac{10^{-4}}{10^{-12}}\right) = 10\log(10^8) = 10 \times 8$ soit $\boldsymbol{L = 80\ \text{dB}}$.

Ce niveau sonore est qualifié de « fatigant » pour l'oreille humaine.

c. Si $L = 10\log\left(\frac{I}{I_0}\right)$, alors $\frac{L}{10} = \log\left(\frac{I}{I_0}\right)$ et

$\frac{I}{I_0} = 10^{\frac{L}{10}}$ soit $\boldsymbol{I = I_0 \cdot 10^{\frac{L}{10}}}$.

> **Rappel**
> $\log 1 = 0$,
> $\log(10^n) = n$ et $10^0 = 1$.

A. N. : $I = 10^{-12} \times 10^{\frac{120}{10}} = 10^{-12} \times 10^{12} = 10^0$, d'où finalement $\boldsymbol{I = 1\ \text{W} \cdot \text{m}^{-2}}$.

2 Sons musicaux

1 Définition

• Un son musical est créé par un instrument de musique par vibration d'une corde tendue (violon, guitare, etc.), d'une colonne d'air (flûte, clarinette, etc.) ou d'un milieu matériel (tambour, xylophone, etc.). Il nécessite donc un **système mécanique vibrant**, mais aussi un **résonateur** pour amplifier l'onde sonore afin qu'elle soit suffisamment audible par toute oreille.

Exemple : Dans le cas de la guitare, le système mécanique vibrant est la corde, et le résonateur est la caisse de résonance.

• Une note est un signal périodique : seul le signal d'un diapason est sinusoïdal.

2 Caractéristiques

• Pour un son musical, on peut définir les caractéristiques suivantes :
– l'**intensité** du son, qui correspond à l'amplitude de l'onde ;
– la **hauteur** du son, qui correspond à sa fréquence ;
– le **timbre du son**, qui correspond à la forme du signal (il dépend de l'instrument de musique).

Remarque : Une note de même intensité et de même hauteur peut être jouée par deux instruments de musique différents et ne pas donner le même son.

EXERCICE RESOLU

Identifier des sons musicaux

ÉNONCÉ

Parmi les enregistrements des quatre sons proposés :

a. Quels sons correspondent à la même note ? Quelle caractéristique ont-ils alors en commun ?

b. Du son 2 ou du son 3, quel est celui qui est joué avec l'intensité la plus grande ?

c. À quoi peut-on reconnaître qu'il s'agit ici de quatre instruments différents ?

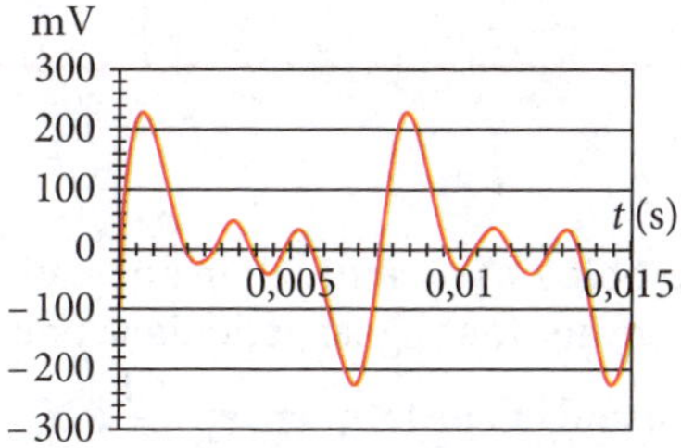

Document 1 – Son 1

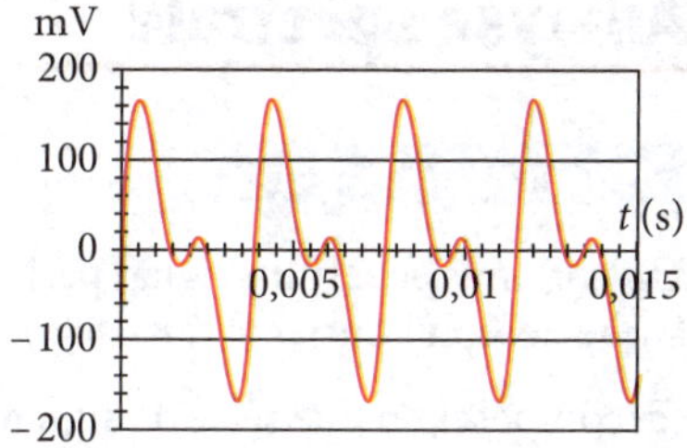

Document 2 – Son 2

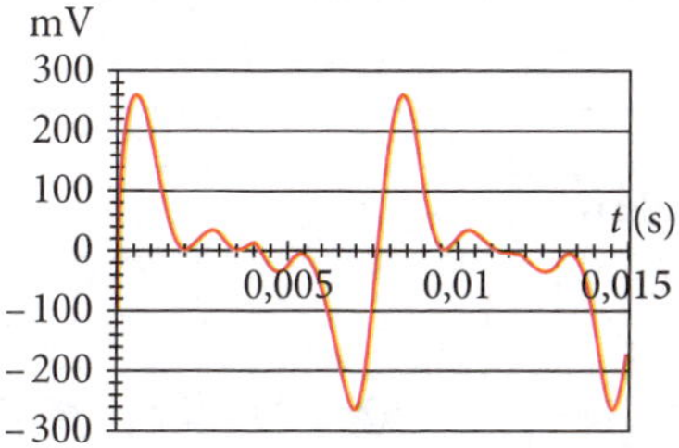

Document 3 – Son 3

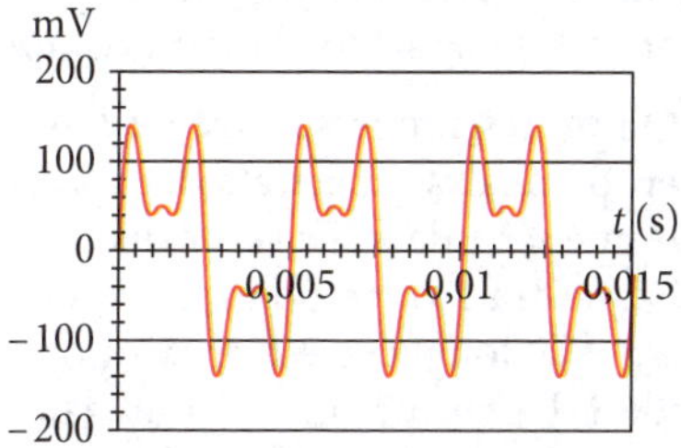

Document 4 – Son 4

CORRIGÉ

a. Deux sons correspondent à la même note si les signaux enregistrés ont la même fréquence, c'est-à-dire la même période. Ici, seuls **les sons 1 et 3 sont de même fréquence**. Ils ont donc la **même hauteur de son**.

> **Méthode**
> Compter le nombre de motifs pour chaque fenêtre de $t_{max} = 0{,}015$ s.

b. L'intensité correspond à l'amplitude du signal. L'amplitude du son 3 correspond à une valeur supérieure à 200 mV enregistrée, alors que celle du son 2 correspond à une valeur inférieure à 200 mV. Le **son 3** est donc joué avec une intensité supérieure à celle du son 2.

c. La caractéristique liée à l'instrument de musique est le timbre correspondant à la forme du signal.
Aucun signal n'ayant de motif comparable à un autre proposé, il s'agit de quatre instruments différents – même si l'on peut penser que l'instrument produisant le son 4 est très différent des trois autres.

> **Remarque**
> Aucun signal n'est sinusoïdal, donc aucun des quatre sons proposés n'est pur comme celui d'un diapason.

3 Analyse spectrale

1 Spectre de Fourier

- Un son musical est un signal périodique. Soit T sa période. Le mathématicien français Joseph Fourier (1768-1830) a montré que tout signal périodique pouvait se décomposer en une **série de signaux sinusoïdaux de fréquence** $f = \frac{1}{T}$, $2f$, $3f$…
- Le signal total est alors recomposé par **addition des différents signaux sinusoïdaux** de fréquences multiples $f_n = nf$, avec $n \in \mathbb{N}^*$. Ces derniers sont dits **purs**, alors que le signal total est dit **composé**.
- On représente le **spectre de Fourier**, ou analyse spectrale d'un son, par une série de traits verticaux. Chaque trait correspond à un son pur, et sa longueur est proportionnelle à l'intensité du son pur dans le son « total ». Ces traits sont positionnés aux fréquences f_n.

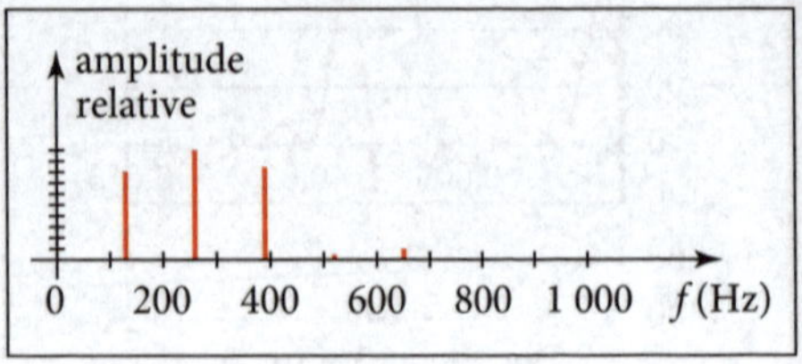

Remarque : Le son émis par un diapason est représenté par une sinusoïde. Son spectre de Fourier ne comporte qu'un bâtonnet.

- Le spectre proposé est celui d'un son de fréquence $f = 130$ Hz. N'étant pas celui d'un diapason, il n'est pas représenté par une sinusoïde, et l'analyse de Fourier montre qu'il est la somme de plusieurs sons purs à des fréquences multiples de 130 Hz, soit 130 Hz, 260 Hz, 390 Hz, 520 Hz et 650 Hz d'amplitude non nulle.

2 Fondamental et harmoniques

Le **fondamental** est le son pur de fréquence égale à celle du son musical.
Les **harmoniques** sont les sons représentés par des signaux sinusoïdaux de fréquences multiples de celle du fondamental.

Remarque : Dans un son musical, tous les harmoniques ne sont pas forcément présents.

- On distingue ainsi un bruit d'un son musical par la présence de fondamental et d'harmoniques dans l'analyse spectrale du son musical.
- La richesse des harmoniques dépend de l'instrument et de la manière de jouer la note (utilisation d'une pédale par exemple).

EXERCICE RÉSOLU

Identifier les spectres musicaux

ÉNONCÉ

Un guitariste, pour accorder son instrument, dispose d'un diapason donnant le *La* 440 (de fréquence 440 Hz). Les analyses spectrales du diapason, de la corde 2 et de la corde 6 de longueur réduite à la case 5 de sa guitare sont données ci-après.

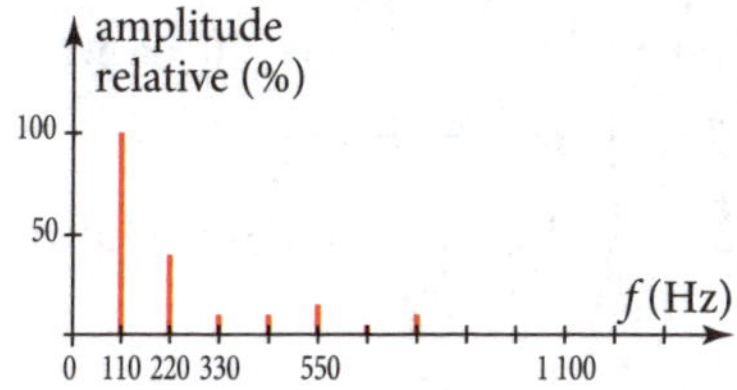

Spectre A

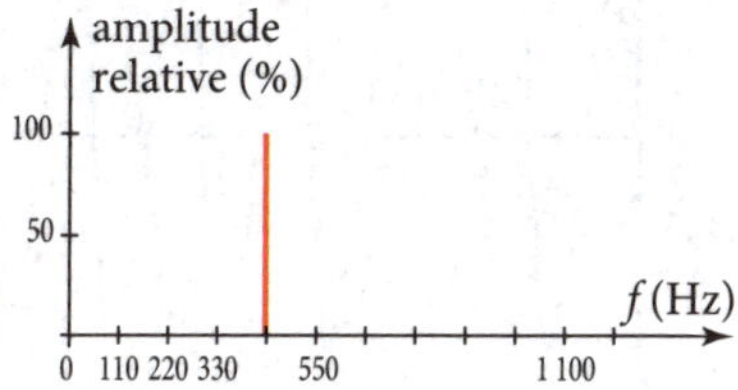

Spectre B

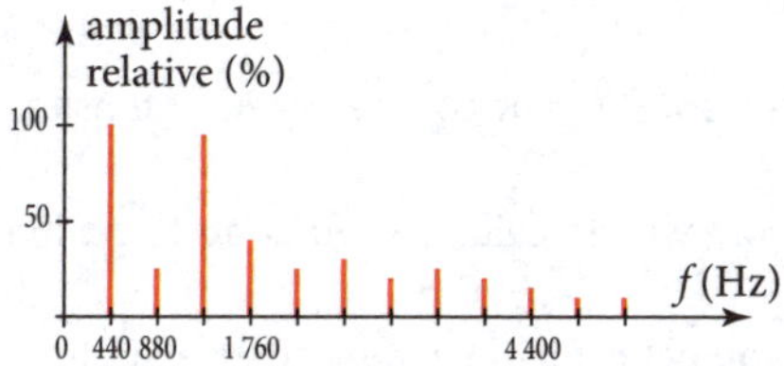

Spectre C

Sachant que les sons émis par la corde 2 et la corde 6 de longueur réduite à la case 5 sont des *La*, mais que seule la corde 6 réduite émet la même note que le diapason, identifier chaque spectre. En déduire la fréquence de la note correspondant au spectre A.

CORRIGÉ

Les spectres B et C ont leur fréquence du fondamental à 440 Hz. On en déduit que B et C correspondent à la même note de musique jouée par le diapason ou la corde 6 réduite. **Le spectre B de fréquence unique est celui du diapason, et C est donc celui de la corde 6 réduite**.

On en déduit que **le spectre A est celui de la corde 2** : le fondamental est à une fréquence de 110 Hz, fréquence de la note jouée.

Conseil

La fréquence du fondamental est le plus petit multiple commun à toutes les fréquences représentées dans l'analyse spectrale.

Comparer deux sons grâce à leur enregistrement

ÉNONCÉ

À l'aide d'un même micro relié à un oscilloscope numérique, on enregistre les deux sons *A* et *B* suivants. Comparer ces deux sons.

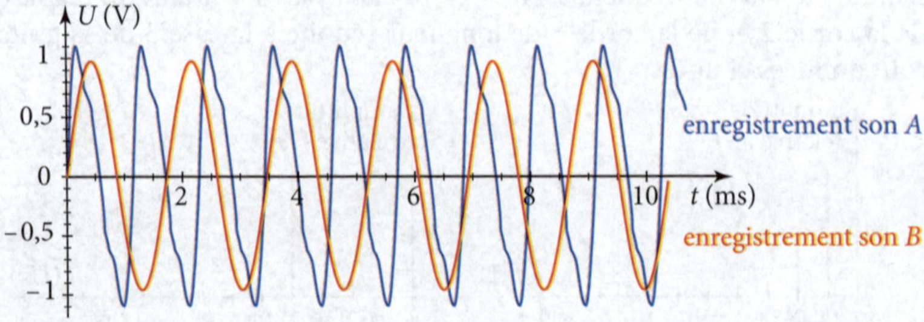

MÉTHODE

Pour comparer deux sons, il faut comparer leur intensité, leur hauteur et leur timbre.

▶ **1.** Le son le plus intense est celui qui possède l'amplitude du signal la plus importante.

▶ **2.** Le son le plus aigu est celui qui a la fréquence la plus élevée, c'est-à-dire la période la plus petite. Cette fréquence est celle de son fondamental.

▶ **3.** Le son est complexe, et possède donc une richesse en harmoniques, si la forme de l'enregistrement ne ressemble pas à une sinusoïde. On compare alors les timbres des instruments.

CORRIGÉ

1. L'amplitude de l'enregistrement *A* est légèrement supérieure à celle de l'enregistrement *B* : on en déduit que l'intensité de *A* est supérieure à celle de *B*.

2. La période T_A du signal *A* est inférieure à la période T_B du signal *B* : on en déduit que les fréquences sont telles que $f_A > f_B$. Le son *A* est donc plus aigu que *B*.

3. Le signal *B* est sinusoïdal : c'est donc un son pur de fréquence f_B.
En revanche, *A* est un son complexe possédant un fondamental à f_A et des harmoniques de fréquences multiples de f_A.

Remarque

L'enregistrement *A* est celui d'une flûte à bec, et *B* est celui d'un diapason.

Déterminer la valeur du niveau sonore

ÉNONCÉ

Dans un concert, lorsque l'ensemble de l'orchestre joue, le niveau sonore global enregistré à proximité est de 70 dB. Par la suite, l'ensemble des violons alto s'arrêtant, le niveau enregistré est abaissé à 65 dB.
Déterminer le niveau sonore des violons alto s'ils jouaient seuls.

MÉTHODE

▶ **1.** Traduire le niveau sonore maximal en intensité : exprimer l'intensité sonore I en fonction du niveau sonore L et de l'intensité de référence I_0. En déduire l'intensité sonore maximale I_{max} correspondant à 70 dB.

▶ **2.** Faire de même et calculer I_{min} correspondant à un niveau de 65 dB.

▶ **3.** L'intensité sonore des violons correspond à la différence entre I_{max} et I_{min} :

$$I_{violons} = I_{max} - I_{min}.$$

▶ **4.** En déduire le niveau sonore $L_{violons}$ connaissant $I_{violons}$.

CORRIGÉ

1. Le niveau sonore est tel que $L = 10\log\left(\frac{I}{I_0}\right)$, donc on en déduit que $\frac{I}{I_0} = 10^{\frac{L}{10}}$

soit :

$$I = I_0 \cdot 10^{\frac{L}{10}}$$

A. N. : $I(70\ \text{dB}) = I_{max} = 10^{-12} \times 10^{\frac{70}{10}} = 1{,}0 \cdot 10^{-5}\ \text{W} \cdot \text{m}^{-2}$.

2. De la même manière, on a $I(65\ \text{dB}) = I_{min} = 10^{-12} \times 10^{\frac{65}{10}} = 10^{-5{,}5}\ \text{W} \cdot \text{m}^{-2}$ soit $I_{min} = 3{,}2 \cdot 10^{-6}\ \text{W} \cdot \text{m}^{-2}$.

3. L'intensité sonore des violons seuls correspond à la différence des intensités, donc on en déduit que :

$$I_{violons} = I_{max} - I_{min}$$

A. N. : $I_{violons} = 1{,}0 \cdot 10^{-5} - 3{,}2 \cdot 10^{-6} = 6{,}8 \cdot 10^{-6}\ \text{W} \cdot \text{m}^{-2}$.

4. Comme le niveau sonore est défini par $L = 10\log\left(\frac{I}{I_0}\right)$,

on a finalement $I_{violons} = 10\log\left(\frac{6{,}8 \cdot 10^{-6}}{1{,}0 \cdot 10^{-12}}\right)$,

soit $L_{violons} = 68$ dB en ne gardant que 2 chiffres significatifs.

Remarque

Attention, seules les intensités sont additives, ce qui n'est pas le cas des niveaux sonores : $L_{violons} \neq L_{max} - L_{min}$.

Vérifiez vos connaissances

1 Vrai-Faux

Indiquer pour chaque proposition si elle est vraie (V) ou fausse (F).

1. Le niveau sonore L est sans unité. ☐ V ☐ F

2. Le timbre d'un son correspond à la fréquence du fondamental. ☐ V ☐ F

3. Dans une analyse de Fourier, toutes les fréquences multiples de celle du fondamental ont une amplitude non nulle. ☐ V ☐ F

4. Dans l'analyse spectrale d'une note, on représente la fréquence du fondamental et ses multiples. ☐ V ☐ F

5. Si deux notes sont jouées ensemble, leurs intensités sonores s'additionnent. ☐ V ☐ F

2 Démonstration

1. Démontrer que si l'intensité sonore I est multipliée par un facteur 2, le niveau sonore L est augmenté de 3 dB.

2. Généraliser si I est multipliée par un facteur n.

Exercices d'application

3 Corde d'une guitare

Exercice à caractère expérimental

En séance de TP, un élève musicien se propose de réaliser l'enregistrement de quelques notes obtenues avec sa guitare.

La fréquence de vibration et la note émise par chaque corde à vide, de longueur $L = 642$ mm, sont indiquées dans le tableau suivant :

Corde	1	2	3	40	5	6
***f* (Hz)**	82,4	110,0	146,8	196	246,9	329,5
Note	*Mi*	*La*	*Ré*	*Sol*	*Si*	*Mi*

L'élève pince la corde n° 3 et visualise, à l'aide d'un microphone et d'un oscilloscope à mémoire, une tension électrique de même fréquence de vibration que celle de la corde.

L'oscillogramme obtenu est représenté ci-contre.

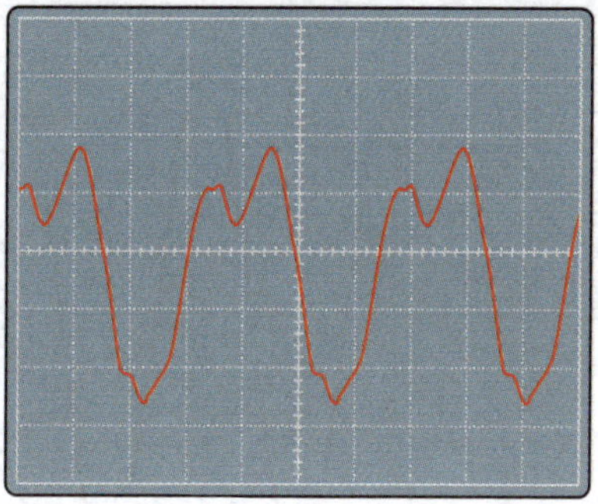

1. Expliquer la nécessité d'utiliser un oscilloscope à mémoire.

2. Déterminer la période de vibration.

3. Vérifier qu'elle correspond à un bon accord de la corde.

4. En déduire la fréquence des deux premiers harmoniques.

Les réglages de l'oscilloscope sont :
– base de temps : 2 ms/div ;
– sensibilité verticale : 200 mV/div.

4 Étude de sons

Pour un musicien, le son possède quatre qualités ou paramètres qui sont la hauteur, l'intensité, le timbre et la durée. Dans toute la suite de l'exercice, on ne s'intéressera qu'aux trois premiers paramètres.

Le document qui suit présente l'enregistrement, à l'aide d'un logiciel d'acquisition adapté, du son produit par un haut-parleur alimenté par un générateur de fréquence.

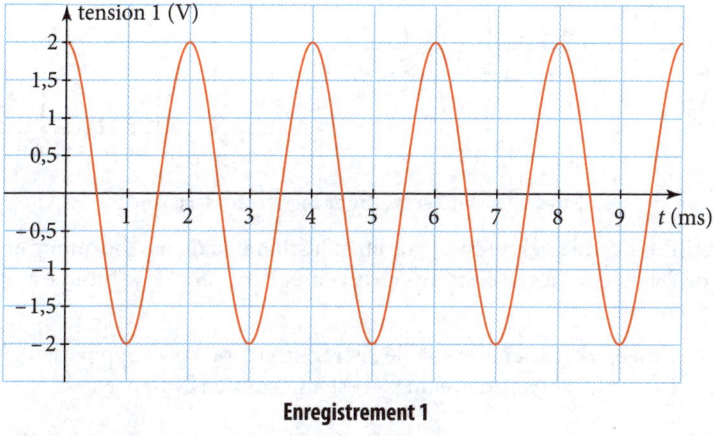

Enregistrement 1

1. Déterminer la hauteur du son enregistré.

2. On effectue un autre enregistrement du son émis par le haut-parleur en modifiant un réglage au niveau du générateur de fréquences :

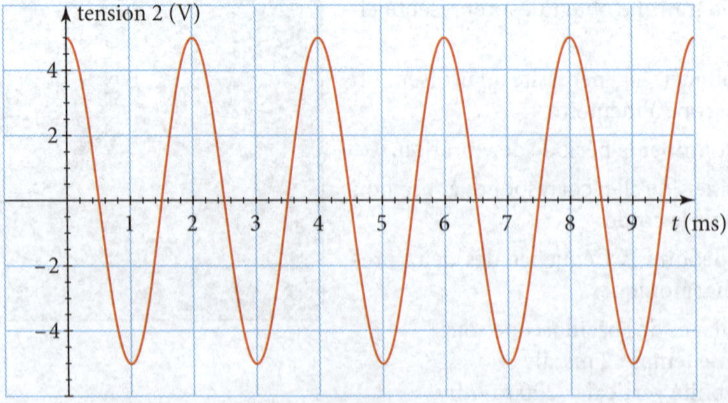

Enregistrement 2

Quelle modification l'expérimentateur a-t-il effectuée pour obtenir ce nouvel enregistrement ? Quel paramètre du son, parmi les trois proposés par l'énoncé, a varié dans ce nouvel enregistrement ?

Le document suivant présente l'enregistrement du son produit par un synthétiseur et son analyse spectrale :

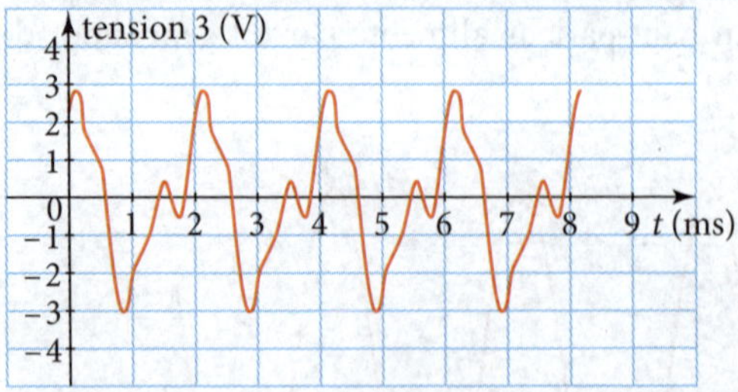

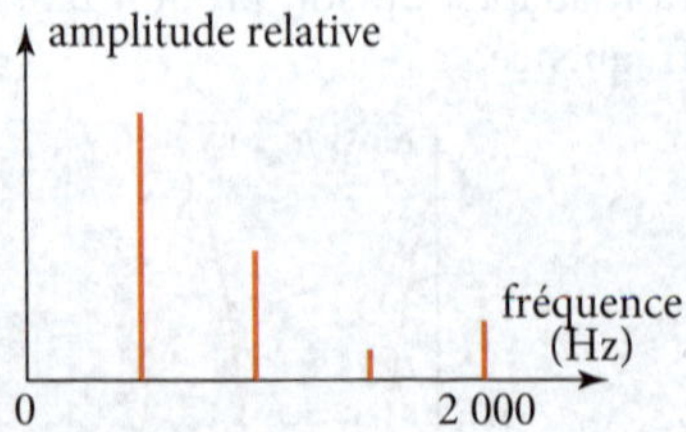

Enregistrement 3 et spectre de Fourier correspondant

3. En utilisant cette analyse spectrale et en justifiant la démarche, montrer que la valeur de la hauteur du son émis lors de cet enregistrement est identique à celle des enregistrements 1 et 2.

4. Quelle différence présente le son de l'enregistrement 3 par rapport aux enregistrements 1 et 2 ? Quel paramètre du son est ainsi mis en évidence ?

Vers le bac

5 Soirée de concert

Une sonorisation est réglée sur un niveau de 70 dB si les participants de la soirée sont à 25 m des haut-parleurs.

1. Quelle est l'intensité sonore à 25 m ?

2. Quel est le niveau sonore pour un participant qui s'avancerait à 10 m des enceintes ? On supposera que la puissance libérée par les enceintes est régulièrement répartie sur une sphère.

3. Lorsque les enceintes ne sont pas en fonctionnement, les participants qui discutent à 25 m des enceintes ont un niveau de bruit de 53 dB. Lors de la mise en fonctionnement de la sonorisation, quel sera alors le niveau sonore total ?

6 Des bouchons pour nos oreilles

Exercice à caractère documentaire

Nos oreilles sont fragiles. Une trop grande intensité sonore peut les endommager de façon irréversible. Pour prévenir ce risque, il existe des protections auditives de natures différentes selon leur type d'utilisation.

On peut distinguer, par exemple, deux catégories de bouchons d'oreille :
– **les bouchons en mousse** (ou les boules en cire), à usage domestique. Ce sont largement les plus courants. Ils sont généralement jetables, de faible coût et permettent de s'isoler du bruit. Ils restituent un son sourd et fortement atténué ;
– **les bouchons moulés en silicone**, utilisés par les musiciens. Ils sont fabriqués sur mesure et nécessitent la prise d'empreinte du conduit auditif. Lavables à l'eau, ils se conservent plusieurs années. Ils conservent la qualité du son. Leur prix est relativement élevé.

Une pratique musicale régulière d'instruments tels que la batterie ou la guitare électrique nécessite une atténuation du niveau sonore. Cependant, cette atténuation ne doit pas être trop importante. Afin que le musicien entende suffisamment, elle ne doit donc pas dépasser 25 dB.

Sur un document publicitaire, un fabricant fournit les courbes d'atténuation correspondant aux deux types de bouchons. On représente ainsi la diminution du niveau sonore due au bouchon en fonction de la fréquence de l'onde qui le traverse.

On remarquera que plus l'atténuation est grande, plus l'intensité sonore est faible.

1. Indiquer pour chaque bouchon si le critère précédent d'une atténuation maximale de 25 dB a été respecté.

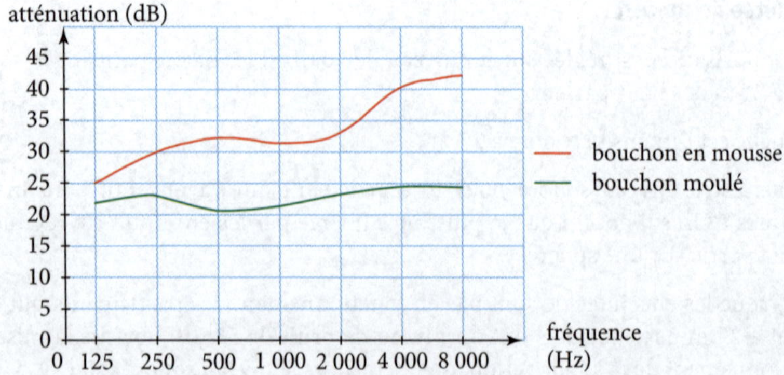

Courbes d'atténuation

2. Indiquer si un bouchon en mousse atténue davantage les sons aigus ou les sons graves. Commenter alors la phrase du texte introductif : « Ils (les bouchons en mousse) restituent un son sourd. »

Un dispositif adapté permet d'enregistrer le son émis par une flûte et celui restitué par les deux types de bouchons lorsqu'un musicien joue la note la_4. Les spectres en fréquence de ces sons sont représentés ci-après.

3. En justifiant, indiquer si le port de bouchons en mousse modifie la hauteur du son. De même, modifie-t-il le timbre du son ? Même question pour le bouchon moulé en silicone.

4. Commenter la phrase du texte introductif : « Ils (les bouchons moulés) conservent la qualité du son. »

5. Une exposition prolongée à 85 dB est nocive pour l'oreille humaine. Durant un concert de rock, un batteur est soumis en moyenne à une intensité sonore $I = 1{,}0 \cdot 10^{-2}\ \mathrm{W \cdot m^{-2}}$. Calculer le niveau sonore auquel correspond l'intensité sonore I.

6. Le batteur est porteur de bouchons moulés en silicone correspondant au document publicitaire. Préciser si ses facultés auditives peuvent être altérées au cours du concert.

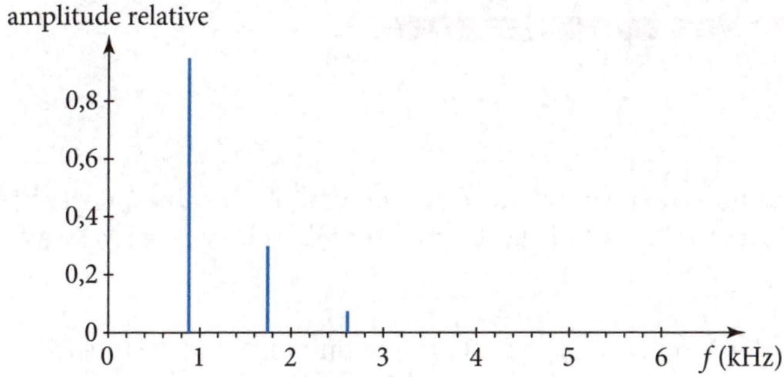

Spectre du *La*$_4$ émis par la flûte

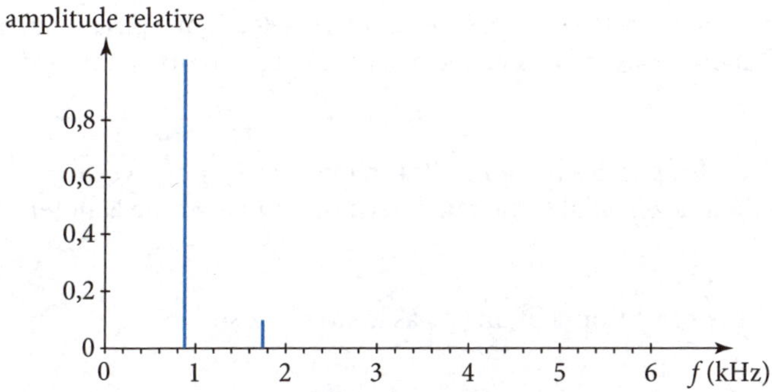

Spectre du *La*$_4$ restitué après passage par un bouchon en mousse

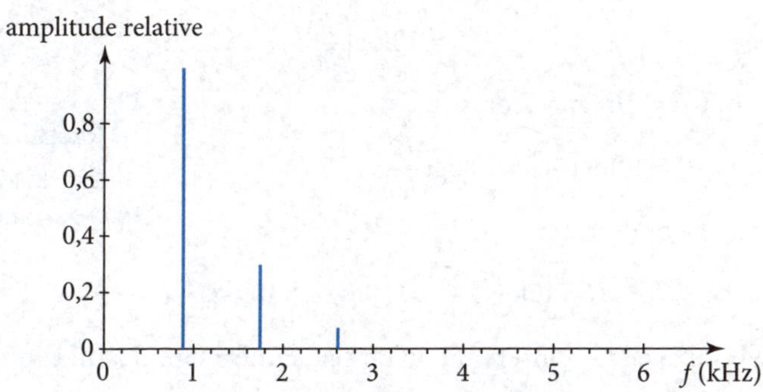

Spectre du *La*$_4$ restitué après passage par un bouchon moulé en silicone

Vérifiez vos connaissances

1 QCM

1. Faux.

Le niveau sonore s'exprime en décibels, de symbole dB. Une analyse dimensionnelle ne permettrait pas de le faire apparaître dans le système MKSA.

2. Faux.

Le timbre d'un son correspond à la forme du motif du signal périodique enregistré. La fréquence du fondamental correspond cependant à la hauteur du son.

3. Faux.

Il est possible que l'instrument créant ce son ne sélectionne pas un harmonique : son amplitude sera alors nulle et elle n'apparaîtra pas dans l'analyse de Fourier.

4. Vrai.

Sont représentées par des bâtonnets les fréquences $f_n = nf_0$ avec $n = 1$ et $f = f_0$ la fréquence du fondamental (celle qui détermine la hauteur de la note).

5. Vrai.

Les intensités I s'additionnent, mais pas les niveaux sonores L.

2 Démonstration

1. Par définition, la relation entre l'intensité sonore I et le niveau sonore L est :

$$L = 10\log\left(\frac{I}{I_0}\right)$$

Supposons que $I' = 2I$. On a alors :

$$L' = 10\log\left(\frac{I'}{I_0}\right) = 10\log\left(\frac{2I}{I_0}\right)$$

Rappel

$\log(ab) = \log(a) + \log(b)$.

que l'on peut encore écrire :

$$L' = 10\log\left(2\frac{I}{I_0}\right) = 10\log 2 + 10\log\left(\frac{I}{I_0}\right)$$

$10\log 2 = 3{,}0$ soit 3 en ne conservant qu'un seul chiffre significatif, et on identifie aussi $\mathrm{L} = 10\log\left(\frac{I}{I_0}\right)$. Finalement, on obtient $L' = 3 + L$: **le niveau sonore a bien augmenté de $\Delta L = L' - L = 3$ dB.**

2. On peut généraliser la démonstration précédente.

Si $I' = nI$, on a alors :

$$L' = 10\log\left(\frac{nI}{I_0}\right) = 10\log n + 10\log\left(\frac{I}{I_0}\right) = 10\log n + L.$$

Si I est multipliée par un facteur n, on a ainsi une augmentation du niveau sonore de $\Delta L = 10\log n$.

L'astuce du prof

Ne pas refaire toute la démonstration, remplacer simplement 2 par *n* et être plus concis.

Exercices d'application

3 Corde d'une guitare

Exercice à caractère expérimental

1. Le signal sonore produit par la corde est rapidement atténué : l'amplitude du signal ou l'intensité du son diminue rapidement. **Pour enregistrer le son avant toute atténuation**, il est nécessaire de le faire avec un oscilloscope numérique, l'oscilloscope classique l'enregistrant en continu.

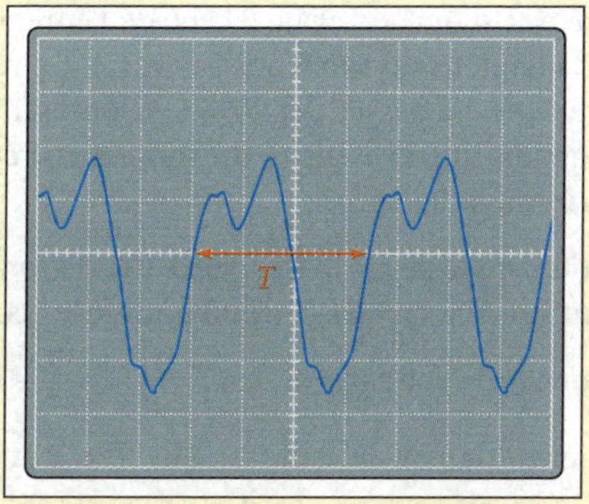

2. L'oscillogramme permet la mesure de la période T, soit une lecture correspondant à 3,4 divisions. On en déduit :

$T = 3{,}4$ div × 2 ms/div, soit $\boldsymbol{T = 6{,}8}$ **ms**.

3. La fréquence correspondante est alors $f = \frac{1}{T} = \frac{1}{6{,}8 \cdot 10^{-3}} = 147{,}05$ Hz, soit $\boldsymbol{f = 1{,}5 \cdot 10^2}$ **Hz**.

Avec la précision de la mesure effectuée, **le résultat trouvé est bien en accord avec la fréquence du fondamental de la note générée par la corde n° 3**, soit 146,8 Hz.

4. Les fréquences des harmoniques sont des multiples de la fréquence du fondamental, soit :

$2f = 2 \times 146{,}8 =$ **293,6 Hz pour le premier harmonique** et $3f = 3 \times 146{,}8 =$ **440,4 Hz pour le second.**

Piège à éviter

La mesure du nombre de divisions à l'oscilloscope est précise au 1/10 près, donc le résultat du calcul de la fréquence ne peut être plus précis !

4 Étude de sons

1. La hauteur d'un son correspond à la fréquence du son fondamental. Cette fréquence est aussi celle du signal périodique enregistré.

De manière évidente sur l'oscillogramme représentant l'enregistrement d'un son pur, on note qu'une période correspond à 2 ms.

On en déduit alors la fréquence $f = \frac{1}{T}$.

A. N. : $f = \frac{1}{2 \cdot 10^{-3}}$ soit **$f =$ 500 Hz.**

2. La période du nouveau signal est égale à celle de l'enregistrement précédent, donc la fréquence et la hauteur du son n'ont pas varié. En revanche, l'amplitude mesurée à l'oscillogramme est passée de 2 V à 5 V. L'amplitude ayant été multipliée par 2,5, on en déduit que **l'intensité du son a aussi été multipliée par ce facteur d'un enregistrement à l'autre**.

3. La hauteur d'un son complexe est la fréquence de son fondamental. Sur l'analyse spectrale, on peut lire que $f_n = nf_0 = 2\,000$ pour le 4e pic, soit pour $n = 4$.

On en déduit la fréquence du fondamental : $f_0 = \frac{f_n}{n} = \frac{2\,000}{4} = 500$ Hz.

L'enregistrement 3 permet aussi de montrer que $T = 2$ ms, période du signal complexe ou durée du motif, soit alors $f = \frac{1}{T} = 500$ Hz.

La fréquence calculée est bien celle des deux précédents enregistrements.

4. La différence entre l'enregistrement 3 et les enregistrements 1 et 2, outre l'intensité différente, est que **la forme du signal de l'enregistrement 3 est plus complexe**. On met en évidence le **timbre de l'instrument**.

Vers le bac

5 Soirée de concert

1. L'intensité sonore I correspondante est telle que $L = 10\log\left(\frac{I}{I_0}\right)$, soit :

$$I = I_0 \cdot 10^{\frac{L}{10}}$$

A. N. : $I = 1{,}0 \cdot 10^{-12} \times 10^{\frac{70}{10}}$ soit $\boldsymbol{I = 1{,}0 \cdot 10^{-5}\ \mathrm{W \cdot m^{-2}}}$.

2. Soit la sphère de rayon R, sa surface est alors :

$$S = 4\pi R^2$$

On a donc $S = 4\pi \times 25^2 = 7{,}9 \cdot 10^3\ \mathrm{m^2}$ pour $R = 25$ m et $S' = 4\pi \times 10^2 = 1{,}3 \cdot 10^3\ \mathrm{m^2}$ pour $R = 10$ m.

L'intensité sonore étant par définition la puissance acoustique P par unité de surface, on a :

$$P = IS$$

> **Méthode**
> Calculer la puissance acoustique $P = IS$ à $R = 25$ m avec $S = 4\pi R^2$ que l'on supposera constante.

A. N. : $P = 1{,}0 \cdot 10^{-5} \times 7{,}9 \cdot 10^3 = \boldsymbol{7{,}9 \cdot 10^{-2}\ \mathrm{W}}$ en utilisant les résultats obtenus à 25 m.

En supposant la conservation de cette puissance entre $R = 10$ m et $R = 25$ m, on en déduit que :

$$P = I'S'$$

soit :

$$I' = \frac{P}{S'}$$

A. N. : $I' = \frac{7{,}9 \cdot 10^{-2}}{1{,}3 \cdot 10^3} = \boldsymbol{6{,}1 \cdot 10^{-5}\ \mathrm{W \cdot m^{-2}}}$.

On en déduit L', le niveau sonore à 10 m :

$$L' = 10\log\left(\frac{I'}{I_0}\right)$$

A. N. : $L' = 10\log\left(\frac{6{,}1 \cdot 10^{-5}}{1{,}0 \cdot 10^{-12}}\right)$, soit $\boldsymbol{L' = 78\ \mathrm{dB}}$.

3. Si $L'' = 53$ dB, alors l'intensité sonore correspondante est :

$$I'' = I_0 \cdot 10^{\frac{L''}{10}}$$

A. N. : $I'' = 1{,}0 \cdot 10^{-12} \times 10^{\frac{53}{10}}$ soit $I'' = 2{,}0 \cdot 10^{-7}\ \mathrm{W \cdot m^{-2}}$.

Lors de la mise en fonctionnement de la sonorisation :

$$I_{\text{total}} = I'' + I$$

A. N. : $I_{\text{total}} = 2{,}0 \cdot 10^{-7} + 1{,}0 \cdot 10^{-5} = 1{,}02 \cdot 10^{-5}\ \mathrm{W \cdot m^{-2}}$.

Le niveau sonore s'écrit donc :

$$L_{\text{total}} = 10\log\left(\frac{I_{\text{total}}}{I_0}\right)$$

A. N. : $L_{\text{total}} = 10\log\left(\frac{1{,}02 \cdot 10^{-5}}{1{,}0 \cdot 10^{-12}}\right) = 70$ dB.

Le niveau sonore n'est pas sensiblement modifié.

Piège à éviter

Seules les intensités sonores s'additionnent.

6 Des bouchons pour nos oreilles

Exercice à caractère documentaire

1. La courbe représentant l'atténuation du **bouchon en mousse** montre que l'atténuation minimale est de 25 dB : **le critère évoqué n'est donc pas respecté**.

En revanche, la courbe représentative de l'atténuation du **bouchon moulé** montre une atténuation maximale inférieure à 25 dB : **le critère est ici respecté**.

Remarque

La courbe d'atténuation correspond à la différence de niveau sonore avec ou sans bouchons :
L (avec)
= L (sans) – atténuation.

2. L'atténuation maximale supérieure à 40 dB est obtenue pour les hautes fréquences, c'est-à-dire pour les sons aigus.

Cela est bien en accord avec le texte : **les bouchons en mousse atténuent les sons aigus et restituent davantage les sons graves**, donnant ainsi la sensation de sons « sourds ».

3. Le port de **bouchons en mousse** modifie l'intensité du son en fonction de sa fréquence, mais sans modifier cette dernière : **la hauteur du son n'est donc pas modifiée**, car elle correspond à la fréquence, inchangée, du fondamental.

En revanche, l'intensité du fondamental et des différents harmoniques sera modifiée : l'analyse spectrale traduit alors des intensités relatives différentes. **Le timbre du son en est donc modifié.**

En ce qui concerne les **bouchons moulés en silicone**, en considérant l'atténuation comme quasi constante quelle que soit la fréquence, on peut conclure que **la hauteur reste la même et que le timbre est quasiment inchangé**.

4. Les bouchons moulés ne modifient donc presque pas le spectre du son après atténuation : ils le restituent correctement, c'est-à-dire qu'ils en conservent la « qualité ».

5. Le niveau sonore L auquel correspond l'intensité sonore I s'écrit :

$$L = 10\log\left(\frac{I}{I_0}\right)$$

A. N. : $L = 10\log\left(\frac{1{,}0 \cdot 10^{-2}}{1{,}0 \cdot 10^{-12}}\right) = 10\log(1{,}0 \cdot 10^{10}) = 100$ soit $\boldsymbol{L = 1{,}0 \cdot 10^{2}}$ **dB**.

6. D'après la courbe d'atténuation des bouchons en silicone, l'atténuation est quasi constante entre 20 et 25 dB. Le niveau sonore L' obtenu avec bouchons est donc tel que :

$$75 \text{ dB} = L - 20 \text{ dB} < L' < L - 25 \text{ dB} = 80 \text{ dB}$$

Le niveau sonore maximal obtenu avec bouchons est de toute manière inférieur à 85 dB. **On ne constatera donc normalement aucune altération de l'audition du batteur.**

CHAPITRE 3 Propriétés des ondes

1 Diffraction

1 Mise en évidence expérimentale

• Lorsqu'une onde (un signal acoustique ou lumineux) rencontre un objet ou une ouverture de petites dimensions, si ces dimensions sont de l'ordre de grandeur de la longueur d'onde du signal, alors le principe de propagation rectiligne de l'onde progressive n'est plus respecté. On parle alors de **diffraction du signal par l'objet ou l'ouverture**.

• En TP, on peut mettre en évidence le phénomène de diffraction dans le cas de la lumière monochromatique par le passage d'un laser dans une fente verticale par exemple. Le faisceau lumineux, après passage par la fente, est récupéré sur un écran perpendiculaire au faisceau laser incident.

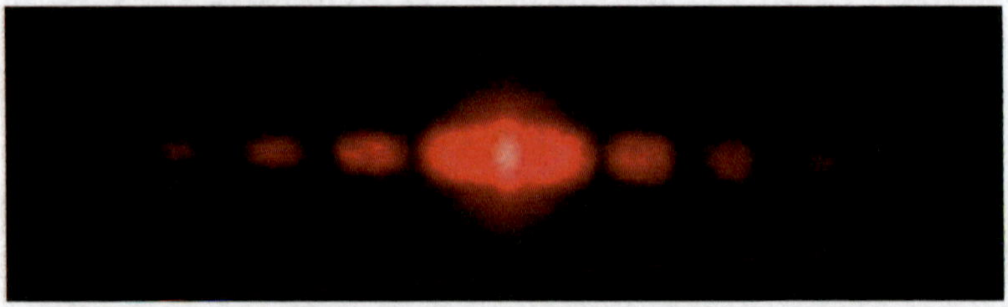

Figure de diffraction d'une fente verticale

On observe une figure horizontale alors que l'obstacle est vertical : la figure obtenue est perpendiculaire à l'obstacle. Elle se compose d'une série de petits traits de longueur identique à l'exception de celui du centre, appelé **tache centrale de diffraction**, de longueur double. L'intensité lumineuse diminue au fur et à mesure que l'on s'éloigne de la tache centrale.

• Dans le cas d'une lumière polychromatique ou d'une lumière blanche, on observe en plus des **irisations** de la figure de diffraction : le trajet des rayons lumineux dépend de la longueur d'onde du signal.

2 Influence relative de la taille de l'obstacle ou de l'ouverture et de la longueur d'onde

Reprenons l'expérience de la diffraction de l'onde monochromatique du laser par une fente. Soit $2d$ la largeur de la tache centrale de diffraction, D la distance entre l'ouverture et l'écran, et a la dimension de l'ouverture.

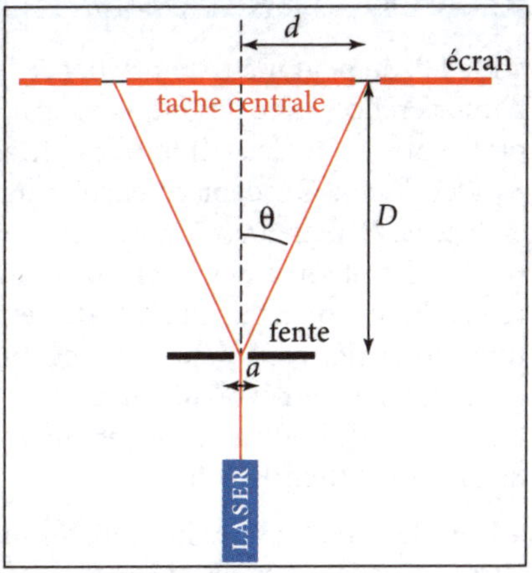

L'**ouverture angulaire θ** (en rad) d'un faisceau diffracté par un obstacle est telle que :

$\tan\theta \approx \theta = \frac{d}{D} = \frac{\lambda}{a}$ avec d, D et a définies par le schéma ci-contre (en m) et λ la longueur d'onde (en m).

Remarque : Cette relation définissant l'ouverture angulaire d'un faisceau diffracté se généralise pour les petites ouvertures.

EXERCICE RÉSOLU

Déterminer la longueur d'onde

ÉNONCÉ

La figure de diffraction d'un fil calibré de 122 µm de diamètre donne une figure de diffraction dont la tache centrale mesure 4,2 cm pour une distance fil-écran de 3,90 m. Déterminer la longueur d'onde de la diode laser utilisée.

CORRIGÉ

L'énoncé précise que $a = 122 \cdot 10^{-6}$ m, $2d = 4{,}2 \cdot 10^{-2}$ m et $D = 3{,}90$ m.
La relation de l'ouverture angulaire est telle que :

$\theta = \frac{d}{D} = \frac{\lambda}{a}$ soit $\lambda = \frac{ad}{D}$.

Méthode
Bien identifier les différentes distances de l'énoncé.

A. N. : $\lambda = \frac{122 \cdot 10^{-6} \times (4{,}2 \cdot 10^{-2}/2)}{3{,}90} = 66 \cdot 10^{-8}$ m, soit environ **0,66 µm**, valeur appartenant bien au spectre de la lumière visible.

2 Interférences

1 Mise en évidence expérimentale

• En TP, on peut mettre en évidence le phénomène d'interférences avec des ultrasons par exemple : on place côte à côte deux émetteurs ultrasonores E_1 et E_2 identiques. On déplace ensuite un récepteur R en face des émetteurs, suivant une droite parallèle à (E_1E_2). On observe alors, à l'aide d'un oscilloscope relié à R, qu'en certains points de l'espace, l'amplitude du signal reçu **peut être maximale** et qu'en d'autres, elle **peut être minimale**.
On notera d_1 la distance émetteur E_1 – R et d_2 la distance émetteur E_2 – R.

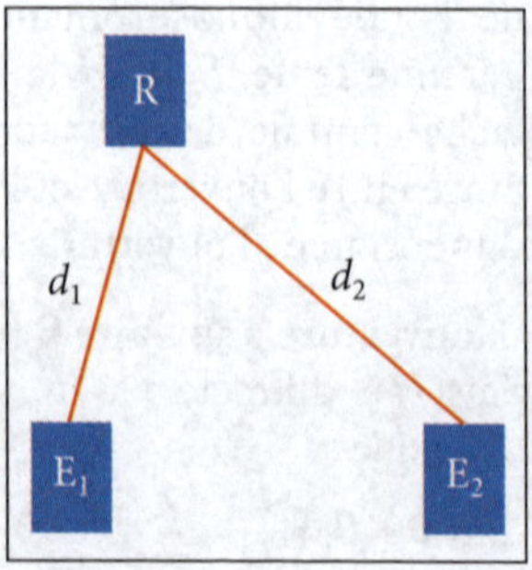

• Dans le cas des ondes lumineuses monochromatiques, l'expérience des fentes d'Young décrite p. 262-263 présente une série de franges dites **franges d'interférences**. Certains endroits M de l'écran présentent aussi des points d'intensité lumineuse maximale (franges brillantes) et des points d'intensité minimale (franges sombres).
On notera d_1 la distance totale parcourue par l'onde passant par la fente 1 et d_2 celle parcourue par l'onde passant par la fente 2.

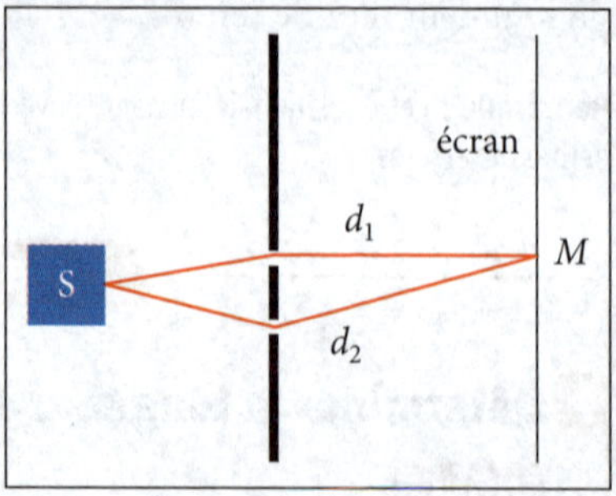

Dans le cas de deux signaux cohérents, souvent produits à partir d'une même source S primaire, on peut observer des **franges d'interférences**, soit une succession de franges sombres (intensité minimale) et de franges très brillantes (maxima d'intensité).
L'**interfrange** i (en m) est la distance entre deux franges brillantes (resp. sombres) consécutives.

• Dans le cas d'une lumière polychromatique ou d'une lumière blanche, les figures d'interférences dues à chaque longueur d'onde se **superposent** sur l'écran, créant des franges de plus en plus irisées au fur et à mesure que l'on s'éloigne du centre de la figure.

2 Conditions d'interférences constructives et destructives

- Dans le cas des deux expériences ci-avant, on définit la **différence de marche**, notée δ et s'exprimant en mètres, comme la différence entre les distances d_1 et d_2 parcourues :

$$\boldsymbol{\delta = d_2 - d_1}$$

Remarque : Dans un milieu d'indice $n \neq 1$, on définit plus généralement la différence de marche comme $\delta = n(d_2 - d_1)$.

Lorsque la différence de marche δ est un multiple de la longueur d'onde, les interférences sont dites **constructives : $\delta = k\lambda$** avec $k \in \mathbb{Z}$. Les signaux sont alors en phase.
En revanche, lorsque $\boldsymbol{\delta = \left(k + \frac{1}{2}\right)\lambda}$ avec $k \in \mathbb{Z}$, les interférences sont **destructives.** Les signaux sont alors en opposition de phase.

- Un point M **tel que $\delta = k\lambda$ appartient à une frange brillante**, alors qu'un point M tel que $\delta = \left(k + \frac{1}{2}\right)\lambda$ appartient à une frange sombre.

EXERCICE RÉSOLU

Déterminer la position d'un point *M* de la figure d'interférences

ÉNONCÉ

On utilise le dispositif des fentes d'Young avec un laser de fréquence $f = 4{,}74 \cdot 10^{14}$ Hz. En un point M de l'écran, la différence de marche est $\delta = 6{,}33$ µm. En déduire la position de M dans la figure d'interférences.

CORRIGÉ

La longueur d'onde de l'onde lumineuse est $\lambda = \frac{c}{f}$, avec c la célérité de la lumière, soit $c = 3{,}00 \cdot 10^8$ m·s^{-1}. On en déduit la valeur de $\lambda = \frac{3{,}00 \cdot 10^8}{4{,}74 \cdot 10^{14}} = 6{,}33 \cdot 10^{-7}$ m.

Or $\frac{\delta}{\lambda} = \frac{6{,}33 \cdot 10^{-6}}{6{,}33 \cdot 10^{-7}} = 10$.

On constate que l'on est dans le cas d'une condition d'interférence constructive : ***M* appartient donc à une frange brillante de la figure d'interférences.**

Méthode

Calculer la valeur de la longueur d'onde, puis le rapport δ/λ afin d'identifier une condition d'interférence constructive ou destructive.

3 Effet Doppler

1 Décalage en fréquence dans le cas de faibles vitesses

- Pour comprendre le phénomène, imaginons une source qui lance des balles à la vitesse c avec un temps entre deux balles, ou période d'émission, noté T_e. Supposons, de plus, que le récepteur des balles s'éloigne de la source parallèlement à la direction des lancers à la vitesse v.

Le temps qui sépare deux réceptions de balle est noté T_r : il est plus grand que T_e, car entre deux balles, le récepteur s'est éloigné davantage de la source.

Pendant ce temps supplémentaire, la balle a parcouru une distance correspondant à $c(T_r - T_e)$, et le récepteur s'est reculé d'une même distance correspondant à vT_r.

Finalement, on a $c(T_r - T_e) = vT_r$, soit $T_r = \dfrac{1}{1 - \dfrac{v}{c}} T_e$.

La relation sur les fréquences correspondante est : $f_r = \left(1 - \dfrac{v}{c}\right) f_e$ soit $\dfrac{f_e - f_r}{f_e} = \dfrac{v}{c}$.

- On peut aussi considérer un récepteur s'approchant de la source à la vitesse v, l'expression précédemment établie se retrouve en changeant v en $-v$:

$$f_r = \left(1 + \frac{v}{c}\right) f_e \text{ soit } \frac{f_r - f_e}{f_e} = \frac{v}{c}$$

Remarque : On s'intéresse la plupart du temps au cas des ondes acoustiques et électromagnétiques pour lesquelles on peut généraliser cette dernière formule.

Lorsqu'un signal de fréquence f est reçu par un récepteur en mouvement à la vitesse v par rapport à la source, la **variation de fréquence Δf** est telle que :

$\dfrac{|\Delta f|}{f} = \dfrac{v}{c}$ avec
- f : fréquence du signal lors de l'émission (en Hz),
- v : vitesse de déplacement du récepteur par rapport à la source (en $m \cdot s^{-1}$),
- c : célérité du signal (en $m \cdot s^{-1}$).

- Si le récepteur se rapproche de la source, la fréquence perçue est plus grande, alors que s'il s'éloigne, la fréquence perçue est plus petite.

Exemple : Dans le cas des ondes acoustiques, l'effet Doppler est perceptible lors du passage d'un véhicule de pompiers ou d'une ambulance : la fréquence du signal sonore change entre son approche (son plus aigu) et son éloignement (son plus grave).

2 Effet Doppler comme moyen d'investigation en astronomie

● Lorsqu'une source lumineuse se rapproche de la Terre, la fréquence apparente de son rayonnement augmente, et sa lumière se déplace vers la partie bleue du spectre.
Inversement, si la source s'éloigne, la fréquence apparente de l'onde émise diminue, et la lumière est décalée vers le rouge.

On appelle **Redshift**, noté z, le décalage vers le rouge d'une source astronomique s'éloignant de nous :

$$z = \frac{|\Delta f|}{f} = \frac{v}{c}$$

z étant le rapport de deux grandeurs identiques, il est sans unité.

Remarque : À cause de l'expansion de l'Univers, la plupart des étoiles s'éloignent de nous.

● Le décalage en fréquence étant directement lié à la vitesse v de l'astre, on peut, en comparant le spectre reçu avec le spectre solaire, le mesurer et en déduire la vitesse relative de cet astre par rapport à notre planète.

Remarque : Le Redshift peut aussi être défini comme un décalage en longueur d'onde dans le vide $z = \frac{|\Delta \lambda|}{\lambda} = \frac{v}{c}$.

EXERCICE RÉSOLU

Déterminer la vitesse d'éloignement

ÉNONCÉ

Un des quasars les plus célèbres chez les astronomes amateurs est le quasar 3C 273, situé dans la constellation de la Vierge. Son Redshift est de $z = 0{,}158$. Déterminer sa vitesse d'éloignement.

CORRIGÉ

Le Redshift est défini comme :

$$z = \frac{|\Delta f|}{f} = \frac{v}{c}$$

soit : $v = zc$

A. N. : $v = 0{,}158 \times 3{,}00 \cdot 10^8 = 0{,}474 \cdot 10^8\ \text{m} \cdot \text{s}^{-1}$
ou $\boldsymbol{v = 4{,}74 \cdot 10^7\ \text{m} \cdot \text{s}^{-1}}$.

Rappel
Le signal reçu est un signal électromagnétique, donc c correspond à la vitesse de la lumière dans le vide.

Déterminer expérimentalement le diamètre d'un fil

ÉNONCÉ

En TP, un élève mesure la largeur L (en cm) de la tache centrale de la figure de diffraction d'un laser passant à travers une série de fils calibrés.
Le tableau récapitulatif des résultats obtenus est donné ci-après, D représentant le diamètre du fil. L'élève mesure également avec le même dispositif la largeur L de la figure de diffraction obtenue grâce à un cheveu mis dans le rayon laser.
Déterminer le diamètre de ce cheveu tel que $L_{\text{cheveu}} = 4{,}5$ cm.

D (µm)	56	80	100	133	162	200
L (cm)	6,0	4,2	3,5	2,5	2,0	1,5

MÉTHODE

▶ **1.** Tracer la courbe représentative du diamètre D en fonction de l'inverse de la largeur de la tache centrale de diffraction après avoir calculé les valeurs de $\frac{1}{L}$ (m^{-1}).

En TP, on peut utiliser un logiciel permettant de créer la variable inv$L = \frac{1}{L}$ par exemple et d'afficher la courbe $D = f(\text{inv}L)$.

▶ **2.** Modéliser ensuite la courbe obtenue par une droite passant par l'origine.

▶ **3.** Utiliser alors cette droite comme abaque : pour $L_{\text{cheveu}} = 4{,}5$ cm, calculer $\frac{1}{L_{\text{cheveu}}}$ et repérer le point d'abscisse $\frac{1}{L_{\text{cheveu}}}$ sur la droite. L'ordonnée de ce point correspond alors à la valeur du diamètre recherché.

CORRIGÉ

1. Les valeurs de inv$L = \frac{1}{L_{\text{cheveu}}}$ (en m^{-1} ou 1/m) sont telles que :

D (µm)	56	80	100	133	162	200
L (cm)	6,0	4,2	3,5	2,5	2,0	1,5
inv$L$ (1/m)	17	24	29	40	50	67

On trace ensuite la courbe représentative $D = f(\text{inv}L)$.

Réflexe à avoir

Pour tracer la courbe $D = f(\text{inv}L)$, il faut mettre le diamètre D en ordonnée et inv$L$ en abscisse.

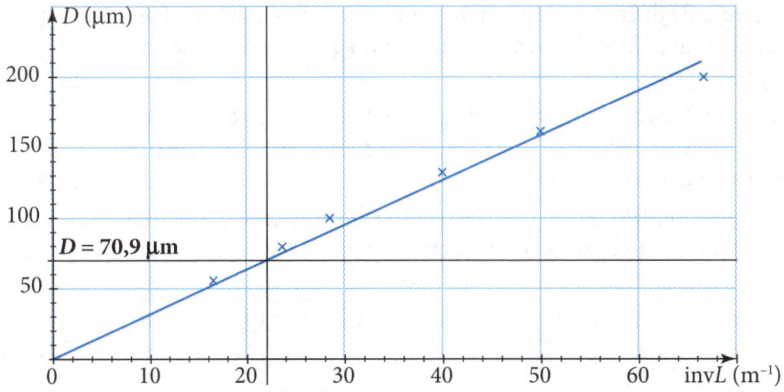

2. Il faut modéliser le nuage de points obtenu par une fonction linéaire, soit faire passer le plus proche possible de tous ces points une droite passant par l'origine. Ici, le logiciel utilisé en séance de TP propose une droite dont l'écart-type est d'environ 5 %.

3. La largeur de la tache centrale de diffraction obtenue avec le cheveu inconnu et sans toucher au dispositif expérimental est $L_{\text{cheveu}} = 4{,}5$ cm, soit $L_{\text{cheveu}} = 4{,}5 \cdot 10^{-2}$ m.

On en déduit alors que $\dfrac{1}{L_{\text{cheveu}}} = \dfrac{1}{4{,}5 \cdot 10^{-2}} = 22\ \text{m}^{-1}$.

On reporte ensuite cette valeur en inv$L$ sur la courbe précédente : elle correspond à l'abscisse d'un point dont l'ordonnée est $D_{\text{cheveu}} = 70{,}9$ µm, soit environ 71 µm. En séance de TP, la fonction « réticule » permet, comme le montre la figure précédente, d'obtenir cette valeur. Finalement, on en déduit que le cheveu a un diamètre de l'ordre de **70 µm** en tenant compte de la précision des mesures de l'élève et du pourcentage d'erreur du logiciel.

Vérifiez vos connaissances

1 Vrai-Faux

Indiquer, pour chaque proposition, si elle est vraie (V) ou fausse (F).

1. La largeur de la tache centrale de diffraction par une fente est proportionnelle à la longueur d'onde du signal diffracté. ☐ V ☐ F

2. La figure de diffraction d'un fil par un faisceau laser est la même que celle d'une fente de même dimension, au point d'impact du laser près. ☐ V ☐ F

3. Les interférences lumineuses ne peuvent être créées qu'à partir de deux sources secondaires issues d'une même source primaire pour des questions de cohérence. ☐ V ☐ F

4. La condition d'interférence destructive correspond à une différence de marche égale à un nombre impair de demi-longueurs d'onde. ☐ V ☐ F

5. Un véhicule émet un son plus grave lorsqu'il se rapproche que lorsqu'il s'éloigne. ☐ V ☐ F

2 Démonstration

Dans l'expérience des trous ou des fentes d'Young, montrer que la frange centrale de la figure d'interférences est une frange brillante.

Exercices d'application

3 Diffraction par un fil

Exercice à caractère expérimental

En séance de TP, un binôme d'élèves réalise une expérience de diffraction à l'aide d'un laser émettant une lumière monochromatique de longueur d'onde λ. À quelques centimètres du laser, ils placent successivement des fils verticaux de diamètre connu. On désigne par a le diamètre d'un fil. La figure de diffraction obtenue est observée sur un écran blanc situé à une distance $D = 1{,}60$ m des fils. Pour chacun des fils, le binôme mesure la largeur L de la tache centrale de diffraction.

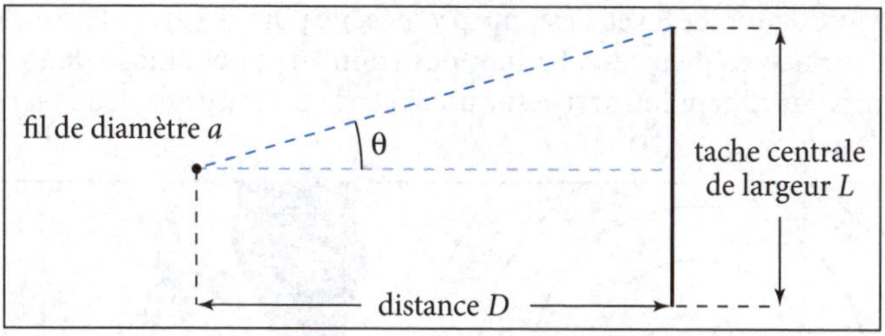

1. Dans le cas de petits angles, donner la relation entre L, D et l'écart angulaire θ du faisceau diffracté. En déduire une méthode de détermination de l'écart angulaire.

2. Donner la relation liant θ, λ et a. Préciser les unités de θ, λ et a.

On trace la courbe $\theta = f\left(\frac{1}{a}\right)$ ci-après.

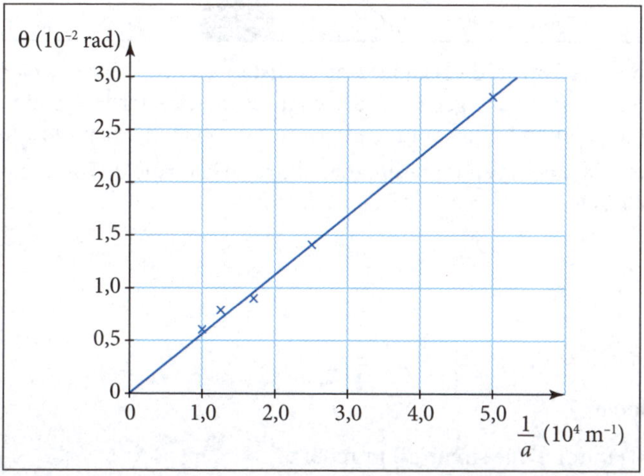

3. Montrer que la courbe obtenue est en accord avec l'expression de θ.

4. En déduire la longueur d'onde λ de la lumière monochromatique utilisée.

4 La vie d'un plan d'eau

Exercice à caractère expérimental

Le gerris est un insecte que l'on peut observer sur les plans d'eau calmes de certaines rivières. Très léger, cet insecte évolue sur la surface en ramant avec ses pattes, créant ainsi une déformation de la surface de l'eau au contact de l'extrémité de ses pattes.

Un petit papillon tombé à l'eau est une proie facile pour le gerris. L'insecte prisonnier de la surface crée en se débattant des trains d'ondes sinusoïdales. Un train d'ondes émis par le papillon arrive sur un obstacle constitué de deux pierres émergeant de l'eau.

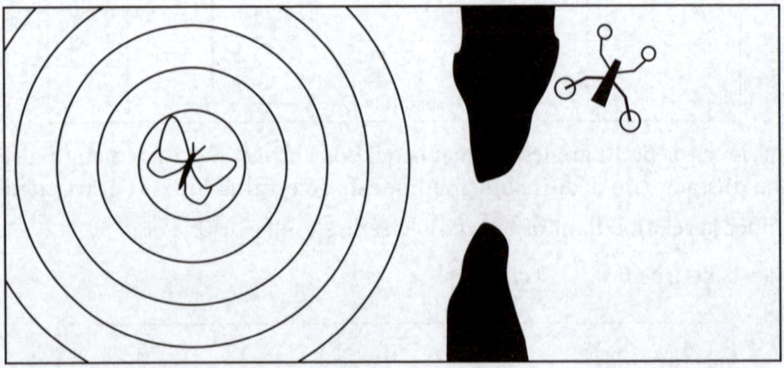

1. Quel doit être l'ordre de grandeur de la distance entre les deux pierres émergeant de l'eau pour que le gerris ait des chances de détecter le signal de détresse généré par le papillon ? Quel nom donne-t-on à ce phénomène propre aux ondes ?

2. Compléter le schéma en représentant l'allure de la forme de l'onde après le passage de l'obstacle.

Vers le bac

5 Effet Dopler

Un véhicule muni d'une sirène est immobile.

La sirène retentit et émet un son de fréquence $f = 680$ Hz. Le son émis à la date $t = 0$ se propage dans l'air à la vitesse $c = 340\ \text{m}\cdot\text{s}^{-1}$ à partir de la source S. On note λ la longueur d'onde correspondante.

La figure 1 ci-après représente le front d'onde à la date $t = 4T$ (T étant la période temporelle de l'onde sonore).

Le véhicule se déplace maintenant vers la droite à la vitesse v inférieure à c, la figure 2 représente le front de l'onde sonore à la date $t = 4T$.

Le véhicule se rapproche d'un observateur immobile. Pendant l'intervalle de temps T, le son parcourt la distance λ. Pendant ce temps, le véhicule parcourt la distance $d = vT$.

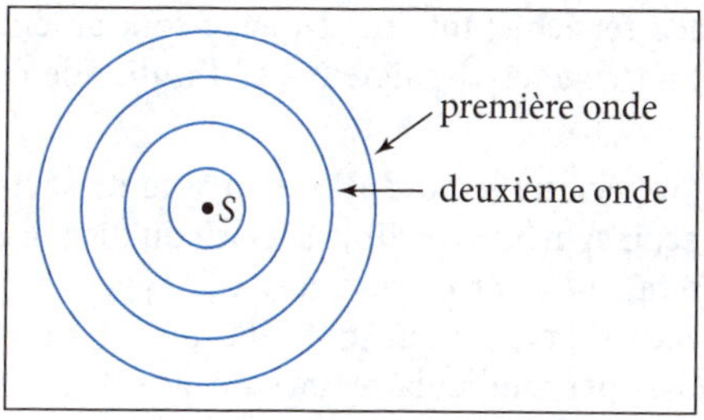

Figure 1

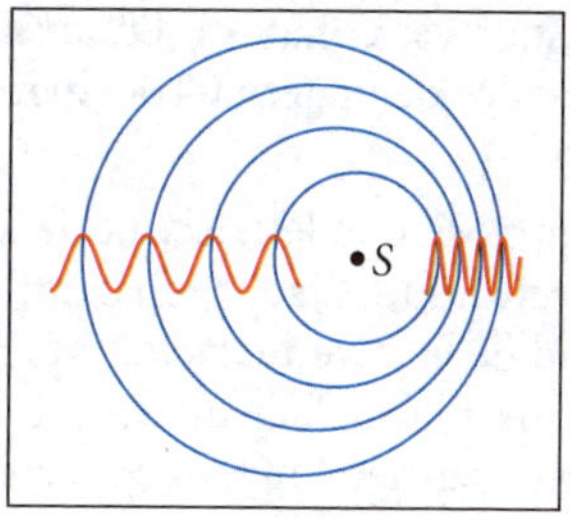

Figure 2

La longueur d'onde λ' perçue par l'observateur à droite de la source S a donc l'expression suivante : $\lambda' = \lambda - vT$.

1. Rappeler la relation générale liant la vitesse de propagation, la longueur d'onde et la fréquence.

2. En déduire que la relation $\lambda' = \lambda - vT$ permet d'écrire $f' = f\dfrac{c}{c-v}$ (f' étant la fréquence sonore perçue par l'observateur).

3. Le son perçu est-il plus grave ou plus aigu que le son d'origine ? Justifier.

Dans un deuxième temps, le véhicule s'éloigne de l'observateur à la même vitesse v.

4. Donner, sans démonstration, les expressions de la nouvelle longueur d'onde λ'' et de la nouvelle fréquence f'' perçues par l'observateur en fonction de f, v et c.

5. Le son perçu est-il plus grave ou plus aigu que le son d'origine ? Justifier.

6. Exprimer, puis estimer en $km \cdot h^{-1}$, en arrondissant les valeurs à des nombres entiers, la vitesse du véhicule qui se rapproche de l'observateur, sachant que ce dernier perçoit alors un son de fréquence $f' = 716$ Hz.

6 Lecteur CD

Le principe du lecteur de compact disque est représenté sur le schéma ci-contre. La lumière émise par une diode laser est transformée en une onde plane grâce à la lentille L_1. Le faisceau de lumière parallèle est partiellement réfléchi (50 %) par le cube séparateur. La lentille L_2 permet de focaliser le faisceau sur le disque optique.

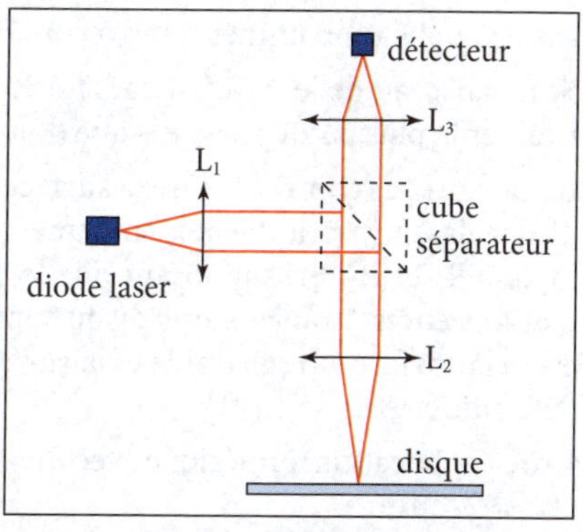

La lumière réfléchie repasse par L_2 et traverse le cube séparateur pour être focalisée par la lentille L_3 sur le détecteur.

Le disque est composé d'une surface réfléchissante sur laquelle sont aménagées des cavités de matériau transparent homogène d'épaisseur e et d'indice de réfraction n.

On suppose que le faisceau de lecture éclaire le bord d'une cuvette de sorte que l'énergie lumineuse se répartit de façon symétrique sur la surface du disque et sur le fond de la cuvette. Deux types de rayons se propagent : ceux de type 1 qui sont réfléchis à la surface du disque et ceux de type 2 qui sont réfléchis au fond de la cuvette. Les deux rayons sont supposés perpendiculaires aux surfaces.

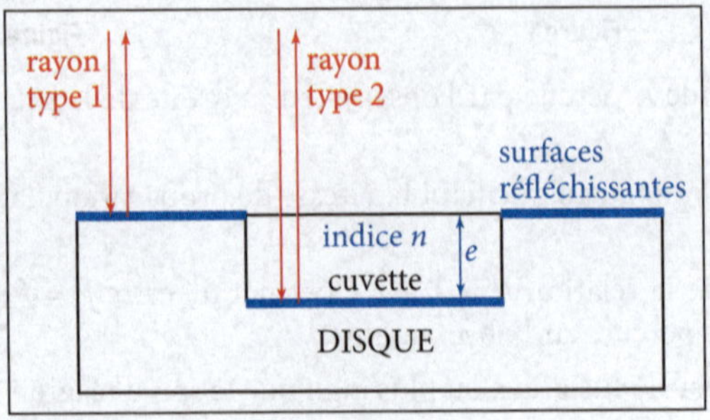

1. Déterminer la différence des distances parcourues par les rayons de type 1 et 2, en supposant les trajets dans l'air identiques. Soit d cette différence.

La source laser est monochromatique de longueur d'onde λ_0.

2. Quelle est la longueur d'onde λ de ce rayonnement dans le matériau d'indice n ?

3. On appelle chemin optique la grandeur $\delta = nd$. Écrire la condition d'interférence constructive en faisant intervenir d et λ_0.

4. Écrire la condition d'interférence destructive en faisant intervenir d et λ_0. Quelle est la plus petite épaisseur e qui puisse donner cette interférence ? Exprimer e en fonction de n et λ_0.

Faire l'application numérique avec $n = 1{,}5$ et $\lambda_0 = 680$ nm.

5. Le faisceau de lecture est caractérisé par son diamètre e' au niveau du disque. Évaluer la plus petite surface s que doit avoir une cuvette.

6. La figure ci-contre montre la surface enregistrable d'un disque laser (partie bleue), soit une couronne entre les rayons R_2 et R_1. En supposant que le nombre N d'informations enregistrables sur le disque optique est le rapport entre la surface enregistrable et la surface s d'une cuvette, déterminer N.

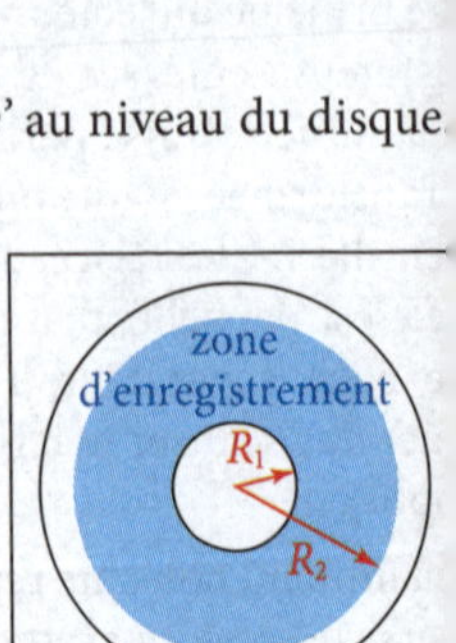

Faire l'application numérique avec $R_1 = 2{,}2$ cm, $R_2 = 5{,}8$ cm et $e' = 2{,}7$ µm.

Vérifiez vos connaissances

1 Vrai-Faux

1. Vrai. La largeur $L = 2d$ de la tache centrale de diffraction par une fente est proportionnelle à la longueur d'onde λ du signal diffracté : on a la relation $\tan\theta \approx \theta = \frac{d}{D} = \frac{\lambda}{a} = \frac{L}{2D}$ soit $L = \frac{2D}{a} \times \lambda$ avec a la largeur de la fente et D la distance fente-écran.

2. Vrai. Au point d'impact du laser près, la figure de diffraction d'une ouverture est la même que celle de l'objet plein de même forme.

3. Vrai. Les interférences ne peuvent s'établir que si les sources sont cohérentes entre elles. En pratique, on fabrique les deux sources à partir d'une seule et même source, appelée source primaire.

4. Vrai. La condition d'interférence destructive correspond à une différence de marche $\delta = \left(k + \frac{1}{2}\right)\lambda$ avec $k \in \mathbb{Z}$, soit $\delta = \frac{2k+1}{2}\lambda = (2k+1)\frac{\lambda}{2}$: on a bien un nombre impair de demi-longueurs d'onde.

5. Faux. Lorsqu'un signal se rapproche, la fréquence perçue est plus grande (donc le son plus aigu), alors qu'en revanche, elle se réduit (son plus grave) lorsque le véhicule s'éloigne.

2 Démonstration

Une frange est brillante si la condition d'interférence constructive est réalisée.

Dans le cas de ce dispositif, les rayons interférant au centre O de la figure d'interférence sont des rayons symétriques : les chemins optiques sont donc identiques.

> **L'astuce du prof**
> La démonstration de la brillance d'une frange passe par le respect de la condition d'interférence constructive.

On a ainsi $d_1 = d_2$ et finalement $d = d_2 - d_1 = 0$.

La condition d'interférence constructive étant de la forme $\delta = k\lambda$ avec $k \in \mathbb{Z}$, la valeur $k = 0$ correspond bien à la situation présente.

Bilan : au centre de la figure d'interférence, on a $\delta = k\lambda$, avec $k = 0$, soit $\delta = 0$. La condition d'interférence constructive étant respectée, **la frange centrale est bien brillante.**

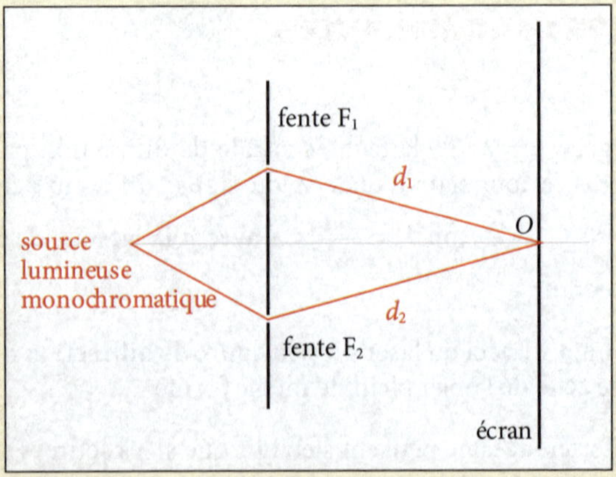

Exercices d'application

3 Diffraction par un fil

Exercice à caractère expérimental

1. Dans le cas de petits angles, géométriquement, on a tan θ ≈ $\theta = \frac{\frac{L}{2}}{D}$ avec $\frac{L}{2}$ la demi-largeur de la tache centrale de diffraction et D la distance fil-écran.

La méthode de mesure de l'écart angulaire est alors simple : pour D fixé à 1,60 m, on mesure, pour une série de fils calibrés, la demi-largeur $\frac{L}{2}$ de la tache centrale de diffraction obtenue à l'écran. Le rapport de cette demi-largeur $\frac{L}{2}$ à la distance D représente ainsi l'écart angulaire θ pour le fil choisi.

2. La relation entre l'écart angulaire θ (en rad), la longueur d'onde λ (en m) du signal lumineux diffracté et le diamètre a (en m) est : $\theta = \frac{\lambda}{a}$.

3. La relation précédente peut aussi s'écrire sous la forme $\theta = \lambda \cdot \frac{1}{a}$: on peut alors considérer l'écart angulaire θ comme une fonction linéaire de la variable $\frac{1}{a}$.

La courbe représentative d'une telle fonction est une droite passant par l'origine, **ce qui est bien en accord avec la courbe de l'énoncé.**

> **Piège à éviter**
>
> L'écart angulaire est le rapport de deux grandeurs de même dimension. Il est donc « sans dimension » dans le système MKSA, mais cela ne signifie pas pour autant qu'il n'a pas d'unité !

4. La courbe proposée montre donc que l'écart angulaire est proportionnel à l'inverse de a : le coefficient directeur de cette droite est le coefficient de proportionnalité entre ces deux grandeurs.

Or la relation précédemment donnée $\theta = \lambda \frac{1}{a}$ montre que ce coefficient de proportionnalité correspond à la longueur d'onde λ du signal lumineux.

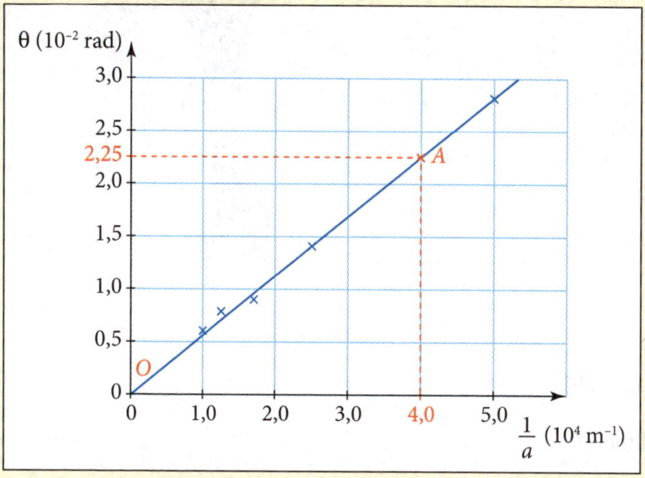

En faisant le choix de l'origine $O(0, 0)$ du repère et du point $A(4{,}0 \cdot 10^4\ \text{m}^{-1}, 2{,}25 \cdot 10^{-2}\ \text{rad})$ situé sur la courbe, on peut déterminer le coefficient directeur de la droite, soit :

$$\lambda = \frac{y_A - y_O}{x_A - x_O} = \frac{2{,}25 \cdot 10^{-2} - 0}{4{,}0 \cdot 10^4 - 0} = 5{,}625 \cdot 10^{-7}\ \text{m}$$

ou, en ne conservant que 2 chiffres significatifs :

$\boldsymbol{\lambda = 5{,}6 \cdot 10^{-7}}$ **m.**

> **Piège à éviter**
> Le coefficient directeur d'une droite se calcule à partir de deux points appartenant OBLIGATOIREMENT à la courbe de modélisation.

4 La vie d'un plan d'eau

Exercice à caractère expérimental

1. Pour que le gerris ait des chances de détecter le signal de détresse généré par le papillon, l'**ordre de grandeur** de la distance entre les deux pierres émergeant de l'eau doit être celui **de la longueur d'onde du signal**. Le schéma de cette partie du plan d'eau montre que la longueur d'onde λ repérable entre deux rides est comparable à la distance d entre les pierres.

Dans ce cas, il y a **diffraction** du signal, qui est alors transmis au-delà des pierres.

2. L'ouverture d créée par la disposition des pierres joue ainsi le rôle de source secondaire sans modification de la longueur d'onde du signal. On représente alors l'onde de surface générée au voisinage des pierres :

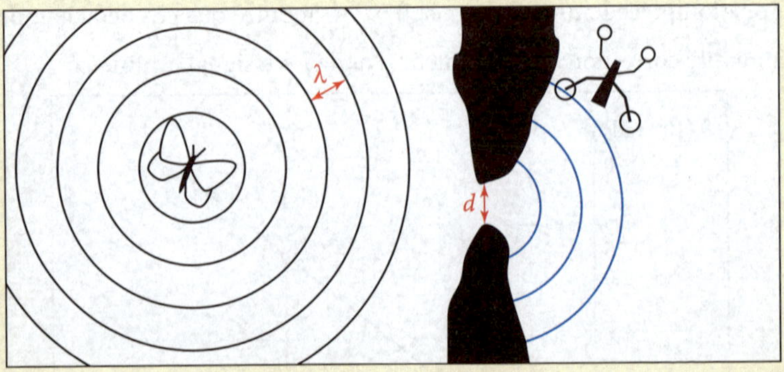

Vers le bac

5 Effet Doppler

1. La relation entre la longueur d'onde λ (en m), la vitesse c de propagation d'un signal (en m · s^{-1}) et sa fréquence f (en Hz) est :

$$\lambda = \frac{c}{f}$$

2. Si $\lambda' = \lambda - vT$, en utilisant la relation précédente, on peut remplacer λ', λ et T par : $\lambda = \frac{c}{f}$, $\lambda' = \frac{c}{f'}$ et $T = \frac{1}{f}$. On obtient alors :

$$\frac{c}{f'} = \frac{c}{f} - \frac{v}{f} = \frac{c - v}{f}$$

En inversant cette dernière relation, on trouve $\frac{f'}{c} = \frac{1}{c - v} f$, soit finalement

$$f' = \frac{c}{c - v} f$$ comme proposé dans l'énoncé.

3. $\frac{c}{c - v}$ est bien positif si $v < c$, et on en déduit que comme $c - v < c$, $\frac{c}{c - v} > 1$.

Le rapport des fréquences est donc supérieur à 1, la fréquence f' perçue est donc supérieure à la fréquence f du son émis : **le son perçu est alors plus aigu**.

4. Les deux relations demandées s'obtiennent facilement sans calcul, en remplaçant dans les expressions précédemment établies v par $-v$.

Dans ce cas, on a :

$$\lambda" = \lambda + vT \quad \text{et} \quad f" = \frac{c}{c+v}f$$

L'astuce du prof

Aucune démonstration n'est à faire ici, il est conseillé de changer de « sens » la vitesse du véhicule par rapport à l'observateur.

5. Dans ce nouveau cas de figure, $c + v > c$, donc le rapport $\frac{c}{c+v}$ est maintenant inférieur à l'unité, et on constate que $f" < f$. La fréquence perçue est maintenant inférieure à celle du signal émis : **le son produit par le véhicule semble plus grave**.

6. On a $f' = \frac{c}{c-v}f$, relation dont on en déduit que :

$$\frac{f'}{f} = \frac{c}{c-v}$$

et en l'inversant :

$$\frac{f}{f'} = \frac{c-v}{c}$$

Par un produit croisé, on a alors $c - v = c\frac{f}{f'}$ ou :

$$v = c\left(1 - \frac{f}{f'}\right)$$

A. N. : $v = 340 \times \left(1 - \frac{680}{716}\right) = 17\ \text{m}\cdot\text{s}^{-1}$, soit $\boldsymbol{v = 62\ \text{km}\cdot\text{h}^{-1}}$.

Remarque

La conversion est la suivante : $v(\text{km/h}) = v(\text{m/s}) \times 3{,}6$.

6 Lecteur CD

1. La différence de distances parcourues est égale à l'aller-retour du rayon de type 2 uniquement dans la cuvette d'indice n. On a alors :

$$d = 2e$$

avec e l'épaisseur de la cuvette.

2. La longueur d'onde est telle que la fréquence est constante dans un milieu de propagation : $f = \frac{c}{\lambda_0}$, avec c la célérité de la lumière dans l'air que l'on considérera peu différente de celle de la lumière dans le vide.

De plus, la vitesse de propagation dans le milieu dépend de son indice, soit $v = \frac{c}{n}$. Finalement, on obtient :

L'astuce du prof
La fréquence du signal est constante quel que soit le milieu traversé.

$\lambda = \frac{v}{f} = \frac{\frac{c}{n}}{\frac{c}{\lambda_0}}$ ou en simplifiant par c non nulle :

$$\lambda = \frac{\lambda_0}{n}$$

3. Si $\delta = nd$, alors la condition d'interférence constructive faisant intervenir d et λ_0 est : $\delta = k\lambda_0$ avec $k \in \mathbb{Z}$. On a alors $\delta = nd = k\lambda_0$.

On en déduit finalement :

$$d = k\frac{\lambda_0}{n}$$

avec $k \in \mathbb{Z}$.

4. La condition d'interférence destructive faisant intervenir d et λ_0 est :

$$\delta = \left(k + \frac{1}{2}\right)\lambda_0$$

avec $k \in \mathbb{Z}$. En remplaçant δ, on obtient finalement :

$$nd = \left(k + \frac{1}{2}\right)\lambda_0$$

d'où :

$$d = \left(k + \frac{1}{2}\right)\frac{\lambda_0}{n}$$

Si cette condition d'interférence destructive s'écrit en fonction de l'épaisseur, on a :

$$d = \left(k + \frac{1}{2}\right)\frac{\lambda_0}{n} = 2e$$

On en déduit simplement l'épaisseur :

$$e = \left(\frac{k}{2} + \frac{1}{4}\right)\frac{\lambda_0}{n}$$

La plus petite valeur de l'épaisseur correspond à $k = 0$, soit :

$$e = \frac{\lambda_0}{4n}$$

A. N. : $e = \frac{680 \cdot 10^{-9}}{4 \times 1{,}5} = \mathbf{1{,}1 \cdot 10^{-7}\ m}$ en ne gardant que 2 chiffres significatifs.

5. La surface minimale s d'une cuvette correspond à celle du faisceau laser, donc pour un disque de diamètre e', on a $s = \pi e'^2$.

6. La surface enregistrable est :

$$S = \pi(R_2^2 - R_1^2)$$

On en déduit donc le nombre N d'informations enregistrables :

$$N = \frac{S}{s} = \frac{\pi(R_2^2 - R_1^2)}{\pi e'^2}$$

soit :

$$N = \frac{(R_2^2 - R_1^2)}{e'^2}$$

Rappel

S est la différence de surface entre des disques de grand rayon et de petit rayon.

A. N. : $s = \pi \times (2{,}7 \cdot 10^{-6})^2$ soit $\mathbf{s = 2{,}3 \cdot 10^{-11}\ m^2}$

et $N = \frac{(5{,}8 \cdot 10^{-2})^2 - (2{,}2 \cdot 10^{-2})^2}{(2{,}7 \cdot 10^{-6})^2}$ soit $\mathbf{N = 4{,}0 \cdot 10^8}$.

CHAPITRE

4 Analyse spectrale

1 Spectre UV-visible

1 Spectroscopie d'absorption

- La spectroscopie UV-visible est une **spectroscopie d'absorption du rayonnement par les électrons de liaison** des molécules. On obtient donc un spectre électronique des molécules.

- Le domaine d'absorption du spectre électromagnétique correspond à une **bande de radiations** dans l'ultraviolet et le visible. En général, la gamme en longueur d'onde des spectres électroniques, en fonction de l'appareil utilisé, s'étend de 200 nm à 900 nm.

2 Absorbance d'une solution et aspect des spectres (rappels de 1re S)

- L'absorbance est une grandeur sans dimension qui mesure la capacité d'un milieu à absorber la lumière.

La **loi de Beer-Lambert** indique que, à longueur d'onde donnée :

$$A = \varepsilon \ell c$$

avec A : absorbance de la solution (sans unité),
ℓ : longueur de la solution traversée par le rayonnement (en m ou en cm),
c : concentration de la solution en espèces absorbantes (en $mol \cdot L^{-1}$),
ε : coefficient d'extinction molaire (en $L \cdot mol^{-1} \cdot m^{-1}$ ou $L \cdot mol^{-1} \cdot cm^{-1}$).

- Les absorbances étant additives, une substance ayant plusieurs bandes d'absorption dans le domaine spectral UV-visible peut avoir des maxima d'absorption distincts et identifiables (voir le spectre d'une solution colorée de sirop dans l'exercice résolu).

Remarque : En revanche, si les deux pics d'absorption sont peu séparés, le spectre ne permettra pas de les résoudre, et les deux maxima d'absorption ne pourront être identifiés.

3 Relation entre la couleur perçue et le maximum d'absorption

- Pour chaque spectre visible, la longueur d'onde du maximum d'absorption, notée λ_{max}, correspond à une couleur absorbée par la substance.
- En utilisant le cercle chromatique, on peut en déduire la couleur perçue de la solution. Deux couleurs opposées dans le cercle sont dites complémentaires : la couleur perçue est la complémentaire de la couleur absorbée.

Remarque : Dans le cas de plusieurs pics d'absorption, la couleur absorbée est la somme (synthèse soustractive) des couleurs absorbées.

EXERCICE RÉSOLU

Déterminer la couleur perçue

ÉNONCÉ

À partir du spectre d'un sirop dilué fourni ci-dessous, identifier les deux pics d'absorption et en déduire la couleur de la solution de sirop.

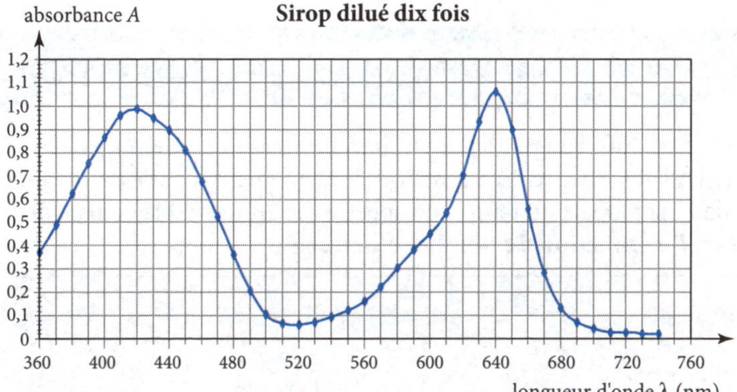

CORRIGÉ

Les longueurs d'onde des deux pics d'absorption sont : $\boldsymbol{\lambda_1}$ **= 420 nm** et $\boldsymbol{\lambda_2}$ **= 640 nm** correspondant au violet-bleu pour λ_1 et à l'orange pour λ_2. En utilisant le cercle chromatique, leurs couleurs complémentaires sont le cyan et le jaune. La synthèse soustractive de ces deux couleurs perçues donne du vert : il s'agit probablement d'un sirop de menthe.

2 Spectre infrarouge

1 Transmittance T et nombre d'onde σ

La **transmittance T**, généralement exprimée en pourcentage, est une grandeur sans dimension qui mesure la capacité d'un milieu à transmettre la lumière.

$$T = \frac{I_t}{I_0} \text{ avec } \begin{cases} I_t : \text{intensité transmise,} \\ I_0 : \text{intensité du rayonnement incident.} \end{cases}$$

Le **nombre d'onde** σ (en cm^{-1}) est le nombre de longueurs d'onde par unité de longueur $\boldsymbol{\sigma} = \frac{1}{\lambda}$ avec λ la longueur d'onde (en cm).

Remarque : En général, dans les spectres infrarouges, les longueurs d'onde sont exprimées en µm, soit $1\ \mu m = 10^{-6}\ m = 10^{-4}\ cm$.

2 Aspect des spectres infrarouges et mise en évidence des fonctions organiques

• Les spectres infrarouges des molécules en phase liquide ou gazeuse peuvent représenter l'absorbance A en fonction de la longueur d'onde du rayonnement. Cependant, la plupart du temps, un spectre infrarouge est la **courbe de la transmittance T en fonction du nombre d'onde σ**.

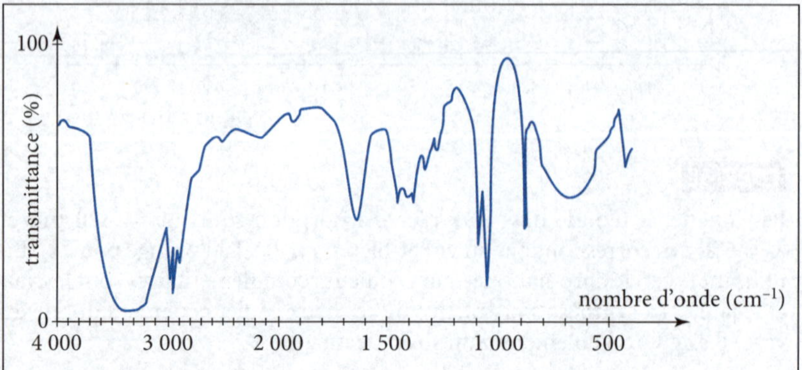

- La **spectroscopie infrarouge** est une spectroscopie d'absorption des rayonnements par les molécules dans une gamme d'énergie correspondant à la rotation et à la vibration des liaisons interatomiques.

Remarque : En général, l'énergie de vibration correspond soit à l'élongation de la liaison, soit à sa déformation (la longueur de la liaison est inchangée, mais les angles entre les liaisons sont modifiés).

- Le spectre IR permet surtout de mettre en évidence les fonctions de la molécule. Cette interprétation du spectre est basée sur l'étude des élongations des liaisons : la lecture et le dépouillement du spectre infrarouge utilisent des tables de données ou des logiciels adaptés.

EXERCICE RÉSOLU

Mettre en évidence les fonctions organiques et déterminer la molécule

ÉNONCÉ

En étudiant le spectre infrarouge proposé ci-avant, déterminer la formule semi-développée et le nom de la molécule en phase liquide, sachant que :
- un groupement —OH caractéristique des alcools donne une absorption large vers 3 300-3 600 cm^{-1} confirmée par une seconde absorption de la liaison C—O vers 1 000-1 300 cm^{-1} ;
- l'absorption vers 3 000 cm^{-1} est caractéristique de liaisons C—H ;
- la molécule étudiée n'est constituée que de 2 atomes de carbone.

CORRIGÉ

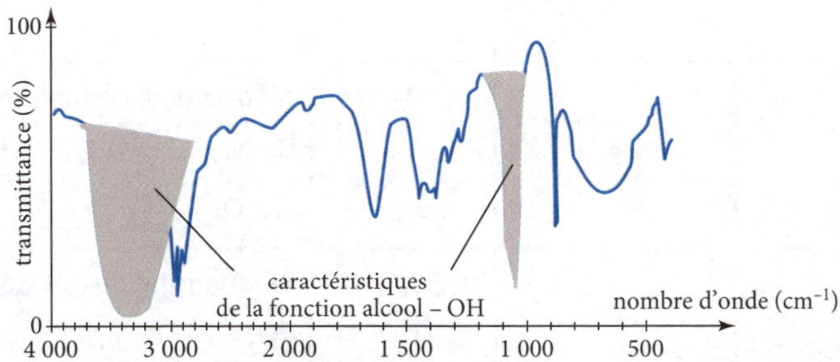

La molécule présente les deux absorptions d'un groupement alcool, des liaisons C—H et 2 atomes de carbone : il s'agit de l'**éthanol** de formule CH_3-CH_2-OH.

Méthode

Rechercher les absorptions caractéristiques des fonctions de la molécule.

3 Groupes caractéristiques dans les spectres infrarouges

1 Tableau récapitulatif

Famille	Groupe caractéristique	Formule brute	Exemple
Alcools	$-OH$	$C_nH_{2n+2}O$	Éthanol CH_3-CH_2OH
Aldéhydes	$-C(=O)H$	$C_nH_{2n}O$	3-méthylbutanal $CH_3-CH(CH_3)-CH_2-C(=O)H$
Cétones	$-C(=O)-$	$C_nH_{2n}O$	3-méthylpentan-2-one $CH_3-CH_2-CH(CH_3)-C(=O)-CH_3$
Acides carboxyliques	$-C(=O)OH$	$C_nH_{2n}O_2$	Acide éthanoïque CH_3-COOH
Esters	$-C(=O)-O-$	$C_nH_{2n}O_2$	Méthanoate d'éthyle $H-C(=O)-O-CH_2-CH_3$
Amines	$-N(-)-$	$C_nH_{2n+3}N$	Éthanamine ou aminoéthane $CH_3-CH_2-NH_2$
Amides	$-C(=O)-N(-)-$	$C_nH_{2n+1}NO$	3-éthyl-6-méthylheptanamide 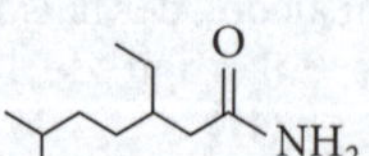

Nomenclature : la chaîne principale doit contenir le groupe caractéristique et être numérotée de façon à attribuer à ce dernier le plus petit numéro possible.

2 Mise en évidence dans les spectres infrarouges

- Les **alcènes** donnent une absorption assez faible (C=C) vers 1 650 cm^{-1}, confirmée par une seconde absorption (=C—H) au-delà de 3 000 cm^{-1}.

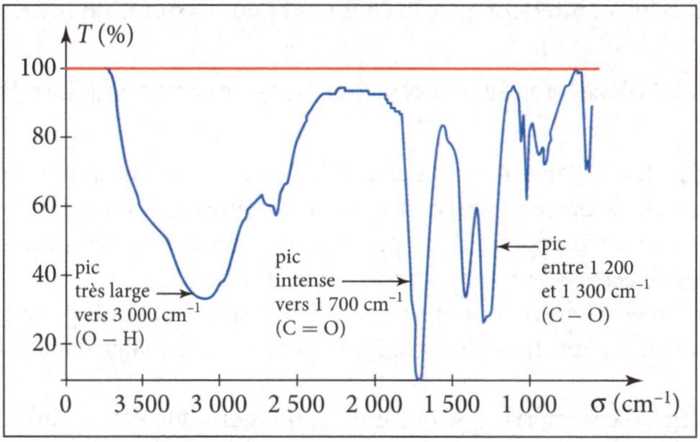

- Les groupes caractéristiques contenant une liaison **C—O—H** donnent une absorption large dans la région 3 000-3 550 cm^{-1} confirmée par un pic vers 1 000-1 300 cm^{-1}.
- Les groupes caractéristiques contenant une liaison double **C=O** donnent une absorption intense dans la région 1 600-1 800 cm^{-1}. Si ce groupe est présent, il peut être caractéristique de la fonction :

– acide carboxylique (—COOH) si l'on observe un pic d'absorption supplémentaire très large de —OH entre 2 400 et 3 400 cm^{-1} ;

– amide (—C(=O)—NHR ou —C(=O)—NH_2) si l'on observe deux absorptions moyennes vers 3 500 cm^{-1} ;

– aldéhyde (—C(=O)—H) si l'on observe deux absorptions moyennes vers 2 000 cm^{-1} et 2 850 cm^{-1}.

- Les amines (primaires RNH_2 ou secondaires RNHR') donnent une absorption moyenne caractéristique de la liaison N—H autour de 3 500 cm^{-1}.

Remarque : Les domaines de nombre d'onde fournis ici le sont à titre indicatif, sachant que, par exemple, un effet de conjugaison peut faire diminuer la valeur du nombre d'onde.

4 Spectres RMN du proton

1 Principe de la RMN et déplacement chimique δ

• Sans rentrer dans les détails du phénomène de **résonance magnétique nucléaire** (RMN), il faut savoir que lorsque l'on applique un champ magnétique à un noyau, celui-ci interagit avec le champ et peut passer d'un niveau d'énergie à un autre.

Remarque : La RMN du proton étudie le comportement du noyau d'hydrogène simplement constitué d'un proton.

• En pratique, les noyaux ne sont pas des noyaux « nus », ils appartiennent à un environnement. Ce dernier peut constituer un « blindage » ou écran magnétique. L'écrantage du noyau dépend de sa place dans la molécule et/ou du milieu dans lequel se trouve cette dernière (solution, produit pur, etc.).
Il en résulte un écart entre le champ magnétique que l'on appliquerait pour faire réagir un noyau nu et celui qu'on applique pour le faire réagir dans son environnement.
Ce glissement est caractéristique de l'environnement du noyau étudié.

Le **déplacement chimique**, noté δ, est le glissement relatif du champ magnétique à appliquer à un noyau du fait de son environnement. δ étant très faible, il s'exprime en parties par million (ppm).

Remarque : δ est sans dimension et indépendant du champ appliqué, de l'appareil utilisé... Plus le noyau est blindé ou écranté, plus le déplacement chimique est grand.

2 Aspect des spectres RMN et référence TMS

• Le spectre RMN représente l'ensemble des pics de réaction des différents protons d'une molécule en fonction du déplacement chimique.
Chaque pic est caractéristique de l'environnement du noyau d'hydrogène et permet donc d'identifier les groupements tels que $-CH_2$, $-CH_3$, etc. dans la molécule.

• Devant la difficulté d'observer un noyau nu d'hydrogène, on a fait le choix arbitraire d'une **référence pour le déplacement chimique : δ = 0 pour la molécule de tétraméthylsilane $Si(CH_3)_4$** aussi appelée **TMS**.

Remarque : Ce choix de la référence est basé sur les propriétés suivantes : tous les protons du TMS sont équivalents et fortement blindés, et le TMS est très volatil, donc on peut facilement l'éliminer.

• Le spectre ci-dessous est celui, simplifié, du 2,2-diméthylpropan-1-ol. Les atomes d'hydrogène sont dans 3 types d'environnement différents :
– dans un groupement $—CH_3$: on en compte 9 et ils sont tous équivalents. Le spectre RMN les fait apparaître à un déplacement chimique inférieur à 1 ppm, et le pic proportionnel à la totalité des atomes concernés est important ;
– dans le groupement central $—CH_2—$: on compte bien 2 atomes d'hydrogène concernés pour un déplacement chimique de l'ordre de 3,3 ppm ;
– dans la fonction —OH de l'alcool : cet atome d'hydrogène est isolé, et le pic a bien la plus petite hauteur avec δ = 4,3 ppm.

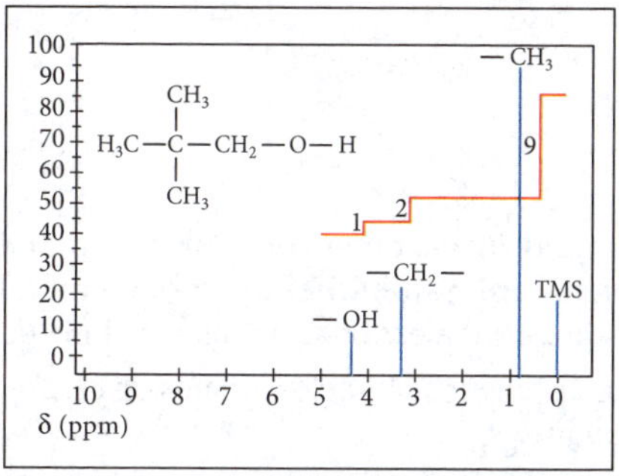

Remarque : Il est évident qu'aucun déplacement chimique n'est à savoir : des tables ou un logiciel sont fournis pour chaque exercice.

3 Règle des (*n* + 1)-uplets et courbe d'intégration

• Le spectre RMN présenté ci-dessus est un spectre simplifié : chaque pic est en réalité un ensemble de pics d'extension totale non nulle.
Le nombre de ces pics dépend du nombre de protons ayant le même environnement.
La règle de multiplicité des pics stipule que le **couplage entre *n* différents protons** de même environnement d'une molécule se traduit par ***n* + 1 pics** autour d'un même déplacement chimique.

• Un appareil permet de mesurer la surface des différents pics ou d'un ensemble de pics proches appelé « **massif** ». La surface évaluée est proportionnelle au nombre de protons concernés.

• La **courbe d'intégration** (en rouge ci-dessus) est la mesure de cette surface représentée sous forme de paliers ou marches d'escalier.

Remarque : La courbe d'intégration ne donne pas le nombre de protons correspondants, mais uniquement les proportions relatives des atomes d'hydrogène dans les massifs concernés.

Nommer les alcools, aldéhydes, cétones et acides carboxyliques

ÉNONCÉ

Nommer la molécule suivante :

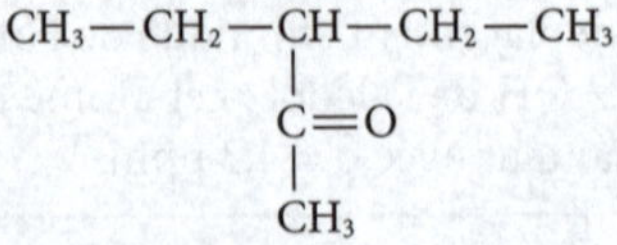

MÉTHODE

- **1.** Repérer la chaîne principale contenant le plus grand nombre d'atomes de carbone et comprenant **obligatoirement** le groupement fonctionnel. Si plusieurs chaînes correspondent à ces critères, faire le choix de l'une d'entre elles.
- **2.** Recopier la molécule en enchaînant les atomes de carbone de la chaîne principale sur une seule ligne.
- **3.** Numéroter les atomes de carbone de la chaîne principale dans les deux sens possibles et ne retenir que le sens qui impose le plus petit numéro pour le carbone de rattachement du groupement fonctionnel.
- **4.** Repérer les ramifications et les nommer en utilisant un préfixe adapté suivi de « yl ». Le préfixe tient compte du nombre d'atomes de carbone de la ramification, soit de 1 à 10 : méth, éth, prop, but, pent, hex, hept, oct, non et déc.
- **5.** Nommer ensuite la chaîne principale comme si c'était la chaîne principale d'un alcane, en remplaçant la terminaison « ane » par « al » pour un aldéhyde, par « an-*n*°-one » pour une cétone, par « an-*n*°-ol » pour un alcool et par « anoïque » pour un acide carboxylique. *n*° correspond au numéro du carbone de rattachement de la fonction organique.
- **6.** Enchaîner les ramifications par ordre alphabétique, en faisant précéder chaque nom par le numéro du carbone de rattachement de la ramification, puis écrire le nom de la chaîne principale (entre une lettre et un chiffre, mettre un tiret ; coller deux lettres entre elles).
- **7.** Si plusieurs ramifications identiques (resp. 2, 3, 4…) s'enchaînent, les regrouper en faisant précéder le nom de la ramification par un préfixe (resp. di, tri, tétra…). Rassembler les numéros des carbones de rattachement en les notant entre virgules. Il est possible qu'un numéro soit écrit plusieurs fois. Dans le cas d'un acide carboxylique, il faut ajouter devant le nom complet le mot « acide ».

CORRIGÉ

1. La chaîne la plus longue contenant le groupe fonctionnel $—\underset{\underset{\displaystyle O}{\|}}{C}—$ de la famille des cétones comprend 5 atomes de carbone (chaîne principale représentée en rouge).

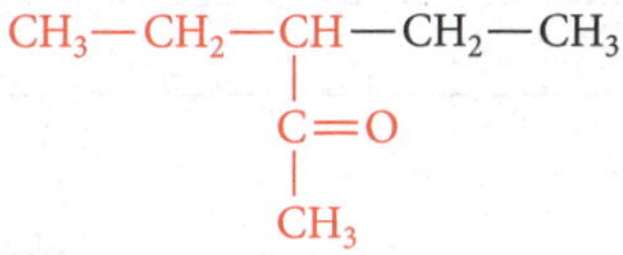

2.

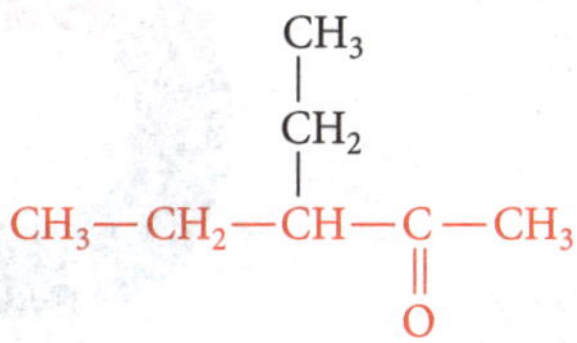

3. La numérotation retenue impose un n° 2 au carbone portant la fonction cétone (contre un n° 4 si on avait numéroté en partant du carbone de gauche).

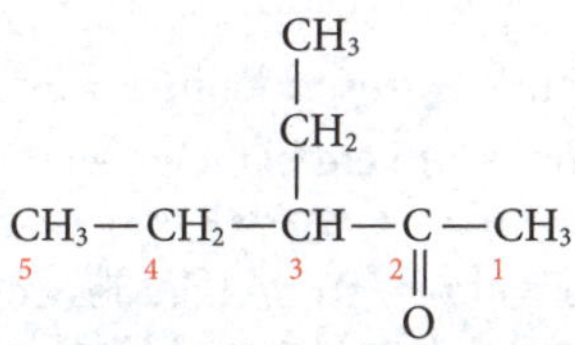

4. Pour la cétone, on a une ramification sur le carbone n° 3 en $—CH_2—CH_3$. Cette ramification à 2 atomes de carbone est un éthyl.

5. La chaîne principale de la cétone contient 5 atomes de carbone. On la nomme donc pentan-2-one, car la fonction cétone est portée par le carbone en position n° 2.

6. On obtient la **3-éthylpentan-2-one**.

7. Aucune ramification n'est identique à une autre, et il ne s'agit pas ici d'un acide carboxylique, donc le nom de la molécule est 3-éthylpentan-2-one.

Remarque

On est obligé de noter le n° du carbone portant la fonction cétone, car on aurait pu avoir cette fonction sur le carbone n° 3, soit la pentan-3-one.

Déterminer la couleur d'une solution à partir de son spectre visible

ÉNONCÉ

Le spectre visible d'une solution colorée est donné ci-dessous. En déduire la couleur de cette solution.

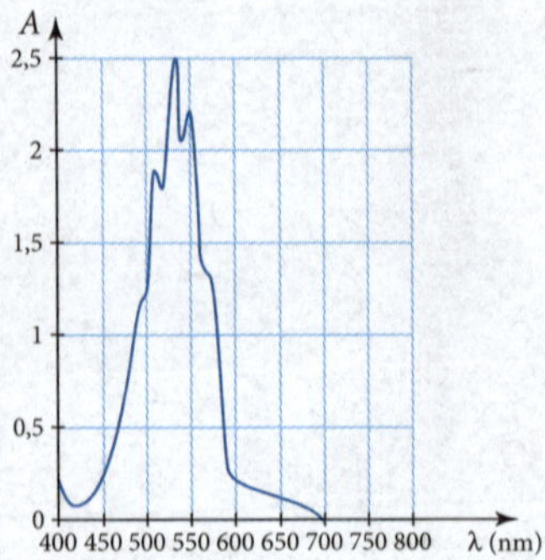

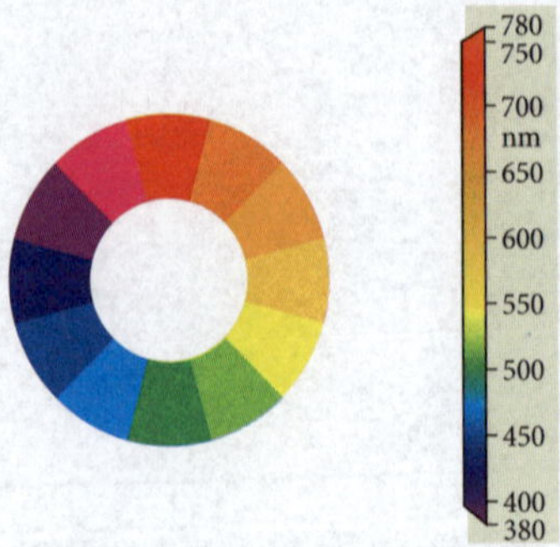

MÉTHODE

- **1.** Repérer la longueur d'onde correspondant aux maxima d'absorption.
- **2.** En utilisant le spectre de la lumière blanche, en déduire les couleurs correspondant à chaque longueur d'onde repérée en 1.
- **3.** À l'aide du cercle chromatique, en déduire les couleurs transmises correspondantes (couleurs opposées dans le cercle). Dans le cas de plusieurs couleurs transmises, la couleur perçue est la somme (synthèse soustractive) des couleurs transmises.

CORRIGÉ

1. Dans le cas du spectre proposé, il existe sûrement plusieurs pics d'absorption que l'on peut considérer comme une bande d'absorption entre 500 et 550 nm.

2. Cette bande correspond à une absorption dans le vert-jaune.

Réflexe à avoir

Penser que cette solution est sûrement une solution de permanganate de potassium !

3. La couleur complémentaire de la bande absorbée correspond au violet-rose. C'est la couleur de la solution perçue par l'œil lorsqu'elle est éclairée en lumière blanche.

Savoir faire correspondre une formule semi-développée à un spectre RMN ^1H

ÉNONCÉ

Soit le spectre RMN du proton d'une molécule. Parmi les formules semi-développées proposées, choisir la molécule correspondant à ce spectre.

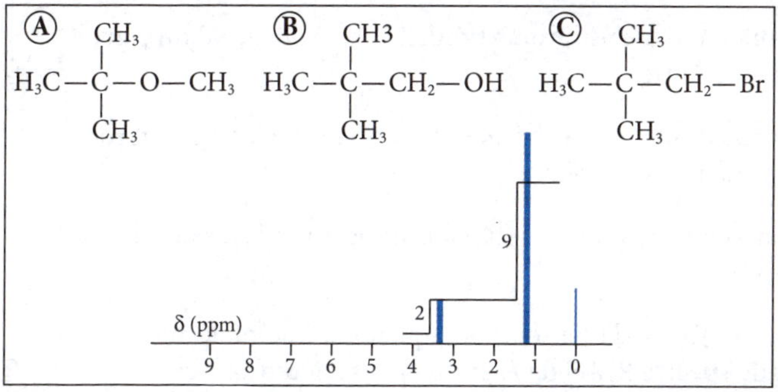

MÉTHODE

▶ **1.** Repérer le nombre de pics ou massifs du spectre RMN : il détermine le nombre d'environnements différents des atomes d'hydrogène de la molécule.

▶ **2.** Grâce à la courbe d'intégration, déterminer le rapport des marches : il correspond au rapport des nombres d'atomes d'hydrogène de la molécule dans chacun des environnements précédents.

CORRIGÉ

1. Le spectre RMN présente 2 pics : la molécule propose donc 2 environnements différents aux atomes H. Ⓑ a 3 environnements différents pour H : 3 groupements CH_3— équivalents, un groupement —CH_2— et une fonction alcool —OH. Cela constituerait un spectre à 3 massifs : Ⓑ n'est donc pas celle recherchée.

2. Le rapport d'intégration est de 2 pour 9. Ⓐ ne satisfait pas cette contrainte, avec 9 atomes H répartis sur 3 groupements —CH_3 équivalents autour du C central, et 3 autres atomes H dans un groupement —CH_3 lié à O.
En revanche, on peut vérifier que l'on a bien 9 atomes H répartis en 3 groupements —CH_3 équivalents et 2 atomes H dans le groupement —CH_2— pour la molécule Ⓒ recherchée.

Réflexe à avoir

Il faut ici procéder par élimination.

Vérifiez vos connaissances

1 Vrai-Faux

Indiquer pour chaque proposition si elle est vraie (V) ou fausse (F).

1. Les spectres UV-visible, infrarouge et RMN ^1H représentent l'absorbance d'une substance en fonction d'un paramètre lié à la fréquence du rayonnement ou du champ magnétique utilisé. ☐ V ☐ F

2. Le nombre d'onde est proportionnel à la fréquence d'un signal électromagnétique. ☐ V ☐ F

3. La courbe d'intégration permet de connaître le nombre absolu de protons dans une molécule. ☐ V ☐ F

4. Les fonctions organiques sont déterminées par le spectre IR de la substance. ☐ V ☐ F

5. Le spectre RMN d'une solution aqueuse d'une molécule A est différent du spectre RMN de A pur en phase liquide. ☐ V ☐ F

2 QCM

Pour chacune des propositions, choisir la ou les bonnes réponses.

1. L'absorbance d'une solution colorée augmente si :

a) ☐ la concentration en espèce colorée augmente.

b) ☐ l'épaisseur de la solution à traverser augmente.

c) ☐ la longueur d'onde augmente.

d) ☐ la fréquence de l'onde augmente.

2. L'absorbance d'un mélange de deux solutions colorées est la somme des absorbances de chacune des solutions prises indépendamment si :

a) ☐ les deux bandes d'absorbance sont bien séparées.

b) ☐ les concentrations des substances colorées sont les mêmes que dans les solutions témoins.

c) ☐ la température reste inchangée.

d) ☐ la longueur de la cuve de mesure est la même quelles que soient les solutions à tester.

Exercices d'application

3 Spectre IR d'une molécule inconnue

Une substance pure en phase liquide a le spectre infrarouge ci-après :

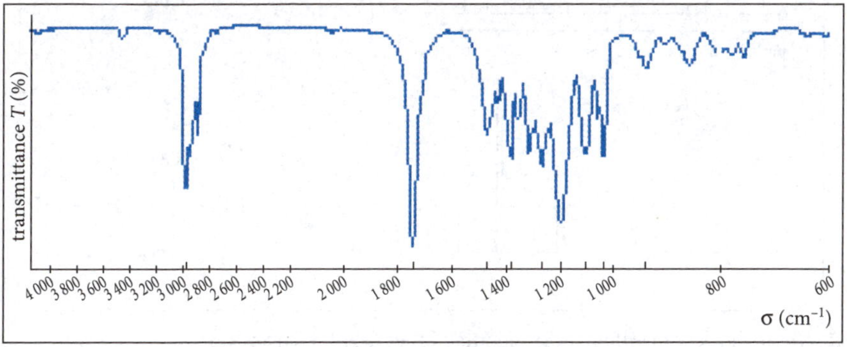

D'après les tables infrarouges fournies ci-dessous, en déduire la nature de la molécule.

Liaison	Nombre d'onde	Bande
C—O	1 190-1 075	Forte
O—H	3 550-3 000	Intense et large
C═O	1 800-1 740	Forte
C—H dans —CH_3	2 960	Forte
C—H dans —$(CH_2)_n$—	750-720	Faible

4 À chacun son spectre

1. À chaque formule semi-développée ci-après correspond un spectre RMN. Mettre en relation la bonne formule avec le bon spectre.

(a)

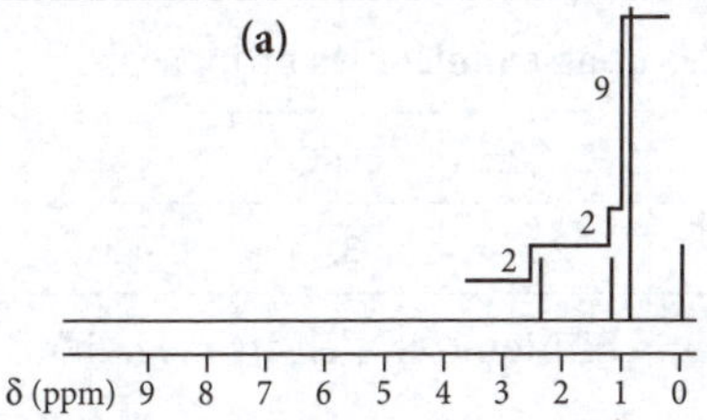

(1)

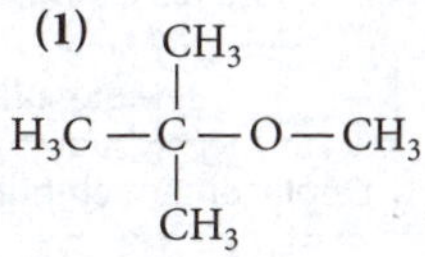

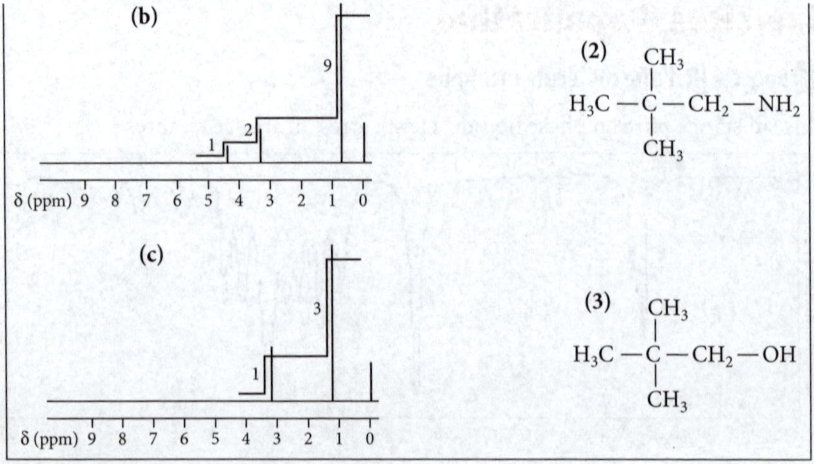

2. Identifier les familles des molécules (2) et (3) et les nommer.

Vers le bac

5 Déplacement chimique et électronégativité

On considère plusieurs composés monohalogénés : CH_3I, CH_3Br, CH_3Cl et CH_3F.

L'électronégativité χ d'un atome varie suivant sa place dans le tableau périodique des éléments chimiques selon les règles suivantes : χ augmente lorsque l'on parcourt une ligne de gauche à droite et diminue si l'on descend une colonne.

1. Classer les éléments halogènes en fonction de leur électronégativité.

2. En déduire le classement des groupes liés à chaque proton d'une molécule monohalogénée, soit $—CH_2X$, avec X un atome d'halogène.

3. On donne les déplacements chimiques des quatre molécules proposées :

Molécule	CH_3I	CH_3Br	CH_3Cl	CH_3F
Déplacement chimique δ (ppm)	2,3	2,7	3,4	4,5

Conclure sur le lien entre le déplacement chimique et l'électronégativité de $—CH_2X$ lié au proton.

4. La molécule de formule H—COO—CH_3 a un spectre RMN constitué de deux pics dont les déplacements chimiques δ sont de 3,8 ppm et 8,2 ppm. Identifier le déplacement chimique des différents protons de la molécule.

5. En déduire le spectre RMN simplifié attendu, ainsi que la courbe d'intégration.

6. Donner le nom en nomenclature systématique de cette molécule. À quelle famille organique appartient-elle ?

6 Identification d'un composé organique

1. L'analyse élémentaire d'un composé X a conduit aux résultats suivants :

% C : 51 % en masse ; % H : 8,5 % en masse

Sachant que la masse molaire de X est de 118 g·mol^{-1}, déterminer la formule brute de X constitué de C, de H et de O.

2. Déterminer le nombre d'insaturations du composé X.

3. À partir des données infrarouges, à quels groupes fonctionnels peut-on attribuer les signaux observés vers 3 200 et 1 700 cm^{-1} ? On pourra se référer à l'extrait de la table IR de l'exercice 3.

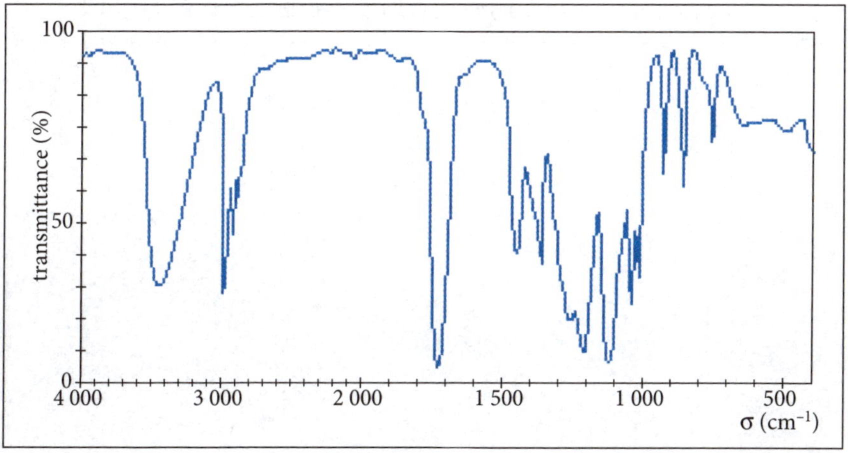

4. À l'aide du spectre RMN ^{1}H et des informations précédentes, montrer qu'une formule développée possible pour X est :

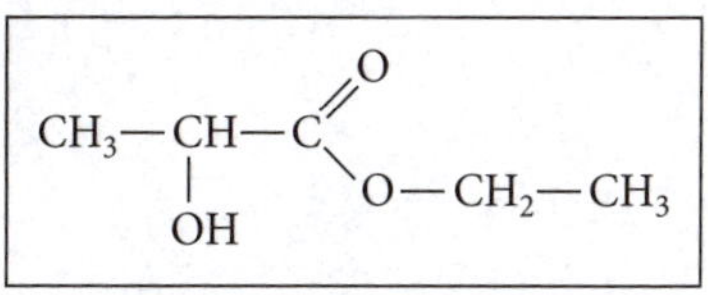

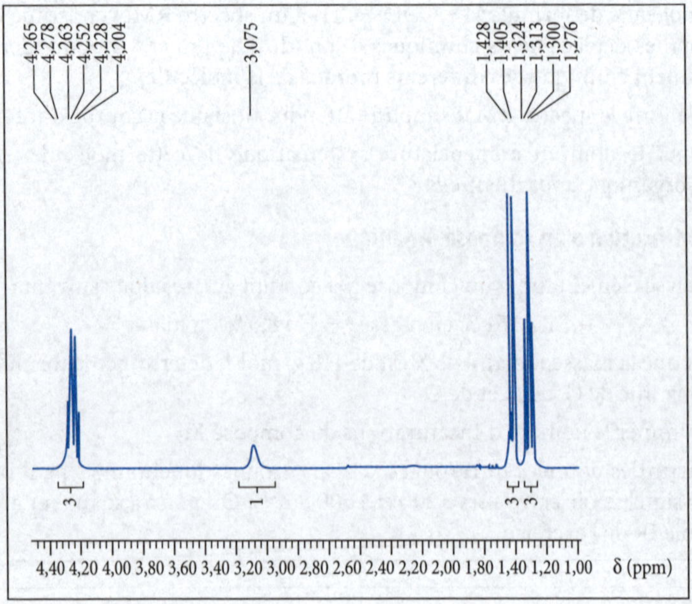

4,265
4,278
4,263
4,252
4,228
4,204
3,075
1,428
1,405
1,324
1,313
1,300
1,276
3
1
3
3
4,40 4,20 4,00 3,80 3,60 3,40 3,20 3,00 2,80 2,60 2,40 2,20 2,00 1,80 1,40 1,20 1,00
δ (ppm)

Vérifiez vos connaissances

1 Vrai-Faux

1. Faux. La première partie de la proposition est fausse : seuls les spectres UV-visible représentent l'absorbance. En général, pour les spectres infrarouges, on représente la transmittance *T*, en pourcentage par exemple.

2. Vrai. Le nombre d'onde σ est l'inverse de la longueur d'onde. Or, la fréquence du signal s'écrit :

$$f = \frac{c}{\lambda} = c\sigma$$

avec *c* la célérité du signal. *f* est donc bien proportionnelle au nombre d'onde.

3. Faux. La courbe d'intégration permet de connaître le nombre relatif de protons dans une molécule. Elle donne les proportions des protons en fonction de leur environnement.

4. Vrai. Le spectre IR permet, en consultant des tables de référence ou un logiciel adapté, de connaître les fonctions organiques d'une molécule.

5. Vrai. Le spectre RMN dépend de l'environnement du proton dans la molécule, mais aussi du milieu dans lequel se trouve cette molécule.

2 QCM

1. a) et **b)** L'absorbance *A* est proportionnelle à la longueur ℓ de la cuve et à la concentration *c* en espèce colorée : $A = \varepsilon \ell c$.

2. a), b), c) et **d)** Toutes les réponses sont exactes.

L'absorbance d'un mélange de deux solutions colorées est la somme des absorbances de chacune des solutions prise indépendamment s'il n'y a pas de recouvrement important entre les bandes d'absorption.

La mesure doit être effectuée dans les mêmes conditions de concentration, de température et de longueur de cuve.

Piège à éviter

Si la longueur d'onde augmente (la fréquence diminue), l'absorbance peut augmenter ou diminuer.

Exercices d'application

3 Spectre infrarouge d'une molécule inconnue

En comparant le spectre infrarouge et les bandes proposées dans l'extrait de table, on peut constater :

– l'existence des deux bandes de la liaison C — O vers 1 200 cm^{-1} ;

– l'absence de bande large caractéristique de la liaison O — H vers 3 000 cm^{-1} ;

– la présence d'un pic d'absorption vers 1 740 cm^{-1} caractérisant une liaison C ═ O ;

– l'existence de pics caractéristiques d'un squelette carboné saturé (groupements —CH_3 et enchaînements de —CH_2—).

La molécule contient donc un squelette carboné sans insaturation, un groupement C — O et un groupement C ═ O.

Remarque

Une analyse plus détaillée montre que ce spectre correspond à la molécule indiquée sur le spectre de la famille des esters.

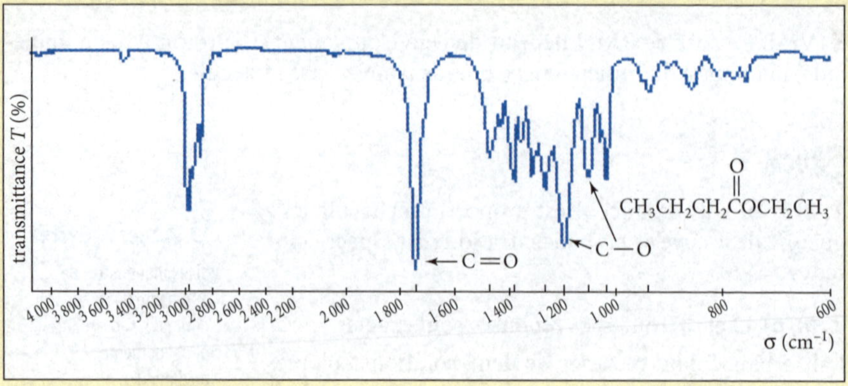

4 À chacun son spectre

1. Le spectre (c) possède deux pics, donc il correspond à une molécule dont les atomes d'hydrogène sont dans deux types d'environnements possibles.

Seule la molécule (**1**) présente deux types de protons.

On peut remarquer que la courbe d'intégration est bien compatible avec la molécule (**1**).

(c)

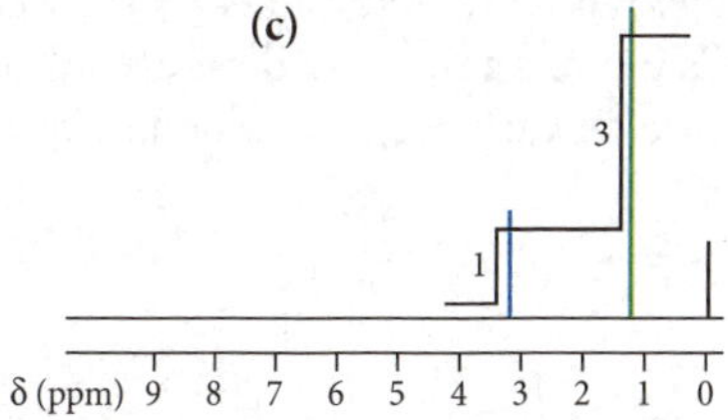

(1)

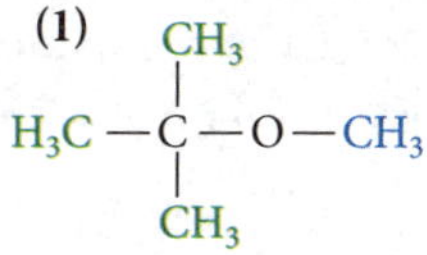

Les deux autres spectres présentent 3 pics, mais la différence se fait sur les courbes d'intégration. La courbe d'intégration **(a)** conduit à des surfaces de signaux dans les rapports 2/2/9, alors que celles de la courbe **(b)** sont dans les rapports 1/2/9.

En considérant maintenant les molécules **(2)** et **(3)**, on constate que la molécule **(2)** possède 1 atome d'hydrogène H de plus que la molécule **(3)**.

Remarque

La courbe d'intégration permet de mettre en relation les pics de résonance et les protons concernés. Pour **2)**, sans consulter les tables, il est *a priori* difficile de mettre en relation les deux pics à 2.

La correspondance est donc **(c)** ⇔ **(1)**, **(a)** ⇔ **(2)** et **(b)** ⇔ **(3)**.

(a)

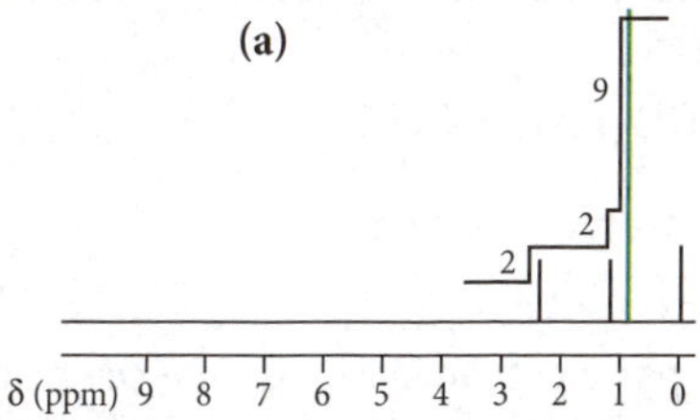

(2)

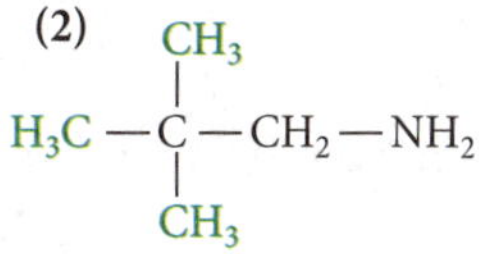

(b)

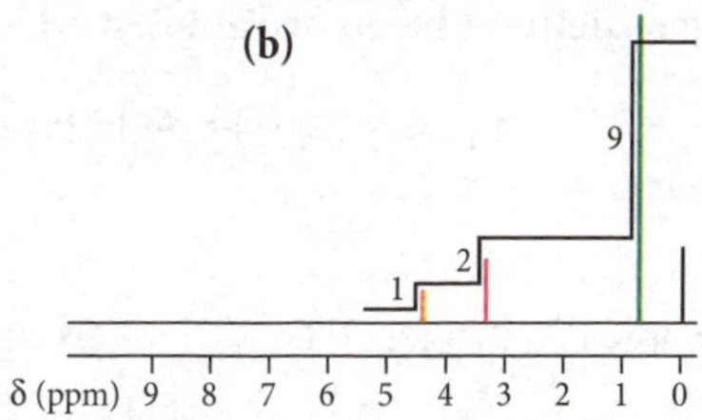

(3)

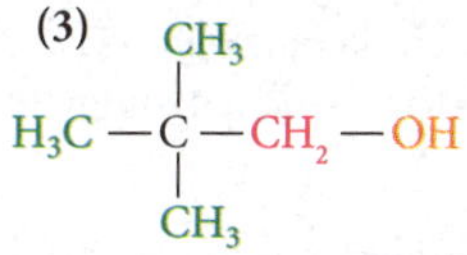

2. La molécule **(2)** possède un groupement caractéristique $—NH_2$ de la famille des **amines** : il s'agit du **2,2-diméthylpropanamine**, la numérotation se faisant à partir du carbone de droite dans la représentation de l'énoncé (carbone portant le groupement caractéristique).

La molécule **(3)** est un alcool dont le groupement caractéristique —OH est en bout de chaîne et lié à un carbone en $—CH_2—$, il s'agit donc d'un **alcool primaire**. La numérotation se faisant à partir de ce carbone, on en déduit que la molécule (3) est le **2,2-diméthylpropan-1-ol**.

Vers le bac

5 Déplacement chimique et électronégativité

1. La famille des halogènes constitue l'avant-dernière colonne du tableau périodique : en descendant dans la colonne, soit par numéro atomique Z croissant, on trouve le fluor F, le chlore Cl, le brome Br et l'iode I.

On a donc :

$$\chi_F > \chi_{Cl} > \chi_{Br} > \chi_I$$

2. Chaque proton des molécules monohalogénées proposées est lié à l'ensemble $—CH_2X$ avec X l'atome d'halogène. Seul l'atome de X diffère d'une molécule à l'autre, donc on en déduit qu'au regard de l'électronégativité :

$$\mathbf{—CH_2F > —CH_2Cl > —CH_2Br > —CH_2I}$$

3. En comparant les déplacements chimiques, on constate que :

$$CH_3F > CH_3Cl > CH_3Br > CH_3I$$

On en déduit, en comparant au classement par électronégativité, que ces deux grandeurs donnent le même classement : **le déplacement chimique est d'autant plus important que l'électronégativité du groupement lié au proton l'est aussi.**

4. Dans la molécule de formule $H—COO—CH_3$, on peut observer deux types d'atomes d'hydrogène notés ci-après en rouge et en bleu :

$$H—COO—CH_3$$

L'hydrogène H est lié à $—COO—CH_3$, alors que l'hydrogène H est lié au groupe $—CH_2—COOH$.

Du point de vue des électronégativités, on a $—COO—CH_3 > —CH_2—COOH$. Sachant que le classement vaut aussi pour les déplacements chimiques des protons liés, on en déduit que **δ = 3,8 ppm correspond au déplacement du proton lié au groupe $—CH_2—COOH$**, alors que **δ = 8,2 ppm correspond au déplacement du proton lié au groupe $—COO—CH_3$.**

5. Le spectre RMN simplifié attendu présente un premier pic à 3,8 ppm et un second pic à 8,2 ppm. La courbe d'intégration permet de montrer que l'on a 3 fois plus d'atomes d'hydrogène liés au groupe $-CH_2-COOH$ qu'au groupe $-COO-CH_3$.

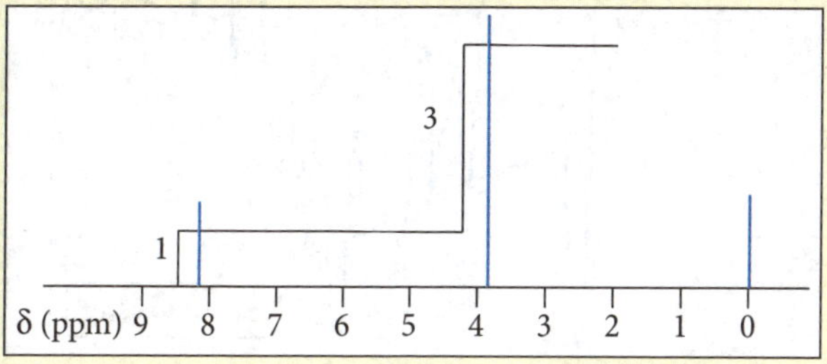

6. La molécule de formule $H-COO-CH_3$ est le **méthanoate de méthyle** qui appartient à la famille des **esters**.

> **Piège à éviter**
>
> Reconnaître le groupe caractéristique des esters $-COO-$ et l'écrire dans le sens $R_1-COO-R_2$ avant de nommer la molécule.

6 Identification d'un composé organique

1. On suppose que le composé X recherché a une formule brute du type $C_xH_yO_z$. Elle possède 51 % en masse de carbone, donc $xM_C = 0{,}51M$.

A. N. : $12x = 0{,}51 \times 118 = 60{,}18$ soit $x = \dfrac{60{,}18}{12} = 5$.

Elle possède 8,5 % d'hydrogène, donc $yM_H = 0{,}085M$.
A. N. : $y = 0{,}085 \times 118 = 10$.
Elle possède (100 – 51 – 8,5) % = 40,5 % d'oxygène, donc $zM_O = 0{,}405M$.

A. N. : $16z = 0{,}405 \times 118 = 47{,}79$ et $z = \dfrac{47{,}79}{16} = 3$.

On en déduit qu'il s'agit de la molécule de formule $\mathbf{C_5H_{10}O_3}$.

2. C est tétravalent, H monovalent et O bivalent.
En supposant une molécule linéaire, on a 5 atomes de carbone enchaînés, soit 5 × 2 + 2 = 12 liaisons covalentes disponibles pour les H et O.
10 atomes d'hydrogène correspondent à 10 liaisons : il reste donc 12 – 10 = 2 liaisons possibles pour 3 atomes d'oxygène. **Quelle que soit la configuration, il y a toujours une insaturation.**

> **Gagnez des points !**
>
> Le nombre n d'insaturations d'une molécule se calcule ainsi :
>
> $$n = \frac{2n_C + 2 - n_H}{2},$$
>
> avec n_C et n_H le nombre d'atomes de carbone et d'hydrogène de la molécule.

3. À partir des données infrarouges et de celles des tables de l'**exercice 3**, les signaux observés vers 3 200 et 1 700 cm^{-1} sont caractéristiques de la fonction alcool $-OH$ (large et intense) et du **groupement C═O**.

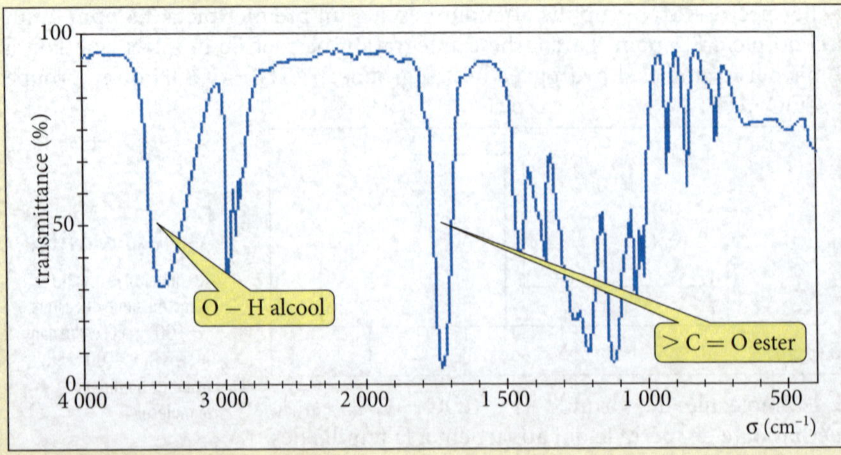

4. La molécule de formule brute $C_5H_{10}O_3$ proposée possède une insaturation C = O compatible avec le spectre infrarouge ci-avant.

De plus, cette molécule possède bien une fonction alcool —OH. L'intégration du spectre RMN montre, pour le pic vers 3,10 ppm et les massifs vers 1,30 et 1,40 ppm, des surfaces de signaux dans un rapport de 1/3/3, qui correspondent peut-être au proton de la fonction alcool, à ceux du $—CH_3$ initial et à ceux du $—CH_3$ terminal. Le massif autour de *d* = 4,30 ppm pourrait correspondre à l'ensemble des protons —CH— et $—CH_2—$. Pour toutes ces raisons, **les informations données semblent en accord avec la formule proposée**.

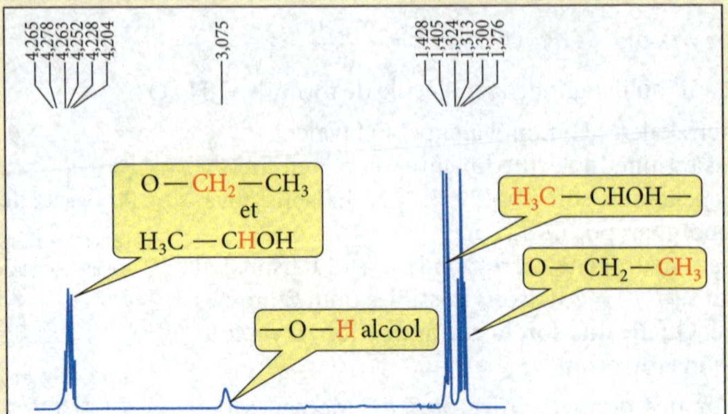

PARTIE

2 Comprendre
Lois et modèles

CHAPITRE 5

Cinématique et dynamique newtoniennes

1 Mouvement d'un point matériel et principe d'inertie (rappels de 2de)

1 Système et référentiel

- On appelle **système** un objet ou un ensemble d'objets dont on étudie le mouvement.
- Le **centre de masse** G d'un système est le point remarquable auquel on attribue toute la masse du système pour une étude simplifiée. Pour les objets de densité uniforme, G est le centre géométrique.
- Le **référentiel** est un solide d'espace auquel on attache un **repère** d'espace $(O, \vec{i}, \vec{j}, \vec{k})$ et une horloge.

2 Mouvement d'un point au cours du temps

- Le mouvement d'un solide ramené à son centre G dépend de sa **trajectoire** et de la **variation de sa vitesse**.
- On appelle **chronophotographie** la photographie de l'ensemble des positions du système prises à intervalles de temps constants. Si l'ensemble de ces positions décrit une droite (resp. un cercle), la trajectoire est rectiligne (resp. circulaire).
- Le mouvement est alors **uniforme** si la vitesse est constante, **accéléré** si la vitesse augmente et **décéléré** ou ralenti si la vitesse diminue.

3 Principe d'inertie

Un système est soumis à un ensemble d'actions mécaniques modélisées par des forces.

Remarque : Une force est représentée par un vecteur ayant un point d'application, une direction, un sens et une norme.

Énoncé du principe d'inertie :
Un système est immobile ou en mouvement rectiligne uniforme si les forces qui s'exercent sur lui se compensent. La réciproque est vraie.
Mathématiquement, si les forces qui agissent sur un système se compensent, leur somme vectorielle est égale au vecteur nul :

$$\sum \vec{F}_{ext} = \vec{0}$$

EXERCICE RÉSOLU

Reconnaître le mouvement d'un système et appliquer le principe d'inertie

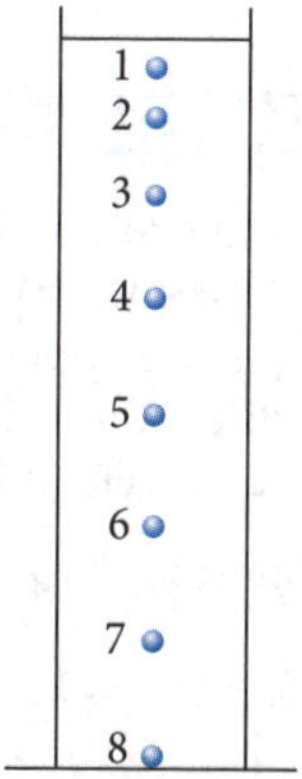

ÉNONCÉ

Une bille est plongée dans un liquide. La chronophotographie du mouvement est donnée ci-contre.

a. Décrire le mouvement du système {bille} dans le référentiel du laboratoire.

b. Sachant que la bille est soumise à trois forces, que peut-on conclure sur celles-ci en fin de mouvement ?

CORRIGÉ

a. L'ensemble des positions décrit une droite. De la position 1 à la position 5, la distance entre chaque position augmente, alors qu'elle est constante au-delà de la position 5. On en déduit que **le mouvement est rectiligne accéléré de 1 à 5 et rectiligne uniforme au-delà**.

> **Méthode**
> Pour décrire le mouvement, regarder l'évolution de l'espacement entre les positions.

b. La bille est soumise à son poids $\vec{P}$, à la poussée d'Archimède $\vec{P}_A$ et aux frottements $\vec{f}$. Elle est en mouvement rectiligne uniforme sur la seconde partie de sa chute, donc en vertu du principe d'inertie, les forces agissant sur elles se compensent. On peut en déduire :

$$\vec{P} + \vec{P}_A + \vec{f} = \vec{0}$$

2 Vecteurs position, vitesse et accélération

1 Vecteur position

Si on définit un repère d'espace $(O, \vec{i}, \vec{j}, \vec{k})$ dans le référentiel d'étude et une origine des temps, tout point M de l'espace est alors repéré par le vecteur position $\overrightarrow{OM}(t)$:

$$\overrightarrow{OM}(t) = x(t)\vec{i} + y(t)\vec{j} + z(t)\vec{k}$$

Remarque : Dans un repère orthonormé, on a : $\|\overrightarrow{OM}\| = \sqrt{x^2 + y^2 + z^2}$.

2 Vecteur vitesse

• Dans le référentiel d'étude muni du repère $(O, \vec{i}, \vec{j}, \vec{k})$, on définit le vecteur vitesse en $M(t)$, noté $\vec{v}_M(t)$, qui a les caractéristiques suivantes :

– point d'application : le point $M(t)$;
– direction : tangente à la trajectoire ;
– sens : celui du mouvement ;
– norme : $\|\vec{v}_M(t)\| = \dfrac{M_1M_2}{\Delta t}$,

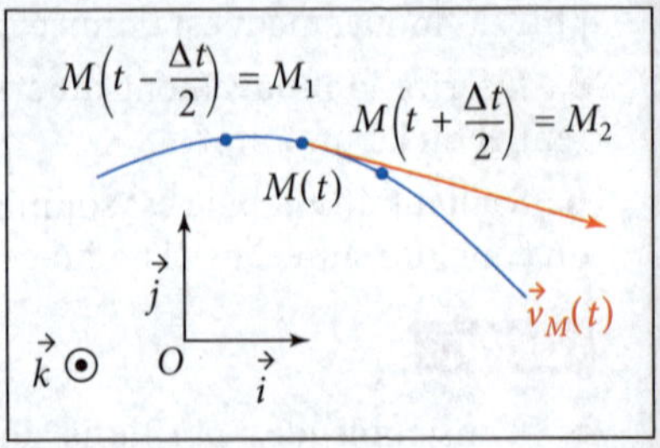

avec $M_1 = M\left(t - \dfrac{\Delta t}{2}\right)$ et $M_2 = M\left(t + \dfrac{\Delta t}{2}\right)$ les positions du système M repérées à l'instant immédiatement avant et immédiatement après t, et Δt la durée entre celles-ci.

$\vec{v}_M(t)$ s'écrit vectoriellement :

$$\vec{v}_M(t) = \frac{\overrightarrow{M_1M_2}}{\Delta t} = \frac{\overrightarrow{OM}\left(t + \frac{\Delta t}{2}\right) - \overrightarrow{OM}\left(t - \frac{\Delta t}{2}\right)}{\Delta t} = \frac{\Delta\overrightarrow{OM}(t)}{\Delta t}$$

Remarque : La vitesse apparaît comme le taux de variation de la position par rapport au temps.

• Les positions de M sont infiniment proches, et Δt infiniment faible. $\vec{v}_M(t)$ est alors la dérivée du vecteur position par rapport au temps :

$$\vec{v}_M(t) = \lim_{\Delta t \to 0} = \frac{\Delta\overrightarrow{OM}(t)}{\Delta t} = \frac{\mathrm{d}\overrightarrow{OM}(t)}{\mathrm{d}t}$$

- Soit (x, y, z) les coordonnées du vecteur $\overrightarrow{OM}(t)$ dans le repère $(O, \vec{i}, \vec{j}, \vec{k})$. On a alors : $\vec{v}_M(t) = \frac{dx}{dt}\vec{i} + \frac{dy}{dt}\vec{j} + \frac{dz}{dt}\vec{k} = \dot{x}(t)\,\vec{i} + \dot{y}(t)\,\vec{j} + \dot{z}(t)\,\vec{k}$.

Remarque : Dans un repère orthonormé, $\|\vec{v}_M(t)\| = \sqrt{\left(\frac{dx}{dt}\right)^2 + \left(\frac{dy}{dt}\right)^2 + \left(\frac{dz}{dt}\right)^2} = \sqrt{\dot{x}^2 + \dot{y}^2 + \dot{z}^2}$.

3 Vecteur accélération

- Dans le référentiel d'étude muni du repère $(O, \vec{i}, \vec{j}, \vec{k})$, on définit le vecteur accélération $\vec{a}_M(t)$ comme la dérivée du vecteur vitesse :

$$\vec{a}_M(t) = \lim_{\Delta t \to 0} = \frac{\Delta\vec{v}_M(t)}{\Delta t} = \frac{d\vec{v}_M(t)}{dt}$$

- $(O, \vec{i}, \vec{j}, \vec{k})$ ayant des vecteurs unitaires indépendants du temps, $\vec{a}_M(t)$ s'écrit :

$$\vec{a}_M(t) = \frac{d^2x}{dt^2}\vec{i} + \frac{d^2y}{dt^2}\vec{j} + \frac{d^2z}{dt^2}\vec{k} = \ddot{x}(t)\,\vec{i} + \ddot{y}(t)\,\vec{j} + \ddot{z}(t)\,\vec{k}$$

Remarque : Dans un repère orthonormé, on a : $\|\vec{a}_M(t)\| = \sqrt{\ddot{x}^2 + \ddot{y}^2 + \ddot{z}^2}$.

EXERCICE RÉSOLU

Reconnaître les différents types de mouvements

ÉNONCÉ

Pour identifier un mouvement, on étudie les variations de $\|\vec{v}_M(t)\|$, ce qui revient à étudier celles de $\|\vec{v}_M(t)\|^2 = \vec{v}^2$. Montrer que $\frac{d\left(\vec{v}^2\right)}{dt} = 2\vec{v}\cdot\vec{a}$ et en déduire le signe du produit scalaire d'un mouvement ralenti.

CORRIGÉ

$\frac{d\left(\vec{v}^2\right)}{dt} = 2\vec{v}\cdot\frac{d\vec{v}}{dt}$ donc $\frac{d\left(\vec{v}^2\right)}{dt} = 2\vec{v}\cdot\vec{a}$ en dérivant le carré du vecteur et en identifiant $\vec{a} = \frac{d\vec{v}}{dt}$. Dans le cas d'un mouvement ralenti, la vitesse diminue, donc $\frac{d\left(\vec{v}^2\right)}{dt} < 0$. On en déduit alors que $\boldsymbol{\vec{v}\cdot\vec{a} < 0}$.

Rappel

Le mouvement est :
- ralenti si $\vec{v}\cdot\vec{a} < 0$;
- accéléré si $\vec{v}\cdot\vec{a} > 0$;
- uniforme si $\vec{v}\cdot\vec{a} = 0$.

3 Quantité de mouvement et lois de Newton

1 Vecteur quantité de mouvement

- On appelle quantité de mouvement $\vec{P}$ d'un point matériel le vecteur :

$$\vec{P} = m\vec{v} \quad \text{avec} \quad \begin{cases} m : \text{masse du système (en kg),} \\ \vec{v} : \text{vecteur vitesse instantanée.} \end{cases}$$

- Le vecteur quantité de mouvement a les mêmes point d'application, direction et sens que le vecteur vitesse instantanée $\vec{v}$. Sa norme est proportionnelle à celle de $\vec{v}$, soit : $\|\vec{p}\| = p = m\,\|\vec{v}\| = mv$.

2 Référentiel galiléen et système isolé

- Le principe d'inertie n'est valable que dans certains référentiels, appelés **référentiels galiléens**. On postule l'existence d'au moins un référentiel galiléen, tout autre référentiel galiléen étant en mouvement de translation rectiligne uniforme par rapport à lui.

Remarque : Le référentiel terrestre peut être considéré comme galiléen si l'on considère des mouvements d'une durée suffisamment courte pour pouvoir négliger les effets de la rotation de la Terre.

- Un **système isolé** est un système qui n'est soumis à aucune force extérieure. Un système **pseudo-isolé** est en revanche un système soumis à un ensemble de forces qui se compensent.

3 Énoncé des trois lois de Newton

- **Première loi ou principe d'inertie**

Dans un référentiel galiléen, le centre d'inertie G d'un système isolé ou pseudo-isolé est soit au repos ($\vec{v}_G = \vec{0}$) soit en mouvement rectiligne uniforme ($\vec{v}_G$ est un vecteur constant).

- **Deuxième loi** ou **théorème du centre d'inertie**

Dans un référentiel galiléen, la résultante des forces extérieures agissant sur un système est égale à la dérivée temporelle du vecteur quantité de mouvement de son centre d'inertie :

$$\sum \vec{F}_{\text{ext}} = \frac{\mathrm{d}\vec{p}_G}{\mathrm{d}t}$$

• **Troisième loi** ou **loi des actions réciproques**
Lorsqu'un système S_1 exerce sur un second système S_2 une action modélisée par une force $\vec{F}_{1/2}$, alors le système S_2 réagit sur le système S_1. Cette réaction est modélisée par la force $\vec{F}_{2/1}$ telle que :

$$\vec{F}_{1/2} + \vec{F}_{2/1} = \vec{0} \text{ soit } \vec{F}_{1/2} = -\vec{F}_{2/1}$$

EXERCICE RÉSOLU

Déterminer l'équation horaire dans le cas d'une chute libre sans vitesse initiale

ÉNONCÉ

Un objet est lâché d'une hauteur $z_0 = h$ sans vitesse initiale.

a. En appliquant la seconde loi de Newton, montrer que $\vec{a}_G = \vec{g}$.

b. En déduire la position $z(t)$ de l'objet en fonction du temps.

CORRIGÉ

a. En appliquant la seconde loi de Newton au système objet dans le référentiel terrestre considéré comme galiléen, on obtient : $\sum \vec{F}_{\text{ext}} = \frac{\mathrm{d}\vec{p}_G}{\mathrm{d}t}$. Sachant que la seule force exercée sur l'objet est le poids, on a : $\vec{P} = m\vec{g} = \frac{\mathrm{d}\vec{p}_G}{\mathrm{d}t} = m\frac{\mathrm{d}\vec{v}_G}{\mathrm{d}t}$.

En simplifiant par m non nulle, on obtient finalement : $\vec{g} = \frac{\mathrm{d}\vec{v}_G}{\mathrm{d}t}$ d'où $\vec{\boldsymbol{g}} = \vec{\boldsymbol{a}}_{\boldsymbol{G}}$.

b. Soit un axe (Oz) vertical vers le haut. On peut alors écrire l'accélération de pesanteur sous la forme $\vec{a}_G = \vec{g} = -g\vec{k}$. Par intégration, on pose $\vec{v}_G = -gt\vec{k} + \vec{v}_0$ avec $\vec{v}_0 = \vec{0}$ vecteur vitesse initiale. Soit $\vec{v}_G = -gt\vec{k}$. Le vecteur position est une primitive du vecteur vitesse, donc :

> **Méthode**
> Ne pas oublier les constantes d'intégration qui dépendent des conditions initiales.

$$\overrightarrow{OM} = -\frac{1}{2}gt^2\vec{k} + \overrightarrow{OM_0} = -\frac{1}{2}gt^2\vec{k} + h\vec{k} = \left(-\frac{1}{2}gt^2 + h\right)\vec{k}$$

Par identification, on en déduit que $\boldsymbol{z(t) = -\frac{1}{2}gt^2 + h}$.

4 Lois de Kepler

1 Référentiel d'étude

Les lois de Kepler régissent les mouvements des planètes autour du Soleil. Le référentiel d'étude est alors un référentiel centré sur le centre du Soleil, dont les axes sont dirigés vers trois « étoiles fixes » : le **référentiel héliocentrique**.

2 Énoncé des trois lois de Kepler

Première loi : la trajectoire du centre d'une planète est une ellipse dont le Soleil est l'un des foyers.

Remarque : Dans la plupart des exercices, on pourra cependant considérer la trajectoire d'une planète autour du Soleil comme circulaire et sa vitesse comme constante.

Deuxième loi ou **loi des aires :** le mouvement du centre d'une planète est tel que le rayon planète-Soleil balaie des aires égales pendant des durées égales :

$$\text{si } \Delta t_1 = \Delta t_2 \text{ alors } \mathscr{A}_1 = \mathscr{A}_2$$

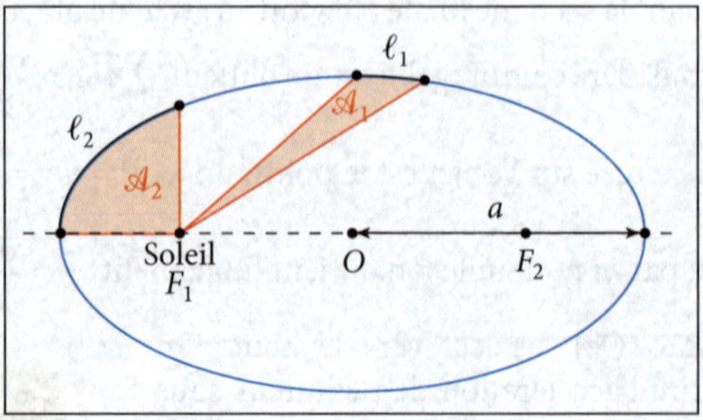

Remarque : On constate ici que pour $\Delta t_1 = \Delta t_2$, on a $\mathscr{A}_1 = \mathscr{A}_2$ mais $\ell_1 < \ell_2$. On en déduit que $v_1 = \frac{\ell_1}{\Delta t_1} < \frac{\ell_2}{\Delta t_2} = v_2$: la vitesse d'une planète est d'autant plus importante qu'elle est proche du Soleil.

Troisième loi : le carré de la période de révolution T du centre d'une planète est proportionnel au cube du demi-grand axe a de l'orbite elliptique :

$$\frac{T^2}{a^3} = K \quad \text{avec} \quad K \text{ constante}$$

Remarque : La constante est la même pour toutes les planètes du système solaire. Soit P et P' deux planètes.
On a $\frac{T^2}{a^3} = \frac{T'^2}{a'^3} = K$.

EXERCICE RÉSOLU

Déterminer la période de révolution de Mars

ÉNONCÉ

On considère que Mars et la Terre tournent autour du Soleil sur une orbite circulaire de rayon R_M et R_T.

a. Exprimer la période de révolution de Mars T_M en fonction de celle de la Terre T_T.

b. En déduire la valeur numérique de T_M.

Données : $R_M = 1,52$ ua ; 1 ua $= 149,6 \cdot 10^6$ km.

CORRIGÉ

a. La troisième loi de Kepler appliquée aux deux planètes s'écrit :

$\frac{T_M^2}{R_M^3} = \frac{T_T^2}{R_T^3} = K$, où K est une constante.

On en déduit que $T_M = \sqrt{\frac{T_T^2}{R_T^3} R_M^3}$ soit $\boldsymbol{T_M = T_T \sqrt{\left(\frac{R_M}{R_T}\right)^3}}$.

b. R_M est donné en unités astronomiques, c'est-à-dire en équivalent distance Terre-Soleil.

A. N. : $R_M = 1,52 \times 149,6 \cdot 10^9 = 2,27 \cdot 10^{11}$ m.

$R_T = 1$ ua par définition, donc

$R_T = 149,6 \cdot 10^6$ km $= 149,6 \cdot 10^9$ m

donc $\frac{R_M}{R_T} = 1,52$.

> **Rappel**
> L'unité astronomique est la distance moyenne Terre-Soleil.

La Terre a une période de révolution de 365,25 jours donc $T_T = 365,25$ jours.

Finalement, $T_M = 365,25 \times \sqrt{\left(\frac{2,27 \cdot 10^{11}}{149,6 \cdot 10^9}\right)^3} = 365,25 \times \sqrt{(1,52)^3}$

soit $\boldsymbol{T_M = 684}$ **jours.**

5 Mouvement d'un satellite

1 Force gravitationnelle

Un satellite est en orbite autour de la Terre. Dans le référentiel géocentrique, supposé galiléen, la Terre exerce sur le satellite une force gravitationnelle :

$$\vec{F}_{T/S} = G\frac{M_T \cdot m}{d^2}\vec{u}$$

avec
- M_T : masse de la Terre ($M_T = 5{,}98 \cdot 10^{24}$ kg),
- m : masse du satellite (en kg),
- d : distance entre le satellite et le centre de la Terre (en m),
- G : constante gravitationnelle ($G = 6{,}67 \cdot 10^{-11}\ N \cdot m^2 \cdot kg^{-2}$),
- $\vec{u}$: vecteur unitaire orienté du satellite vers la Terre.

Remarque : Si h est l'altitude du satellite par rapport à la surface de la Terre, alors on peut remplacer d par $R_T + h$ avec R_T le rayon terrestre.

2 Base de Frénet

- Dans l'approximation des trajectoires circulaires, on admet que le centre de la trajectoire du satellite est confondu avec le centre de la Terre.

- La **base de Frénet** $(\vec{n}, \vec{t})$ est un doublet de vecteurs unitaires attaché au satellite. $\vec{n}$ est dirigé vers le centre de la Terre et $\vec{t}$ est tangent à la trajectoire, orienté dans le sens du mouvement. C'est une base mobile, qui dépend de la position du satellite.

Remarque : Les vecteurs $\vec{u}$ et $\vec{n}$ sont identiques.

- Dans la base de Frénet, le vecteur accélération se décompose en : $a_t = \frac{dv}{dt}$ et $a_n = \frac{v^2}{d}$ avec v la norme du vecteur vitesse du satellite.

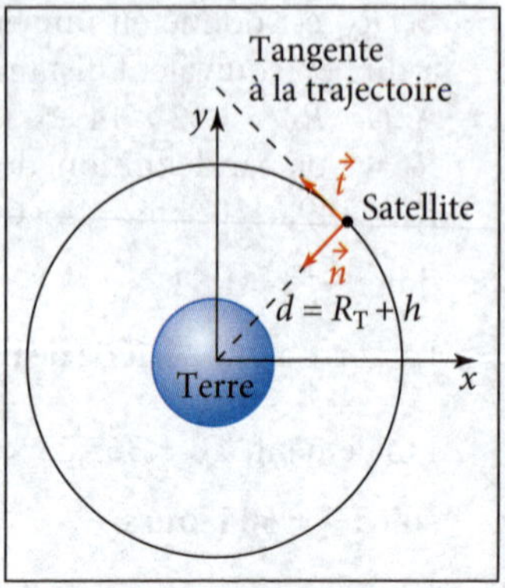

Trajectoire du satellite vue du dessus

3 Mouvement circulaire uniforme

- En appliquant la seconde loi de Newton au satellite dans le référentiel géocentrique supposé galiléen, on a : $\frac{d\vec{p}_G}{dt} = \sum \vec{F}_{ext} = \vec{F}_{T/S} = G\frac{M_T \cdot m}{d^2}\vec{u}$.

Or comme $\vec{u} = \vec{n}$ dans la base de Frénet, on a : $\frac{d\vec{p}_G}{dt} = m\vec{a} = G\frac{M_T \cdot m}{d^2}\vec{n}$.

On en déduit facilement, en décomposant le vecteur accélération, que :

$$a_t = \frac{dv}{dt} = 0 \text{ et } a_n = \frac{v^2}{d} = G\frac{M_T}{d^2}$$

- $\frac{dv}{dt} = 0$ soit v = constante : **le mouvement d'un satellite**, dans l'approximation des trajectoires circulaires, **est circulaire uniforme**.
- $\frac{v^2}{d} = G\frac{M_T}{d^2}$, soit $v = \sqrt{\frac{GM_T}{d}} = \sqrt{\frac{GM_T}{R_T + h}}$: **la vitesse d'un satellite ne dépend que de sa distance au centre de la Terre, donc de son altitude *h*.**

EXERCICE RÉSOLU

Déterminer l'expression de la période de rotation *T* d'un satellite terrestre

ÉNONCÉ

Un satellite gravite autour de la Terre à une altitude *h*. Dans l'approximation des trajectoires circulaires, établir l'expression de sa période *T* de rotation.

CORRIGÉ

La trajectoire étant circulaire, le satellite parcourt un périmètre $2\pi d = 2\pi(R_T + h)$ en une période *T*. Sa vitesse de rotation est donc $v = \frac{2\pi(R_T + h)}{T}$.

De plus, dans le cas d'un satellite, la vitesse est constante et a pour expression déjà établie :

$$v = \sqrt{\frac{GM_T}{R_T + h}}$$

> **Rappel**
> On retrouve la 3e loi de Kepler : $\frac{T^2}{(R_T + h)^3}$ = constante

Par identification, on a donc :

$\frac{2\pi(R_T + h)}{T} = \sqrt{\frac{GM_T}{R_T + h}}$, soit $\frac{T^2}{(R_T + h)^3} = \frac{4\pi^2}{GM_T}$ ou encore $\boldsymbol{T = 2\pi\sqrt{\frac{(R_T + h)^3}{GM_T}}}$.

Déterminer les vecteurs position et vitesse

ÉNONCÉ

On étudie le mouvement d'un projectile lancé d'une hauteur H avec une vitesse initiale $\vec{v}_0$ faisant un angle α avec l'horizontale. Déterminer les expressions des vecteurs vitesse et position dans le référentiel terrestre galiléen.

MÉTHODE

▶ **1.** On applique la seconde loi de Newton dans un référentiel galiléen muni d'un repère $(O, \vec{i}, \vec{j}, \vec{k})$ afin d'obtenir l'expression du vecteur accélération.

▶ **2.** $\vec{a} = \dfrac{d\vec{v}}{dt}$ donc le vecteur vitesse est une primitive du vecteur accélération. On obtient chaque composante séparément en cherchant la primitive de la composante correspondante du vecteur accélération. On détermine ensuite les constantes d'intégration en fonction des conditions du problème.

▶ **3.** On applique la même méthode pour obtenir le vecteur position $\overrightarrow{OM}$ tel que $\vec{v} = \dfrac{d\overrightarrow{OM}}{dt}$.

CORRIGÉ

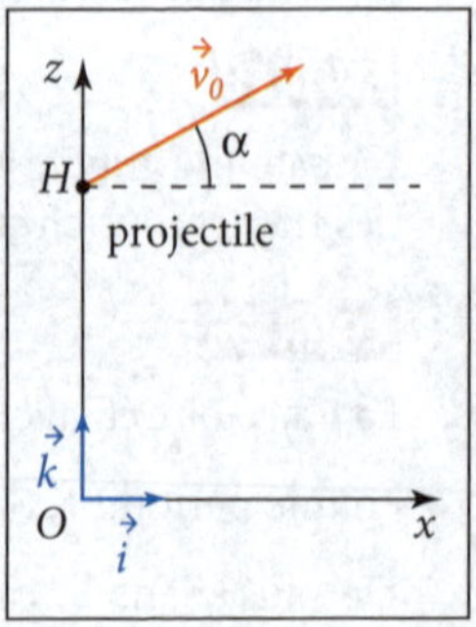

1. Le projectile n'est soumis qu'à son poids en négligeant les frottements de l'air. Dans ce cas, la seconde loi de Newton s'écrit : $m\vec{g} = \dfrac{d\vec{p}}{dt} = m\dfrac{d\vec{v}}{dt} = m\vec{a}$

On en déduit : $\vec{a} = \vec{g} = -g\vec{k}$

2. $\vec{a} = \dfrac{d\vec{v}}{dt}$, donc on peut en déduire par intégration que $\vec{v} = -gt\vec{k} + \vec{v}_0$ avec $\vec{v}_0 = v_0 \cos\alpha\, \vec{i} + v_0 \sin\alpha\, \vec{k}$.

Finalement, on trouve : $\vec{v} = v_0 \cos\alpha\, \vec{i} + (-gt + v_0 \sin\alpha)\vec{k}$.

3. Le vecteur position s'obtient par intégration du vecteur vitesse.

$\overrightarrow{OM} = v_0 \cos\alpha \cdot t\vec{i} + \left(-\dfrac{1}{2}gt^2 + v_0 \sin\alpha \cdot t\right)\vec{k} + \overrightarrow{OM_0}$

avec $\overrightarrow{OM_0} = H\vec{k}$.

Finalement, $\overrightarrow{OM} = v_0 \cos\alpha \cdot t\vec{i} + \left(-\dfrac{1}{2}gt^2 + v_0 \sin\alpha \cdot t + H\right)\vec{k}$.

Réflexe à avoir

Bien penser à ajouter $\vec{v}_0$ vitesse initiale et $\overrightarrow{OM_0}$ position initiale.

Déterminer la vitesse constante d'un satellite

ÉNONCÉ

La Lune est un satellite de la Terre. En supposant son orbite circulaire, montrer que son mouvement est uniforme et calculer sa vitesse de rotation dans le référentiel géocentrique supposé galiléen.

Données : $G = 6{,}67 \cdot 10^{-11}\ \text{N} \cdot \text{m}^2 \cdot \text{kg}^{-2}$; $M_T = 5{,}98 \cdot 10^{24}$ kg ; $d = 3{,}84 \cdot 10^5$ km.

MÉTHODE

- **1.** La Lune est soumise à la force gravitationnelle exercée par la Terre. En considérant cette force comme unique force exercée sur la Lune, appliquer la seconde loi de Newton et en déduire l'expression du vecteur accélération.
- **2.** Dans la base de Frénet, montrer que l'accélération tangentielle est nulle et en déduire que v = constante.
- **3.** Identifier l'accélération exprimée en **1.** à l'accélération radiale et en déduire l'expression de la valeur v de la vitesse de la Lune.

CORRIGÉ

1. La Lune est soumise à la force gravitationnelle exercée par la Terre. Dans le repère de Frénet attaché à la Lune, on a $\vec{F}_{\text{Terre/Lune}} = G\dfrac{M_T \cdot M_L}{d^2}\vec{n}$, avec d la distance du centre de la Terre au centre de la Lune. La seconde loi de Newton permet d'écrire :

$$\frac{d\vec{p}}{dt} = M_L\vec{a} = \vec{F}_{\text{Terre/Lune}} = G\frac{M_T \cdot M_L}{d^2}\vec{n}, \text{ soit } \vec{a} = G\frac{M_T}{d^2}\vec{n}.$$

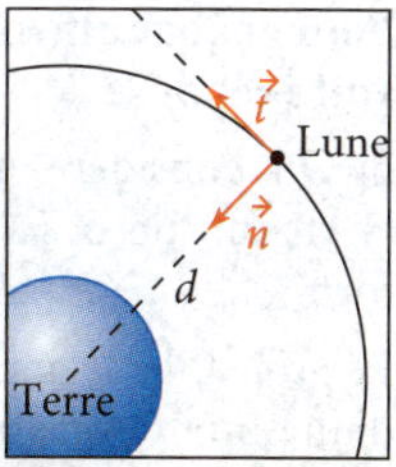

2. Dans la base de Frénet, on a : $a_t = \dfrac{dv}{dt}$ et $a_n = \dfrac{v^2}{d}$.

Ici, $a_t = 0 \Rightarrow \dfrac{dv}{dt} = 0 \Rightarrow v = \text{constante}$.

Le mouvement de la Lune dans le référentiel géocentrique est circulaire uniforme.

3. Par identification, on a :

$$a_n = \frac{v^2}{d} = G\frac{M_T}{d^2} \text{ soit } v = \sqrt{G\frac{M_T}{d}}.$$

A. N. : $v = \sqrt{6{,}67 \cdot 10^{-11} \times \dfrac{5{,}98 \cdot 10^{24}}{3{,}84 \cdot 10^8}} = 1{,}02 \cdot 10^3\ \text{m} \cdot \text{s}^{-1} = 1{,}02\ \text{km} \cdot \text{s}^{-1}$.

Réflexe à avoir

Bien penser à mettre les distances en m et non en km dans l'application numérique.

Vérifiez vos connaissances

1 Vrai-Faux

Indiquer pour chaque proposition si elle est vraie (V) ou fausse (F).

1. Un système en mouvement circulaire uniforme a son vecteur accélération normale à la trajectoire dirigé vers le centre du cercle ☐ V ☐ F

2. Un système en mouvement circulaire uniforme a son vecteur vitesse constant. ☐ V ☐ F

3. La 3e loi de Kepler stipule que T^3 est proportionnelle au carré du rayon de la trajectoire circulaire d'un satellite. ☐ V ☐ F

4. Soit K la constante de la 3e loi de Kepler pour les planètes du système solaire. On a alors $T^2 = Kd^3$ avec d la distance Terre-Lune et T la période de rotation de la Lune autour de la Terre. ☐ V ☐ F

5. Dans le cas d'un système à masse constante, la 2e loi de Newton s'exprime $\sum \vec{F}_{\text{ext}} = m\vec{a}_G$ avec $\vec{a}_G$ le vecteur accélaration du centre d'inertie du système dans un référentiel galiléen. ☐ V ☐ F

2 Affirmations

Pour chaque affirmation, vous indiquerez si elle est vraie ou fausse en justifiant votre réponse.

1. On considère un projectile évoluant dans le champ de pesanteur terrestre supposé uniforme.

Le projectile de masse m est lancé à la date $t = 0$ s d'un point O, origine du repère (O, x, z).

Le vecteur vitesse initiale $\vec{V_0}$ fait un angle α quelconque avec l'horizontale.

Le mouvement s'effectue dans le plan vertical contenant les axes Ox et Oz, tel que le champ de pesanteur $\vec{g}$ est parallèle à Oz. On se place dans le référentiel terrestre supposé galiléen et on néglige toute résistance de l'air.

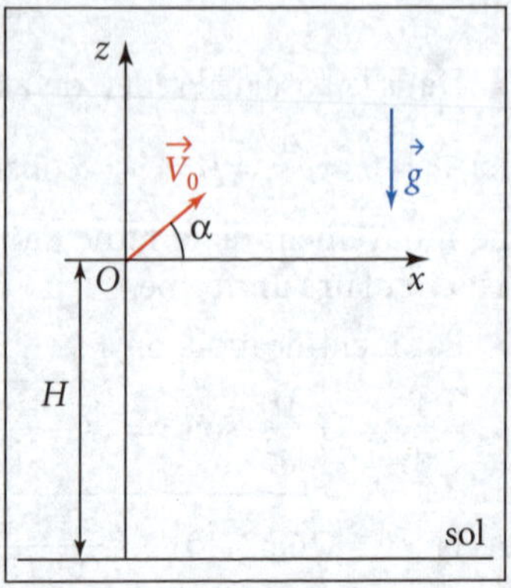

Affirmation 1 : le vecteur accélération $\vec{a}_G$ du centre d'inertie G du projectile ne dépend pas des conditions initiales.

Affirmation 2 : le projeté du centre d'inertie G du projectile sur l'axe vertical Oz est animé d'un mouvement rectiligne et uniforme.

Affirmation 3 : la trajectoire du centre d'inertie G du projectile est parabolique quelle que soit la valeur de α.

Affirmation 4 : dans le cas où le projectile est lancé d'une hauteur H au-dessus du sol avec une vitesse $\vec{V_0}$ horizontale, l'abscisse de son point de chute est $x = V_0\sqrt{\frac{2H}{g}}$.

On rappelle qu'à $t = 0$ s, le projectile est en O, origine du repère.

2. On considère un satellite artificiel soumis uniquement à la force gravitationnelle de la Terre. Le satellite de masse m, situé à l'altitude h par rapport au sol terrestre est animé d'un mouvement circulaire et uniforme à la vitesse V. On se place dans le référentiel géocentrique supposé galiléen.

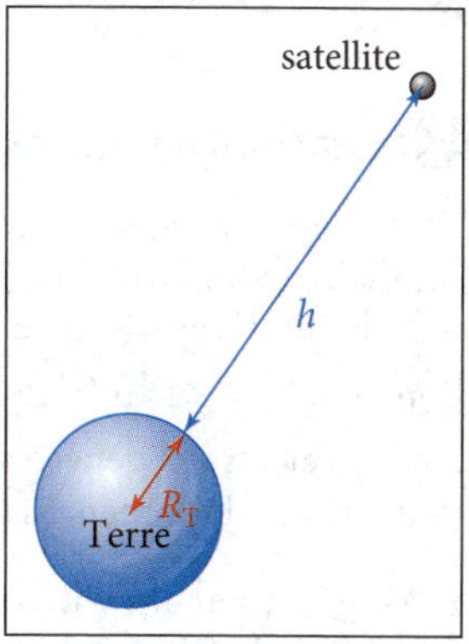

$R_T = 6\,380$ km ; $M_T = 5{,}98 \cdot 10^{24}$ kg et
$G = 6{,}67 \cdot 10^{-11}$ usi.

Affirmation 5 : la constante de gravitation universelle G s'exprime en $m \cdot s^{-2}$.

Affirmation 6 : le vecteur accélération $\vec{a}_G$ du centre d'inertie du satellite est centripète.

Affirmation 7 : la vitesse du satellite est donnée par la relation $V = \sqrt{\frac{GM_T}{(R_T + h)}}$.

Affirmation 8 : à l'altitude $h = 12\,800$ km, la période de révolution du satellite vaut $2{,}64 \cdot 10^4$ s.

Exercices d'application

3 Mouvement d'une planète dans le référentiel héliocentrique

La figure ci-après représente la trajectoire elliptique du centre d'inertie M d'une planète du système solaire de masse m dans le référentiel héliocentrique considéré comme galiléen. Les deux foyers F_1 et F_2 de l'ellipse et son centre O sont indiqués.

1. En utilisant une des lois de Kepler, justifier la position du Soleil.

2. On suppose que les durées de parcours entre les points M_1 et M'_1 puis M_2 et M'_2 sont égales. En utilisant une des lois de Kepler, trouver la relation entre les aires $\mathcal{A}_1$ et $\mathcal{A}_2$.

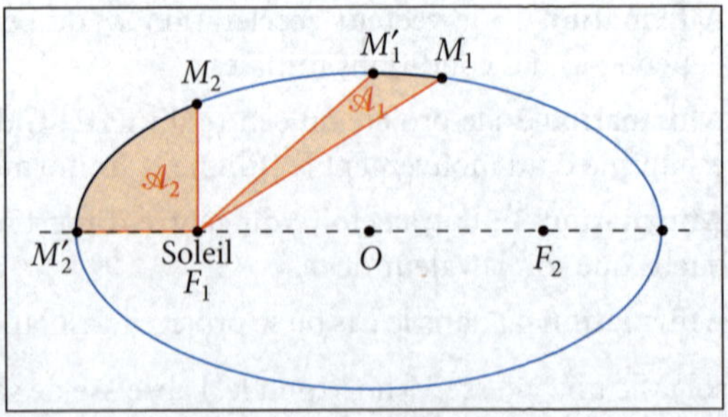

3. La valeur de la vitesse moyenne entre les points M_1 et M'_1 est-elle inférieure, égale ou supérieure à celle entre les points M_2 et M'_2 ? Justifier.

4 Déviation d'un faisceau d'électrons dans un champ électrique uniforme

Un champ électrique $\vec{E}$ est créé par un condensateur plan constitué de deux plaques parallèles et horizontales (P_1 et P_2) reliées à un générateur de tension constante U et séparées d'une distance d.

Données : $m = 9{,}1 \cdot 10^{-31}$ kg ; $e = 1{,}6 \cdot 10^{-19}$ C ; $U = 205$ V ; $d = 0{,}040$ m.

Tous les électrons pénètrent dans le champ $\vec{E}$ supposé uniforme à l'ordonnée y_0 et sont animés de la même vitesse $\vec{V_0}$ parallèle aux plaques.

1. Montrer, par un calcul, qu'il est légitime de négliger la force de pesanteur par rapport à la force électrique pour l'électron.

On donne $E = \dfrac{U}{d}$.

2. Un électron pénètre dans le champ à l'instant initial $t = 0$. Établir, en citant le théorème utilisé, l'expression vectorielle de son accélération $\vec{a}$ en fonction de e, m et $\vec{E}$.

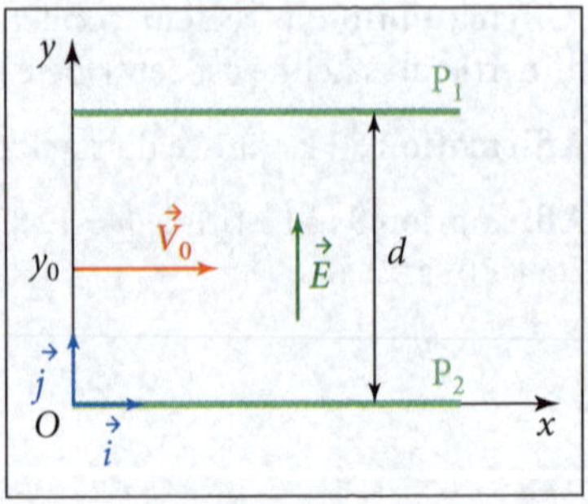

3. Donner les composantes du vecteur accélération et établir les équations horaires du mouvement.

4. Montrer que l'équation de la trajectoire est de la forme $y = Ax^2 + B$ où A et B sont des constantes. Vérifier que $A = -\dfrac{a}{2V_0^2}$.

5. Calculer A. On donne $V_0 = 1{,}5 \cdot 10^7$ m·s^{-1}.

Vers le bac

5 Mouvement de l'électron dans l'atome d'hydrogène

Pour commencer cette étude, on suppose que l'électron est animé d'un mouvement circulaire et uniforme de rayon R autour du proton. Les caractéristiques du mouvement de l'électron sont exprimées dans la base mobile de vecteurs unitaire $\vec{n}$ et $\vec{t}$ comme indiqué sur le schéma ci-contre.

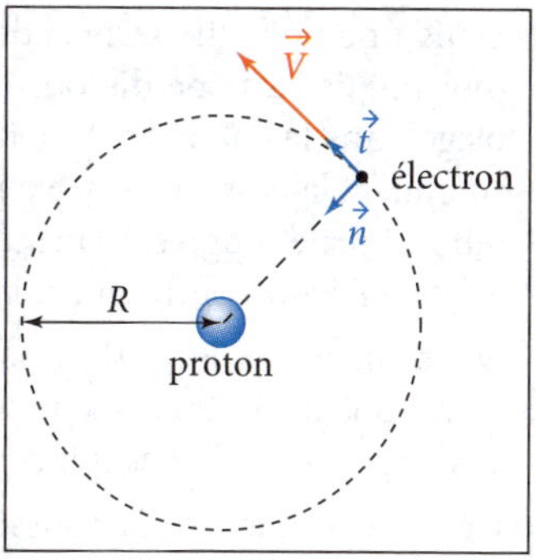

L'électron est soumis à une force d'interaction électrostatique $\vec{F}$ centripète : $\vec{F} = k\,\dfrac{e^2}{R^2}\,\vec{n}$ où R est le rayon de l'atome, e la valeur de la charge électrique élémentaire et k une constante.

1. Représenter cette forme d'interaction.

2. Déterminer l'unité de la constante k.

3. Dans le cas d'un mouvement circulaire et uniforme, écrire l'expression du vecteur accélération $\vec{a}$ dans la base mobile $(\vec{t}, \vec{n})$ en fonction de la valeur de la vitesse $\vec{V}$ de l'électron et du rayon R de la trajectoire circulaire.

4. En appliquant une loi dont on donnera le nom, montrer que la valeur de la vitesse $\vec{V}$ est donnée par l'expression suivante :

$$V = e\sqrt{\frac{k}{mR}}$$

5. Calculer la valeur de cette vitesse.

Données : $m = 9{,}109 \cdot 10^{-31}$ kg ; e $= 1{,}602 \cdot 10^{-19}$ C ; $R = 5{,}3 \cdot 10^{-11}$ m ; k $= 9{,}0 \cdot 10^{9}$ SI.

6. Connaissant l'expression littérale de la vitesse V, déterminer celle de son énergie cinétique E_C.

7. Calculer la valeur de cette énergie cinétique, puis la convertir en électronvolts (eV).

Données : 1 eV $= 1{,}602 \cdot 10^{-19}$ J.

6 Naissance d'une bulle

Exercice à caractère documentaire

Dans une bouteille fermée de boisson gazeuse, un équilibre s'établit entre le dioxyde de carbone dissous dans la boisson et le dioxyde de carbone gazeux piégé dans le col de la bouteille. Lors de l'ouverture de celle-ci, l'équilibre est rompu, et la boisson se débarrasse d'une partie du dioxyde de carbone dissous qui retourne progressivement en phase gazeuse. Il y a formation de bulles qui vont s'enrichir continûment en gaz au cours de leur remontée.

Dans un verre, les bulles naissent sur des sites de nucléation qui sont des embryons de bulles présents en solution ou de petites poches d'air piégées par des impuretés microscopiques (fibres de cellulose, microcristaux…).

Dès que la valeur de la poussée d'Archimède P_A à laquelle la bulle est soumise dépasse la valeur de la force capillaire qui l'ancre à son site de nucléation, la bulle se détache.

Puis une autre bulle naît et subit le même sort.

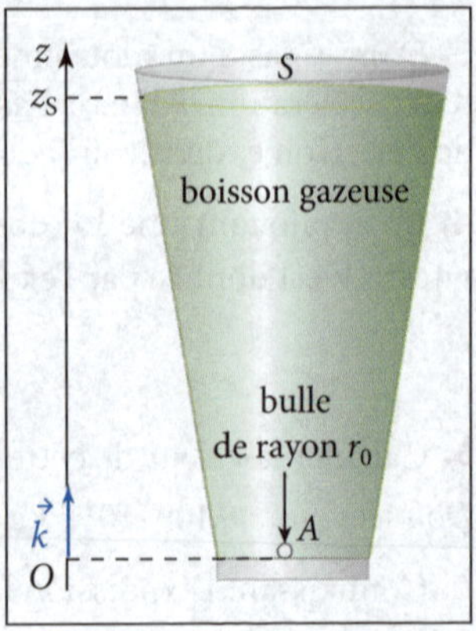

Dans tout l'exercice, les bulles seront assimilées à des sphères et la boisson à un liquide de masse volumique égale à celle de l'eau. Le référentiel d'étude est terrestre, considéré comme galiléen.

Données :

– masses volumiques de l'eau $\rho_e = 1{,}0 \cdot 10^3\ \text{kg} \cdot \text{m}^{-3}$ et du dioxyde de carbone $\rho_{dc} = 1{,}8\ \text{kg} \cdot \text{m}^{-3}$;

– intensité de la pesanteur $g = 10\ \text{m} \cdot \text{s}^{-2}$.

Pour une bulle qui vient de se détacher du site de nucléation dans un liquide de masse volumique ρ_e :

1. Donner la direction et le sens de la poussée d'Archimède $\vec{P_A}$ qui s'exerce sur une bulle de volume V_0 dans la boisson.

2. Donner l'expression littérale de sa valeur en fonction du volume V_0 de la bulle.

À l'instant $t_0 = 0$ s, une bulle de rayon $r_0 = 20\ \mu\text{m}$, située au point A à la profondeur $z_0 = 0$ m dans le repère $(O, \vec{k})$ se détache de son site de nucléation avec une vitesse initiale v_0 nulle dans le référentiel terrestre supposé galiléen. Elle remonte verticalement vers la surface S du liquide, qu'elle atteint avec une vitesse v_S d'environ $15\ \text{cm} \cdot \text{s}^{-1}$.

Dans un premier temps, on assimile la bulle de gaz à une sphère dont le volume ne varie pas lors de sa remontée.

3. Montrer que la valeur du poids $\vec{P}_0$ de la bulle est négligeable devant celle de la poussée d'Archimède $\vec{P}_A$.

4. En utilisant la deuxième loi de Newton, établir l'expression de la coordonnée a_z du vecteur accélération de la bulle en fonction des masses volumiques ρ_e et ρ_{dc} et de g.

5. En déduire l'expression de la valeur de la vitesse de la bulle en fonction du temps.

6. Montrer que la durée t_s théoriquement nécessaire pour que la bulle atteigne la surface avec la vitesse v_s est alors d'environ 30 µs.

7. Cette valeur correspond-elle aux observations de la vie quotidienne ? Conclure quant à la validité du modèle proposé.

Le liquide exerce sur la bulle une force de frottement, proportionnelle à sa vitesse, qui peut s'écrire vectoriellement $\vec{f} = -k \cdot \vec{v}$, k étant un coefficient qui dépend du rayon de la bulle et de la viscosité du fluide dans lequel elle se déplace.

8. Représenter schématiquement, sans souci d'échelle, les forces non négligeables qui s'exercent sur la bulle en mouvement après son décollement du site de nucléation.

9. En appliquant la deuxième loi de Newton, montrer que l'équation différentielle qui régit l'évolution de la vitesse de la bulle s'écrit alors :

$$\frac{\mathrm{d}v}{\mathrm{d}t} + \frac{kv}{\rho_{dc}\, V_0} = \frac{\rho_e}{\rho_{dc}}\, g$$

10. En déduire l'expression littérale de la vitesse v_{lim} atteinte par la bulle.

11. L'application numérique donne v_{lim} voisine de 1 $mm \cdot s^{-1}$. Compte tenu de cette valeur, conclure quant à la validité du modèle proposé.

En réalité, le volume de la bulle n'est pas constant, et la bulle s'enrichit en gaz à la remontée. La force de frottement varie donc en fonction de l'ascension de la bulle.

Vérifiez vos connaissances

1 Vrai-Faux

1. Vrai. Si le mouvement est circulaire uniforme, alors la valeur v de la vitesse est constante, et l'accélération tangentielle vaut $a_t = \frac{\mathrm{d}v}{\mathrm{d}t} = 0$.

2. Faux. Le vecteur vitesse est tangent à la trajectoire, donc sa direction n'est pas constante.

3. Faux. La 3e loi de Kepler dit que le carré de T est proportionnel au cube du rayon.

4. Faux. K est la même pour tout mouvement d'une planète du système solaire dans le référentiel héliocentrique et non pour la Lune dans le référentiel géocentrique.

5. Vrai. $\frac{\mathrm{d}\vec{p}_G}{\mathrm{d}t} = m\frac{\mathrm{d}\vec{v}_G}{\mathrm{d}t} = m\vec{a}_G$.

Piège à éviter

Si l'une des caractéristiques (direction, sens ou norme) d'un vecteur n'est pas constante, alors le vecteur n'est pas constant.

2 Affirmations

1. Vrai. $\vec{P} = m\vec{g} = \frac{\mathrm{d}\vec{p}_G}{\mathrm{d}t} = m\frac{\mathrm{d}\vec{v}_G}{\mathrm{d}t} = m\vec{a}_G$ donc $\vec{g} = \vec{a}_G$ (2e loi de Newton).

2. Faux. $\vec{a}_G = \vec{g} = -g\vec{k}$ donc $a_z = -g \neq 0$, le mouvement est accéléré suivant (Oz).

3. Faux. On peut montrer (voir méthode p. 110) que, par intégrations successives :

$$\overrightarrow{OM} = V_0 \cos\alpha \cdot t\vec{i} + \left(-\frac{1}{2}gt^2 + V_0 \sin\alpha \cdot t\right)\vec{k}$$

donc :

$$x(t) = V_0 \cos\alpha \cdot t \text{ et } z(t) = -\frac{1}{2}gt^2 + V_0 \sin\alpha \cdot t$$

L'équation de la trajectoire s'obtient en éliminant le temps pour chacune des coordonnées, soit $t = \frac{x(t)}{V_0 \cos\alpha}$, et en le remplaçant dans l'expression de $z(t)$:

$$z = -\frac{1}{2}g\left(\frac{x}{V_0 \cos\alpha}\right)^2 + x \cdot \tan\alpha$$

Or pour $\alpha = \pm 90°$, $\frac{1}{\cos\alpha}$ et donc $\tan\alpha$ ne sont pas définis. La trajectoire est donc rectiligne suivant l'axe (Oz).

4. Vrai. Pour $\alpha = 0$, on a $z = -\frac{1}{2}g\left(\frac{x}{V_0}\right)^2$. Le point de chute est tel que $z = -H$ (projectile au niveau du sol). En remplaçant z par sa valeur, on obtient $x = V_0\sqrt{2\frac{H}{g}}$.

5. Faux. La force gravitationnelle est de la forme : $F = G\dfrac{M_T \cdot m}{(R_T + h)^2}$.

Une analyse dimensionnelle est telle que $[F] = [G]\dfrac{[M_T \cdot m]}{[(R_T + h)]^2}$ avec $[x]$ dimension de x. On a donc $[G] = \dfrac{[F]L^2}{M^2} = [F]L^2M^{-2}$ avec L la dimension d'une longueur et M celle d'une masse.

De plus, la dimension de F est celle d'une quantité de mouvement sur un temps, d'après la seconde loi de Newton, soit $[F] = \dfrac{MLT^{-1}}{T} = MLT^{-2}$.

Finalement, on obtient :

$$[G] = [F]L^2M^{-2} = MLT^{-2}L^2M^{-2} = L^3M^{-1}T^{-2}$$

donc G s'exprime en $m^3 \cdot kg^{-1} \cdot s^{-2}$.

L'astuce du prof

Pour trouver l'unité d'une grandeur, faire une analyse dimensionnelle en utilisant les expressions et les lois qui la font intervenir.

6. Vrai. La seconde loi de Newton s'écrit :

$$\vec{F} = G\frac{M_T \cdot m}{(R_T + h)^2}\vec{n} = \frac{d\vec{p}_G}{dt} = m\frac{d\vec{v}_G}{dt} = m\vec{a}_G$$

donc $G\dfrac{M_T}{(R_T + h)^2}\vec{n} = \vec{a}_G$. Le vecteur accélération est suivant $\vec{n}$, donc centripète.

7. Vrai. L'accélération est centripète et s'écrit :

$$a_n = \frac{V^2}{R_T + h} = G\frac{M_T}{(R_T + h)^2}$$

On en déduit que $V = \sqrt{\dfrac{GM_T}{R_T + h}}$.

8. Vrai. On peut écrire que V est le rapport entre la circonférence et la période de rotation, soit $V = \dfrac{2\pi(R_T + h)}{T} = \sqrt{\dfrac{GM_T}{R_T + h}}$. On en déduit que $T = 2\pi\sqrt{\dfrac{(R_T + h)^3}{GM_T}}$.

A. N. : $T = 2\pi\sqrt{\dfrac{(6\,380 \cdot 10^3 + 12\,800 \cdot 10^3)^3}{6{,}67 \cdot 10^{-11} \times 5{,}98 \cdot 10^{24}}} = \mathbf{2{,}64 \cdot 10^4\ s}$.

Piège à éviter

Bien penser à mettre les distances en mètres dans les applications numériques.

Exercices d'application

3 Mouvement d'une planète dans le référentiel héliocentrique

1. La première loi de Kepler stipule qu'une planète dans le référentiel héliocentrique a une trajectoire elliptique dont **le Soleil est l'un des foyers.**

2. La seconde loi de Kepler, dite loi des aires, stipule que si les arcs d'ellipses $\widehat{M_1M'_1}$ et $\widehat{M_2M'_2}$ ont été balayés par le rayon Soleil-M pendant des durées égales, alors les **aires $\mathcal{A}_1$ et $\mathcal{A}_2$ décrites sont égales.**

3. Les expressions des vitesses moyennes sont :

$v_1 = \dfrac{\widehat{M_1M'_1}}{\Delta t}$ et $v_2 = \dfrac{\widehat{M_2M'_2}}{\Delta t}$, avec Δt la durée du parcours identique. Or $\widehat{M_1M'_1} < \widehat{M_2M'_2}$ donc $\boldsymbol{v_1 < v_2}$.

> **Gagnez des points !**
> La vitesse moyenne est l'arc d'ellipse parcouru par unité de temps.

4 Déviation d'un faisceau d'électrons dans un champ électrique uniforme

1. L'expression des forces est : $P = mg$ et $F_e = |q_e|E = \dfrac{eU}{d}$. Le rapport des deux valeurs est alors $\dfrac{F_e}{P} = \dfrac{eU}{dmg} = \dfrac{1{,}6 \cdot 10^{-19} \times 205}{0{,}040 \times 9{,}1 \cdot 10^{-31} \times 9{,}8} = 9{,}2 \cdot 10^{13} >> 10^2$,

donc on en déduit $Fe >> P$.

La force de pesanteur est donc négligeable par rapport à la force électrique pour l'électron.

> **L'astuce du prof**
> Une valeur est négligeable devant une autre si elle est au moins 100 fois plus petite.

2. En utilisant la seconde loi de Newton, on a $\vec{F_e} = \dfrac{d\vec{p}}{dt} = m\vec{a}$ soit $-e\vec{E} = m\vec{a}$. On en déduit que :

$$\vec{a} = -\frac{e}{m}\vec{E}$$

3. $\vec{E} = E\vec{j}$ donc $a_x = 0$ et $a_y = -\dfrac{e}{m}E$. Le vecteur vitesse s'obtenant par intégration du vecteur accélération, on a : $\vec{V} = -\dfrac{e}{m}t\vec{E} + \vec{V_0}$ ou encore $V_x = V_0$ et $V_y = -\dfrac{e}{m}tE$.

Par une nouvelle intégration, on obtient : $\begin{cases} x(t) = V_0t + x_0 = V_0t \\ y(t) = -\dfrac{eE}{2m}t^2 + y_0 \end{cases}$ car $x_0 = 0$.

4. De l'expression de $x(t)$, on tire $t = \dfrac{x}{V_0}$. En remplaçant dans l'expression de $y(t)$, on obtient :

$$y = -\frac{eE}{2m}\left(\frac{x}{V_0}\right)^2 + y_0$$

Par identification, on a $A = -\dfrac{eE}{2m\,V_0^2}$ et $B = y_0$ indépendants du temps. À la question **3.**, on a vu que $a_x = 0$ et $a_y = -\dfrac{e}{m}E$, donc :

$$a = \sqrt{a_x^2 + a_y^2} = \sqrt{a_y^2} = |a_y| = \frac{e}{m}E$$

Finalement, on trouve bien :

$$A = -\frac{a}{2V_0^2}$$

5. A. N. : $A = -\dfrac{1{,}6\cdot 10^{-19} \times 205}{2 \times 0{,}040 \times 9{,}1\cdot 10^{-31} \times (1{,}5\cdot 10^{7})^2}$ soit $\mathbf{A = -2{,}0\ m^{-1}}$.

Vers le bac

5 Mouvement de l'électron dans l'atome d'hydrogène

1. Voir schéma ci-contre.

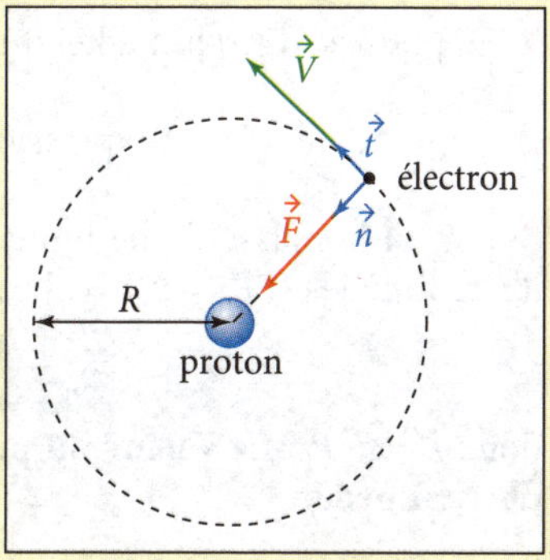

2. $k = \dfrac{FR^2}{e^2}$ donc $[k] = \dfrac{[F][R^2]}{[e^2]} = \dfrac{[F]L^2}{[e^2]}$.
De manière simple, on peut en conclure que l'unité de k est le $\mathbf{N\cdot m^2\cdot C^{-2}}$.

Remarque

En utilisant la seconde loi de Newton et la relation $q = It$, on montre que l'unité de k dans le système international est le $kg\cdot m^3\cdot A^{-2}\cdot s^{-4}$.

3. Dans la base de Frénet, $\vec{a} = \dfrac{dV}{dt}\vec{t} + \dfrac{V^2}{R}\vec{n}$ avec $V = \|\vec{V}\|$. Dans le cas d'un mouvement circulaire uniforme, V est constante, donc le vecteur accélération se résume à $\vec{a} = \dfrac{V^2}{R}\vec{n}$.

4. En utilisant la seconde loi de Newton, on a : $m\vec{a} = \frac{d\vec{p}}{dt} = \vec{F}$ soit $m\frac{V^2}{R}\vec{n} = k\frac{e^2}{R^2}\vec{n}$.

On en déduit que $V^2 = k\frac{e^2}{mR}$ donc $V = e\sqrt{\frac{k}{mR}}$.

5. A. N. : $V = 1{,}602 \cdot 10^{-19} \times \sqrt{\frac{9{,}0 \cdot 10^9}{9{,}109 \cdot 10^{-31} \times 5{,}3 \cdot 10^{-11}}}$

soit $\boldsymbol{V = 2{,}2 \cdot 10^6}$ **m · s⁻¹**.

Gagnez des points !
On trouve la valeur absolue de l'énergie du fondamental de l'atome d'hydrogène.

6. $E_C = \frac{1}{2}mV^2$ d'où $E_C = \frac{ke^2}{2R}$.

7. A. N. : $E_C = \frac{9{,}0 \cdot 10^9 \times (1{,}602 \cdot 10^{-19})^2}{2 \times 5{,}3 \cdot 10^{-11}}$ soit $\boldsymbol{E_C = 2{,}2 \cdot 10^{-18}}$ **J**. En divisant par un électronvolt, on obtient : $E_C = 13{,}6$ eV = **14 eV.**

6 Naissance d'une bulle

Exercice à caractère documentaire

1. La poussée d'Archimède est une **force verticale dirigée vers le haut**.

2. $P_A = \rho_e V_0 g$. Cette expression est celle du poids du volume déplacé.

3. Soit m la masse d'une bulle. Son poids est $P_0 = mg = \rho_{dc}V_0 g$, et la poussée d'Archimède est $P_A = \rho_e V_0 g$. Le rapport de ces deux valeurs est alors :

$$\frac{P_A}{P_0} = \frac{\rho_e}{\rho_{dc}} = \frac{1{,}0 \cdot 10^3}{1{,}8} = 5{,}6 \cdot 10^2$$

donc $P_A >> P_0$. **La valeur du poids est négligeable devant celle de la poussée d'Archimède.**

4. La seule force exercée sur la bulle est donc $\vec{P_A}$, et la seconde loi de Newton s'écrit :

$$m\vec{a} = \vec{P_A} = \rho_e g V_0 \vec{k}$$

On en déduit que : $\vec{a} = \frac{\rho_e g V_0}{m}\vec{k} = \frac{\rho_e V_0}{\rho_{dc} V_0} g\vec{k} = \frac{\rho_e}{\rho_{dc}} g\vec{k}$

La seule composante de l'accélération est donc : $a_z = \frac{\rho_e}{\rho_{dc}} g$.

5. $\vec{a} = \frac{\rho_e}{\rho_{dc}} g\vec{k}$, donc par intégration, on a :

$$\vec{v} = \frac{\rho_e}{\rho_{dc}} gt\vec{k} + \vec{v}_0 = \frac{\rho_e}{\rho_{dc}} gt\vec{k}$$

car $\vec{v}_0 = \vec{0}$, la bulle ayant une vitesse initiale nulle.

La seule composante de la vitesse est donc $v_z = \frac{\rho_e}{\rho_{dc}} gt = v$.

6. $v_s = \frac{\rho_e}{\rho_{dc}} gt_s$ donc $t_s = \frac{\rho_{dc}}{g\rho_e} v_s$.

A. N. : $t_s = \frac{1{,}8 \times 15 \cdot 10^{-2}}{10 \times 1{,}0 \cdot 10^3}$ soit

$t_s = 2{,}7 \cdot 10^{-5}$ s ou environ **30 µs**.

Piège à éviter

Bien penser à convertir v_s en $m \cdot s^{-1}$ pour l'application numérique.

7. Cette valeur est beaucoup trop faible, le temps de remontée d'une bulle étant beaucoup plus important. **Le modèle proposé n'est donc pas valide.**

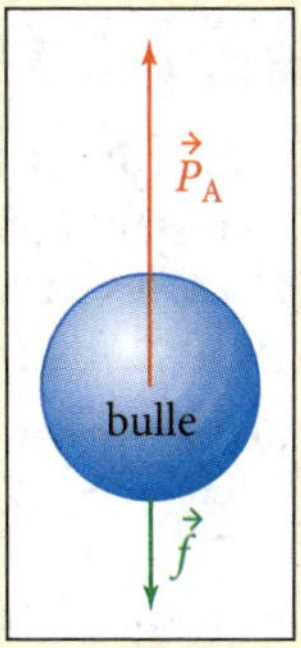

8. La force de frottement s'oppose à la remontée : elle est donc **verticale vers le bas.**

Gagnez des points !

La bulle remonte, donc la valeur de P_A est supérieure à celle du frottement.

9. $\sum \vec{F}_{ext} = \vec{P}_A + \vec{f} = \frac{d\vec{p}}{dt}$ en écrivant la seconde loi de Newton à la bulle. En projetant sur l'axe vertical, on en déduit que $\rho_e V_0 g - kv = m\frac{dv}{dt} = \rho_{dc} V_0 \frac{dv}{dt}$. En réordonnant, on obtient l'équation de l'énoncé :

$$\frac{dv}{dt} + \frac{k}{\rho_{dc} V_0} v = \frac{\rho_e}{\rho_{dc}} g$$

10. La vitesse limite est constante, donc $\frac{dv_{lim}}{dt} = 0$.

L'équation précédente se résume alors à $\frac{k}{\rho_{dc} V_0} v_{lim} = \frac{\rho_e}{\rho_{dc}} g$ et on trouve :

$$v_{lim} = \frac{\rho_e g V_0}{k}$$

11. Cette nouvelle vitesse est encore trop faible. **Le modèle est invalidé.**

CHAPITRE 6 Mesure du temps et oscillateur, amortissement

1 Travail d'une force

1 Travail élémentaire

- On considère un point M de masse m repéré à l'instant t par le vecteur position $\overrightarrow{OM}(t) = \vec{r}(t)$. Entre les instants t et $t + \mathrm{d}t$, M est soumis à la force $\vec{F}$ et effectue un petit déplacement appelé **déplacement élémentaire $\overrightarrow{\mathbf{MM'}}$** tel que :

$$\overrightarrow{MM'} = \overrightarrow{OM'} - \overrightarrow{OM} = \mathrm{d}\vec{r}$$

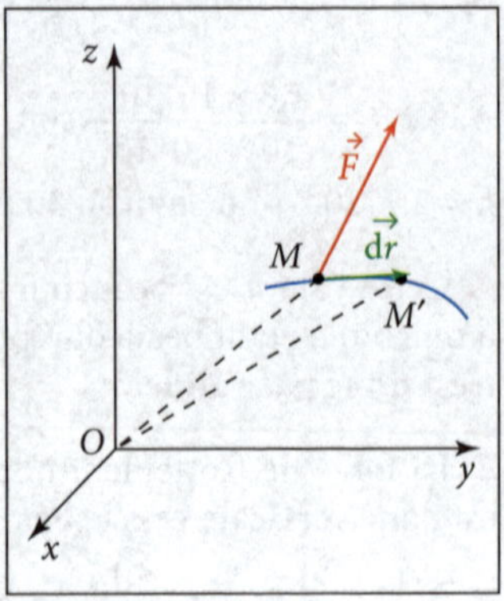

- Le travail élémentaire $\mathrm{d}W(\vec{F})$ de la force $\vec{F}$ entre t et $t + \mathrm{d}t$ est le produit scalaire de la force par le déplacement élémentaire $\mathrm{d}\vec{r}$:

$$\mathrm{d}W(\vec{F}) = \vec{F} \cdot \mathrm{d}\vec{r}$$

2 Travail d'une force constante

- On considère un système en déplacement d'un point A vers un point B et soumis à une force constante $\vec{F}$. Le travail $W_{AB}(\vec{F})$ de cette force lors du déplacement AB est égal au produit scalaire de la force $\vec{F}$ par le vecteur déplacement $\overrightarrow{AB}$. C'est un scalaire : il s'exprime en joules (en J).

$$W_{AB}(\vec{F}) = \vec{F} \cdot \overrightarrow{AB} = F \cdot AB \cdot \cos\alpha$$

avec
- F : norme de la force $\vec{F}$ (en N),
- AB : norme du vecteur déplacement $\overrightarrow{AB}$ ou distance AB (en m),
- $\alpha = (\vec{F}, \overrightarrow{AB})$: angle entre le vecteur force et le vecteur déplacement (en rad).

- Le travail d'une force constante est indépendant du chemin suivi entre A et B.

3 Travail moteur, résistant ou nul

- Si la force $\vec{F}$ contribue au déplacement, le travail est **moteur** et $W_{AB}(\vec{F}) > 0$.
Si elle s'oppose au déplacement, le travail est **résistant** et $W_{AB}(\vec{F}) < 0$.
- Dans le cas d'une force perpendiculaire au déplacement, le travail est nul.

Remarque : Dans le cas d'un travail moteur (resp. résistant), la projection de la force $\vec{F}$ sur la droite (AB) est dans le même sens que le (resp. opposée au) vecteur déplacement $\overrightarrow{AB}$. L'angle α appartient à l'intervalle $\left[0, \frac{\pi}{2}\right[$ $\left(\text{resp. } \left]\frac{\pi}{2}, \pi\right]\right)$.

EXERCICE RÉSOLU

Exprimer le travail d'une force de pesanteur

ÉNONCÉ

On considère un point matériel M de masse m dans un champ de pesanteur. Déterminer le travail du poids entre les positions $A(x_A, y_A, z_A)$ et $B(x_B, y_B, z_B)$. En déduire à quelle condition ce travail est moteur.

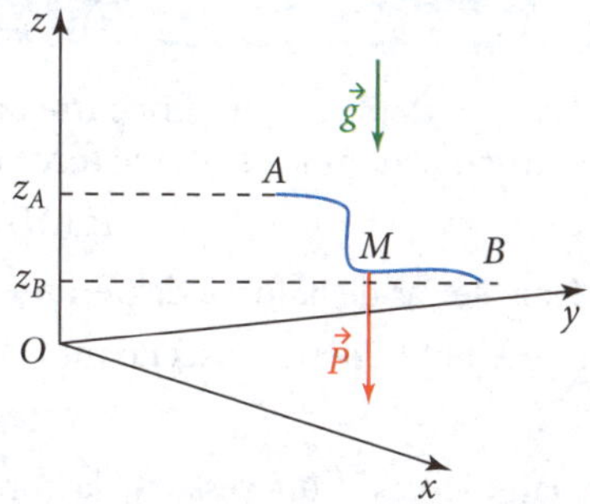

CORRIGÉ

Les coordonnées du vecteur poids sont $\vec{P}(0, 0, -mg)$ et celles du vecteur déplacement $\overrightarrow{AB}(x_B - x_A, y_B - y_A, z_B - z_A)$.
Le travail du poids s'écrit :
$W_{AB}(\vec{P}) = \vec{P} \cdot \overrightarrow{AB} = -mg(z_B - z_A) = mg(z_A - z_B)$
$mg(z_A - z_B) > 0$ donc $z_A - z_B > 0$. On en déduit que $z_A > z_B$. Le travail du poids est donc moteur **si le point A est à une altitude supérieure à celle du point B :** le déplacement AB est « descendant ».

Méthode

Le travail d'une force de pesanteur $W_{AB}(\vec{P}) = mg(z_A - z_B)$ est moteur (resp. résistant) lorsque A est d'altitude supérieure (resp. inférieure) à B.

2 Énergies potentielle et mécanique

1 Force conservative, énergie potentielle

- Une force $\vec{F}$ est dite **conservative** si l'on peut définir une fonction énergie potentielle notée $E_p(M)$ telle que, lors d'un déplacement élémentaire $d\vec{r}$, sa variation soit égale à $dE_p = -\vec{F} \cdot d\vec{r}$. On dit que la force *dérive* d'une énergie potentielle.
- dE_p est l'opposé du travail élémentaire de la force lors du déplacement $d\vec{r}$, soit :

$$dE_p(M) = -dW(\vec{F})$$

Pour une **force conservative** lors d'un déplacement de A vers B, le **travail** s'écrit :

$$W_{AB}(\vec{F}) = E_p(A) - E_p(B) = -\Delta E_p$$

Il ne dépend pas du chemin suivi.

2 Énergies potentielles usuelles

- Pour un **déplacement** fini entre un point O (origine) et un point courant M, on montre que dans le cas d'une force constante, on a :

$$E_p(M) = -\vec{F} \cdot \overrightarrow{OM} + \text{cte}$$

- Dans le cas de la **force de pesanteur**, $\vec{F} = \vec{P} = m\vec{g}$ et $E_p(M) = -\vec{P} \cdot \overrightarrow{OM} + \text{cte}$.

En prenant l'axe (Oz) ascendant $\overrightarrow{OM} = x\vec{i} + y\vec{j} + z\vec{k}$ et $\vec{P} = -mg\vec{k}$:

$$E_p(M) = mgz + \text{cte}$$

- Dans le cas d'un **ressort**, la force de rappel est $\vec{F} = -k(\ell - \ell_0)\vec{i} = -kx\vec{i}$, k étant la raideur du ressort et x son allongement.

$$E_p(M) = \frac{1}{2}kx^2 + \text{cte}$$

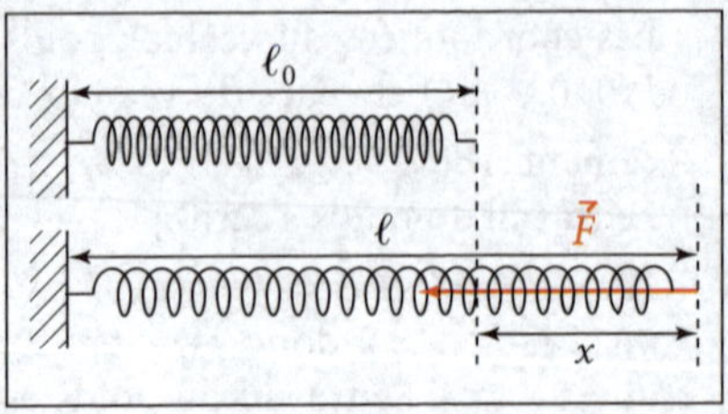

- Dans le cas des **forces centrales** comme la force gravitationnelle ou la force électrostatique, du type $\vec{F} = \frac{k}{r^2}\vec{n}$ où r et $\vec{n}$ sont définis par $\overrightarrow{OM} = r\vec{n}$:

$$E_p(M) = \frac{k}{r} + \text{cte}$$

Remarque : Pour la force gravitationnelle, $k = -\mathcal{G}Mm$ et pour la force électrique, $k = \frac{Qq}{4\pi\varepsilon_0}$.

3 Forces dissipatives ou non conservatives

On appelle force dissipative une force $\vec{F}$ qui ne dérive pas d'une énergie potentielle.

Exemple : Les forces de frottement (opposées au mouvement) dont le travail est résistant sont dissipatives.

4 Bilan énergétique, énergie mécanique

- Par définition, l'énergie **mécanique** E_m est la somme de l'énergie cinétique E_c et de l'énergie potentielle E_p :

$$E_m = E_c + E_p$$

Elle représente l'énergie totale macroscopique du système.

- La variation d'énergie mécanique au cours d'un mouvement de A vers B d'un point matériel M est égale au travail des forces dissipatives exercées sur M lors du déplacement AB : $\Delta E_m = E_m(B) - E_m(A) = W_d$

Remarque : Si les forces sont toutes conservatives, $\Delta E_m = 0$: le système est dit conservatif.

EXERCICE RÉSOLU

Exprimer la variation d'énergie mécanique

ÉNONCÉ

On considère la chute libre d'une bille dans l'air. En négligeant la résistance de l'air, établir le bilan des forces exercées sur la bille et en déduire la variation de son énergie mécanique entre deux points A et B de sa chute.

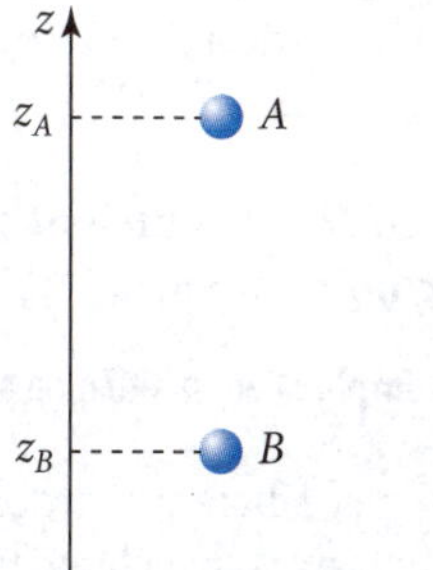

CORRIGÉ

Les forces s'exerçant sur la bille sont réduites à son poids $\vec{P}$. Cette force dérive d'une énergie potentielle de pesanteur $E_{pp} = mgz$, avec z l'altitude de la bille et en posant $E_{pp} = 0$ pour $z = 0$, référence des énergies potentielles.

Le poids est donc une force conservative et $\Delta E_m = 0$.

Rappel

Lors d'une chute libre, l'énergie mécanique du système se conserve.

3 Oscillations libres

1 Exemple d'étude

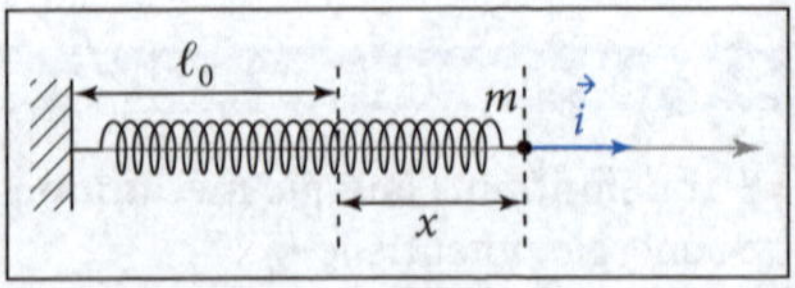

Soit une particule élastiquement liée avec une force de frottement $\vec{f} = -\alpha\vec{v}$.
Le bilan énergétique s'écrit alors $\mathrm{d}E_\mathrm{m} = \mathrm{d}W_\mathrm{d}$, soit :

$$\mathrm{d}\left(\frac{1}{2}mv^2 + \frac{1}{2}kx^2\right) = \vec{f}\cdot\mathrm{d}\vec{x} = \vec{f}\cdot\vec{v}\mathrm{d}t = -\alpha\vec{v}\cdot\vec{v}\mathrm{d}t = -\alpha v^2\mathrm{d}t$$

que l'on peut encore mettre sous la forme :

$$\mathrm{d}\left(\frac{1}{2}m\dot{x}^2 + \frac{1}{2}kx^2\right) = -\alpha\dot{x}^2\mathrm{d}t$$

Par dérivation de chaque membre par rapport au temps, et en simplifiant par $\dot{x}$ non nul, on obtient finalement en réarrangeant :

$$\ddot{x} + \frac{\alpha}{m}\dot{x} + \frac{k}{m}x = 0$$

2 Équation du mouvement et facteur de qualité

- L'équation générale ou équation du mouvement des oscillations libres amorties est :

$$\boldsymbol{\ddot{x} + 2\lambda\dot{x} + \omega_0^2 x = 0}$$

avec 2λ le **coefficient d'amortissement** de l'oscillateur (en s^{-1}) et ω_0 sa **pulsation propre** (en $\mathrm{rad}\cdot\mathrm{s}^{-1}$).

Exemple : Dans la situation précédente, $2\lambda = \dfrac{\alpha}{m}$ et $\omega_0 = \sqrt{\dfrac{k}{m}}$.

- Le coefficient d'amortissement peut aussi se mettre sous la forme $2\lambda = \dfrac{1}{\tau}$, avec τ le **temps de relaxation** du système.
- En pratique, on traduit l'amortissement d'un oscillateur par le **facteur de qualité** Q (sans dimension) : $Q = \dfrac{\omega_0}{2\lambda} = \omega_0\tau$. L'équation du mouvement devient :

$$\boldsymbol{\ddot{x} + \frac{\omega_0}{Q}\dot{x} + \omega_0^2 x = 0}$$

Remarque : L'équation du mouvement s'obtient aussi par application de la 2e loi de Newton.

EXERCICE RÉSOLU

Exprimer le coefficient d'amortissement et le facteur de qualité

ÉNONCÉ

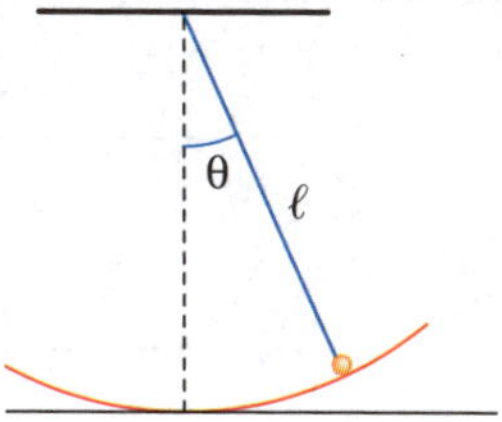

Un pendule pesant est constitué d'une bille de masse m et d'un fil de longueur ℓ pouvant osciller autour d'une position d'équilibre (fil tendu verticalement). Soit θ l'angle d'oscillation. Le pendule est soumis à une force dissipative de frottement $\vec{f} = -\alpha\vec{v}$. On montre que l'équation du mouvement dans le cas de petits angles est :

$$m\ell\ddot{\theta} + \ell\alpha\dot{\theta} + mg\theta = 0$$

a. Mettre cette équation du mouvement sous la forme proposée dans le cours, soit $\ddot{\theta} + 2\lambda\dot{\theta} + \omega_0^2\theta = 0$, et en déduire le coefficient d'amortissement.

b. Donner l'expression du facteur de qualité Q.

CORRIGÉ

a. En divisant chaque membre de l'équation $m\ell\ddot{\theta} + \ell\alpha\dot{\theta} + mg\theta = 0$ par $m\ell$ non nul, on obtient :

$$\ddot{\theta} + \frac{\alpha}{m}\dot{\theta} + \frac{g}{\ell}\theta = 0$$

Par identification avec l'équation proposée dans le cours $\ddot{\theta} + 2\lambda\dot{\theta} + \omega_0^2\theta = 0$, on a les correspondances suivantes :

$\frac{\alpha}{m} = 2\lambda$ soit $\lambda = \frac{\alpha}{2m}$ et $\frac{g}{\ell} = \omega_0^2$.

Le coefficient d'amortissement apparaît donc naturellement : $2\lambda = \frac{\alpha}{m}$.

b. Le facteur de qualité Q se déduit alors des expressions précédentes :

$$Q = \frac{\omega_0}{2\lambda} = \frac{\sqrt{\frac{g}{\ell}}}{\frac{\alpha}{m}}$$

soit :

$$Q = \frac{m}{\alpha}\sqrt{\frac{g}{\ell}}$$

3 Différents régimes de variation

• Dans le cas des oscillations libres, il existe différents régimes de variation, A, B et φ étant des constantes déterminées par le problème physique.

• Dans un régime **apériodique**, on a pour le facteur de qualité $Q < Q_c = \frac{1}{2}$. L'amortissement est élevé. La solution s'écrit :

$$x(t) = e^{-\lambda t}(Ae^{\sqrt{\lambda^2-\omega_0^2}t} + Be^{-\sqrt{\lambda^2-\omega_0^2}t})$$

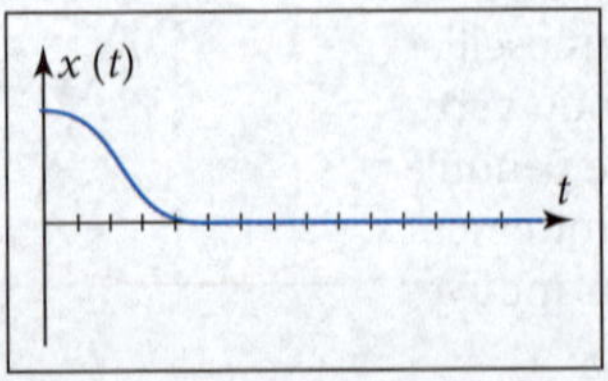

Amortissement fort :
régime apériodique ou surcritique

• Dans un régime **critique**, on a pour le facteur de qualité $Q = Q_c = \frac{1}{2}$. L'amortissement est critique. La solution s'écrit :

$$x(t) = (At + B)e^{-\omega_0 t} \text{ avec } \omega_0 = \lambda$$

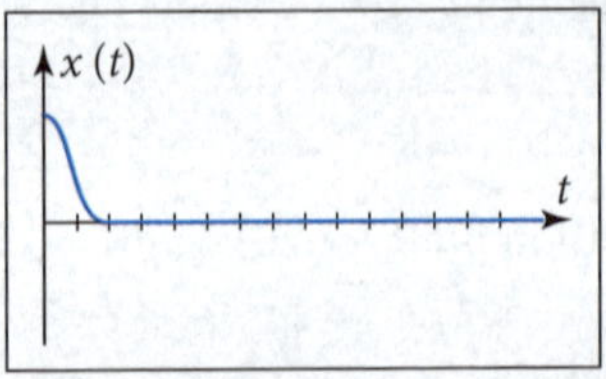

Amortissement critique :
régime critique

• Dans un régime **pseudo-périodique**, on a pour le facteur de qualité $Q > Q_c = \frac{1}{2}$. La solution s'écrit :

$$x(t) = Ae^{-\lambda t}\cos(\Omega t + \varphi) \text{ avec } \Omega = \sqrt{\omega_0^2 - \lambda^2}$$

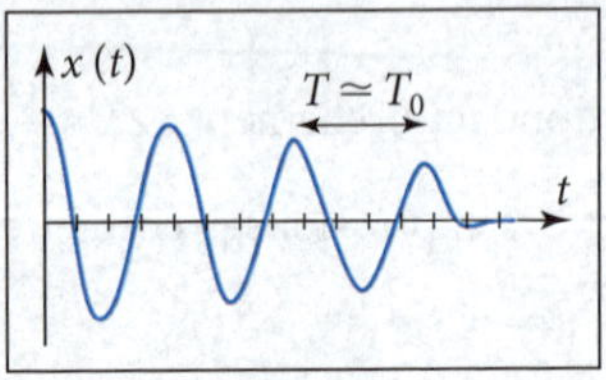

Amortissement faible :
régime pseudo-périodique

• On appelle T_0 la **période propre** de l'oscillateur $\left(T_0 = \frac{2\pi}{\omega_0}\right)$ et T la **pseudo-période** $\left(T = \frac{2\pi}{\Omega}\right)$.

Remarque : Dans le cas d'un amortissement nul, le régime est périodique sinusoïdal et $T = T_0$.

EXERCICE RÉSOLU

Déterminer la relation entre T et T_0

ÉNONCÉ

Soit un oscillateur peu amorti en régime pseudo-périodique. Établir l'expression de la pseudo-période T de l'oscillateur en fonction de sa période propre T_0 et du facteur de qualité Q. En déduire que $T > T_0$.

CORRIGÉ

Par définition, $T = \frac{2\pi}{\Omega}$ avec $\Omega = \sqrt{\omega_0^2 - \lambda^2}$. En remplaçant Ω par son expression, on a :

$$T = \frac{2\pi}{\sqrt{\omega_0^2 - \lambda^2}} = \frac{2\pi}{\omega_0\sqrt{1 - \frac{\lambda^2}{\omega_0^2}}} = \frac{2\pi}{\omega_0} \cdot \frac{1}{\sqrt{1 - \frac{1}{4Q^2}}}$$

soit :

$$T = \frac{T_0}{\sqrt{1 - \frac{1}{4Q^2}}}$$

En régime pseudo-périodique, on a :

$$Q > Q_c = \frac{1}{2}$$

Rappel
Par définition du régime pseudo-périodique, Q est supérieur à 0,5.

donc :

$$0 < \frac{1}{4Q^2} < 1$$

et

$$0 < 1 - \frac{1}{4Q^2} < 1$$

On en déduit que $T > T_0$.

4 Mesure du temps, horloges atomiques

1 Quantification des niveaux d'énergie et structure hyperfine

- Au niveau microscopique, les échanges ne se font que par quantités d'énergie parfaitement déterminées : on parle alors de **quanta d'énergie** échangés.
- L'énergie des atomes est donc aussi quantifiée, et les niveaux d'énergie (fondamental et excités définissant la **structure fine**) sont représentés dans un diagramme énergétique.
- L'action d'un champ magnétique sur un gaz d'atomes a pour effet de séparer un niveau d'énergie en plusieurs autres niveaux énergétiques : on parle de **structure hyperfine**.

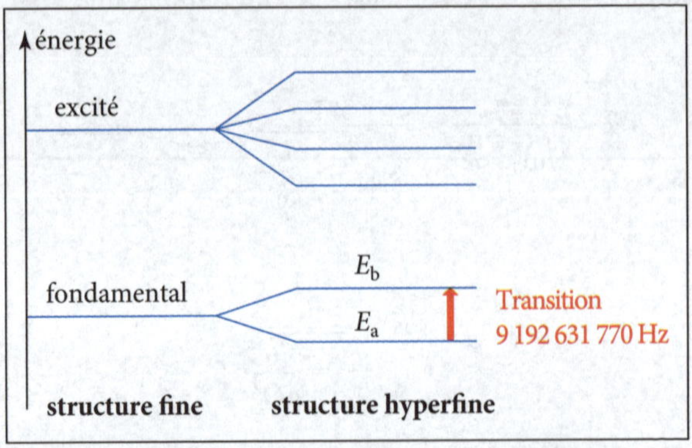

2 Horloge atomique : transition du césium 133

- Une horloge est un appareil de mesure du temps et plus précisément de la seconde. Les horloges ont été mises au point dès le milieu des années 1950 et incluent un oscillateur, un compteur de périodes et un enregistreur.
- Depuis la Conférence générale des poids et mesures de 1967, « la seconde est la durée de 9 192 631 770 périodes de la radiation correspondant à la transition entre les deux niveaux hyperfins de l'état fondamental de l'atome de césium 133 ».
- Des atomes de césium produits par un four passent dans un dispositif qui sélectionne ceux qui se trouvent dans le premier niveau hyperfin d'énergie E_a. Ils sont alors introduits dans un champ micro-ondes de fréquence ajustable ν fourni par un oscillateur électronique. Si ν est égale à la fréquence de la transition entre deux

niveaux hyperfins, il y a absorption, et les atomes passent dans un niveau d'énergie E_b. À la sortie du dispositif, les atomes d'énergie E_b sont comptés. On ajuste alors ν pour que ce nombre d'atomes soit maximal et on obtient :

$$\nu = \frac{E_b - E_a}{h} \quad \text{avec} \quad \begin{cases} \nu : \text{fréquence de transition (en Hz),} \\ E_b \text{ et } E_a : \text{énergies des niveaux hyperfins (en J),} \\ h : \text{constante de Planck } (h = 6{,}62 \cdot 10^{-34}\ \text{J} \cdot \text{s}). \end{cases}$$

EXERCICE RÉSOLU

Déterminer l'énergie de transition d'une horloge au césium 133

ÉNONCÉ

« La seconde est la durée de 9 192 631 770 périodes de la radiation correspondant à la transition entre les deux niveaux hyperfins de l'état fondamental de l'atome de césium 133 ».

Calculer en joules puis en électronvolts l'énergie de transition ΔE correspondante.

Données : $h = 6{,}62 \cdot 10^{-34}$ J · s ; 1 eV = $1{,}602 \cdot 10^{-19}$ J.

CORRIGÉ

$$\Delta E = E_b - E_a = h\nu$$

La fréquence est le nombre de périodes par seconde, soit ici ν = 9 192 631 770 Hz.

A. N. :

$\Delta E = 6{,}62 \cdot 10^{-34} \times 9\,192\,631\,770 = \mathbf{6{,}09 \cdot 10^{-24}\ J}$,

ou encore en électronvolts :

$$\Delta E = \frac{6{,}62 \cdot 10^{-34} \times 9\,192\,631\,770}{1{,}602 \cdot 10^{-19}}$$

$\mathbf{\Delta E = 3{,}80 \cdot 10^{-5}\ eV}$.

Rappel

La fréquence d'un signal est le nombre de périodes par seconde.

Établir l'équation du mouvement à l'aide du bilan énergétique d'un système dissipatif

ÉNONCÉ

Une bille est lancée sur un plan incliné d'un angle θ avec l'horizontale. Sachant que les frottements sont de norme constante *f*, en déduire l'équation du mouvement.

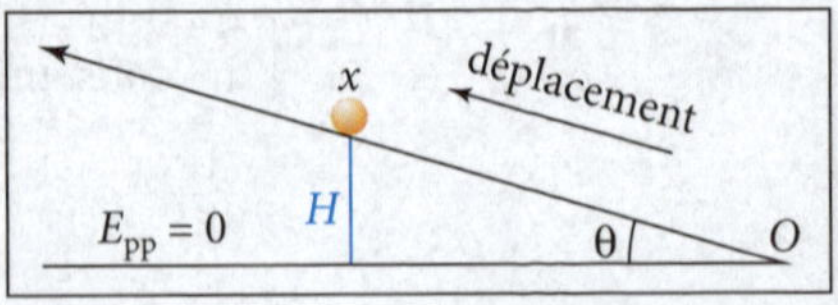

MÉTHODE

▶ **1.** Établir le bilan des forces agissant sur le système.

▶ **2.** Identifier les forces dissipatives et exprimer leur travail élémentaire sur un petit déplacement.

▶ **3.** En déduire la variation élémentaire de l'énergie mécanique.

▶ **4.** Dériver enfin la relation obtenue pour obtenir l'équation du mouvement.

CORRIGÉ

1. Les forces agissant sur la bille sont : le poids $\vec{P}$, la réaction normale $\vec{R}_N$ du support et les forces de frottement $\vec{f}$.

2. Les forces de frottement sont des forces dissipatives dont le travail élémentaire est : $dW_d = \vec{f} \cdot d\vec{x} = -f \cdot dx$, car les deux vecteurs sont colinéaires, mais opposés.

3. On a :

$$dE_m = d\left(\frac{1}{2}mv^2 + mgH\right) = d\left(\frac{1}{2}mv^2 + mgx\sin\theta\right) = mvdv + mg\sin\theta\, dx$$

Or $dx = vdt$ donc $dE_m = mvdv + mg\sin\theta\, vdt$.

Par ailleurs, $dW_d = \vec{f} \cdot d\vec{x} = -fdx = -fvdt$

Finalement, on obtient :

$$dE_m = dW_d = mvdv + mg\sin\theta\, vdt = -fvdt.$$

Réflexe à avoir

Le travail d'une force de frottement est résistant.

4. En dérivant par rapport au temps, on obtient : $mv\frac{dv}{dt} + mg\sin\theta v + fv = 0$ soit encore, v étant non nul, $m\frac{dv}{dt} + mg\sin\theta + f = 0$.

Vérifier l'équation du mouvement obtenue grâce à la seconde loi de Newton

ÉNONCÉ

Une bille est lancée sur un plan incliné d'un angle θ avec l'horizontale. Sachant que les frottements sont de norme constante *f*, vérifier que l'équation du mouvement est :

$$m\frac{dv}{dt} + mg\sin\theta + f = 0$$

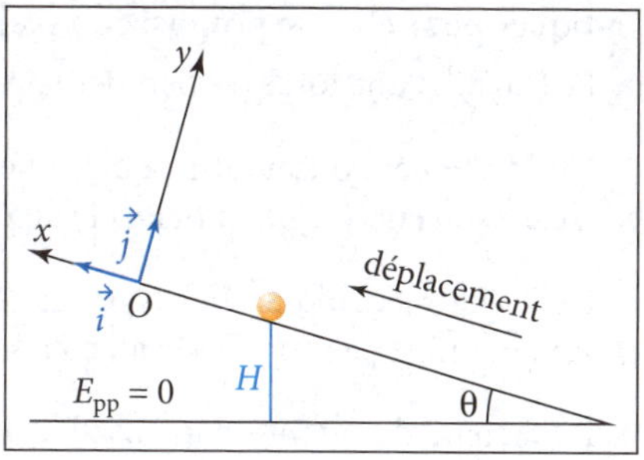

MÉTHODE

▶ **1.** Faire un bilan des forces agissant sur le système.

▶ **2.** Appliquer la seconde loi de Newton.

▶ **3.** Faire le choix d'un repère orthonormé simple et projeter la relation vectorielle précédente.

▶ **4.** Réarranger afin de retrouver la forme donnée dans l'énoncé.

CORRIGÉ

1. Les forces agissant sur la bille sont : le poids $\vec{P}$, la réaction normale $\vec{R}_N$ du support et les forces de frottement $\vec{f}$.

2. La seconde loi de Newton s'écrit :

$$\frac{d\vec{p}}{dt} = m\frac{d\vec{v}}{dt} = \vec{P} + \vec{R}_N + \vec{f}$$

avec $\vec{P} = m\vec{g}$.

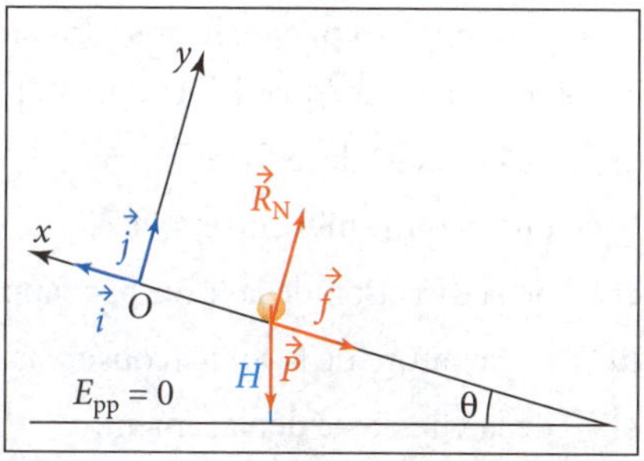

3. Dans le repère de la figure ci-dessus, on a :

– suivant *Ox* : $m\frac{dv}{dt} = -mg\sin\theta - f$.

On vérifie ici que l'accélération est bien négative ;

– suivant *Oy* : $0 = -mg\cos\theta + R_N$.

4. La première relation scalaire donne finalement :

$$m\frac{dv}{dt} + mg\sin\theta + f = 0$$

Réflexe à avoir

Les composantes du poids sont $mg\sin\theta$ et $mg\cos\theta$, les signes sont ensuite fonction des axes du repère choisi.

Vérifiez vos connaissances

1 Vrai-Faux

Indiquer pour chaque proposition si elle est vraie (V) ou fausse (F).

1. Le travail d'une force perpendiculaire au mouvement est nul. ☐ V ☐ F

2. Un système conservatif, quel que soit le déplacement, conserve son énergie potentielle et son énergie cinétique. ☐ V ☐ F

3. L'énergie mécanique d'un système soumis à des forces de frottement n'est pas conservée au cours d'un déplacement. ☐ V ☐ F

4. Le facteur de qualité d'un oscillateur libre non amorti est nul. ☐ V ☐ F

5. L'énergie des transitions atomiques dépend de la fréquence du photon émis ou absorbé par l'atome. ☐ V ☐ F

2 QCM

Pour chacune des propositions, choisir la ou les bonnes réponses.

1. Le travail d'une force $\vec{F}$ lors d'un déplacement AB dépend toujours :

a) ☐ de la valeur de la force.

b) ☐ du chemin suivi entre A et B.

c) ☐ de la direction de la force par rapport au mouvement.

d) ☐ de la nature de la force (conservative ou dissipative).

e) ☐ de la vitesse de déplacement.

2. Le facteur de qualité Q d'un oscillateur :

a) ☐ est grand dans le cas d'un système très amorti.

b) ☐ est infini si le système n'est soumis à aucune force dissipative.

c) ☐ est proportionnel au coefficient d'amortissement.

d) ☐ s'exprime en radians.

e) ☐ est sans unité.

Exercices d'application

3 Une bille sur un plan incliné

On suppose dans l'ensemble de l'exercice que :
- le référentiel terrestre est galiléen le temps de l'expérience ;
- la bille est assimilée à un point matériel ;
- les frottements solides et fluides sont négligeables.

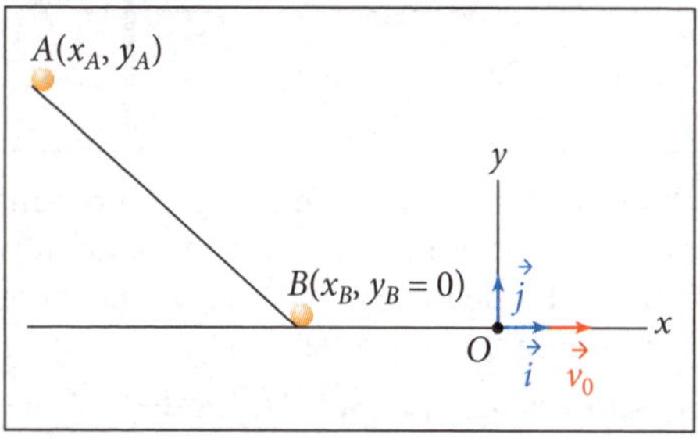

Une bille est lâchée sans vitesse initiale d'un point A (de coordonnées x_A et y_A) situé en haut d'un plan incliné réglable très lisse sur lequel la bille glisse sans frottement. Ensuite, la bille roule entre les points B et O. Sur cette portion, on considérera que la valeur de la vitesse du centre d'inertie de la bille reste constante ; ainsi, on aura $v_B = v_0$.

Sur la portion AB, on peut considérer que la bille est soumise à deux forces constantes : le poids $\vec{P}$ et la réaction du plan incliné $\vec{R}$.

1. Représenter, sans souci d'échelle, les forces exercées sur la bille en un point quelconque de la trajectoire AB.

2. Déterminer le travail de la réaction du support.

3. Déterminer la valeur de la variation de l'énergie mécanique du système sur la portion AB. Justifier.

L'origine des énergies potentielles de pesanteur est prise au point O d'altitude $y_O = 0$. On a donc $E_{pp}(O) = 0$.

4. Établir l'expression de l'énergie mécanique $E_m(A)$ de la bille en A en fonction de y_A.

5. Établir l'expression de l'énergie mécanique $E_m(B)$ de la bille en B en fonction de v_B.

6. En déduire l'expression de y_A en fonction de $v_0 = v_B$.

7. Calculer y_A pour que v_0 ait la valeur de $2{,}0\ \text{m}\cdot\text{s}^{-1}$.

Donnée : $g = 9{,}8\ \text{m}\cdot\text{s}^{-2}$.

4 Travail d'une force de frottement

On s'intéresse à un point matériel M de masse m susceptible de glisser le long d'un axe Ox. M part de O avec une vitesse initiale $\vec{v}_0 = v_0\vec{i}$ et rebondit en B pour repartir dans l'autre sens.

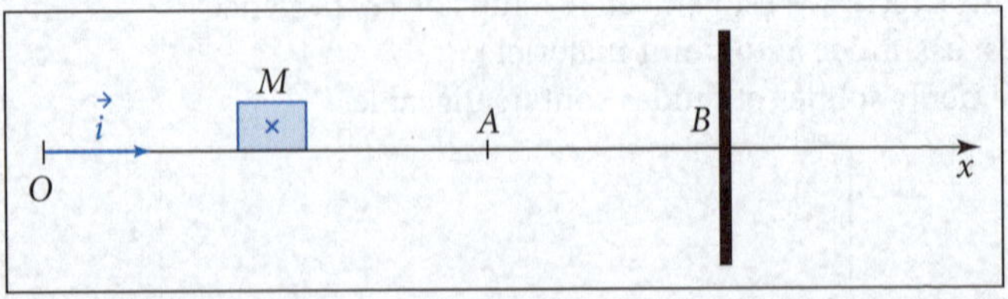

1. La loi de Coulomb du frottement postule que la composante tangentielle de la réaction du support est proportionnelle à sa composante normale. Soit f le coefficient de proportionnalité. En déduire la relation mathématique traduisant cette loi. Que représente la composante tangentielle ?

2. Établir un bilan des forces agissant sur M. En déduire la valeur des composantes tangentielle et normale de la réaction du support.

3. Exprimer le travail de la force dissipative entre O et A sur l'aller seulement.

4. Exprimer le travail de la force dissipative sur le trajet aller-retour OA en passant par B. Conclure.

Vers le bac

5 Pendule simple

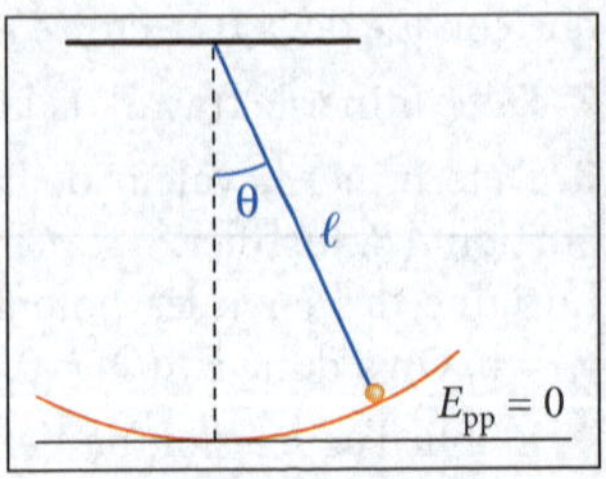

On considère un pendule pesant de masse m, soumis à une force dissipative $\vec{f}_d = -\alpha\vec{v}$ avec $\alpha > 0$.

1. Exprimer l'énergie potentielle de pesanteur du pendule en fonction de son altitude h. En déduire son expression en fonction de θ, l'angle du pendule avec la verticale.

On prendra l'origine des énergies potentielles au niveau de la position d'équilibre : $\theta = 0$ et $h = 0$.

2. Donner l'expression de l'énergie mécanique du pendule. On montre que $v = \ell\dot{\theta}$.

3. Dans l'approximation des petits angles, établir l'équation du mouvement, en déduire que le pendule constitue un oscillateur libre amorti et expliciter son facteur de qualité Q.

6 Énergies d'un système solide-ressort

On dispose d'un système solide-ressort constitué d'un mobile de masse $m = 250$ g accroché à l'extrémité d'un ressort à spires non jointives, de masse négligeable et de raideur $k = 10\ \text{N}\cdot\text{m}^{-1}$.

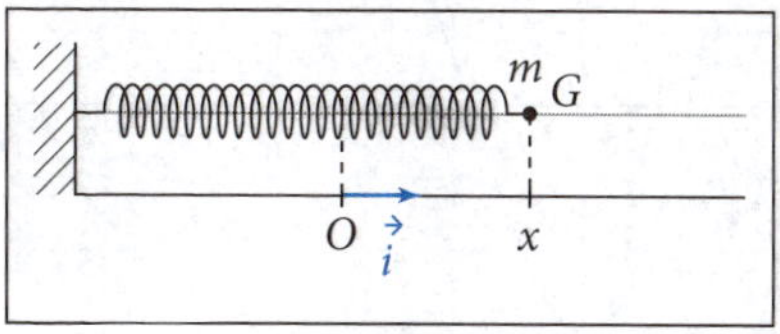

Le mobile assimilé à son centre d'inertie G peut osciller horizontalement sur une tige parallèlement à l'axe Ox. On étudie son mouvement dans le référentiel terrestre supposé galiléen. Le point O coïncide avec la position de G lorsque le ressort est au repos.

Dans un premier temps, on néglige les frottements du mobile sur son rail de guidage.

1. Faire l'inventaire des forces exercées sur le mobile et représenter les différents vecteurs forces sans souci d'échelle.

2. En appliquant la seconde loi de Newton au mobile, établir l'équation du mouvement.

3. Vérifier que $x = x_M \cos\left(\sqrt{\frac{k}{m}}t + \varphi\right)$ est solution de cette équation différentielle quelles que soient les valeurs des constantes x_M et φ.

Le mobile est écarté de sa position d'équilibre et lâché à l'instant $t = 0$ s, sans vitesse initiale, de la position $x_0 = +2{,}0$ cm, et $x_M > 0$.

4. Déterminer numériquement x_M et φ.

5. Calculer la période propre $T_0 = 2\pi\sqrt{\frac{m}{k}}$ du mouvement.

On suppose maintenant que les frottements ne sont plus négligeables et peuvent être modélisés par une force dont la valeur est proportionnelle à celle de la vitesse et dont le sens est opposé à celui du mouvement : $\vec{f} = -\mu\vec{v}$ ($\mu > 0$).

Un dispositif d'acquisition de données permet de connaître à chaque instant la position du mobile. Un logiciel de traitement fournit les courbes de variation, en fonction du temps, de l'énergie mécanique (E_m), de l'énergie cinétique (E_c) et de l'énergie potentielle élastique (E_p) du système solide-ressort.

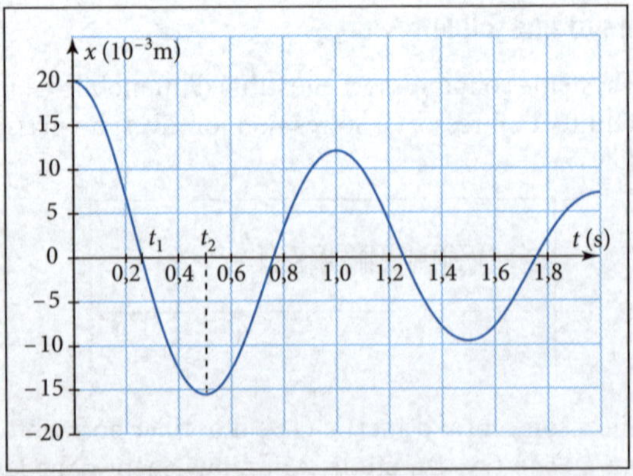

6. Déterminer la pseudo-période T du mouvement. Comparer sa valeur à celle de la période propre calculée précédemment.

7. Identifier par leur lettre (A ou B) les courbes $E_c(t)$ et $E_{pp}(t)$ en justifiant les réponses. Pourquoi l'énergie mécanique du système diminue-t-elle au cours du temps ?

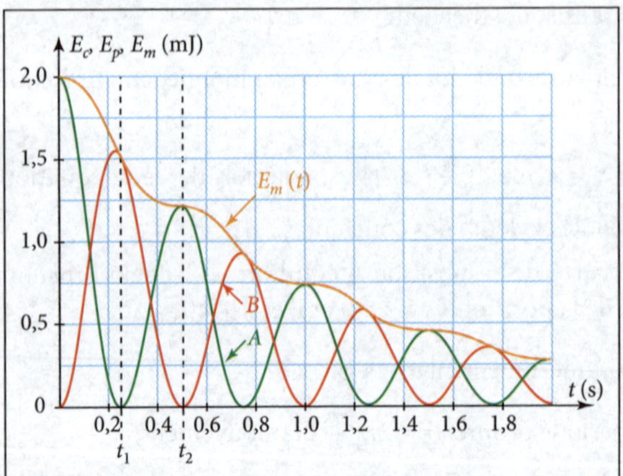

8. Entre deux instants particuliers notés t_1 et t_2, indiquer auquel de ces instants la valeur de la vitesse du mobile est maximale ; nulle.

9. Que peut-on en conclure quant à la valeur de la force de frottement à chacun de ces instants ?

10. Justifier alors la forme « en escalier » de la courbe $E_m(t)$.

Vérifiez vos connaissances

1 Vrai-Faux

1. Vrai. Si la force est perpendiculaire au déplacement, le produit scalaire définissant le travail de cette force le long du déplacement est nul.

2. Faux. Le système conserve son énergie mécanique, somme de l'énergie cinétique et de l'énergie potentielle. Si E_c diminue (resp. augmente), alors E_p augmente (resp. diminue) pour conserver cette somme.

3. Vrai. Les frottements sont des forces dissipatives, donc la variation de l'énergie mécanique du système est égale au travail de ces forces : l'énergie mécanique n'est donc pas constante.

4. Faux. Un facteur de qualité infini correspond à un amortissement nul, car par définition : $Q = \frac{\omega_0}{2\lambda}$.

5. Vrai. $\Delta E = h\nu$ avec ν la fréquence du photon.

2 QCM

1. a) et **c)** Le travail étant par définition le produit scalaire de la force par le vecteur déplacement, il dépend toujours du vecteur $\vec{F}$, donc de sa valeur et de sa direction.

2. b) et **e)** Le facteur de qualité Q, grandeur sans unité, est inversement proportionnel au coefficient d'amortissement, donc Q est infini si aucune force dissipative n'amortit le système.

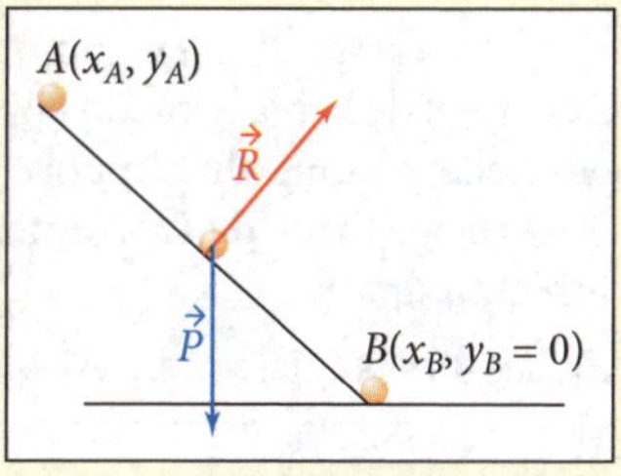

Exercices d'application

3 Une bille sur un plan incliné

1. Les frottements étant négligeables sur la portion AB, la réaction du plan est normale.

Rappel

Toute force perpendiculaire au déplacement ne travaille pas.

2. La réaction est perpendiculaire au déplacement, donc son travail est nul :

$$W_{AB}(\vec{R}) = 0$$

3. La variation élémentaire de l'énergie mécanique du système sur la proportion AB est égale au travail élémentaire des forces dissipatives. Or ici, ce dernier est nul, et les frottements sont négligeables. On en déduit que $\mathbf{dE_m = 0}$, soit encore E_m = constante. Le système évolue donc de A à B en conservant son énergie mécanique.

4. En A, $E_m(A) = E_c(A) + E_{pp}(A) = E_{pp}(A)$, car la bille est lâchée en A sans vitesse initiale et donc sans énergie cinétique. On en déduit alors :

$$E_m(A) = E_{pp}(A) = mgy_A$$

l'origine des énergies potentielles de pesanteur étant prise en $y = 0 = y_B$.

5. En B, $E_m(B) = E_c(B) + E_{pp}(B) = E_c(B)$, car l'origine des énergies potentielles de pesanteur est prise en $y_B = 0$. On en déduit que : $E_m(B) = E_c(B) = \frac{1}{2}mv_B^2$.

6. L'énergie mécanique étant conservée sur le trajet AB, on a $E_m(A) = E_m(B)$, soit :

$mgy_A = \frac{1}{2}mv_B^2 = \frac{1}{2}mv_0^2$. Finalement, on obtient $y_A = \frac{v_0^2}{2g}$.

7. A. N. : $y_A = \frac{2{,}0^2}{2 \times 9{,}8} = 0{,}20$ m, soit $\boldsymbol{y_A = 20}$ **cm**.

4 Travail d'une force de frottement

1. La loi de Coulomb se traduit par $\|\vec{R}_T\| = f\|\vec{R}_N\|$,

avec $\vec{R}_T$ (resp. $\vec{R}_N$) la composante tangentielle (resp. normale) de la réaction du support. La composante tangentielle, le long du support, opposée au mouvement, est appelée **force de frottement**. Cette dernière est une force dissipative.

> **Gagnez des points !**
> La force de frottement est toujours tangentielle et opposée au mouvement.

2. Les forces agissant sur M sont son **poids** $\vec{P}$ et la **réaction du support** $\vec{R} = \vec{R}_T + \vec{R}_N$.

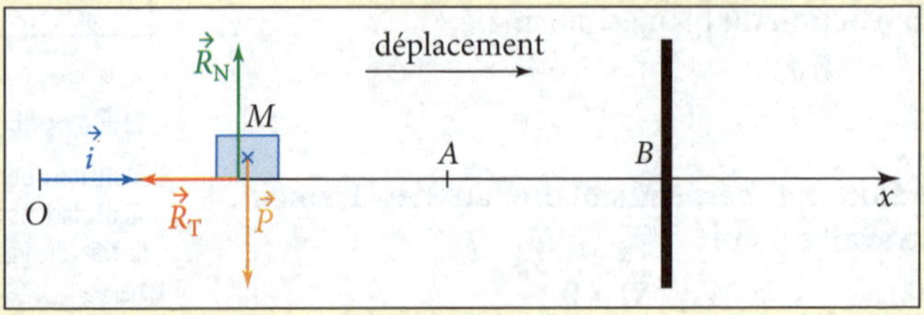

Le système n'ayant pas de mouvement suivant l'axe perpendiculaire à (Ox), on peut conclure, d'après le principe d'inertie, que $\vec{P} + \vec{R}_N = \vec{0}$, soit au niveau des normes :

$$\|\vec{P}\| = \|\vec{R}_N\| = mg$$

On en déduit alors : $\|\vec{R}_T\| = f\|\vec{R}_N\| = fmg$

3. Sur l'aller, on a : $W_{OA}(\vec{R}_T) = \vec{R}_T \cdot \overrightarrow{OA}$ soit $W_{OA}(\vec{R}_T) = -fmg \cdot OA < 0$.

4. $W'_{OA}(\vec{R}_T) = \vec{R}_T \cdot \overrightarrow{OB} + \vec{R}'_T \cdot \overrightarrow{BA}$ avec $\vec{R}'_T = -\vec{R}_T$ opposé au mouvement de retour.
$W'_{OA}(\vec{R}_T) = -fmg \cdot OB - fmg \cdot AB = -fmg(OB + AB) = -fmg(2AB + OA)$

soit finalement : $W'_{OA}(\vec{R}_T) = W_{OA}(\vec{R}_T) - 2fmg \cdot AB$

On en conclut que $W'_{OA}(\vec{R}_T) \neq W_{OA}(\vec{R}_T)$: **le travail d'une force dissipative n'est pas indépendant du chemin suivi.**

Vers le bac

5 Pendule simple

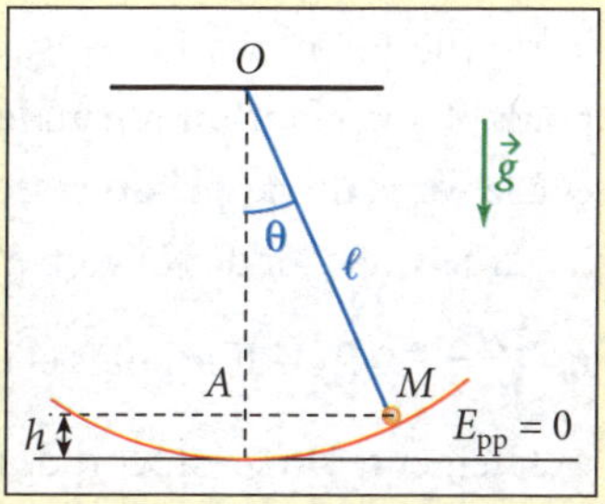

1. Par définition, l'énergie potentielle de pesanteur est : $E_{pp} = mgh$. Or $\cos\theta = \dfrac{OA}{OM} = \dfrac{\ell - h}{\ell}$.
On en déduit donc que $h = \ell\,(1 - \cos\theta)$.
Finalement, on obtient :

$$E_{pp} = mg\ell(1 - \cos\theta)$$

2. L'énergie mécanique est la somme de l'énergie cinétique et de l'énergie potentielle :

$$E_m = E_c + E_{pp} = \frac{1}{2}mv^2 + mg\ell(1 - \cos\theta)$$

L'astuce du prof
On vérifie que lorsque $\theta = 0$, on a $E_{pp} = 0$.

Or $v = \ell\dot{\theta}$, donc on obtient finalement : $E_m = \dfrac{1}{2}m(\ell\dot{\theta})^2 + mg\ell(1 - \cos\theta)$

3. La variation élémentaire de l'énergie mécanique est égale au travail des forces dissipatives, soit $dE_m = dW_d$, d'où :

$$d\left[\frac{1}{2}m(\ell\dot{\theta})^2 + mg\ell(1 - \cos\theta)\right] = -\alpha v^2 dt = -\alpha(\ell\dot{\theta})^2 dt$$

En dérivant chaque membre de l'équation par rapport au temps, on obtient :

$$m\ell\dot{\theta}\cdot\ddot{\theta}\ell + \dot{\theta}mg\ell\sin\theta = -\alpha(\ell\dot{\theta})^2$$

soit, en simplifiant par $\ell\dot{\theta}$ non nul et en réarrangeant : $m\ell\ddot{\theta} + mg\sin\theta + \alpha\ell\dot{\theta} = 0$.

Dans l'approximation des petits angles ($\sin\theta \approx \theta$), on peut alors écrire :

$$\ddot{\theta} + \frac{\alpha}{m}\dot{\theta} + \frac{g}{\ell}\theta = 0$$

On reconnaît la forme générale de l'équation du mouvement d'un **oscillateur libre amorti** en identifiant $2\lambda = \frac{\alpha}{m}$ et $\omega_0^2 = \frac{g}{\ell}$.

Par définition, on a alors $Q = \frac{\omega_0}{2\lambda}$, soit $Q = \sqrt{\frac{g}{\ell}}\cdot\frac{m}{\alpha}$.

6 Énergies d'un système solide-ressort

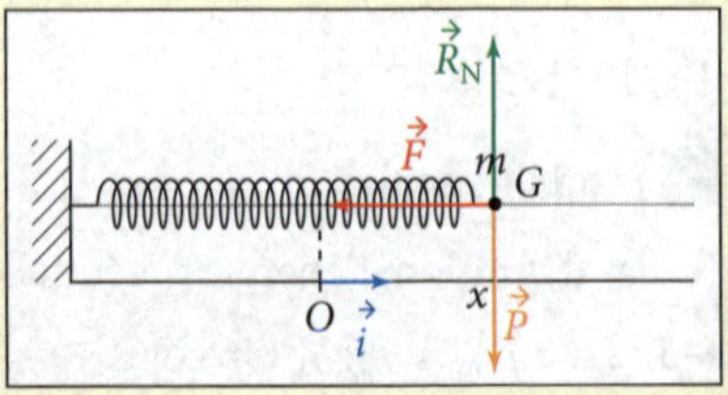

1. Si l'on néglige les frottements sur le rail, le bilan des forces se résume au poids $\vec{P}$, à la **réaction normale** du rail $\vec{R}_N$ et à la **force de rappel du ressort** $\vec{F}$.

2. La seconde loi de Newton s'écrit :

$m\frac{d\vec{v}}{dt} = \vec{P} + \vec{R}_N + \vec{F}$, le poids et la réaction se compensent exactement. On en déduit donc que : $\frac{d\vec{v}}{dt} = \ddot{x}\vec{i}$ (pas de mouvement suivant Oy et ainsi $m\ddot{x} = -kx$). On a :

$m\ddot{x} + kx = 0$ (équation du mouvement)

Gagnez des points !

Il n'y a pas de mouvement suivant Oy, donc le poids et la réaction ont même norme.

3. $x = x_M\cos\left(\sqrt{\frac{k}{m}}\cdot t + \varphi\right)$ donc : $\dot{x} = -x_M\sqrt{\frac{k}{m}}\sin\left(\sqrt{\frac{k}{m}}\cdot t + \varphi\right)$

et : $\ddot{x} = -x_M\frac{k}{m}\cos\left(\sqrt{\frac{k}{m}}\cdot t + \varphi\right)$

Ainsi, quelles que soient les constantes x_M et φ, on a alors :

$$m\ddot{x} = -mx_M\frac{k}{m}\cos\left(\sqrt{\frac{k}{m}}\cdot t + \varphi\right) = -kx_M\cos\left(\sqrt{\frac{k}{m}}\cdot t + \varphi\right) = -kx$$

$x = x_M\cos\left(\sqrt{\frac{k}{m}}t + \varphi\right)$ est bien solution de l'équation différentielle quelles que soient les constantes x_M et φ.

4. *M* est lancé sans vitesse initiale, donc :

$$\dot{x} = -x_M\sqrt{\frac{k}{m}}\sin\left(\sqrt{\frac{k}{m}}\times 0 + \varphi\right) = 0$$

donc sin φ = 0. On en déduit que **φ = 0.**

On a aussi : $$x = x_M\cos\left(\sqrt{\frac{k}{m}}\times 0\right) = x_0 = x_M$$

donc **$x_M = x_0 = 2{,}0$ cm.**

5. $T_0 = 2\pi\sqrt{\frac{m}{k}}$.

A. N. : $T_0 = 2\pi\sqrt{\frac{0{,}250}{10}}$ soit **$T_0 = 0{,}99$ s.**

6. Au vu de la première courbe, deux pseudo-périodes représentent 2,0 s, donc **$T = 1{,}0$ s.** La période propre a une **valeur proche** de celle de la pseudo-période.

> **Remarque**
> On pourra confondre la période propre et la pseudo-période.

7. La vitesse initiale étant nulle, l'énergie cinétique à $t = 0$ est nulle. On en déduit que **la courbe de l'énergie cinétique E_c est la courbe *B***. En revanche, **la courbe *A* correspond à celle de l'énergie potentielle E_p**. L'énergie mécanique E_m n'est pas constante, car **les forces de frottement sont des forces dissipatives : l'énergie mécanique n'est donc pas conservée.**

8. **À t_1**, l'énergie cinétique est maximale, donc **la vitesse est maximale**. En revanche, **à t_2**, E_c est nulle, donc **la vitesse est nulle**.

9. **La force de frottement est proportionnelle à la valeur de la vitesse.** À t_1, la vitesse est maximale, donc les frottements le sont aussi, et à t_2, la vitesse est nulle, tout comme la force de frottement.

10. Lorsque la force de frottement est nulle, l'énergie mécanique se conserve, et l'on obtient un palier : $E_m \approx$ constante.

CHAPITRE 7

Temps et relativité restreinte

1 Vitesse absolue, temps relatif

1 Approche expérimentale

• Depuis près d'un siècle et demi, nous disposons de nombreux résultats permettant de conforter la théorie de la relativité restreinte. Deux méthodes d'observation des propriétés de la lumière ont été utilisées : l'observation astronomique et les expériences en laboratoire.

• Parmi les **observations astronomiques**, on peut citer l'observation du pulsar de la Nébuleuse du Crabe qui émet, à l'instar de la lumière d'un phare, des impulsions électromagnétiques régulièrement espacées. Le spectre du rayonnement émis est ici relativement large, des ondes radios aux rayons γ. L'observation montre que les différentes radiations sont reçues simultanément : **la vitesse de la lumière dans le vide ne dépend pas de la fréquence.**

• Parmi les **observations expérimentales de laboratoire**, on peut citer celle d'Arago en 1810. Il observa avec surprise qu'un prisme dispersait de la même façon la lumière d'une source proche et immobile, et celle d'une étoile lointaine. Arago, du fait de la rotation de la Terre, s'attendait à constater la modification de la vitesse de la lumière provenant de l'étoile et donc de l'indice de réfraction du prisme à longueur d'onde donnée. On peut donc en conclure que **la vitesse de la lumière dans le vide n'obéit pas à la loi de composition des vitesses prévue par la mécanique de Newton.**

• Cependant, afin d'expliquer que la lumière se propage à la même vitesse dans toutes les directions, les physiciens ont été amenés à imaginer que cela n'était vrai que dans un référentiel bien particulier : l'**éther luminifère**. Entre 1880 et 1887, les nombreuses expériences réalisées par Michelson et Morley n'ont pu confirmer l'existence de cet éther.

2 Relativité du temps, invariance de la vitesse de la lumière

• En 1905, Einstein comprend le premier qu'il faut envisager le temps comme dépendant du référentiel. Il pose le postulat suivant : **le temps n'est plus absolu, mais relatif au référentiel d'observation.**

La conséquence du postulat d'Einstein est double.

• **Principe de relativité :** toutes les lois de la physique s'expriment de la même manière dans tous les référentiels galiléens.
• **Principe de constance de la vitesse de la lumière c dans le vide :** la vitesse de la lumière dans le vide est une constante universelle. Elle est indépendante du référentiel et du mouvement de la source émettrice.

Remarque : La relativité restreinte s'applique uniquement aux référentiels galiléens, contrairement à la relativité générale qui prend en compte la gravitation.

• La vitesse de la lumière dans le vide ne peut être dépassée : elle est physiquement la plus grande. De ce fait, elle va permettre d'établir un lien entre espace et temps. La distance entre deux points peut alors aussi s'exprimer par le temps que met la lumière pour parcourir ce trajet.

EXERCICE RÉSOLU

Montrer la conservation de la forme de l'équation de propagation

ÉNONCÉ

On considère deux référentiels galiléens $\mathcal{R}$ $(Oxyz)$ et $\mathcal{R}'$ $(O'x'y'z')$ d'axes respectivement parallèles. L'axe $(O'x')$ de $\mathcal{R}'$ glisse le long de l'axe (Ox) de $\mathcal{R}$ à une vitesse $\vec{u}$ constante. $\mathcal{R}$ et $\mathcal{R}'$ sont tels qu'à $t = t' = 0$, O coïncide avec O'.

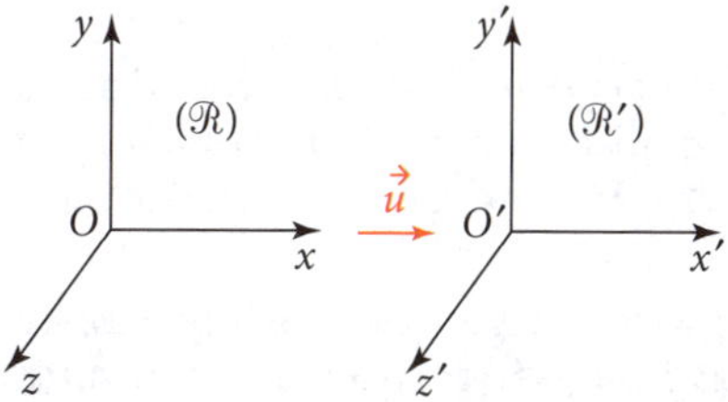

a. Quelle est, dans $\mathcal{R}$, l'équation de propagation d'un signal lumineux partant de O à $t = 0$ et se propageant le long de (Ox) dans le sens des $x > 0$?

b. Même question dans $\mathcal{R}'$. Conclure.

CORRIGÉ

a. Dans $\mathcal{R}$, $\boldsymbol{x = ct}$ car la lumière se propage à vitesse constante dans le vide.

b. Dans $\mathcal{R}'$, $\boldsymbol{x' = c't'}$ avec c' la vitesse de la lumière dans le référentiel d'étude. Or cette vitesse est universelle, donc $c' = c$, et on en déduit que $x' = ct'$.
On peut donc conclure que, quel que soit le référentiel $(OXYZ)$ dans lequel le temps mesuré est noté T, on a $X = cT$.

Conseil
Bien penser que la vitesse de la lumière est la même dans tout référentiel.

2 Espace-temps, notion d'événement

1 Espace-temps à 4 dimensions

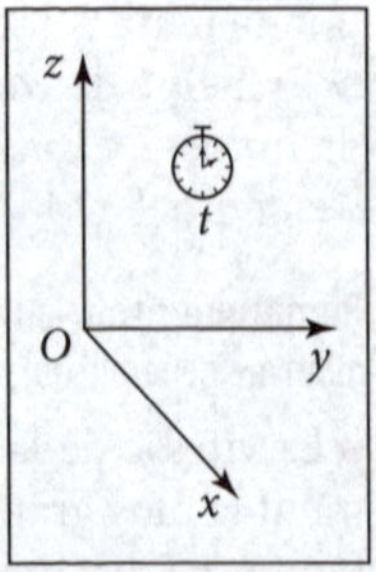

- L'invariance de la vitesse de la lumière conduit à raisonner dans un espace à 4 dimensions (3 coordonnées d'espace et 1 coordonnée de temps) au sein duquel le temps et l'espace sont indissociables et relatifs au référentiel galiléen dans lequel on les mesure.

- Le temps perd ainsi son caractère absolu dans cet espace à 4 dimensions appelé espace-temps de Minkowski.

Remarque : Dans l'espace de Minkowski, les vecteurs sont des quadrivecteurs espace-temps dont les composantes correspondent aux 3 coordonnées spatiales et à la donnée ct, avec c la vitesse de la lumière dans le vide et t le temps mesuré par l'horloge.

2 Événement, observateur et référentiel

Un **événement** est un phénomène repéré par un point de l'espace-temps.
Un **observateur** est une personne ou un objet pouvant faire des mesures dans l'espace-temps de Minkowski, c'est-à-dire muni d'une règle et d'une horloge.

Exemple : Le départ d'une fusée ou l'émission d'un flash lumineux sont des événements. Ces phénomènes sont donc repérés par un point (à 4 dimensions) de l'espace-temps de Minkowski : un point de l'espace et un instant précis.

- Un observateur ne peut faire des mesures que dans son environnement proche. Dans le cas contraire, il doit faire confiance à d'autres observateurs.

Un **référentiel** est défini par la donnée d'un repère d'espace à 3 dimensions et d'une horloge permettant de repérer un événement.

- Deux événements sont **simultanés** pour un observateur dans un référentiel galiléen donné si, et seulement si, ils sont séparés dans l'espace, mais ont lieu au même instant.

Remarque : Deux événements simultanés dans un même référentiel ne le sont pas dans un autre référentiel en mouvement rectiligne uniforme par rapport au premier.

EXERCICE RÉSOLU

Montrer la relativité de la simultanéité entre deux événements

ÉNONCÉ

On considère trois vaisseaux *A*, *B* et *C* équidistants de leur point de vue et naviguant tous les trois à la vitesse constante $\vec{v}$ par rapport au sol.
B envoie à *A* et *C* deux flashs lumineux partant au même instant du point de vue de *B* et dans des directions opposées (vers *A* et vers *C*).

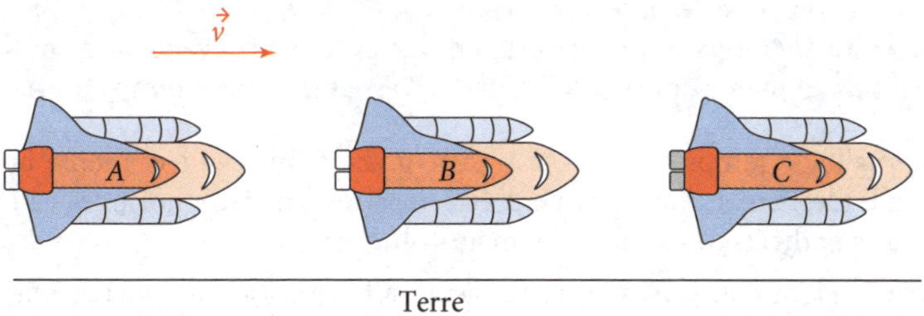

L'événement E_1 est « *A* reçoit le flash lumineux émis par *B* ».
L'événement E_2 est « *C* reçoit le flash lumineux émis par *B* ».
E_1 et E_2 sont-ils simultanés du point de vue :

a. de l'astronaute *A* ?

b. de l'astronaute *C* ?

c. d'un observateur sur la Terre qui voit passer les trois vaisseaux ?

CORRIGÉ

a. et **b.** *A*, *B* et *C* sont équidistants, donc les distances *AB* et *BC* sont égales dans leur référentiel en mouvement rectiligne uniforme par rapport au sol. La vitesse de la lumière étant constante, chaque vaisseau reçoit le signal lumineux en même temps que l'autre. **Pour *A* comme pour *C*, les deux événements sont simultanés**.

> **Rappel**
> La simultanéité de deux événements dépend du référentiel.

c. Du point de vue d'un observateur au sol, *A* va en direction du flash lumineux, alors que *C* s'en éloigne ! Or la vitesse de la lumière étant constante, on en déduit que pour un observateur sur Terre, **A reçoit le signal lumineux avant *C***.

3 Temps propre et temps impropre, dilatation des durées

1 Intervalles de temps propre et impropre

• En général, en relativité restreinte, la mesure d'un temps est celle de la durée entre deux événements.

L'**intervalle de temps propre** est la durée entre deux événements se produisant au même endroit de l'espace.
L'**intervalle de temps impropre** est la durée entre deux événements ne se produisant pas au même endroit de l'espace. Il est aussi appelé **temps mesuré**.

• L'intervalle de temps propre est mesuré grâce à une seule et même horloge ; l'intervalle de temps impropre peut être mesuré par deux horloges différentes situées aux endroits des deux événements observés.

Exemple : Dans le cas d'une particule ayant une vitesse v par rapport à un observateur sur Terre, sa durée propre est l'intervalle de temps entre l'événement de sa création et celui de sa mort mesuré dans son référentiel propre, c'est-à-dire celui dans lequel elle est au repos. En revanche, vue de la Terre par exemple, sa durée de vie correspond à la mesure d'un intervalle de temps impropre.

2 Dilatation des durées

• Soit deux horloges H_1 et H_2 présentes respectivement lors d'un événement E_1 et E_2. L'intervalle de temps impropre mesuré par H_1 et H_2 est toujours plus grand que l'intervalle de temps propre.

Remarque : Dans le cas présent, l'intervalle de temps propre est celui mesuré entre les deux événements par une horloge se déplaçant de E_1 à E_2.

La relation entre intervalle de temps propre et intervalle de temps impropre entre deux événements est :

$$\boldsymbol{\Delta t_{\text{impropre}} = \frac{\Delta t_{\text{propre}}}{\sqrt{1 - \frac{v^2}{c^2}}}}$$

avec
- $\Delta t_{\text{impropre}}$ et Δt_{propre} : intervalles de temps impropre et propre (en s),
- v et c : vitesses du référentiel propre par rapport à l'observateur et de la lumière (en $m \cdot s^{-1}$).

• On note β (sans unité) le rapport $\frac{v}{c}$, et on a alors $\Delta t_{\text{impropre}} = \frac{\Delta t_{\text{propre}}}{\sqrt{1 - \beta^2}}$.

3 Preuve expérimentale

- L'expérience de B. Rossi et D. B. Hall en 1941 consistait en un comptage de certaines particules créées en haute atmosphère terrestre, les muons. Ces derniers, particules instables, se désintègrent au bout d'un certain temps.
La différence entre le nombre de muons au sommet du Mont Washington (1910 m d'altitude dans le New Hampshire) et le nombre de muons à une altitude de 3 m au-dessus du niveau de la mer est égale au nombre de muons se désintégrant entre ces deux points d'observation.

- Le taux de comptage mesuré à faible altitude par Rossi et Hall en 1914 fut beaucoup plus important que celui attendu.

- Pour l'expliquer, on doit prendre en compte la relativité restreinte : le nombre de particules qui se désintègrent dépend de l'intervalle de temps mesuré entre ces deux altitudes. Or, contrairement à ce qui avait été envisagé lors des premiers calculs, l'intervalle de temps à considérer est impropre pour l'observateur. Il est donc plus grand que le temps propre du muon : le nombre de désintégrations est alors plus faible, et le nombre de muons enregistré à faible altitude est donc grand.

EXERCICE RÉSOLU

Calculer un intervalle de temps propre

ÉNONCÉ

Le temps mis par un muon dans le référentiel terrestre pour parcourir la distance de 1 907 m de l'expérience de Rossi et Hall est de 6,4 µs. En déduire la valeur de cette durée dans le référentiel propre du muon, sachant que sa vitesse est $v = 0{,}995c$ par rapport au sol.

CORRIGÉ

Dans le référentiel terrestre, l'intervalle de temps impropre est $\Delta t_{\text{impropre}} = 6{,}4$ µs entre le passage du muon à l'altitude de 1910 m (événement E_1) et à l'altitude de 3 m (événement E_2).

Conseil

Avant tout calcul, identifier les événements concernés et les référentiels propre et impropre.

Or $\Delta t_{\text{impropre}} = \dfrac{\Delta t_{\text{propre}}}{\sqrt{1 - \dfrac{v^2}{c^2}}}$, soit $\Delta t_{\text{propre}} = \Delta t_{\text{impropre}} \sqrt{1 - \dfrac{v^2}{c^2}}$.

A. N. : $\Delta t_{\text{propre}} = 6{,}4 \times \sqrt{1 - 0{,}995^2}$ ou encore $\boldsymbol{\Delta t_{\text{propre}} = 0{,}64}$ **µs**.

Déterminer un intervalle de temps

ÉNONCÉ

Deux particules se déplacent sur la même droite à la même vitesse $v = 0{,}85\ c$. Ces particules percutent une cible immobile l'une après l'autre.
Sachant qu'un expérimentateur mesure l'intervalle de temps entre les collisions $\Delta t = 70$ ns, déterminer l'intervalle de temps séparant ces deux collisions dans le référentiel de la seconde particule arrivant plus tard sur la cible.

MÉTHODE

▶ **1.** Identifier si les données de l'énoncé correspondent à un intervalle de temps propre ou impropre (appelé aussi temps mesuré).

▶ **2.** Utiliser la loi de dilatation des durées pour exprimer l'intervalle de temps recherché en fonction de la vitesse *v* et de celle de la lumière dans le vide *c*.

▶ **3.** En déduire une application numérique et vérifier toujours qu'un intervalle de temps propre est inférieur à un intervalle de temps impropre.

CORRIGÉ

1. $\Delta t = 70$ ns correspond à un intervalle de temps propre. Un expérimentateur sur Terre (le référentiel terrestre est supposé galiléen) mesure cet intervalle de temps avec la même horloge, et les deux événements se situent au même endroit. En revanche, l'intervalle de temps séparant ces deux particules dans le référentiel de la seconde particule est un intervalle de temps impropre. Il correspond à l'intervalle de temps entre la collision de la première particule sur la cible vue par la deuxième et la collision de la deuxième particule au niveau de la cible.

2. La loi de dilatation de durée s'écrit alors :

$$\Delta t_{\text{impropre}} = \frac{\Delta t}{\sqrt{1 - \frac{v^2}{c^2}}} = \frac{\Delta t_{\text{propre}}}{\sqrt{1 - \frac{v^2}{c^2}}}$$

3. A. N. : $\Delta t_{\text{impropre}} = \dfrac{70}{\sqrt{1 - 0{,}85^2}} = 133$ ns.

Réflexe à avoir

Plus la vitesse de la particule est proche de celle de la vitesse de la lumière dans le vide, et plus la différence entre les intervalles de temps est importante.

Montrer la simultanéité entre deux événements

ÉNONCÉ

Un train roule à vitesse constante v sur un rail. Lors d'un orage, la foudre frappe le rail à deux endroits A et B. Quelle expérience pourrait-on réaliser pour montrer la simultanéité des deux événements « la foudre frappe le rail en A » et « la foudre frappe le rail en B » ?

MÉTHODE

▶ **1.** Déterminer le référentiel dans lequel doit être réalisée l'expérience. Il doit satisfaire un certain nombre de critères :
– il doit contenir les points A et B (points d'espace) ;
– il doit posséder une seule et même horloge pour réaliser toutes les mesures nécessaires.

▶ **2.** Déterminer la position de l'horloge, sachant que toute expérience de mesure de simultanéité est réalisée à partir d'enregistrements de flashs lumineux, car la seule information fiable est l'invariance de la vitesse de la lumière. Pour montrer une simultanéité, l'horloge doit enregistrer des durées identiques entre émission et réception du flash pour les deux événements, sachant que les flashs parcourent la même distance.

CORRIGÉ

1. Le référentiel de l'expérience ne peut être celui du train en mouvement par rapport au rail. Il avance vers B et s'éloigne de A : l'horloge pourra difficilement enregistrer des durées identiques. Le référentiel le plus adapté est celui du rail, c'est-à-dire le référentiel propre des points A et B.

Réflexe à avoir

Le référentiel à choisir est souvent le référentiel propre des émetteurs de signaux lumineux.

2. On peut réaliser l'expérience suivante : lorsque A ou B est frappé par la foudre, il émet un flash lumineux en direction de l'horloge qui enregistre sa réception. Il faut donc positionner l'horloge au milieu du segment $[AB]$ pour que les distances A-horloge et B-horloge soient les mêmes. Les deux événements sont simultanés si, pour des distances égales et à vitesse constante c, les signaux lumineux sont enregistrés en même temps.

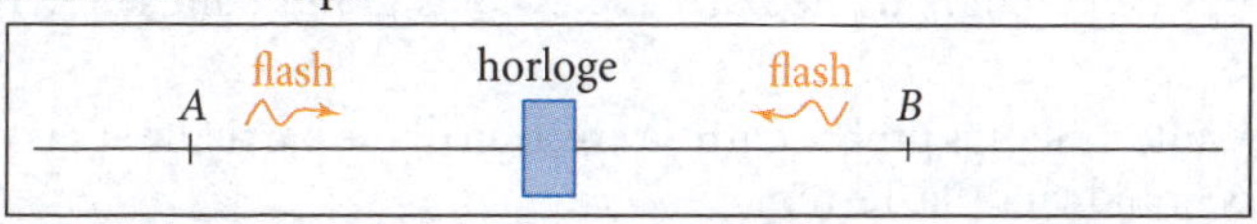

Vérifiez vos connaissances

1 Vrai-Faux

Indiquer pour chaque proposition si elle est vraie (V) ou fausse (F).

1. La vitesse de la lumière est toujours constante quel que soit le milieu de propagation. ☐ V ☐ F

2. Deux événements E_1 et E_2 sont simultanés quel que soit le référentiel. ☐ V ☐ F

3. Un intervalle de temps est la durée entre deux événements. ☐ V ☐ F

4. L'intervalle de temps propre est souvent inférieur à celui mesuré appelé intervalle de temps impropre. ☐ V ☐ F

5. On définit $\beta = \frac{v}{c}$ sans dimension et $\beta > 1$. ☐ V ☐ F

2 QCM

Pour chacune des propositions, choisir la ou les bonnes réponses.

1. La théorie de la relativité restreinte s'appuie sur :

a) ☐ un ensemble de référentiels galiléens.

b) ☐ la constance de la vitesse de la lumière dans le vide.

c) ☐ l'invariance des lois de la physique par changement de référentiel galiléen.

d) ☐ l'inexistence d'un référentiel privilégié pour décrire un phénomène physique.

e) ☐ la dépendance entre l'espace et le temps.

2. La dilatation des durées signifie que :

a) ☐ les durées sont plus longues lorsque la particule est immobile.

b) ☐ les intervalles de temps impropres sont plus grands.

c) ☐ la demi-vie d'une particule est plus grande dans le référentiel terrestre.

d) ☐ le temps de parcours d'une particule est plus grand dans le référentiel terrestre.

e) ☐ l'intervalle de temps propre entre la création d'une particule et sa désintégration est plus grand vu de la Terre.

Exercices d'application

3 Deuxième postulat d'Einstein

On considère deux vaisseaux A et B.

A est au repos sur la Terre, et B est en mouvement rectiligne uniforme par rapport à A à une vitesse constante $\vec{v}$.

Chaque astronaute allume dans la fusée une lampe.

1. Quelle est la vitesse de la lumière émise par A et mesurée par B ?

A et B observent en plus la lumière produite par une étoile double E.

2. Quel est le résultat de la mesure faite par A (resp. B) de la vitesse de la lumière émise par E_1 ?

3. Mêmes questions pour la lumière émise par E_2.

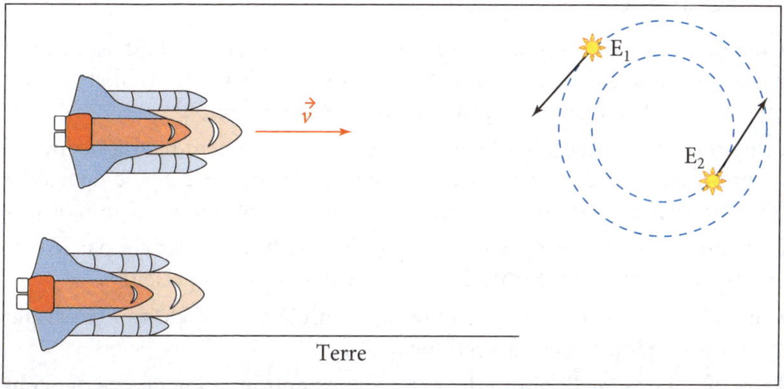

4 Muons cosmiques

On s'intéresse à l'expérience de Rossi et Hall, expérience de désintégration de muons cosmiques entre deux altitudes : 1 910 m au sommet du Mont Washington et 3 m au-dessus du niveau de la mer.

Soit N_1 la population de muons détectée à 1 910 m pour une durée d'une heure et N_2 celle à l'altitude de 3 m. Le détecteur était réglé pour la détection de muons de vitesse $v = 0{,}995\ c$.

Les résultats ont été les suivants : $N_1 = 563 \pm 10$ muons et $N_2 = 408 \pm 9$ muons.

On appelle E_1 l'événement « passage du muon à l'altitude 1 910 m » et E_2 l'événement « passage du muon à l'altitude 3 m ».

1. En combien de temps le muon parcourt-il le trajet de l'expérience ?

2. Donner l'expression de la loi de décroissance radioactive. Sachant que le temps propre de demi-vie du muon est de 1,5 µs, montrer que l'on ne peut pas expliquer les résultats obtenus sans prendre en compte la dilatation des durées.

3. En considérant les effets relativistes, calculer la demi-vie et le temps de trajet du muon du point de vue d'un observateur terrestre.

4. En déduire la valeur de N_2. Conclure.

Vers le bac

5 Horloge à lumière

Une horloge à lumière est constituée d'un tube de longueur L dont les extrémités sont réfléchissantes. Un flash lumineux effectue, dans le tube, des allers-retours à la vitesse c (un mécanisme enregistre le nombre d'allers-retours).

L'horloge est embarquée à bord d'un vaisseau en mouvement rectiligne uniforme par rapport au sol avec une vitesse v constante. On suppose que le déplacement s'effectue perpendiculairement au tube et que la longueur du tube L est conservée.

Les événements observés sont l'événement E_1 « le flash est reflété par le miroir inférieur » et l'événement E_2 « le flash arrive sur le miroir supérieur ».

1. Soit T_0 la période du signal de l'horloge à lumière. En déduire l'intervalle de temps propre en fonction de T_0, puis de L et c.

2. Faire un schéma de l'horloge des deux événements du point de vue d'un observateur terrestre sachant que l'horloge se déplace à la vitesse v entre les deux événements.

3. En utilisant le théorème de Pythagore, en déduire l'expression de la période impropre T de l'horloge à lumière et l'intervalle de temps impropre.

6 Coordonnées d'un événement

On considère deux référentiels galiléens $(\mathcal{R})$ $(Oxyz)$ et $(\mathcal{R}')$ $(O'x'y'z')$ d'axes respectivement parallèles. L'axe $(O'x')$ de $(\mathcal{R}')$ glisse le long de l'axe (Ox) de $(\mathcal{R})$ à une vitesse $\vec{u}$ constante. Soit un événement (x, y, z, t) dans le référentiel $(\mathcal{R})$. On cherche dans cet exercice à déterminer les coordonnées (x', y', z', t') du même événement dans le référentiel $(\mathcal{R}')$.

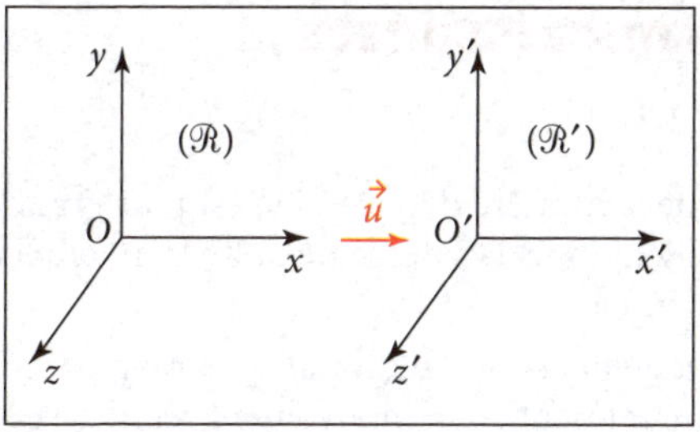

On suppose que, du fait de l'homogénéité de l'espace et du temps, on a :

$$\begin{cases} x' = a_1 x + a_2 t \\ y' = y \\ z' = z \\ t' = a_3 x + a_4 t \end{cases}$$

On synchronise les deux horloges de ($\mathcal{R}$) et ($\mathcal{R}'$) à l'heure $t = t' = 0$ lorsque O coïncide avec O'.

1. Sachant que O' est en mouvement rectiligne uniforme par rapport à ($\mathcal{R}$), donner l'expression de l'abscisse $x_{O'}$ du point O' dans le référentiel ($\mathcal{R}$) et en déduire la relation entre les coefficients a_2 et a_1.

2. En écrivant que la vitesse de la lumière dans le vide c est une constante pour un signal lumineux le long de (Ox) dans le sens des $x > 0$ et dans le sens des $x < 0$, en déduire a_4 en fonction de a_1 d'une part, et a_3 en fonction de a_1 d'autre part.

3. Sachant que ($\mathcal{R}$) est aussi en mouvement rectiligne uniforme par rapport à ($\mathcal{R}'$) à la vitesse constante de $-\vec{u}$, donner les expressions de x' et t' en fonction de a_1, x et t, puis celles de x et t en fonction de a_1, x' et t'.

4. Sachant que quel que soit le référentiel, les lois de la physique sont les mêmes, l'équation de propagation d'un flash lumineux dans ($\mathcal{R}$) allant le long de (Ox) dans le sens des $x > 0$ est $x = ct$ et dans ($\mathcal{R}'$) $x' = ct'$. En remplaçant t (resp. t') par son expression en fonction de x' et t' (resp. x et t), en déduire l'expression de a_1. On rappelle aussi que $xx' = c^2tt'$.

Vérifiez vos connaissances

1 Vrai-Faux

1. Faux. La vitesse de la lumière dans le vide est plus grande que la vitesse de la lumière dans un milieu, mais la vitesse de la lumière dans le vide est constante quel que soit le référentiel.

2. Faux. Deux événements sont simultanés par rapport à un référentiel et l'on peut trouver un autre référentiel en mouvement rectiligne uniforme dans lequel il n'y a pas simultanéité.

3. Vrai. C'est la définition de l'intervalle de temps.

4. Faux. Cette affirmation est toujours vraie et non « souvent » vraie : la dilatation des durées implique que tout intervalle de temps mesuré est plus grand que celui de temps propre.

5. Faux. $\beta = \frac{v}{c}$ avec $v < c$, donc $\beta < 1$.

2 QCM

1. a), b), c), d) et e) Toutes les propositions faites sont à retenir.

2. b), c) et d) La dilatation des durées signifie que tout intervalle de temps impropre est plus important que l'intervalle de temps propre (référentiel dans lequel la particule est immobile). La dernière proposition est paradoxale.

Exercices d'application

3 Deuxième postulat d'Einstein

Toutes les questions de cet exercice ont une seule et même réponse, soit $\boldsymbol{v = c = 3 \cdot 10^8\ m \cdot s^{-1}}$, car la vitesse de la lumière est invariante par changement de référentiel galiléen. Elle est indépendante du mouvement de la source et de celui de l'observateur.

Piège à éviter

La vitesse de la lumière ne vérifie pas la loi de composition des vitesses dans le vide.

4 Muons cosmiques

1. En supposant que le muon parcourt $d = 1\,907$ m à la vitesse $v = 0{,}995\ c$, on a de manière classique $t = \frac{d}{v}$.

A. N. : $t = \dfrac{1\,907}{0{,}995 \times 3{,}0 \cdot 10^8} = 6{,}4 \cdot 10^{-6}$ s, d'où $\boldsymbol{t = 6{,}4}$ **µs.**

2. La loi de décroissance radioactive est $N(t) = N_1 e^{-\lambda t}$ avec $\lambda = \dfrac{\ln 2}{t_{1/2}}$.

A. N. : avec $N_1 = 563$ par exemple et $t_{1/2} = 1{,}5$ µs, on obtient :

$N(t = 6{,}4\ \mu s) = 563 \times \exp\left(-\dfrac{\ln 2}{1{,}5} \times 6{,}4\right)$, soit $N(t = 6{,}4\ \mu s) = 29$. Ce résultat étant très faible par rapport au nombre N_2 attendu, on en déduit que **les effets relativistes ne peuvent être négligés (et en particulier la dilatation des durées).**

3. Entre les événements E_1 et E_2, le temps de trajet est vu par un observateur au sommet du mont Washington et un autre au niveau de la mer, donc $\boldsymbol{t_{\text{impropre}} = 6{,}4}$ **µs**. En revanche, la demi-vie propre est $t_{1/2\text{propre}} = 1{,}5$ µs. On doit alors calculer la demi-vie impropre du point de vue du référentiel terrestre d'observation. En appliquant la dilatation des durées, on a :

$$t_{1/2\text{impropre}} = \frac{t_{1/2\text{propre}}}{\sqrt{1 - \dfrac{v^2}{c^2}}}$$

A. N. : $t_{1/2\text{impropre}} = \dfrac{1{,}5}{\sqrt{1 - 0{,}995^2}}$ d'où $\boldsymbol{t_{1/2\ \text{impropre}} = 15}$ **µs.**

4. On en déduit alors $N(t = 6{,}4\ \mu s) = 563 \times \exp\left(-\dfrac{\ln 2}{15} \times 6{,}4\right) =$ **419 muons.**

On retrouve bien la valeur de N_2, aux incertitudes de N_1 et N_2 près.

Vers le bac

5 Horloge à lumière

1. Dans le référentiel propre du tube, le flash lumineux effectue un aller-retour, soit deux fois l'intervalle propre entre E_1 et E_2 à la vitesse de la lumière c.

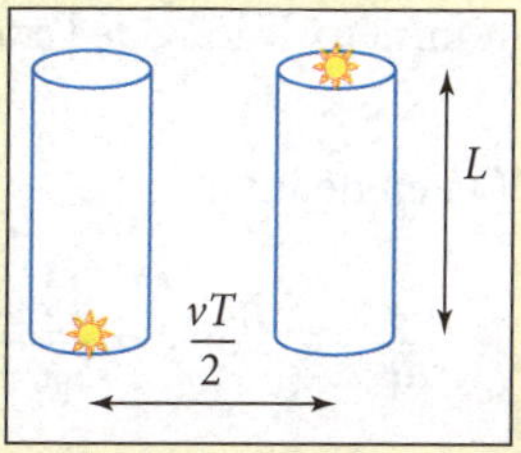

La longueur du tube étant L, on en déduit facilement que $T_0 = \dfrac{2L}{c}$, d'où $\Delta t_{\text{propre}} = \dfrac{T_0}{2} = \dfrac{L}{c}$.

2. Le tube se déplace à la vitesse v pendant un intervalle de temps impropre $\dfrac{T}{2}$, avec T la période impropre de l'horloge.

3. En appliquant le théorème de Pythagore dans le triangle du schéma, on a : $D^2 = \frac{v^2T^2}{4} + L^2$. Or la distance D est aussi la distance parcourue par le flash lumineux à vitesse c de la lumière, donc $D = \frac{cT}{2}$. À la question précédente, on a montré que $T_0 = \frac{2L}{c}$, soit $L = \frac{cT_0}{2}$.

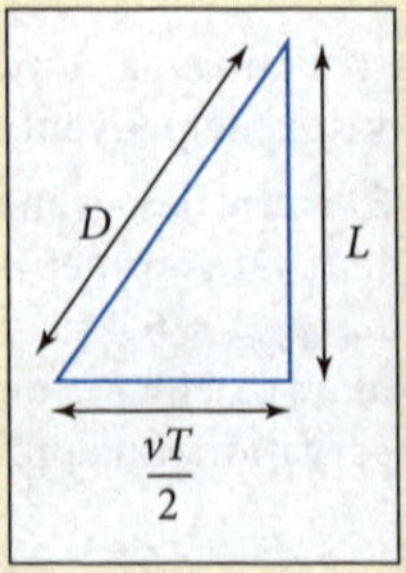

En remplaçant L et D, il vient : $\frac{c^2T^2}{4} = \frac{v^2T^2}{4} + \frac{c^2T_0^2}{4}$, d'où :

$(cT)^2 = (vT)^2 + (cT_0)^2$ ou

$(cT)^2 - (vT)^2 = (c^2 - v^2)T^2 = (cT_0)^2$,

soit $T^2 = \frac{T_0^2}{1 - \left(\frac{v}{c}\right)^2}$ et finalement $T = \frac{T_0}{\sqrt{1 - \left(\frac{v}{c}\right)^2}}$.

L'intervalle de temps impropre se déduit facilement, puisque $\Delta t_{\text{impropre}} = \frac{T}{2}$:

$$\Delta T_{\text{impropre}} = \frac{T_0}{2\sqrt{1 - \left(\frac{v}{c}\right)^2}}$$

Gagnez des points !
On retrouve la relation de la dilatation des durées.

6 Coordonnées d'un événement

1. Dans $(\mathcal{R}')$, O' a les coordonnées $x' = y' = z' = 0$, donc en utilisant les relations de l'énoncé, on a $a_1x_{O'} + a_2t = 0$ et $y = z = 0$ dans $(\mathcal{R})$, soit alors $x_{O'} = -\frac{a_2}{a_1}t$.

$(\mathcal{R}')$ est en mouvement rectiligne uniforme par rapport à $(\mathcal{R})$, donc O' est tel que $\frac{\mathrm{d}x_{O'}}{\mathrm{d}t} = u$. On en déduit que $-\frac{a_2}{a_1} = u$, soit $a_2 = -ua_1$.

2. c est une constante quel que soit le référentiel : $\frac{\mathrm{d}x}{\mathrm{d}t} = \frac{\mathrm{d}x'}{\mathrm{d}t'} = c$ pour un signal lumineux le long de l'axe (Ox) dans le sens des $x > 0$.

On en déduit : $$\frac{\mathrm{d}x'}{\mathrm{d}t'} = \frac{a_1\mathrm{d}x + a_2\mathrm{d}t}{a_3\mathrm{d}x + a_4\mathrm{d}t} = \frac{a_1\frac{\mathrm{d}x}{\mathrm{d}t} + a_2}{a_3\frac{\mathrm{d}x}{\mathrm{d}t} + a_4}$$

Or $\frac{\mathrm{d}x}{\mathrm{d}t} = c$, d'où $c = \frac{a_1c + a_2}{a_3c + a_4}$, soit finalement :

$$a_3c^2 + (a_4 - a_1)c - a_2 = 0 \qquad \textbf{(1)}$$

En raisonnant de la même manière pour un signal lumineux le long de (Ox) dans le sens des $x < 0$, on a : $$\frac{dx}{dt} = \frac{dx'}{dt'} = -c$$

On en déduit : $$-c = \frac{-a_1c + a_2}{-a_3c + a_4}$$

d'où : $$a_3c^2 - (a_4 - a_1)c - a_2 = 0 \qquad \textbf{(2)}$$

En comparant **(1)** et **(2)**, on a $a_4 = a_1$ et l'on obtient alors : $a_3c^2 - a_2 = 0$.

En utilisant le résultat de la question **1**, on a $a_2 = -ua_1 = a_3c^2$. On en déduit :

$$a_3 = -a_1\frac{u}{c^2}$$

3. En remplaçant a_2, a_3 et a_4 par leur expression en fonction de a_1, on obtient :

$$x' = a_1x + a_2t = a_1x - ua_1t = a_1(x - ut)$$

et $$t' = a_3x + a_4t = -a_1\frac{u}{c^2}x + a_1t = a_1\left(-\frac{u}{c^2}x + t\right)$$

Dans la réponse précédente, on remplace x' par x, t' par t et u par $-u$, d'où :

$$x = a_1(x' + ut') \quad \text{et} \quad t = a_1\left(\frac{u}{c^2}x' + t'\right)$$

4. $x = ct = a_1\left(\frac{u}{c}x' + ct'\right)$ et $x' = ct' = a_1\left(-\frac{u}{c}x + ct\right)$.

En multipliant les deux expressions précédentes, on obtient :

$$xx' = c^2tt' = a_1^2\left(\frac{u}{c}x' + ct'\right)\left(-\frac{u}{c}x + ct\right) = a_1^2\left(c^2tt' - ut'x + utx' - \frac{u^2}{c^2}xx'\right)$$

Or $$c^2tt' = ct'x = ctx' = xx'$$

donc il vient : $$xx' = a_1^2\left(xx' - \frac{u^2}{c^2}xx'\right) = xx'a_1^2\left(1 - \frac{u^2}{c^2}\right)$$

Or $a_1^2\left(1 - \frac{u^2}{c^2}\right) = 1$, soit : $$a_1 = \frac{1}{\sqrt{1 - \frac{u^2}{c^2}}}$$

Finalement, on obtient : $$\begin{cases} x' = \dfrac{1}{\sqrt{1 - \frac{u^2}{c^2}}}(x - ut) \\ t' = \dfrac{1}{\sqrt{1 - \frac{u^2}{c^2}}}\left(t - \frac{u}{c^2}x\right) \end{cases}$$

Remarque

Cet exercice établit les formules de transformation spéciale de Lorentz.

CHAPITRE

8 Temps et évolution chimique : cinétique et catalyse

1 Réactions lentes/rapides, facteurs cinétiques

1 Réactions lentes/rapides

On peut diviser les réactions chimiques en deux catégories :
– les réactions instantanées, pour lesquelles les réactifs sont consommés dès qu'ils sont mis en contact (réactions acido-basiques ou de précipitation par exemple) ;
– les réactions plus lentes, pour lesquelles les réactifs ne sont consommés qu'au bout d'un certain temps, pouvant aller de quelques minutes à quelques heures (réactions d'estérification, synthèse de l'eau par exemple).

Remarque : Une réaction qui ne démarre pas peut être une réaction très lente ou une réaction impossible (on dit « non thermodynamiquement possible spontanément »).

2 Cinétique

- La cinétique est l'étude de l'évolution temporelle d'une réaction thermodynamiquement possible. Elle permet de connaître les différents facteurs qui gouvernent la réaction et de se placer ainsi dans les conditions optimales d'obtention du produit formé.

- Expérimentalement, on peut parler de deux types de cinétique :
– la cinétique homogène, lorsque l'étude porte sur un mélange réactionnel ne comportant qu'une seule phase (liquide ou gazeuse). La réaction s'effectue alors dans tout l'espace 3D de la solution ou du gaz ;
– la cinétique hétérogène, lorsque l'étude porte sur un mélange comportant deux phases (liquide ou gaz en contact avec un solide, par exemple). En général, la réaction s'effectue au contact entre les deux phases. C'est le cas de la plupart des catalyses.

Remarque : Dans l'industrie, il est important que la vitesse d'une réaction soit la plus grande possible pour avoir un grand rendement horaire.

- La cinétique permet aussi de comprendre le mécanisme microscopique de la réaction chimique, c'est-à-dire le comportement des molécules entre elles avant l'obtention de la molécule-produit finale.

3 Facteurs cinétiques

- Un facteur cinétique est un paramètre dont dépend la vitesse d'évolution d'une réaction chimique, comme :
– la **température** : dans la plupart des cas, son augmentation accélère la réaction ;
– la **concentration des réactifs** : son augmentation accélère la réaction. La vitesse d'évolution est dans la plupart des cas proportionnelle à la concentration des réactifs.

Remarque : Dans la plupart des réactions simples, la vitesse est doublée pour une augmentation de température de 10 °C. On peut en revanche ralentir la formation d'un produit en diluant le milieu réactionnel.

- Dans le cas d'un système gazeux, la pression des gaz joue le rôle d'une concentration dans l'évolution de la vitesse de réaction.

EXERCICE RÉSOLU

Déterminer la réaction la plus rapide

ÉNONCÉ

On réalise plusieurs expériences fondées sur la réaction suivante :

$$A + B \rightarrow C$$

Expérience 1 : $[A] = 1\ \text{mol}\cdot\text{L}^{-1}$ et $[B] = 1\ \text{mol}\cdot\text{L}^{-1}$.
Expérience 2 : $[A] = 0{,}5\ \text{mol}\cdot\text{L}^{-1}$ et $[B] = 1{,}5\ \text{mol}\cdot\text{L}^{-1}$.
En déduire l'expérience la plus rapide.

CORRIGÉ

On suppose ici que la vitesse v de réaction est :

$$v = k[A][B]$$

avec k constante positive.

Méthode
La vitesse de réaction est proportionnelle au produit des concentrations, donc à chacune d'elles.

Dans le cas de l'expérience 1, $[A][B] = 1 \times 1 = 1\ \text{mol}^2\cdot\text{L}^{-2}$, alors que pour l'expérience 2, on a $[A][B] = 0{,}5 \times 1{,}5 = 0{,}75\ \text{mol}^2\cdot\text{L}^{-2}$.
On en déduit que l'expérience 1 est plus rapide que l'expérience 2.

2 Évolution d'une quantité de matière au cours du temps

1 Vitesse de réaction

- On considère une transformation chimique d'équation :

$$aA + bB + \ldots \rightarrow cC + dD + \ldots$$

Dans le cas d'un système chimique fermé, on peut traduire la conservation de la matière par : $-\frac{dn_A}{a} = -\frac{dn_B}{b} = \ldots = +\frac{dn_C}{c} = +\frac{dn_D}{d} = \ldots = dx$, avec dx l'avancement élémentaire de la réaction.

- Le suivi de l'avancement de la réaction au cours du temps permet de suivre l'évolution du système chimique.

La **vitesse volumique** v (en $mol \cdot L^{-1} \cdot s^{-1}$) de la réaction s'écrit :

$$\boldsymbol{v = \frac{1}{V}\frac{dx}{dt}} \quad \text{avec} \quad \begin{cases} V : \text{volume du milieu réactionnel (en L),} \\ x : \text{avancement de la réaction (en mol).} \end{cases}$$

- Si le volume V est constant, on définit alors la **vitesse de disparition** d'un réactif A par : $v_A = -\frac{1}{V}\frac{dn_A(t)}{dt} = -\frac{d[A]}{dt}$, avec [A] la concentration de A (en $mol \cdot L^{-1}$).

De même, la vitesse de formation d'un produit C est : $v_C = +\frac{1}{V}\frac{dn_C(t)}{dt} = +\frac{d[C]}{dt}$.

- La courbe de représentation $x = f(t)$ permet de comparer les vitesses de réaction en différents instants de la transformation par comparaison des coefficients directeurs des tangentes à la courbe.

2 Temps de demi-réaction, durée d'une réaction

Le temps de demi-réaction, noté $t_{1/2}$, est le temps au bout duquel l'avancement $x(t)$ est égal à la moitié de l'avancement final x_f. On a donc : $\boldsymbol{x(t_{1/2}) = \frac{x_f}{2}}$.

La durée t_f d'une réaction est le temps au bout duquel $x(t)$ est égal à x_f. On a donc : $x(t_f) = x_f$.

Remarque : L'avancement final x_f peut être différent de l'avancement maximal x_{max}, dans le cas d'un équilibre par exemple.

EXERCICE RÉSOLU

Déterminer l'avancement final et le temps de demi-réaction

ÉNONCÉ

On réalise l'expérience suivante : un morceau de ruban de magnésium est introduit dans un ballon contenant une quantité donnée d'acide chlorhydrique. À l'aide d'un tube à dégagement adapté au ballon, on récupère le gaz formé par la réaction : $Mg(s) + 2H^+(aq) = Mg^{2+}(aq) + H_2(g)$.
La courbe ci-dessous donne l'évolution du volume de H_2 en fonction du temps.

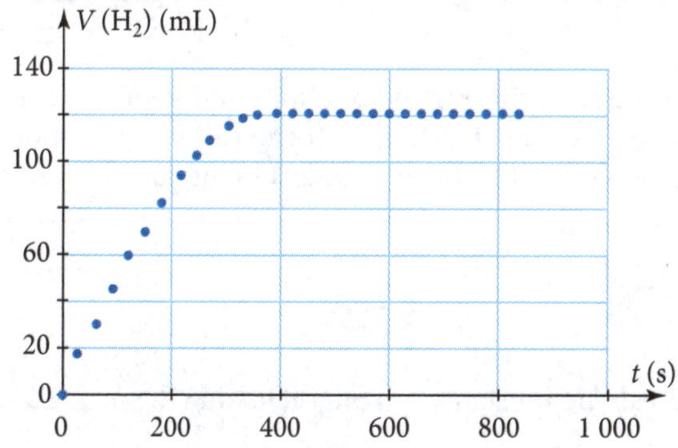

a. Déterminer l'avancement final de la réaction. On donne $V_m = 24\ L \cdot mol^{-1}$.

b. Définir le temps de demi-réaction et donner sa valeur numérique.

CORRIGÉ

a. La réaction est terminée lorsque la vitesse n'évolue plus (palier dans la courbe ci-dessus), soit alors pour $V(H_2) = 120$ mL de dihydrogène dégagé. Un tableau d'avancement de la réaction montrerait que $n(H_2) = x$ et donc que $n(H_2) = x_f$ à l'EF. On a donc $x_f = \dfrac{V(H_2)}{V_m}$,

soit $\mathbf{x_f = \dfrac{120 \cdot 10^{-3}}{24} = 5 \cdot 10^{-3}}$ **mol.**

> **Rappel**
> $n(\text{gaz}) = \dfrac{V}{V_m}$

b. Le temps de demi-réaction est le temps au bout duquel l'avancement vaut la moitié de l'avancement final : $x(t_{1/2}) = \dfrac{x_f}{2}$ ou encore $V(H_2) = \dfrac{120}{2} = 60$ mL.
On lit alors sur la courbe que pour $V = 60$ mL, on a $t = t_{1/2} = 120$ s.

3 Catalyse

1 Exemple

● Considérons la réaction entre les ions iodure I^- et les ions peroxodisulfate $S_2O_8^{2-}$. Cette réaction est très lente :

$$2I^- + S_2O_8^{2-} \rightarrow I_2 + 2SO_4^{2-}$$

● L'addition d'ions fer II Fe^{2+} donne alors : $2Fe^{2+} + S_2O_8^{2-} \rightarrow 2Fe^{3+} + 2SO_4^{2-}$

$$2Fe^{3+} + 2I^- \rightarrow 2Fe^{2+} + I_2$$

$$\overline{2I^- + S_2O_8^{2-} \rightarrow I_2 + 2SO_4^{2-}}$$

● On remplace une réaction entre deux anions, qui se repoussent du fait de leurs charges identiques, par deux réactions entre un cation et un anion : la vitesse de la réaction utilisant l'ion fer II est plus grande. On dit que Fe^{2+} **catalyse** la réaction.

2 Généralités

Un catalyseur est une substance qui **augmente la vitesse de réaction**.

● L'action d'un catalyseur est telle qu'il :
– n'augmente que la vitesse des réactions spontanées : si une réaction n'est thermodynamiquement pas possible, la présence d'un catalyseur n'y change rien ;
– se retrouve en fin de réaction : sa concentration varie au cours du temps, mais à la fin de la réaction, elle est égale à celle de l'état initial ;
– modifie le chemin réactionnel entre l'état initial et l'état final sans modifier ces derniers ;
– oriente la réaction : on parle de catalyseur **sélectif**.

Exemples : L'éthanol C_2H_5OH chauffé en présence de métal cuivre donne de l'éthanal CH_3CHO, alors qu'en présence d'alumine Al_2O_3, il produit de l'éthène C_2H_4. Le métal cuivre et l'alumine sont ici des catalyseurs sélectifs.

● La **catalyse homogène** est telle que le catalyseur, les réactifs et les produits appartiennent à la même phase. Ce n'est pas le cas de la **catalyse hétérogène**.

● Lorsqu'un produit de la réaction est lui-même catalyseur de celle-ci, on parle d'**autocatalyse**.

3 Catalyse enzymatique

- Les réactions de catalyse enzymatique considérées ici sont celles qui se produisent dans les êtres vivants (animaux ou végétaux). La température et la pression étant quasiment fixées, ces réactions peuvent se produire à une vitesse convenable uniquement grâce à des catalyseurs protéiques appelés enzymes.
- **Chaque enzyme** se comporte comme un catalyseur, mais a une plus grande spécificité, c'est-à-dire qu'il **ne catalyse qu'une seule réaction bien déterminée**.
- Si l'on note E l'enzyme, S le substrat (la substance organique qui subit la transformation chimique) et P le produit final, on peut écrire :

$$\mathbf{S + E \rightarrow SE \rightarrow P + E}$$

Dans un premier temps, il y a une association entre le substrat et l'enzyme (SE), qui évolue vers le produit final en libérant l'enzyme.

EXERCICE RÉSOLU

Déterminer le catalyseur d'une réaction

ÉNONCÉ

La réaction de décomposition de l'ozone O_3 en dioxygène O_2 a un mécanisme en quatre étapes :

$$O_3 + Cl_2 \rightarrow ClO + ClO_2 \quad \mathbf{(1)}$$
$$ClO_2 + O_3 \rightarrow ClO_3 + O_2 \quad \mathbf{(2)}$$
$$ClO_3 + O_3 \rightarrow ClO_2 + 2O_2 \quad \mathbf{(3)}$$
$$2ClO_3 \rightarrow Cl_2 + 3O_2 \quad \mathbf{(4)}$$

Cette réaction est catalysée. En déduire le catalyseur.

CORRIGÉ

Un catalyseur est par définition introduit dans la transformation, puis consommé et régénéré en fin de réaction. C'est le cas ici du dichlore, qui réagit bien avec l'ozone lors de l'étape **(1)** et que l'on retrouve en produit lors de l'étape **(4)**.

Méthode

Le catalyseur est le constituant introduit à la première étape et régénéré dans les dernières étapes.

Décrire l'évolution de la vitesse volumique de réaction

ÉNONCÉ

Les ions iodure I^- réagissent avec les ions peroxodisulfate $S_2O_8^{2-}$.

L'équation associée à la réaction s'écrit :

$$2I^-(aq) + S_2O_8^{2-}(aq) = I_2(aq) + 2SO_4^{2-}(aq)$$

On note x l'avancement de la réaction à l'instant de date t. Il correspond aussi à la quantité de diiode formée.

Décrire l'évolution de cette vitesse volumique de réaction au cours du temps.

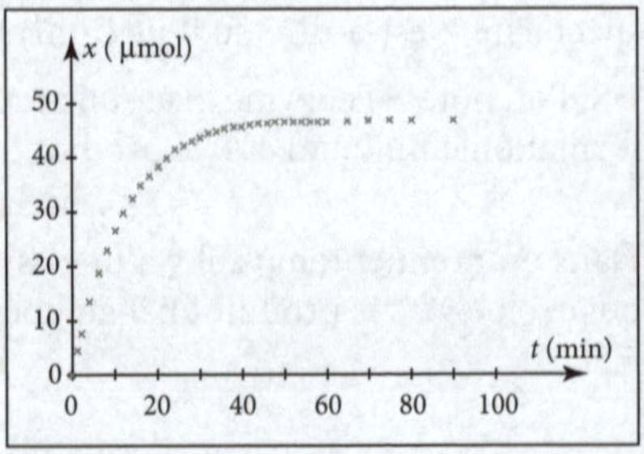

MÉTHODE

▶ **1.** Pour plusieurs points de la courbe $x = f(t)$, tracer les tangentes.

▶ **2.** Si le volume de la solution est constant, la vitesse volumique de réaction est donnée par le coefficient directeur de la tangente en t. L'évolution de la vitesse est donc celle des pentes des tangentes en fonction du temps.

CORRIGÉ

Les pentes des tangentes à la courbe d'évolution de l'avancement en fonction du temps sont à l'image de l'évolution de la vitesse volumique de la réaction : elles diminuent au cours du temps. On peut donc en conclure que la vitesse de réaction diminue au cours du temps, pour être de valeur nulle au-delà de 60 min.

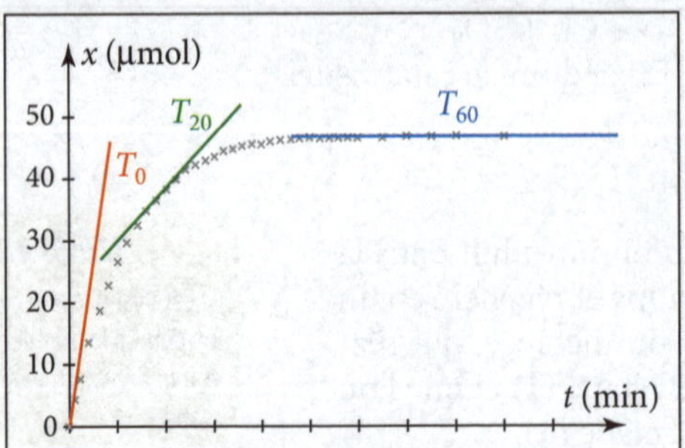

Réflexe à avoir

Penser à toujours tracer la pente à l'origine et celle à $t \to \infty$.

Déterminer expérimentalement le temps de demi-réaction et la durée de la réaction

ÉNONCÉ

Les ions iodure I^- réagissent avec les ions peroxodisulfate $S_2O_8^{2-}$.
L'équation associée à la réaction s'écrit :

$2I^-(aq) + S_2O_8^{2-}(aq) = I_2(aq) + 2SO_4^{2-}(aq)$

On note x l'avancement de la réaction à l'instant de date t. Il correspond aussi à la quantité de diiode formée.
Déterminer le temps de demi-réaction, ainsi que la durée de la réaction.

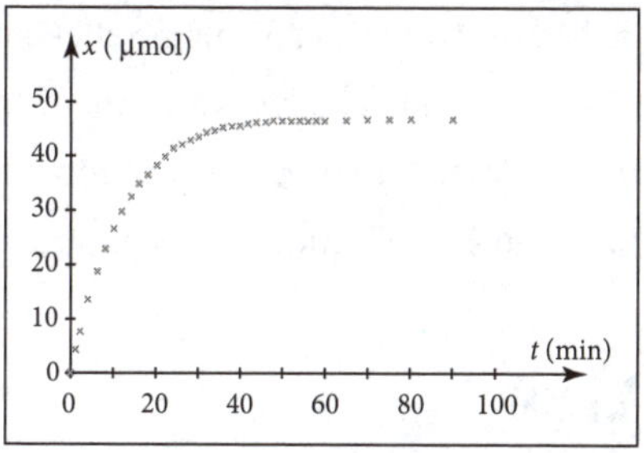

MÉTHODE

▶ **1.** Repérer le palier de fin de réaction à vitesse nulle : il est le signe que la réaction est terminée. La durée de la réaction est donc le temps au bout duquel ce palier apparaît et $x = x_f$

▶ **2.** Le temps de demi-réaction est le temps au bout duquel $x_{(t_{1/2})} = \frac{x_f}{2}$. Repérer donc la valeur de x_f et la diviser par deux. Repérer ensuite $x_{(t_{1/2})} = \frac{x_f}{2}$: $t_{1/2}$ correspond à l'abscisse de ce nouveau point.

CORRIGÉ

1. Le palier en fin de réaction est tel que x est constant.
L'avancement final est alors $x_f = 46$ µmol, ce qui correspond à une durée de réaction de $t_f = 60$ min (pointillés bleus).

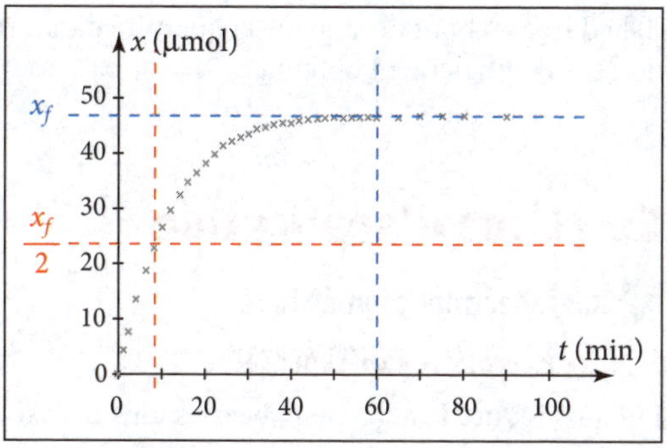

2. La valeur $\frac{x_f}{2} = \frac{46}{2} = 23$ µmol est atteinte pour $t = 9$ min (pointillés rouges).
On en déduit que $t_{1/2} = 9$ min.

Vérifiez vos connaissances

1 Vrai-Faux

Indiquer pour chaque proposition si elle est vraie (V) ou fausse (F).

1. La combustion est une réaction rapide. ☐ V ☐ F

2. La diminution de la concentration d'un réactif et l'augmentation de la température ont le même effet cinétique. ☐ V ☐ F

3. Une réaction catalysée a un meilleur rendement. ☐ V ☐ F

4. La vitesse initiale d'une réaction est en générale maximale. ☐ V ☐ F

5. La vitesse volumique de réaction s'exprime en $mol \cdot L^{-1} \cdot s^{-1}$. ☐ V ☐ F

2 QCM

Pour chaque proposition, préciser quelles sont les réponses exactes.

1. On peut changer la vitesse de réaction si :

a) on dilue la solution.

b) on ajoute un catalyseur.

c) on augmente la température.

d) on élimine un produit formé.

2. Le temps de demi-réaction est :

a) la moitié de la durée de la réaction.

b) $t\left(\frac{x_{max}}{2}\right)$

c) la durée au bout de laquelle le volume d'un produit gazeux formé correspond à la moitié du volume final obtenu.

d) la durée au bout de laquelle la quantité d'un produit formé correspond à la moitié de celle finalement obtenue.

Exercices d'application

3 Suivi spectrophotométrique

Exercice à caractère expérimental

Les ions iodure I^- réagissent avec les ions peroxodisulfate $S_2O_8^{2-}$.

L'équation associée à la réaction s'écrit :

$$2I^-(aq) + S_2O_8^{2-}(aq) = I_2(aq) + 2SO_4^{2-}(aq)$$

À un instant pris pour origine des dates (t = 0 min), on réalise un mélange réactionnel S à partir :

– d'un volume V_1 = 10,0 mL de solution aqueuse d'iodure de potassium ($K^+(aq)+I^-(aq)$) de concentration molaire en soluté apporté $c_1 = 5{,}0 \cdot 10^{-1}$ mol · L^{-1} ;

– d'un volume V_2 = 10,0 mL de solution aqueuse de peroxodisulfate de sodium ($2\,Na^+(aq) + S_2O_8^{2-}(aq)$) de concentration molaire en soluté apporté $c_2 = 5{,}0 \cdot 10^{-3}$ mol · L^{-1}.

On souhaite étudier la formation du diiode au cours du temps par spectrophotométrie.

Un prélèvement du mélange réactionnel S est introduit rapidement dans la cuve d'un spectrophotomètre dont la longueur d'onde est réglée sur une valeur adaptée à l'absorption par le diiode.

On admettra que le diiode est la seule espèce colorée présente dans le mélange et qu'au cours de l'expérience, la température de la solution reste constante. Les résultats des mesures d'absorbance en fonction du temps sont rassemblés dans le tableau ci-dessous.

t (min)	0	2	4	6	8	10	12	14
A	0,08	0,13	0,23	0,31	0,39	0,45	0,50	0,55

t (min)	16	18	20	30	40	50	60	90
A	0,59	0,62	0,65	0,74	0,77	0,79	0,79	0,79

La mesure de l'absorbance A de solutions aqueuses de diiode de différentes concentrations molaires c montre que A est proportionnelle à c. On détermine le coefficient de proportionnalité k à partir du couple de valeurs ($c = 5{,}0 \cdot 10^{-3}$ mol · L^{-1} ; A = 1,70).

1. Montrer que la valeur du coefficient de proportionnalité k vaut $3{,}4 \cdot 10^2$ et préciser son unité.

2. Montrer que pour le mélange réactionnel S réalisé au début de l'étude, la quantité de matière de diiode formée à l'instant t s'exprime sous la forme :

$$n_{I_2}(t) = \frac{A(t)}{k}(V_1 + V_2)$$

3. Calculer la quantité de diiode à l'instant t = 90 min. À quoi correspond-elle ?

4 Vitesse de réaction

L'eau oxygénée est un antiseptique, c'est-à-dire une substance qui, par oxydation, prévient l'infection des tissus vivants en détruisant les micro-organismes. Elle contient des molécules d'eau oxygénée H_2O_2 qui sont capables d'oxyder les ions tartrate de formule chimique $C_4H_4O_6^{2-}$. L'équation chimique est :

$$5H_2O_2(aq) + 2H_3O^+(aq) + C_4H_4O_6^{2-}(aq) = 10H_2O(l) + 4CO_2(g)$$

Afin de réaliser la transformation chimique correspondante, on mélange une solution d'eau oxygénée de concentration c_1 et de volume V_1 avec une solution contenant les ions tartrate de concentration c_2 et de volume V_2, à la température de 20 °C.

1. Définir la vitesse volumique v de la réaction en fonction de l'avancement x.

2. Donner l'expression de cette vitesse volumique v en fonction de la concentration en eau oxygénée $[H_2O_2]$.

Vers le bac

5 Catalyse enzymatique

Exercice à caractère expérimental

Une enzyme E catalyse la réaction S → P avec S le substrat et P le produit final.

Le tableau suivant récapitule les valeurs des vitesses v_i initiales pour différentes valeurs de concentration en substrat [S].

[S] (mol · L⁻¹)	$1{,}0 \cdot 10^{-2}$	$1{,}0 \cdot 10^{-3}$	$1{,}0 \cdot 10^{-4}$	$7{,}5 \cdot 10^{-5}$	$6{,}25 \cdot 10^{-6}$
v_i (nmol · L^{-1} · min^{-1})	75,0	74,9	60,0	56,25	15,0

1. Montrer que la courbe représentative de l'inverse de la vitesse initiale en fonction de l'inverse de la concentration en substrat $\frac{1}{v_i} = f\left(\frac{1}{[S]}\right)$ est une droite (relation de Michaelis-Menten).

2. En déduire la vitesse initiale maximale.

3. Si $[S] = 2{,}5 \cdot 10^{-5}$ mol · L^{-1}, quelle est la vitesse initiale ?

4. Si $[S] = 0{,}04$ mol · L^{-1}, estimer la concentration en produit formé P au bout de 3 min.

6 Catalyse homogène

Exercice à caractère expérimental

La réaction chimique de l'exercice 4 est extrêmement lente. Pour réaliser l'oxydation des ions tartrate par l'eau oxygénée de façon plus rapide, on peut la catalyser par les ions cobalt II Co^{2+} qui donnent une couleur rosée aux solutions.

Ce catalyseur permet aux réactifs (molécule d'eau oxygénée et ion tartrate) de parvenir aux produits par un chemin énergétiquement moins exigeant. Ce chemin peut être modélisé par deux réactions chimiques rapides, dont les équations sont :

$$5H_2O_2(aq) + 10H_3O^+(aq) + 10Co^{2+}(aq) = 20H_2O(1) + 10Co^{3+}(g) \qquad \textbf{(R1)}$$

$$C_4H_4O_6^{2-}\ (aq) + 10Co^{3+}(aq) + 10H_2O(1) = 4CO_2(g) + 8H_3O^+(aq) + 10Co^{2+}(aq) \qquad \textbf{(R2)}$$

Le mélange réactionnel étudié comporte 60 mL d'une solution de sel de Seignette (contenant les ions tartrate) à 0,2 mol · L^{-1}, 10 mL d'une solution d'eau oxygénée à 11 mol · L^{-1} et 5,0 mL d'une solution de chlorure de cobalt II à 0,15 mol · L^{-1}.

L'évolution temporelle de la concentration en ions cobalt III $Co^{3+}(aq)$ présents dans le mélange réactionnel précédent est représentée sur la courbe suivante.

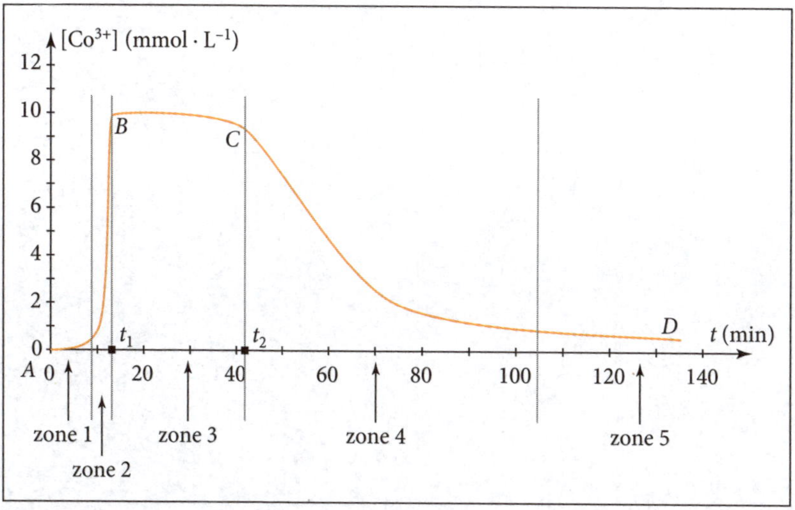

Donnée : les ions cobalt III Co^{3+} donnent une couleur verte aux solutions.

1. Quelle est la méthode physique la plus adaptée pour le suivi temporel de la concentration en ions cobalt III $Co^{3+}(aq)$ présents dans le mélange réactionnel ? Justifier.

2. Dans les zones 2 et 4, le mélange réactionnel a une couleur verdâtre. Quelle est la couleur du mélange réactionnel dans les zones 1, 3 et 5 ? Justifier.

3. Parmi les réactions chimiques proposées ($\mathbf{R_1}$ et $\mathbf{R_2}$), quelle est celle qui a lieu dans la zone 2 ? Dans la zone 3 ? Dans la zone 4 ? Justifier ces choix.

4. Exposer succinctement la méthode permettant de déterminer la vitesse volumique de réaction v, à un instant t_3 ($t_3 > t_2$) à partir de la courbe précédente, sachant que :

$$v = -\frac{1}{10}\frac{\mathrm{d}[Co^{3+}]}{\mathrm{d}t}$$

(La valeur de v n'est pas demandée.)

5. Une des propriétés du catalyseur est qu'il ne doit pas figurer dans l'équation chimique de la réaction d'oxydation des ions tartrate par l'eau oxygénée.

Comment la courbe met-elle en évidence cette propriété ?

6. La quantité de matière finale de dioxyde de carbone obtenue est-elle plus grande, plus petite ou inchangée avec la présence du catalyseur ? Justifier.

7. Pourquoi peut-on parler de « catalyse homogène » ?

Vérifiez vos connaissances

1 Vrai-Faux

1. Vrai. La combustion fait partie des réactions rapides.

2. Faux. La diminution de la concentration d'un réactif diminue la vitesse de réaction, contrairement à l'augmentation de la température.

3. Faux. Un catalyseur agit sur la vitesse de réaction et non sur la quantité finale de produit formée.

4. Vrai. La vitesse initiale d'une réaction est en générale maximale, donc la pente à la courbe d'évolution est en générale maximale.

5. Vrai. La vitesse volumique de réaction s'exprime en $mol \cdot L^{-1} \cdot s^{-1}$.

2 QCM

1. a), b), c) et **d)** Toutes les propositions sont exactes, car la température et la concentration (des produits ou des réactifs) sont des facteurs cinétiques.

2. c) et **d)** Les quantités de matière ou volumes des produits sont proportionnels à x.

La réponse **b)** n'est pas tout le temps exacte, car dans le cas d'une réaction non totale, x_f n'est pas égal à x_{max}.

Exercices d'application

3 Suivi spectrophotométrique

Exercice à caractère expérimental

L'astuce du prof

A est sans unité, donc *c* et *k* ont des unités inverses l'une de l'autre.

1. $A = kc$ donc on en déduit facilement que $k = \frac{A}{c}$

A. N. : $k = \frac{1{,}70}{5{,}0 \cdot 10^{-3}} = 340\ L \cdot mol^{-1}$, soit $\mathbf{k = 3{,}40 \cdot 10^2\ L \cdot mol^{-1}}$.

2. La quantité de diiode dans le mélange réactionnel de volume total $V_{total} = V_1 + V_2$ est :

$$n_{I_2}(t) = [I_2]\ V_{total}$$

car seul I_2 est coloré, donc $c = [I_2]$.

On en déduit alors : $$n_{I_2}(t) = c(V_1 + V_2)$$

soit : $$n_{I_2} = \frac{A}{k}(V_1 + V_2)$$

3. À $t = 90$ min, on peut lire dans le tableau que $A = 0{,}79$.

A. N. : $n_{I_2}(t) = \frac{0{,}79}{340} \times 20 \cdot 10^{-3}$ soit $\boldsymbol{n_{I_2}(t) = 4{,}6 \cdot 10^{-5}}$ **mol.**

Cette valeur correspond à la **quantité finale de diiode formée**, car on peut constater que l'absorbance A n'évolue plus au-delà de $t = 50$ min.

4 Vitesse de réaction

1. La vitesse volumique de réaction est la dérivée de l'avancement de la réaction par unité de volume que l'on suppose constant $V = V_1 + V_2$.

On a alors : $$v = \frac{1}{V}\frac{\mathrm{d}x}{\mathrm{d}t}$$

2. Le tableau d'évolution de la réaction est :

Équation		$5\,H_2O_2(aq) + 2\,H_3O^+(aq) + C_4H_4O_6^{2-}(aq) = 10\,H_2O(l) + 4\,CO_2(g)$				
État	Avancement (mol)	Quantité de matière (mol)				
EI	$x = 0$	c_1V_1	Excès	c_2V_2	Excès	0
EC	x	$c_1V_1 - 5x$	Excès	$c_2V_2 - x$	Excès	$4x$
EF	$x = x_f$	$c_1V_1 - 5x_f$	Excès	$c_2V_2 - x_f$	Excès	$4x_f$

On en déduit alors que la quantité de matière à l'instant t d'eau oxygénée est :

$$n_{H_2O_2}(t) = c_1V_1 - 5x$$

soit : $$x = \frac{c_1V_1 - n_{H_2O_2}(t)}{5}$$

On a donc : $$\frac{\mathrm{d}x}{\mathrm{d}t} = -\frac{1}{5}\frac{\mathrm{d}}{\mathrm{d}t}(n_{H_2O_2}(t))$$

Finalement, la vitesse de réaction s'écrit :

$$v = \frac{1}{V}\frac{dx}{dt} = -\frac{1}{5}\frac{1}{V}\frac{d}{dt}(n_{H_2O_2}(t)) = -\frac{1}{5}\frac{d}{dt}\left(\frac{n_{H_2O_2}(t)}{V}\right)$$

d'où : $$v = -\frac{1}{5}\frac{d[H_2O_2]}{dt}$$

Vers le bac

5 Catalyse enzymatique

Exercice à caractère expérimental

1.

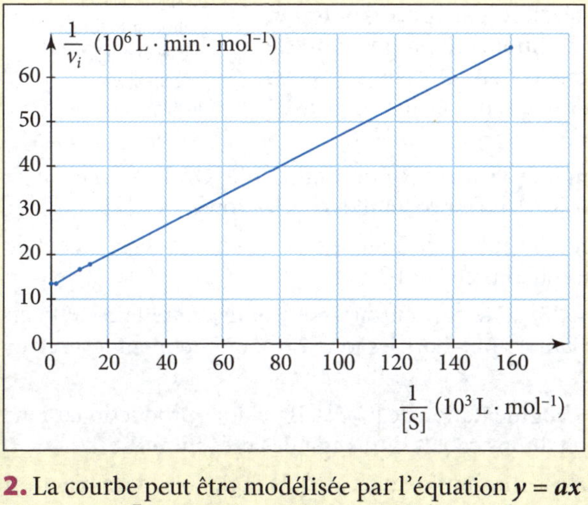

Remarque
On dit que la cinétique est Michaelienne.

2. La courbe peut être modélisée par l'équation $\boldsymbol{y = ax + b}$ avec $\boldsymbol{a = 3{,}34 \cdot 10^2}$ et $\boldsymbol{b = 1{,}32 \cdot 10^7}$ si v_i est donnée en mol · L^{-1} · min^{-1} et [S] en mol · L^{-1}.

On en déduit que $\frac{1}{b} = \frac{1}{1{,}32 \cdot 10^7} = 7{,}6 \cdot 10^{-8}$ mol · L^{-1} · min^{-1}, soit une valeur pour $\boldsymbol{v_i}$ de **76 nmol · L^{-1} · min^{-1}**.

3. $\frac{1}{[S]} = \frac{1}{1{,}5 \cdot 10^{-5}} = 4{,}0 \cdot 10^4$ L · mol^{-1}.

$\frac{1}{v_i} = 3{,}34 \cdot 10^2 \times 4{,}0 \cdot 10^4 + 1{,}32 \cdot 10^7$, soit une valeur de $2{,}66 \cdot 10^7$ avec les unités considérées précédemment.

On en déduit que $v_i = \frac{1}{2{,}66 \cdot 10^7} = 3{,}8 \cdot 10^{-8} \cdot \text{mol} \cdot \text{L}^{-1} \cdot \text{min}^{-1}$,

soit $\boldsymbol{v_i} = \mathbf{38\ nmol \cdot L^{-1} \cdot min^{-1}}$.

4. La concentration en substrat proposée situe la réaction dans la partie de la courbe pour laquelle la vitesse est quasi constante à 75 nmol · L^{-1} · min^{-1}. Cela signifie que l'on a aussi 75 nmol · L^{-1} de produit P formé par minute.

On a donc : [P] = 75 × 3 = **225 nmol · $\mathbf{L^{-1}}$ de produit** au bout de 3 min.

6 Catalyse homogène

Exercice à caractère expérimental

1. Les ions Co^{2+} et Co^{3+} sont colorés : on peut donc suivre la cinétique de la réaction par **spectophotométrie**. L'absorbance de la solution est proportionnelle à la concentration des ions cobalt. On choisira alors une longueur d'onde pour que seuls les ions cobalt III absorbent le rayonnement.

> **L'astuce du prof**
> Lorsque la solution contient une espèce colorée, la réaction peut être suivie par spectrophotométrie.

2. La couleur verdâtre montre la présence des ions Co^{3+}. On le vérifie sur la courbe expérimentale, car $[Co^{3+}]$ n'est pas nulle dans les zones 2 et 4.

En **zone 3**, on en déduit que la couleur de la solution est toujours **verte** du fait de la concentration maximale en ions cobalt III.

En revanche, en **zones 1 et 5**, cette concentration est nulle, voire faible. On en déduit que les ions majoritaires sont alors les ions Co^{2+}, qui donnent la couleur rose à la solution.

3. En **zone 2**, on constate l'augmentation de $[Co^{3+}]$. Il y a donc production d'ions cobalt III et consommation d'ions cobalt II. Il s'agit de la **réaction $\mathbf{R_1}$**.

En **zones 3 et 4**, on constate la diminution de $[Co^{3+}]$. Il s'agit donc de la **réaction $\mathbf{R_2}$** qui débute en zone 3 et se poursuit en zone 4.

4. $v = -\frac{1}{10}\frac{d[Co^{3+}]}{dt}$ donc v est proportionnelle à l'opposé de la dérivée de $[Co^{3+}]$.

On en déduit que l'évolution de l'opposée de la pente des tangentes à la courbe expérimentale donne l'évolution de la vitesse, donc il suffira pour quelques points de la courbe de tracer les tangentes correspondantes et d'en déduire l'opposé de leur coefficient directeur.

En $t_3 > t_2$, on constate que la vitesse de réaction diminue.

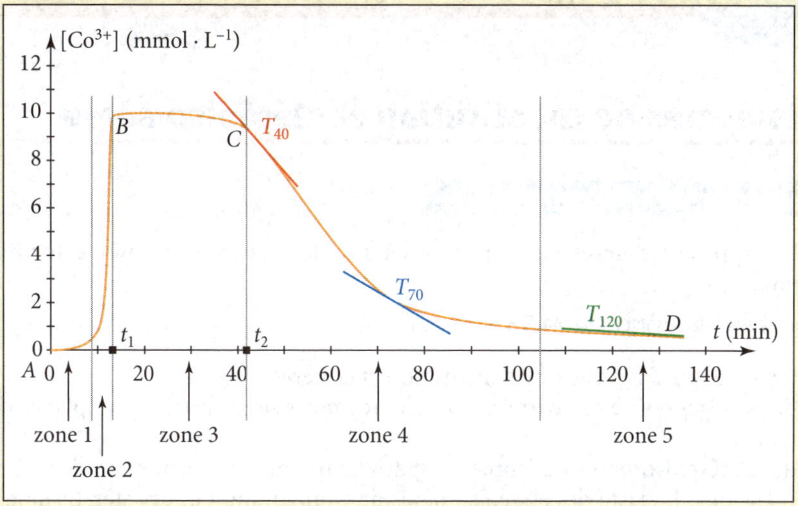

5. Co^{2+} catalyse la réaction : il doit donc être régénéré.

En effet, à l'état initial, $[Co^{3+}] = 0$, donc $[Co^{2+}]$ est maximale. De même, à l'état final, on a pour $t \to \infty$, $[Co^{3+}] \to 0$, et on a donc une concentration maximale en Co^{2+}.

Gagnez des points !

La concentration initiale d'un catalyseur est égale à celle de l'état final, le volume étant constant.

6. La quantité de dioxyde de carbone à l'état final reste **inchangée**, car le catalyseur est uniquement un facteur cinétique !

7. La catalyse et les réactifs appartiennent à la même phase : on parle alors de catalyse homogène.

CHAPITRE

9 Représentation spatiale des molécules

1 Isomères de constitution et stéréoisomères

1 Isomérie et stéréoisomérie

• On appelle **isomères** deux ou plusieurs molécules ayant la **même formule brute**.

Remarque : Deux isomères ne sont pas superposables.

• On distingue l'isomérie de constitution et la stéréoisomérie :
– deux **isomères de constitution** ont des formules semi-développées planes différentes ;
– deux **stéréoisomères** ou **isomères spatiaux** diffèrent par leur formule en trois dimensions. Il existe des stéréoisomères de configuration et des stéréoisomères de conformation (voir p. 182 à 187).

Exemple : Le propan-1-ol et le propan-2-ol sont deux isomères de constitution de formule brute C_3H_8O.

2 Représentation de Cram

La représentation de Cram permet, de manière simple, de représenter une molécule dans l'espace. Sur l'exemple du méthane, on définit les différentes orientations des liaisons :
– les traits pleins représentent les liaisons dans le plan (elles sont dessinées en priorité) ;
– le triangle hachuré représente la liaison en arrière du plan ;
– le triangle plein représente la liaison en avant du plan.

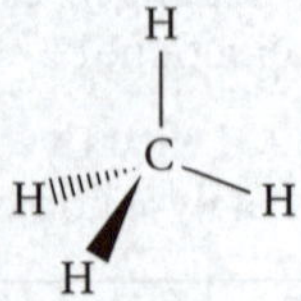

Remarque : On remplace souvent le triangle hachuré par un simple trait en pointillés.

3 Formule topologique

• La formule topologique d'une molécule organique comprend une ligne brisée dont chaque segment représente une liaison C — C.

• Les atomes de carbone de cette liaison ne sont pas stipulés, et il en est de même pour les atomes d'hydrogène qui les entourent, nécessaires pour satisfaire la règle de l'octet. Les atomes autres que les atomes de carbone doivent être représentés explicitement, ainsi que les atomes d'hydrogène auxquels ils sont liés.

Exemple : La formule topologique de la butanone est 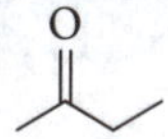 et celle du décane est .

EXERCICE RÉSOLU

› Déterminer la formule topologique d'isomères de constitution

ÉNONCÉ

Donner les formules semi-développées des isomères d'alcènes en C_4. En déduire leur formule topologique.

CORRIGÉ

Les trois isomères comportant quatre atomes de carbone, une liaison double et autant d'atomes d'hydrogène pour satisfaire la règle de l'octet sont :

> **Méthode**
> Commencer la recherche des isomères par ceux ayant une chaîne à 4 C, puis à 3 C, et déplacer la double liaison.

(1)

$$CH_2{=}CH-CH_2-CH_3$$

but-1-ène

(2)

$$CH_3-CH{=}CH-CH_3$$

but-2-ène

(3)

$$CH_2{=}\underset{\displaystyle CH_3}{\underset{|}{C}}-CH_3$$

2-méthylprop-1-ène

Les formules topologiques correspondantes sont alors respectivement :

(1)

(2)

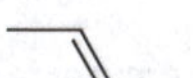

(3)

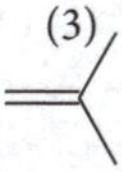

2 Stéréoisomères de configuration de type optique : énantiomérie

1 Carbone asymétrique

Un **carbone asymétrique** est un atome de carbone lié à quatre atomes ou groupes d'atomes différents. On le note généralement avec un astérisque : **C***.

Exemple : La molécule de butan-2-ol possède un carbone asymétrique : le carbone n° 2 est lié à un groupement CH_3, à un atome d'hydrogène, à un groupement alcool OH et au groupement C_2H_5 constituant la fin de la chaîne.

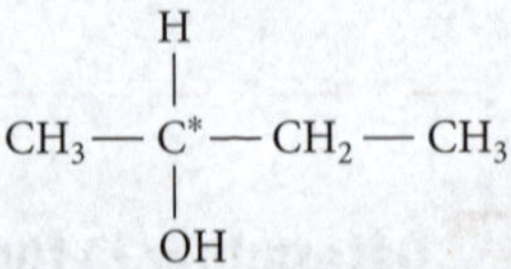

2 Chiralité et énantiométrie

Une molécule **chirale** est une molécule qui n'est pas superposable à son image à travers un miroir. C'est le cas des molécules possédant un carbone asymétrique.

- Deux stéréoisomères non superposables sont appelés **énantiomères** ou stéréoisomères de configuration de type optique.

Exemple : La molécule de butan-2-ol possède deux énantiomères.

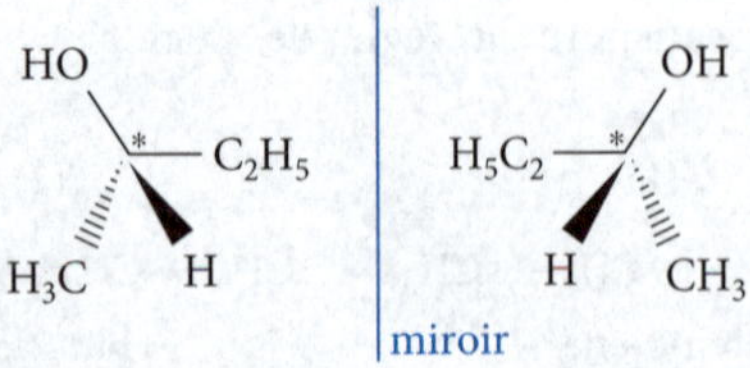

- Un **mélange racémique** est un mélange de deux énantiomères en quantités égales.

3 Propriétés des énantiomères

- Deux énantiomères sont images l'un de l'autre à travers un miroir et ne sont pas superposables spatialement. Une propriété optique (le pouvoir rotatoire) permet de les distinguer : une cuve contenant une solution d'énantiomères agit spécifiquement sur la lumière qui la traverse. On parle alors d'**isomères optiquement actifs**.

Remarque : Un mélange racémique n'a pas d'influence sur la lumière qui le traverse : son pouvoir rotatoire est nul.

- Dans les mécanismes biochimiques, cette propriété joue un rôle important : un énantiomère, de pouvoir rotatoire opposé à celui de l'autre énantiomère, ne peut donc pas réagir à la place de ce dernier. Dans les produits pharmaceutiques synthétiques, seul un énantiomère est très souvent physiologiquement actif.
- Pour passer d'une configuration à l'autre, il faut obligatoirement rompre des liaisons : deux énantiomères sont donc **séparables**.

EXERCICE RÉSOLU

Identifier des isomères optiquement actifs

ÉNONCÉ

Déterminer les deux alcanes énantiomères l'un de l'autre ayant le plus petit nombre n d'atomes de carbone possible.

CORRIGÉ

L'alcane de plus petit n ayant un carbone C^* asymétrique doit être lié à un H, un groupement à un atome de carbone CH_3, un groupement à deux atomes de carbone C_2H_5 et un groupement à trois atomes de carbone C_3H_7.
Deux couples d'énantiomères sont possibles suivant que le groupement $-C_3H_7$ est :
- sous forme linéaire $-CH_2-CH_2-CH_3$;
- ou sous forme ramifiée $-CH(CH_3)-CH_3$:

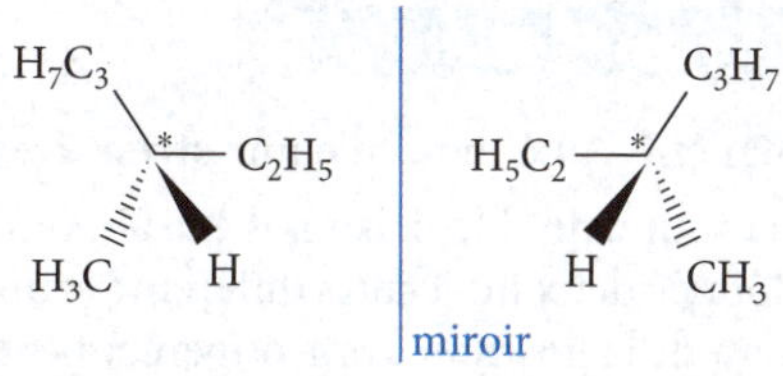

Méthode

Identifier le plus petit alcane ayant un carbone asymétrique et déterminer son énantiomère par image à travers un miroir.

3 Stéréoisomères de configuration : diastéréoisomérie

1 Diastéréoisomérie due à plusieurs centres chiraux

• Sachant qu'il existe deux configurations possibles pour chaque atome de carbone asymétrique C*, une molécule contenant deux C* a quatre stéréoisomères.

Remarque : Si les deux C* possèdent des substituants identiques deux à deux, le nombre de stéréoisomères est réduit à 3.
C'est le cas de l'acide tartrique HOOC — C*HOH — C*HOH — COOH, dont la configuration suivante, représentant une seule et même molécule, est optiquement inactive.

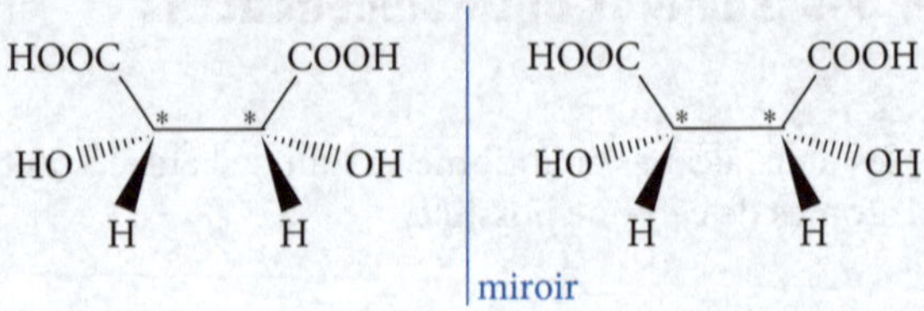

• Deux molécules stéréoisomères qui ne sont pas énantiomères, c'est-à-dire non symétriques par rapport à un miroir plan et non superposables, sont appelées **diastéréoisomères**.

• Les propriétés de deux diastéréoisomères sont différentes, il est donc facile de les séparer.

Remarque : Afin de nommer simplement les énantiomères et les diastéréoisomères, on utilise souvent la configuration absolue R,S. Les quatre stéréoisomères sont alors notés RR, SS, SR et RS. Les couples RR/SS et SR/RS sont deux couples d'énantiomères (appelés respectivement couple *like* et *unlike*), alors que les couples RR/RS, SS/SR, RR/SR ou SS/RS sont les quatre couples de diastéréoisomères (voir méthode p. 189).

2 Diastéréoisomérie due à une double liaison

• Une liaison double confère localement à une molécule une **structure plane**.

• Pour certaines molécules possédant une double liaison, il existe pour la même formule développée ou semi-développée deux molécules différentes appelées **isomères Z et E**. Ces derniers dépendent de la position des groupements prioritaires (souvent les plus gros) liés aux C impliqués dans la double liaison.

Lorsque les groupements prioritaires sont du **même côté** de la liaison double [resp. opposés], on parle d'**isomères Z** (de l'allemand *zusammen* signifiant « ensemble ») [resp. E (de l'allemand *entgegen* « opposé »)].

Exemple du but-2-ène : Les groupements prioritaires sont notés en rouge.

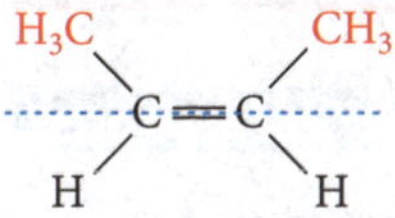

Isomère Z

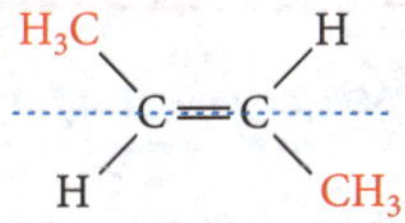

Isomère E

- Les isomères Z/E sont des corps purs distincts que l'on peut séparer. Leurs propriétés physiques, chimiques et biologiques sont aussi différentes. Le passage d'un isomère Z à un isomère E (et inversement) se fait par rupture de liaisons.

EXERCICE RÉSOLU

Identifier les acides aminés à deux centres chiraux

ÉNONCÉ

Déterminer le nombre d'atomes de carbone asymétriques de chacun des acides aminés suivants.

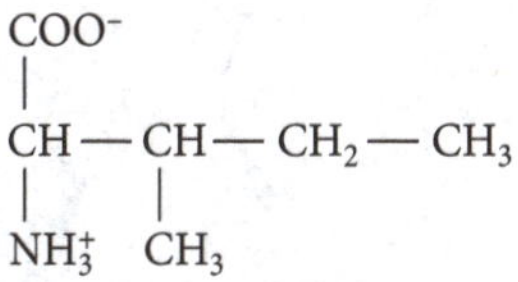

Isoleucine

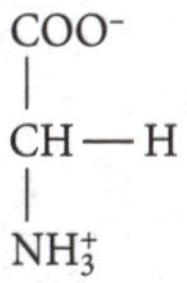

Glycine

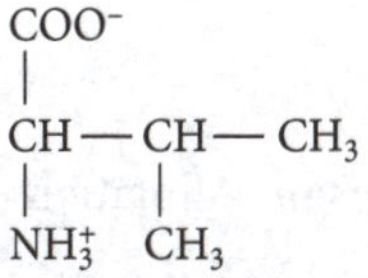

Valine

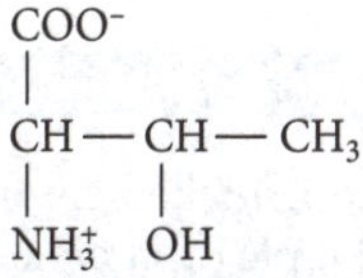

Thréonine

CORRIGÉ

La glycine ne possède pas d'atome de carbone asymétrique C* du fait des 2 atomes d'hydrogène H centraux identiques. La valine ne possède qu'un seul carbone asymétrique, le carbone en α, alors que le second en position dite β a deux groupements $—CH_3$ identiques. L'isoleucine et la thréonine ont 2C* en position α et β.

Conseil

Identifier simplement les atomes de carbone ayant quatre substituants différents.

4 Stéréoisomères de conformation

1 Libre rotation d'une liaison simple, conformations

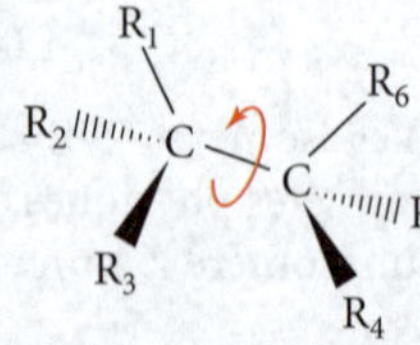

- Les différentes structures spatiales d'une molécule obtenues par libre rotation des atomes ou groupements R_k d'atomes autour d'une liaison simple sont appelées **conformères** ou **stéréoisomères de conformation**.
- On passe d'une conformation à une autre sans rompre de liaisons.
- Il est impossible de séparer des isomères de conformation, car la même molécule se présente successivement sous une infinité de conformations. Les chocs dus à l'agitation thermique à température ordinaire suffisent pour fournir la faible énergie nécessaire à toute rotation.

Exemple : Parmi l'infinité de conformères de l'éthane par libre rotation de la liaison C — C, on peut proposer la conformation décalée D ou éclipsée E.

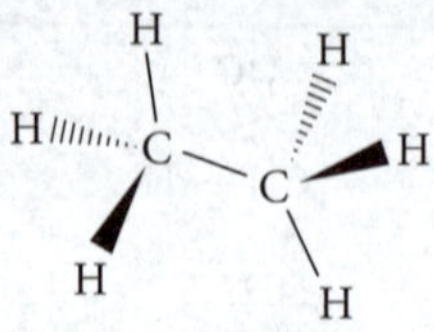

Conformère D

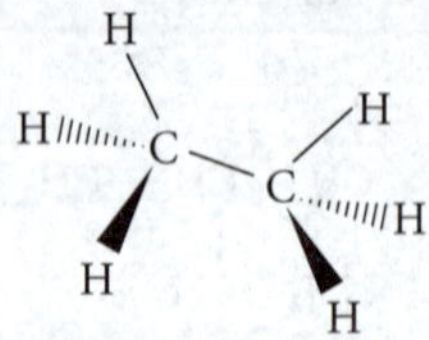

Conformère E

2 Projection de Newman

- On se place virtuellement dans l'axe de la liaison en rotation (liaison C — C en prenant l'exemple de la molécule d'éthane) :

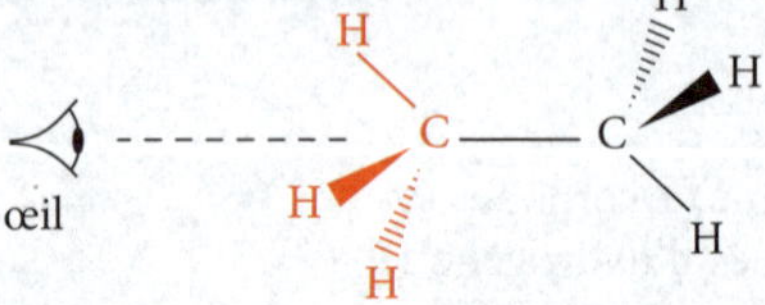

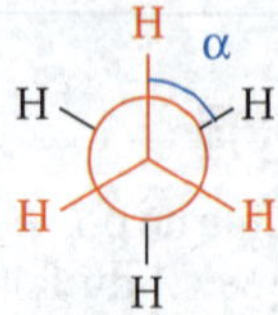

- L'œil voit l'atome de carbone en avant-plan (carbone noté en rouge), mais le carbone en arrière-plan, lui, est caché (carbone en noir). Tous les substituants (ici les atomes d'hydrogène) sont en revanche visibles. La vision obtenue, appelée projection de Newman de la molécule, dépend de l'angle α de rotation de la liaison C — C (partie droite de l'image).

- L'angle α peut prendre toutes les valeurs possibles entre 0° et 360°.

Remarque : Les conformations décalée D ou éclipsée E correspondent respectivement à $\alpha = 60°$, 180° ou 300° et $\alpha = 0°$, 120° ou 240°.

3 Aspect énergétique

- Au cours de la rotation d'un atome ou groupement d'atomes lié à un des atomes de carbone de la liaison C—C, l'énergie de la molécule varie. Cette énergie est minimale dans les conformations décalées et maximale dans les conformations éclipsées.
- La conformation décalée est la plus stable. Elle est donc la plus probable.

EXERCICE RÉSOLU

Déterminer la conformation la plus stable

ÉNONCÉ

On considère la molécule de butane. Déterminer la conformation la plus stable.

Méthode

La projection de Newman utilise ici la libre rotation de la liaison C—C centrale de la molécule de butane CH_3—CH_2—CH_2—CH_3.

CORRIGÉ

Du fait de l'interaction entre les groupements méthyle, la conformation la plus stable est forcément une conformation décalée. Soit α l'angle entre les groupements méthyle.

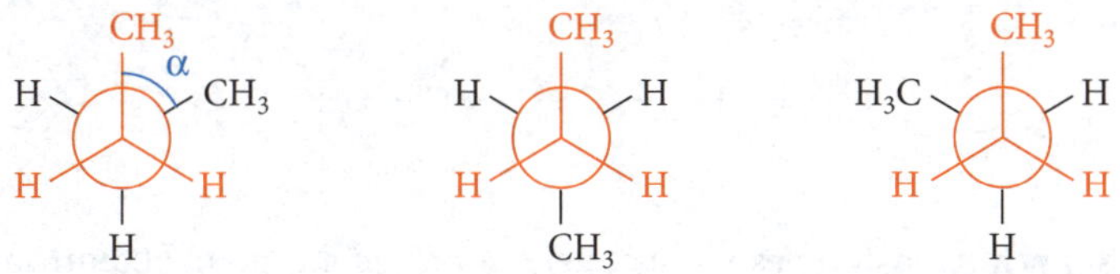

$\alpha = 60°$ conformation décalée droite — $\alpha = 180°$ conformation anti — $\alpha = 300°$ conformation décalée gauche

La **conformation dite « anti »** montre des groupements CH_3 les plus éloignés possibles, c'est donc énergétiquement la plus stable.

Déterminer une formule topologique

ÉNONCÉ

Soit la molécule d'acide 3-éthyl-2-méthylpentanoïque.
Donner sa formule topologique.

MÉTHODE

- **1.** À partir du nom de la molécule, déterminer sa formule semi-développée.
- **2.** Éliminer les atomes d'hydrogène directement liés à des atomes de carbone.
- **3.** En supprimant les symboles des atomes de carbone C, relier les liaisons carbone-carbone entre elles en réalisant des lignes brisées.

CORRIGÉ

1. La molécule d'acide 3-éthyl-2-méthylpentanoïque possède une chaîne principale à 5 atomes de carbone. Celle-ci comprend une fonction acide carboxylique —COOH sur le carbone n° 1, un groupement éthyl $—CH_2—CH_3$ relié au carbone n° 3 et un groupement méthyl $—CH_3$ sur le carbone n° 2.

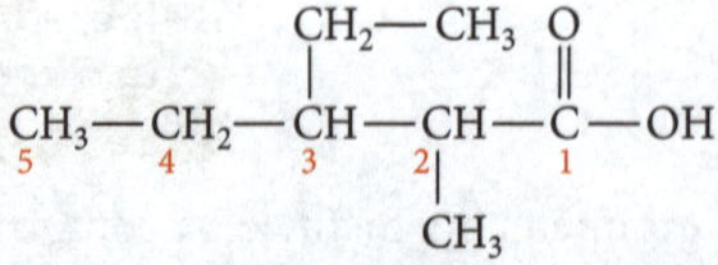

Réflexe à avoir

La fonction acide est toujours en position n° 1 dans la chaîne principale.

2. En éliminant les atomes d'hydrogène liés aux atomes de carbone, on obtient :

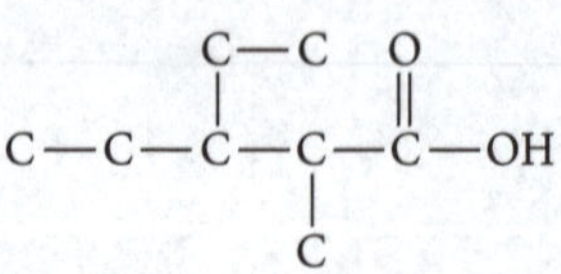

3. On supprime ensuite les C du squelette précédent, pour obtenir la formule topologique de la molécule :

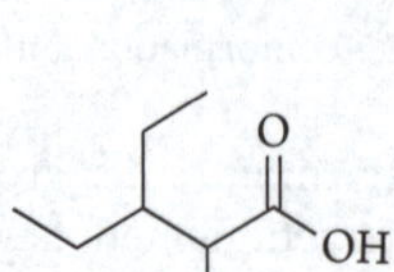

Déterminer la configuration absolue R,S d'un C*

ÉNONCÉ

Déterminer la configuration absolue R,S du stéréoisomère de l'acide tartrique.

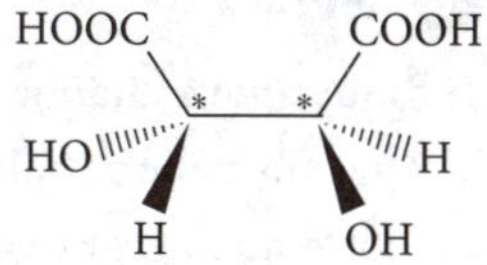

MÉTHODE

▶ **1.** Pour chaque atome de carbone asymétrique, le représenter en perspective de Cram en mettant toujours le plus petit groupement G en arrière (liaison en pointillés ou hachurée).

▶ **2.** La méthode s'applique pour chaque C* : regarder dans l'axe C*—G et observer les trois autres substituants du C* par ordre de préséance en commençant par le plus important. L'énantiomère Rectus (R) correspond au sens horaire, alors que l'énantiomère Sinister (S) est associé au sens trigonométrique.

▶ **3.** La nomenclature est telle que l'on note (R) – ou (S)– suivi du nom complet pour une molécule à un centre chiral ou (R – R) – par exemple si elle a deux centres (R).

Règles de préséance : Pour deux substituants a et b, a est majoritaire par rapport à b si le numéro atomique de l'atome rattaché au C* de a est supérieur à celui de l'atome rattaché au C* de b. Dans le cas d'une égalité, on applique cette règle aux atomes adjacents de a et de b, sachant qu'une liaison multiple équivaut à autant de liaisons simples.

CORRIGÉ

1. La perspective de Cram qui impose le plus petit substituant derrière est :

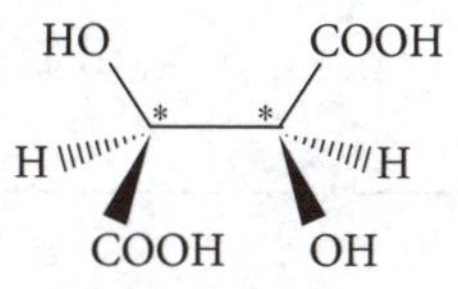

Réflexe à avoir

Dans le cas de plusieurs centres chiraux, effectuer une rotation autour de l'axe C* — C*.

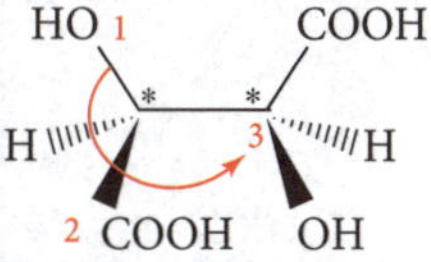

2. On considère le premier C* (carbone en position 2) et on regarde suivant l'axe C—H (liaison hachurée). Les deux plus gros substituants sont, par ordre décroissant, OH et COOH. On passe de l'un à l'autre en tournant dans le sens inverse des aiguilles d'une montre : la configuration est (S). Pour le deuxième C*, soit le carbone en position 3, on a aussi une configuration (S).

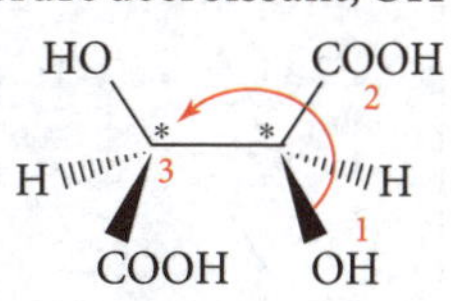

3. L'énantiomère proposé ici est alors (2S –3S)-acide tartrique.

Vérifiez vos connaissances

1 Vrai-Faux

Indiquer pour chaque proposition si elle est vraie (V) ou fausse (F).

1. Une molécule chirale possède toujours un carbone asymétrique. ☐ V ☐ F

2. Notre main est un objet chiral. ☐ V ☐ F

3. Un mélange racémique est équimolaire. ☐ V ☐ F

4. Un conformère décalé peut être plus stable qu'un autre conformère décalé. ☐ V ☐ F

5. Le prop-1-ène possède deux isomères Z/E. ☐ V ☐ F

2 QCM

Parmi les formules proposées, quelles sont celles dont les molécules correspondent :

1. à des isomères de constitution en C_5 ?

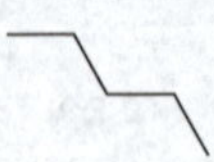
a)

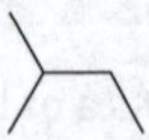
b)

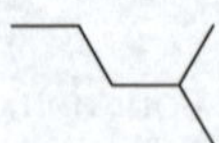
c)

d)

2. à des molécules chirales ?

a) $CH_3—CHOH—CH_2—CH_3$

b) $CH_3—CH_2—CHOH—CH_2—CH_3$

c) $CH_3—CHOH—CH{=}CH_2$

d) $CH_3—CHOH—CH_3$

3. à des diastéréoisomères ?

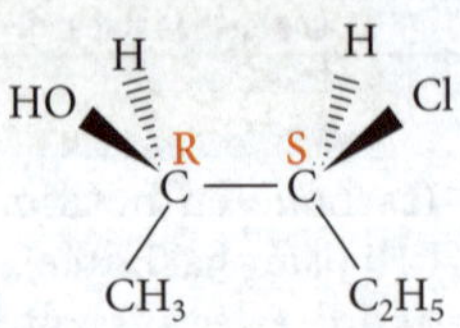

a)

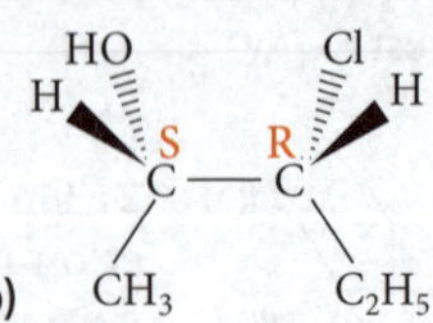

b)

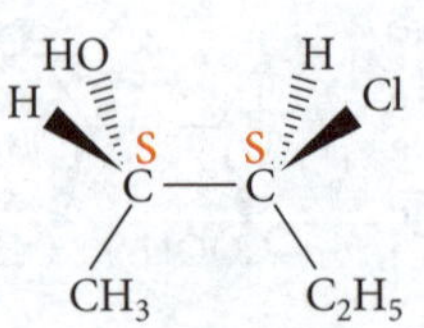

c)

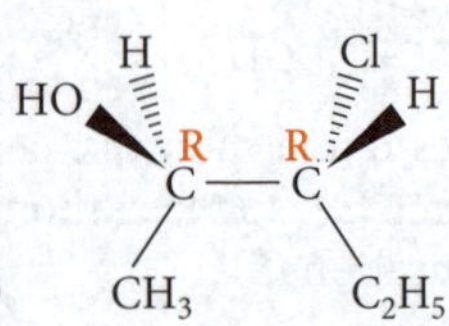

d)

Exercices d'application

3 Énantiomères de la thalidomide

Exercice à caractère documentaire

La thalidomide est un médicament utilisé dans les années soixante comme sédatif et anti-nauséeux. Il fut largement distribué aux femmes enceintes contre les nausées du premier trimestre de la grossesse. Médicament commercialisé sous forme de mélange des deux énantiomères dès 1957, il fut retiré du marché mondial en 1961. On découvrit en effet qu'il était à l'origine de très nombreux cas de malformations congénitales, dont les plus fréquentes étaient les pieds et/ou les mains directement reliés au tronc (phocomélie). Le nombre total de victimes de la thalidomide est estimé à une ou deux dizaines de milliers de personnes, principalement en Europe et au Canada. Aujourd'hui, le dédoublement d'énantiomères de la thalidomide permet de mettre sur le marché le seul énantiomère (R), l'autre ayant des propriétés tératogènes. Testé depuis 1990 dans le traitement du myélome multiple, une des formes du cancer du sang, l'énantiomère (R) prouve de nos jours son intérêt.

1. Définir le terme « tératogène ».

2. La formule topologique de la thalidomide est représentée ci-contre. Identifier le carbone asymétrique.

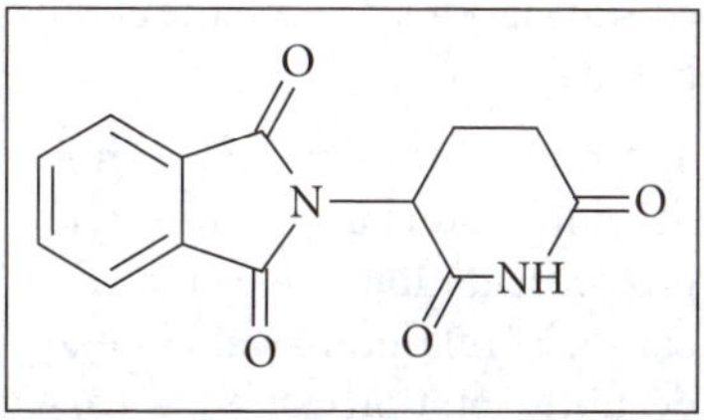

3. Proposer une représentation en perspective de Cram simplifiée d'un stéréoisomère et en déduire son énantiomère.

4. Le laboratoire pharmaceutique produisant le premier médicament n'avait pas opéré de dédoublement racémique. Expliquer ce que cela signifie et la cause des malformations congénitales dues à l'utilisation du médicament.

4 Les phéromones chez les insectes

La communication chez les insectes, c'est-à-dire le transfert d'informations, se fait principalement par voie chimique grâce à des substances appelées phéromones.

On se propose d'étudier la phéromone de rassemblement de l'abeille domestique :

$H_3C—CHOH—(CH_2)_5—CH{=}CH—COOH$ acide 9-hydroxydéc-2-énoïque

1. Cette molécule présente une isomérie de configuration due à la présence de la double liaison. Représenter les deux isomères correspondants et les nommer.

2. La molécule renferme un carbone asymétrique, l'indiquer par un astérisque. Justifier la réponse. Représenter un couple d'énantiomères associés à cette molécule.

Vers le bac

5 Analyse stéréochimique

A est un composé de formule brute $C_4H_8O_3$ ayant une fonction acide carboxylique et une fonction alcool. Par oxydation ménagée de la fonction alcool de A, on obtient un composé B.

Quelles sont les formules topologiques possibles pour A et B dans les cas suivants ?

1. Lorsque A est chiral et B ne l'est pas.

2. Lorsque A et B sont tous les deux achiraux.

6 Diagramme énergétique

On s'intéresse aux différentes conformations de l'éthane et du butane.

1. Donner la formule semi-développée du butane, ainsi que la représentation de Newman du conformère le moins stable. L'axe de libre rotation est l'axe carbone-carbone $C_2—C_3$, et θ est l'angle de torsion (θ = 0° lorsque les deux groupements méthyle sont en position éclipsée).

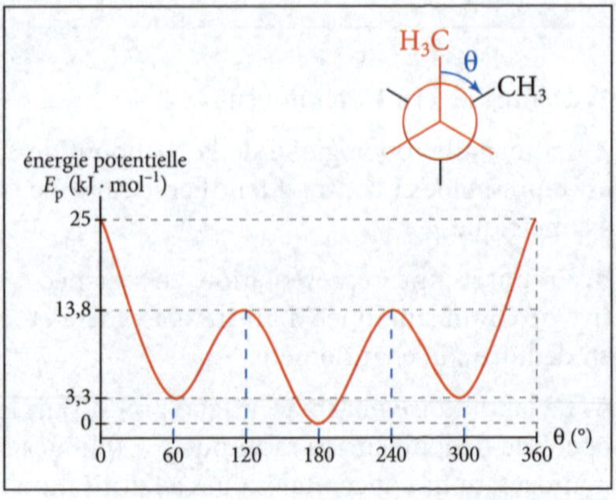

2. En déduire, par rotation de $C_2—C_3$, la conformation la plus stable. Quelle est alors la valeur de l'angle θ ?

3. Le diagramme énergétique du butane représentant l'énergie potentielle de la molécule en fonction de θ est donné ci-dessus. Expliquer les deux minima et maxima secondaires. À quels conformères correspondent-ils ?

4. Par la même démarche que précédemment, en déduire le diagramme énergétique plus simple de l'éthane.

Vérifiez vos connaissances

1 Vrai-Faux

1. Faux. Une molécule ayant un centre asymétrique est chirale, mais il existe d'autres molécules sans atome de carbone asymétrique qui le sont.

2. Vrai. Notre main droite est l'image à travers un miroir de notre main gauche, mais nos deux mains ne sont pas superposables.

3. Vrai. Un mélange racémique contient autant de molécules d'un énantiomère que de l'autre.

4. Vrai. Dans le cas du butane par exemple, on a trois conformations décalées particulières, la plus stable étant la conformation anti.

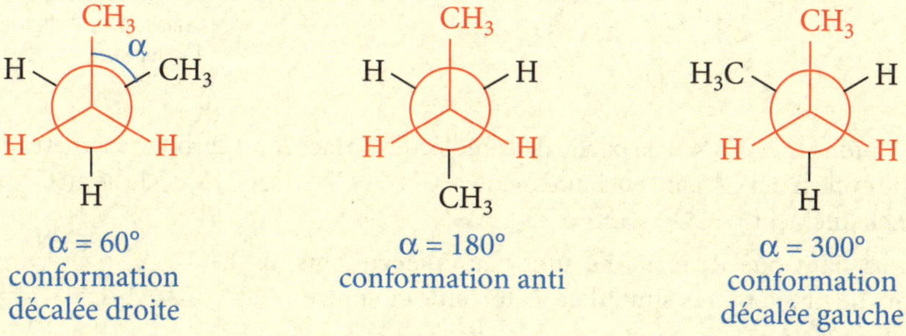

5. Faux. Le prop-1-ène a pour formule $CH_2{=}CH{-}CH_3$, le premier carbone ayant deux substituants H identiques. Il n'y a donc pas d'isomères Z/E.

2 QCM

Remarque
La molécule c) possède 6 atomes de carbone.

1. a), b) et **d)** Les atomes de carbone correspondent à des nœuds ou des fins de segments.

2. a) et **c)** $CH_3{-}C^*HOH{-}CH_2{-}CH_3$ et $CH_3{-}C^*HOH{-}CH{=}CH_2$. Les molécules **b)** et **d)** n'ont pas de carbone ayant trois substituants différents.

3. (a,c), **(a,d)**, **(b,c)** et **(b,d)** Les diastéréoisomères ne sont pas énantiomères. Seuls les couples (RS, SR) et (SS,RR), soit **(a,b)** et **(c,d)**, sont énantiomères. Tous les autres couples sont donc diastéréoisomères.

Exercices d'application

3 Énantiomères de la thalidomide

Exercice à caractère documentaire

1. « Tératogène » vient du grec qui signifie « **qui crée des monstres** ». La thalidomide a un effet tératogène, c'est-à-dire qu'elle est responsable de malformations.

2. Le carbone asymétrique est représenté par un astérisque *. Il n'est impliqué ni dans des liaisons doubles du premier cycle, ni dans des liaisons C=O. Il possède des substituants tous différents, ce qui n'est pas le cas de deux atomes de carbone du dernier cycle adjacents à C*.

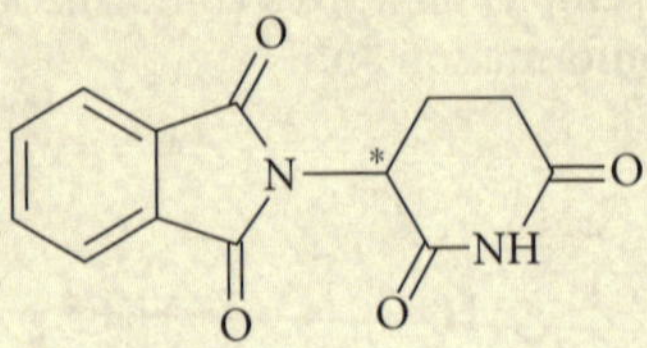

L'astuce du prof

L'atome de carbone asymétrique est un carbone ayant des liaisons simples et des substituants tous différents. Éliminer donc tous les atomes de carbone à liaisons multiples ou reliés à au moins deux atomes d'hydrogène.

3. Notons $C_8H_4O_2N$— la partie de la molécule rattachée au carbone asymétrique, R_1 le cycle lié au C* par l'enchaînement —CH_2—CH_2… et R_2 le cycle lié au C* par l'enchaînement —CO—NH—….

En sachant que R_1 et R_2 ne sont pas indépendants, on a alors de manière très simplifiée, la formule ci-contre :

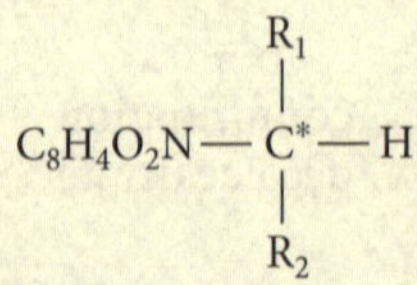

La perspective de Cram se déduit facilement, ainsi que son énantiomère, par image à travers un miroir :

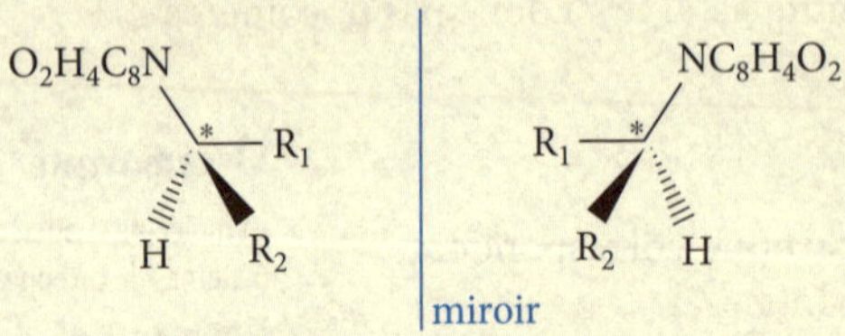

Gagnez des points !

N > C et O > C, on en déduit que $C_8H_4O_2N > R_1$ ou R_2, et que $R_2 > R_1$: l'énantiomère de gauche est (S) et celui de droite est donc (R).

4. Le laboratoire pharmaceutique produisant le premier médicament n'avait pas opéré de dédoublement racémique : le médicament des années soixante contenait donc les deux énantiomères ! **La présence de l'énantiomère ayant des propriétés tératogènes est responsable des malformations.**

4 Les phéromones chez les insectes

1. On a, du fait de la double liaison et des deux groupements différents pour chaque carbone de C=C, deux isomères de configuration :

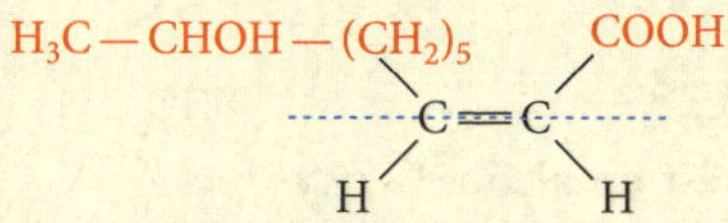

(Z)

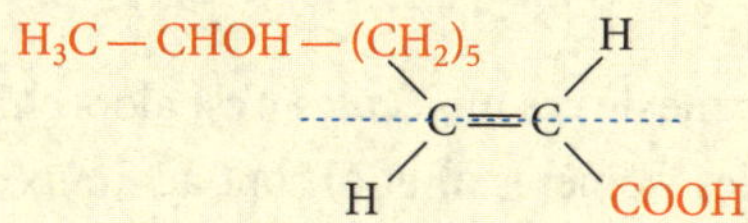

(E)

À gauche, les deux plus gros substituants (en rouge) sont du même côté de la double liaison : il s'agit ici de l'isomère (Z). À droite en revanche, les deux plus gros groupements sont de part et d'autre de la double liaison : il s'agit ici de l'isomère (E).

2. Le carbone tétraédrique portant la fonction alcool porte quatre groupements différents : il est asymétrique. Le couple d'énantiomères est représenté ci-contre par image l'un de l'autre dans un miroir.

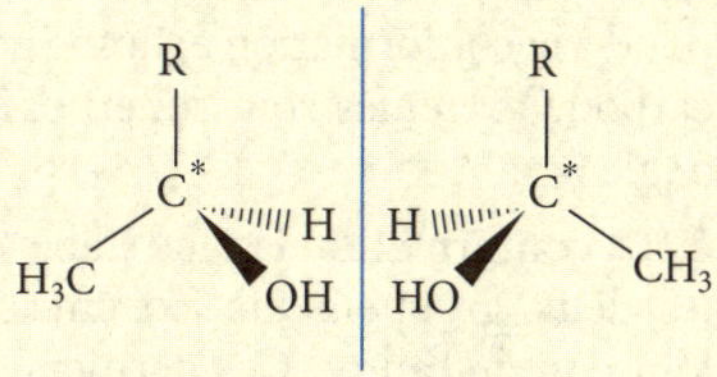

R : $(CH_2)_5CH=CHCOOH$

Vers le bac

5 Analyse stéréochimique

Rappel
Un alcool I s'oxyde en acide carboxylique dans un excès d'oxydant, un alcool II s'oxyde en cétone.

A est un composé de formule brute $C_4H_8O_3$ ayant une fonction acide carboxylique et une fonction alcool. Les formules topologiques possibles sont alors :

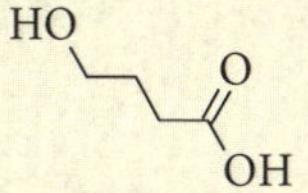

a)

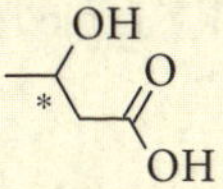

b)

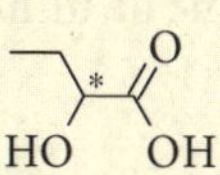

c)

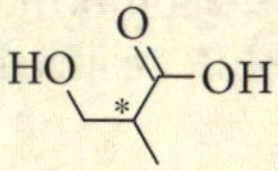

d)

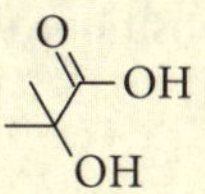

e)

1. Les isomères **b)**, **c)** et **d)** possèdent un carbone asymétrique : A est chiral.

b) et **c)** sont des alcools II, leur oxydation ménagée conduit respectivement aux cétones **b')** et **c')**. En revanche, **d)** est un alcool I, son oxydation conduit à l'obtention d'une seconde fonction —COOH qui symétrise la molécule **d')**.

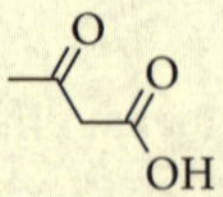

b′)

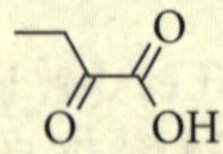

c′)

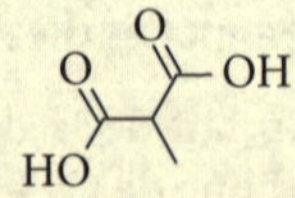

d′)

Aucune de ces molécules n'est alors chirale.

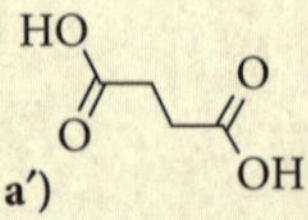

a′)

2. Les isomères **a)** et **e)** sont achiraux. **a)** est un alcool I s'oxydant en **a′)** achirale, alors que **e)** est un alcool III dont l'oxydation est impossible.

6 Diagramme énergétique

1. Le butane est l'alcane linéaire à 4 atomes de carbone, soit **$CH_3—CH_2—CH_2—CH_3$**. Le conformère le moins stable correspond à la conformation éclipsée pour laquelle les deux atomes de carbone extrêmes sont superposés. Cela correspond donc à un angle θ = 0°.

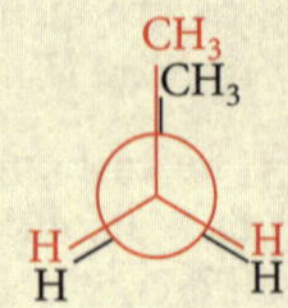

2. La conformation la plus stable est celle pour laquelle les deux groupements extrêmes —CH_3 sont le plus loin l'un de l'autre. Ces derniers sont donc opposés, la **conformation** est **décalée** et **θ = 180°**.

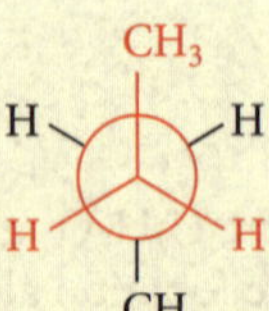

> **Gagnez des points !**
> La conformation la plus (resp. moins) stable correspond à la gêne minimale (resp. maximale) et à l'énergie potentielle E_p minimale (resp. maximale).

3. Il existe d'autres conformations décalées (resp. θ = 60° et θ = 300°) qui sont les positions de stabilité relatives, donc de minima d'énergie relatifs.

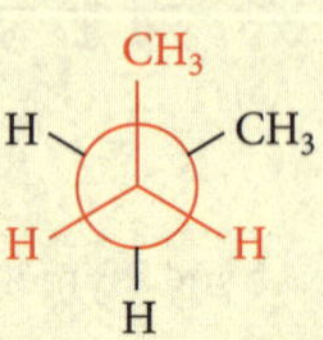

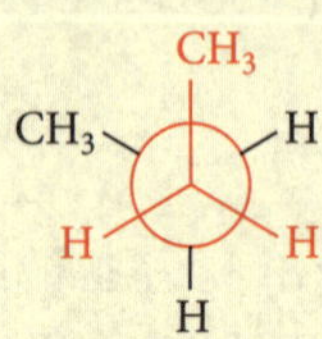

De même, il existe d'autres conformations éclipsées. Finalement, on a la correspondance suivante :

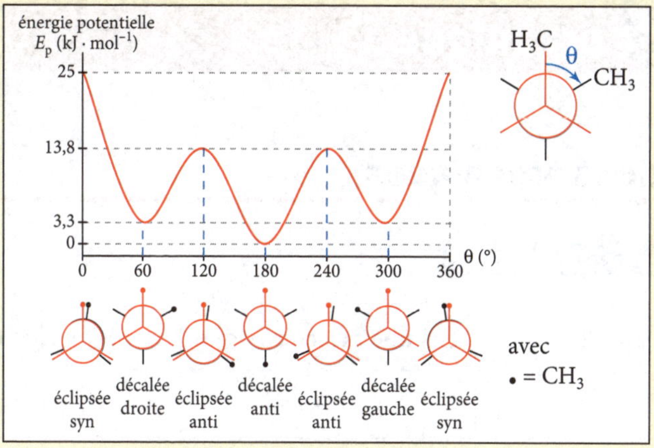

4. La formule de l'éthane est CH_3—CH_3. Sa représentation de Newman est donnée ci-après, avec θ l'angle entre les deux atomes d'hydrogène notés en rouge.

Une conformation est instable si elle correspond à un maximum d'énergie. Elle se retrouve périodiquement pour θ = 120° et 240°.

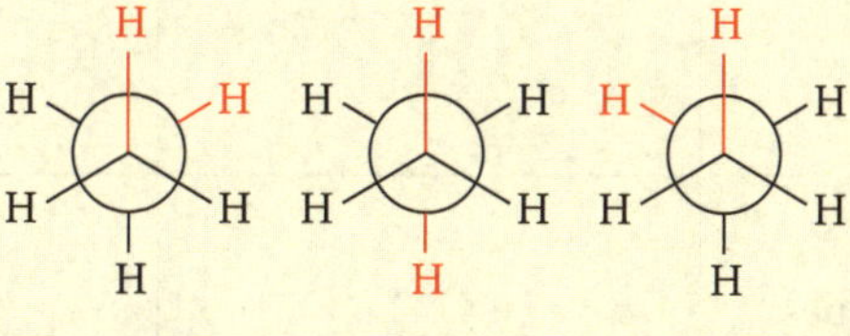

En revanche, pour θ = 60°, 180° ou 300°, les conformères obtenus sont décalés et correspondent au même minimum d'énergie.

Le diagramme énergétique est donc le suivant :

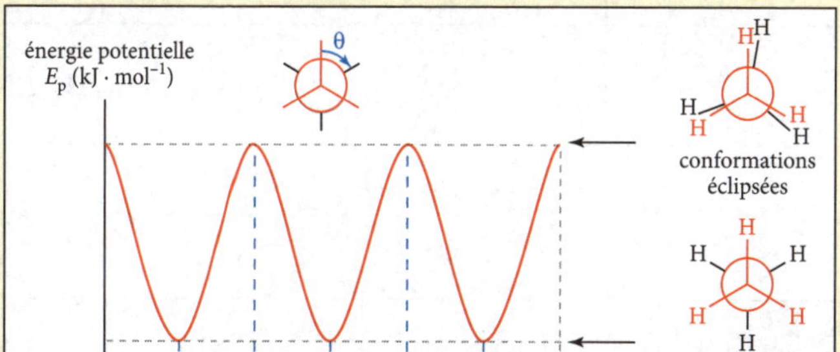

CHAPITRE

10 Transformation en chimie organique

1 Fonctions organiques

1 Tableau récapitulatif

Famille	Groupe caractéristique	Formule brute
Alcools	—OH	$C_nH_{2n+2}O$
Aldéhydes	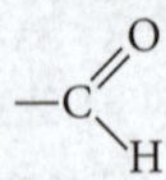	$C_nH_{2n}O$
Cétones	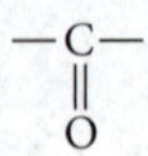	$C_nH_{2n}O$
Acides carboxyliques	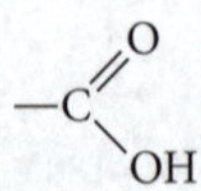	$C_nH_{2n}O_2$
Esters	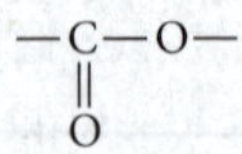	$C_nH_{2n}O_2$
Amines	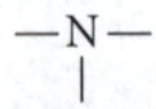	$C_nH_{2n+3}N$
Amides	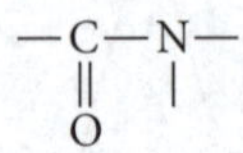	$C_nH_{2n+1}NO$

2 Nomenclature des amines et amides

• Les **amines** sont des dérivés de l'ammoniac NH_3 dans lequel un (*amine primaire*), deux (*secondaire*) ou trois hydrogène (*tertiaire*) ont été remplacés par des groupements alkyles R, soit RNH_2 (*amine I*), R_1R_2NH (*amine II*) et $R_1R_2R_3N$ (*amine III*).

• La nomenclature des amines est rendue compliquée par la multitude de noms proposés. Dans le cas d'amines secondaires ou tertiaires, il est souvent préférable de considérer le groupement alkyle prépondérant pour former le nom de l'alcanamine, et les autres groupements pour des substituants dont le nom est précédé par « N — ».

Exemple : On nomme la molécule de formule $CH_3—N—CH_2—CH_3$ le N-méthyléthanamine.

• La fonction **amide** dérive de la fonction acide carboxylique à laquelle on substitue le groupement $—NH_2$ (amide primaire) au $—OH$ de la fonction $—COOH$. La nomenclature des amides s'obtient à partir de l'acide carboxylique en supprimant le mot « acide » et en remplaçant le suffixe « oïque » par « amide ».
Pour les amides secondaires et tertiaires, la nomenclature s'établit par la même démarche que celle précédemment proposée.

EXERCICE RÉSOLU

Utiliser le nom systématique pour déterminer la formule topologique

ÉNONCÉ

Donner la formule topologique du N-éthylN-méthylpropanamide.

CORRIGÉ

Le propanamide est un amide à 3 atomes de carbone : $CH_3—CH_2—CO—NH_2$.
À partir de cet amide primaire, on remplace deux atomes d'hydrogène de la terminaison $—NH_2$ par les groupements $—CH_2—CH_3$ et $—CH_3$.

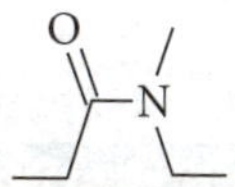

Méthode

Identifier la chaîne principale contenant la fonction amide et les substitutions de l'azote.

2 Aspects macroscopiques

1 Réactif et substrat

• Une **transformation** se produit lorsqu'un ou plusieurs composés se transforment en d'autres composés. Elle met en jeu des ruptures et/ou des créations de liaisons chimiques.

• En chimie organique, on réserve souvent le terme **réactif** à un réactif de nature minérale. L'autre réactif de nature organique auquel les chimistes prêtent attention est appelé **substrat**.

Exemple : Lors de l'hydratation d'un alcène, le substrat est l'alcène (molécule organique), l'eau est le réactif.

2 Grandes catégories de réactions en chimie organique

• On peut définir trois grandes catégories de réactions entre un réactif et un substrat :
– la réaction d'**addition** lorsque le réactif s'ajoute au substrat ;
– la réaction d'**élimination** lorsque le réactif enlève un ou plusieurs atomes du substrat ;
– la réaction de **substitution** lorsque le réactif apporte un ou plusieurs atomes au substrat et lorsque, sur le même site, un ou plusieurs autres atomes sont éliminés.

Exemples : Addition d'eau sur de l'éthène ou éthylène : $CH_2{=}CH_2 + H_2O \rightarrow CH_3{-}CH_2{-}OH$.
Élimination d'eau de l'éthanol par action de l'acide sulfurique :
$CH_3{-}CH_2{-}OH + H_2SO_4 \rightarrow CH_2{=}CH_2 + H_3O^+ + HSO_4^-$
Substitution de OH par Cl sur de l'éthanol : $CH_3{-}CH_2{-}OH + HCl \rightarrow CH_3{-}CH_2{-}Cl + H_2O$.

• On peut aussi définir la réaction de **transposition** ou **réarrangement** dans le cas de déplacements internes d'atomes de la molécule de substrat. C'est le cas ici d'un déplacement de proton H^+ : $CH_3{-}CH_2{-}CH_2^+ \rightarrow CH_3{-}CH^+{-}CH_3$.

3 Modifications de chaîne et/ou de fonction

• Lorsque seul le groupement fonctionnel du substrat est modifié, sans modification de la chaîne carbonée, on parle de **modification de fonction**.

Exemple : Substitution sur de l'éthanol $CH_3{-}CH_2{-}OH + HCl \rightarrow CH_3{-}CH_2{-}Cl + H_2O$. L'alcool (éthanol) est transformé en composé halogéné (chloroéthane).

• En revanche, lorsque le squelette de la chaîne carbonée n'est pas conservé, on parle de **modification de chaîne**.
Le reformage et le craquage sont deux procédés permettant de modifier la chaîne carbonée en l'allongeant, en la coupant en molécules à chaîne plus courte ou en la ramifiant.
Certains hydrocarbures simples comme l'éthène, le propène ou l'acétone sont les substrats simples à la base de la quasi-totalité des produits élaborés en chimie organique.

Remarque : La polymérisation par polyaddition permet un allongement considérable de la chaîne carbonée par addition d'un motif sur lui-même un nombre n très grand de fois :

$$nCH_2{=}CH_2 \rightarrow -\!\!\left(CH_2 - CH_2\right)\!\!-_n \text{ polyéthylène}$$

EXERCICE RÉSOLU

Déterminer les formules des hydrocarbures

ÉNONCÉ

Le craquage catalytique d'un alcane linéaire A se fait suivant deux réactions concurrentes. La première réaction produit du pent-1-ène et du dihydrogène, la seconde du propène et un alcane B.

a. Écrire les équations de ces réactions avec les formules semi-développées des réactifs et produits.

b. Donner le nom de A et de B en nomenclature systématique.

CORRIGÉ

a. Les deux équations de craquage sont :

$$\mathbf{A \rightarrow CH_2{=}CH-CH_2-CH_2-CH_3 \text{ (pent-1-ène)} + H_2} \quad \mathbf{(1)}$$

$$\mathbf{A \rightarrow CH_2{=}CH-CH_3 \text{ (propène)} + B} \quad \mathbf{(2)}$$

(1) : formule de A par hydrogénation du pent-1-ène, soit :
$CH_3-CH_2-CH_2-CH_2-CH_3$.

(2) devient alors

$$CH_3-CH_2-CH_2-CH_2-CH_3 \rightarrow CH_2{=}CH-CH_3 \text{ (propène)} + B.$$

On en déduit que B est une molécule à 2 atomes de carbone, soit CH_3-CH_3.

b. A est donc le **pentane** et B l'**éthane**.

> **Méthode**
> Utiliser la réaction (1) dont tous les produits sont connus pour déterminer A.

3 Aspects microscopiques

1 Mécanisme réactionnel

- Depuis les développements de la chimie organique et notamment ceux liés à l'étude des différentes configurations, on a pu mettre en évidence que certaines réactions pouvaient produire deux molécules isomères en proportions différentes ou seulement l'une des deux. Dans un souci de maîtrise de l'orientation de ces réactions, une connaissance de la manière dont la transformation se déroule est alors nécessaire.

- Le **mécanisme réactionnel** est une reconstitution détaillée des différentes étapes de la transformation dans l'espace et dans le temps, et à l'échelle microscopique.
Il existe des mécanismes établis depuis longtemps par les chimistes, leur donnant le statut de mécanisme type : les mécanismes d'élimination et de substitution.

Remarque : Sans rentrer dans les détails, un mécanisme est codé par un E pour une élimination et par un S pour une substitution. Une seconde lettre majuscule code la particularité du mécanisme, et un chiffre (1 ou 2) terminal donne une idée de la cinétique.

2 Site donneur ou accepteur de doublets d'électrons

- Si l'on considère une liaison polarisée A — B, avec B plus électronégatif que A, la rupture de cette liaison, lors d'une réaction chimique, est dissymétrique (rupture hétérolytique). Le doublet d'électrons reste constitué et est conservé par l'atome le plus électronégatif, soit B. A est alors porteur d'une lacune électronique notée $\square$.

$$\mathrm{A{-}B} \longrightarrow \mathrm{A}\square + \mathrm{B}\!:$$

La formation d'une liaison, par le processus inverse, est alors la mise en commun d'un doublet électronique entre deux atomes : l'un, plus électronégatif, apporte le doublet, l'autre possède une lacune électronique.

- De manière générale, certains réactifs **donneurs** qui possèdent un site pouvant apporter un ou des doublets d'électrons réagissent préférentiellement avec des réactifs **accepteurs** ayant des sites de faible densité électronique.

- Un accepteur de doublets d'électrons est un réactif **électrophile**. Un donneur de doublets électroniques est en revanche un réactif **nucléophile**.

Remarque : Un réactif électrophile possède une ou plusieurs lacunes électroniques, et un réactif nucléophile, un ou plusieurs doublets non liants. Un cation est un réactif électrophile, alors qu'un anion est un réactif nucléophile.

3 Exemple de mécanisme réactionnel : la substitution nucléophile bimoléculaire (SN2)

- Le mécanisme de SN2 est une attaque concertée d'un réactif nucléophile.
- On étudie l'attaque d'ions hydroxyde HO^- sur le chloroéthane CH_3-CH_2Cl :

$$HO^- + CH_3-CH_2Cl \rightarrow CH_3-CH_2OH + Cl^-$$

Elle conduit à la formation d'éthanol et d'un ion chlorure par le mécanisme en une seule étape suivant :

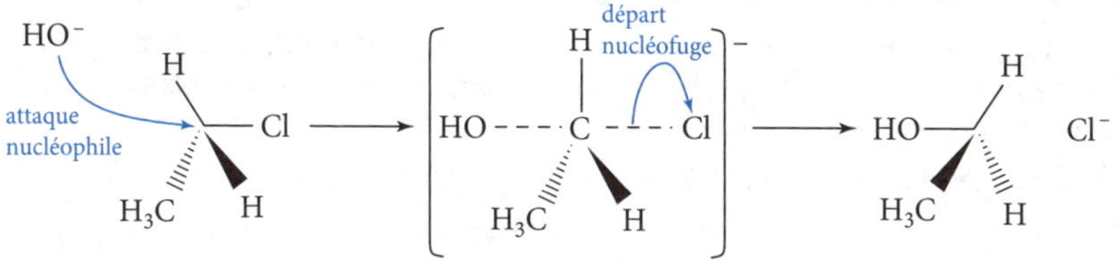

Remarque : Lors d'une SN2, si le substrat est chiral, l'attaque concertée en une seule étape donne un produit final énantiométriquement pur. Le seul énantiomère formé a une configuration inverse de celle du substrat. On parle dans ce cas d'inversion de configuration.

EXERCICE RÉSOLU

Identifier les sites électrophiles et nucléophiles

ÉNONCÉ

Identifier le site électrophile et le site nucléophile de la molécule de chloro-éthane.

CORRIGÉ

L'atome de chlore possède trois doublets non liants : **Cl est donc un site nucléophile** de forte densité électronique. De plus, en fonction de leur place dans le tableau périodique, on peut conclure que l'atome de chlore est plus électronégatif que l'atome de carbone, et donc que la liaison C—Cl est polarisée C → Cl. **Le carbone est donc le site électrophile** de la molécule.

Conseil

Noter que le site électrophile est attaqué par l'ion hydroxyde OH^- lors de la SN2 de l'exemple précédent.

Établir l'équation de déshydratation

ÉNONCÉ

Une déshydratation est une réaction d'élimination d'une molécule d'eau. En déduire les équations possibles de la déshydratation du 3-méthylhexan-3-ol.

MÉTHODE

- **1.** Donner la formule semi-développée de la molécule à déshydrater.
- **2.** Identifier le groupement alcool —OH et les différents atomes d'hydrogène H susceptibles d'être éliminés : —OH et —H doivent être liés à deux atomes de carbone distincts, mais liés entre eux.
- **3.** Écrire les différentes équations de déshydratation comme suit :

Alcool → Alcène + H_2O

CORRIGÉ

1. Formule semi-développée du 3-méthylhexan-3-ol :

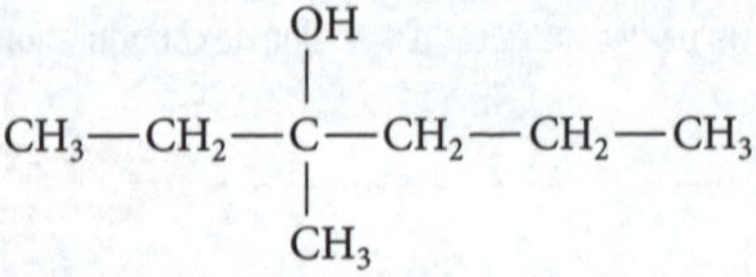

2. Les couples (OH, H) susceptibles d'être éliminés pour la formation d'une molécule d'eau sont au nombre de 3 :

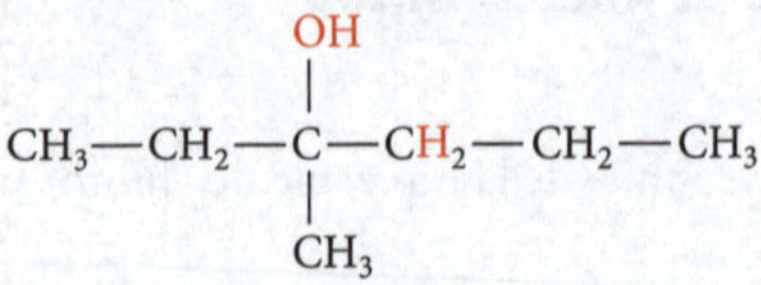

(a)

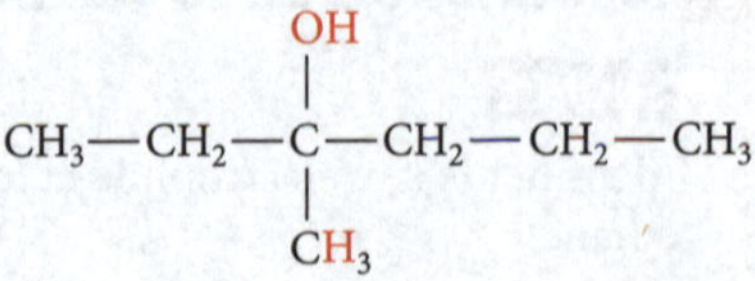

(b)

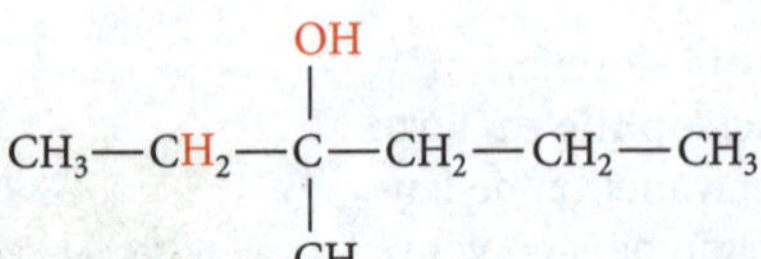

(c)

Réflexe à avoir

Attention à ne pas réécrire plusieurs fois la même équation avec les produits identiques.

3. (a) →

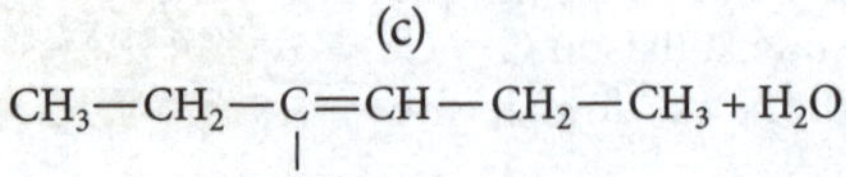

$$(b) \rightarrow CH_3{-}CH_2{-}\underset{\underset{\displaystyle CH_2}{\|}}{C}{-}CH_2{-}CH_2{-}CH_3 + H_2O$$

$$(c) \rightarrow CH_3{-}CH{=}\underset{\underset{\displaystyle CH_3}{|}}{C}{-}CH_2{-}CH_2{-}CH_3 + H_2O$$

Déterminer la nature d'une réaction

ÉNONCÉ

Donner la nature des réactions suivantes.

(a) $HO^- + CH_3{-}CH_2Cl \rightarrow CH_3{-}CH_2OH + Cl^-$

(b) $CH_3{-}CH_2OH \rightarrow CH_2{=}CH_2 + H_2O$

MÉTHODE

▶ **1.** Reconnaître une **élimination** par son équation bilan :
- elle produit une insaturation dans la nouvelle molécule ;
- le nombre de produits est supérieur au nombre de réactifs (on a une molécule en plus dans les produits).

▶ **2.** Reconnaître la **substitution** par son équation bilan :
- elle remplace un atome ou un groupe d'atomes de la molécule attaquée par un autre atome ou groupe d'atomes (le remplacement s'effectue à la même place) ;
- le nombre de produits est identique au nombre de réactifs.

▶ **3.** Reconnaître une **addition** par son équation bilan (inverse d'une élimination) : le nombre de produits est inférieur au nombre de réactifs (on a une molécule en moins dans les produits).

CORRIGÉ

1. La réaction **(b)** a deux produits pour un seul réactif, et l'alcène produit contient bien une insaturation (liaison double) : il s'agit d'une élimination.

2. La réaction **(a)** a autant de produits que de réactifs, et —OH prend la place du chlore dans la molécule attaquée $CH_3{-}CH_2Cl$: c'est une substitution.

3. Il n'y a pas de réaction d'addition.

> **Réflexe à avoir**
>
> La réaction d'addition est l'inverse de la réaction d'élimination, soit, sans présumer de sa réalisation pratique :
> $CH_2{=}CH_2 + H_2O \rightarrow CH_3{-}CH_2OH$

Vérifiez vos connaissances

1 Vrai-Faux

Indiquer pour chaque proposition si elle est vraie (V) ou fausse (F).

1. Le plus petit amide est le méthanamide $HCO{-}NH_2$. ☐ V ☐ F

2. Le mécanisme réactionnel d'une transformation complexe est un ensemble de mécanismes réactionnels types pouvant être simultanés et ayant des vitesses de réaction différentes. ☐ V ☐ F

3. Dans une transformation, le mécanisme réactionnel élémentaire le plus lent impose sa cinétique. ☐ V ☐ F

4. Une AE est une addition électrophile basée sur l'attirance d'un réactif nucléophile sur un site électrophile du substrat. ☐ V ☐ F

5. Une oxydation ménagée est une réaction de modification de fonction. ☐ V ☐ F

2 Additions, éliminations ou substitutions

1. Parmi les différentes équations de réaction proposées, identifier les additions, les éliminations et les substitutions.

a) $CH_3{-}CH_2Cl + HO^- \rightarrow CH_3{-}CH_2OH + Cl^-$

b) $R{-}CHO + H_2 \rightarrow R{-}CH_2OH$

c) $CH_3{-}CH_2OH \rightarrow CH_2{=}CH_2 + H_2O$

d) $CH_2{=}CH_2 + HCl \rightarrow CH_3{-}CH_2Cl$

e) $CH_3{-}CBr{-}(CH_3)_2 \rightarrow CH_3{-}\underset{\substack{|\\ CH_3}}{C}{=}CH_2 + HBr$

f) $CH_2{=}CH_2 + H_2 \rightarrow CH_3{-}CH_3$

2. Parmi les différentes formules proposées, identifier les fonctions alcool, aldéhyde et amine.

a)

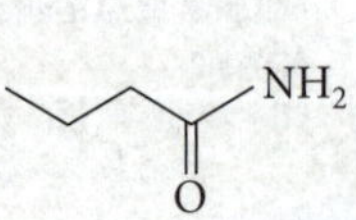

b)

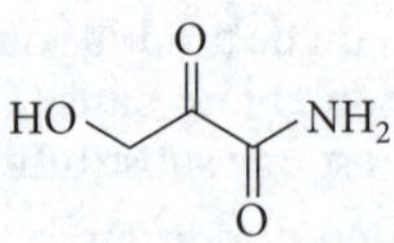

c)

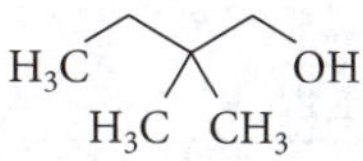

d)

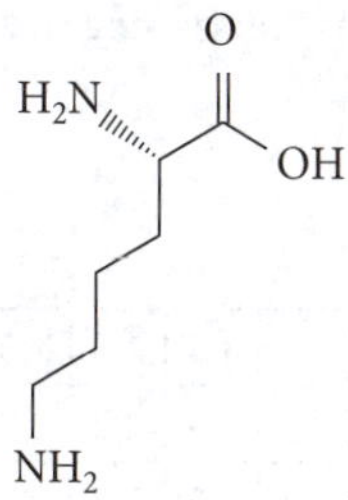

Exercices d'application

3 Déshydrogénation

1. La déshydrogénation du pentane conduit à deux alcènes isomères l'un de l'autre.

Donner les équations de ces déshydrogénations, ainsi que les noms des alcènes. De quel type d'isomérie s'agit-il ?

2. L'un des alcènes obtenus donne lieu à un autre type d'isomérie. De quel type d'isomérie s'agit-il ? Donner le nom et la formule semi-développée de chacun des isomères.

3. Le reformage du pentane peut conduire à une modification de la chaîne carbonée.

Donner le nom et la formule topologique des différents isomères en C_5.

Présentent-ils un carbone asymétrique ?

4 Échelle d'électronégativité de Pauling

Le premier tableau ci-après est celui, légèrement modifié, de la classification périodique des éléments chimiques. Le second regroupe les valeurs des électronégativités des atomes suivant l'échelle de Pauling.

Tableau des éléments chimiques

													H				He
Li	Be											B	C	N	O	**F**	Ne
Na	Mg											Al	Si	P	S	Cl	Ar
K	Ca	Sc	Ti	V	Cr	Mn	Fe	Co	Ni	Cu	Zn	Ga	Ge	As	Se	Br	Kr
Rb	Sr	Y	Zr	Nb	Mo	Tc	Ru	Rh	Pd	Ag	Cd	In	Sn	Sb	Te	I	Xe
Cs	Ba	La	Hf	Ta	W	Re	Os	Ir	Pt	Au	Hg	Tl	Pb	Bi	Po	At	Rn
Fr	Ra	Ac	Th	Pa	U												

Électronégativité selon Pauling

													2,1				**X**
1,0	1,5											2,0	2,5	3,0	3,5	4,0	**X**
0,9	1,2											1,5	1,8	2,1	2,5	3,0	**X**
0,8	1,0	1,3	1,5	1,6	1,6	1,5	1,8	1,8	1,8	1,9	1,6	1,6	1,8	2,0	2,4	2,8	**X**
0,8	1,0	1,3	1,4	1,6	1,8	1,9	2,2	2,2	2,2	1,9	1,7	1,7	1,8	1,9	2,1	2,5	**X**
0,7	0,9	1,1	1,3	1,5	1,7	1,9	2,2	2,2	2,2	2,4	1,9	1,8	1,8	1,9	2,0	2,2	**X**
0,7	0,9	1,1	1,3	1,5	1,7												

1. Quel est l'intervalle d'électronégativité des atomes suivant Pauling ? Quel est l'élément le plus électronégatif ? Le moins électronégatif ?

2. Quelle est l'électronégativité du brome ? En déduire que la liaison H — Br est polarisée.

3. Quel est alors, de Br^- ou de H^+, l'ion susceptible de réaliser une attaque électrophile sur un alcène ?

Vers le bac

5 D'un alcène à l'autre

On souhaite, en deux étapes, passer du but-1-ène au but-2-ène. Dans un premier temps, le but-1-ène est hydraté à froid en milieu acide sulfurique dilué. On obtient majoritairement un produit A.

1. Donner les deux possibilités de formules semi-développées pour la molécule A. En déduire les possibles équations bilans.

2. L'atome d'hydrogène issu de la molécule d'eau se fixe sur l'atome de carbone de la liaison C═C le moins substitué (règle de Markovnikov). En déduire la formule topologique de A.

3. Le mécanisme réactionnel justifiant la formation majoritaire de A est du type suivant :

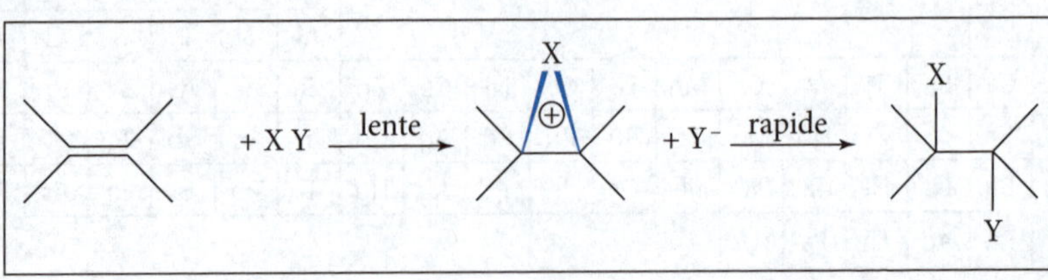

Identifier les sites donneurs et accepteurs. Légender les attaques par des flèches courbes et préciser leur caractère nucléophile ou électrophile.

4. Le produit A possède des stéréoisomères. Donner les représentations de Cram des deux énantiomères.

5. Par la suite, le composé A est déshydraté en milieu acide sulfurique concentré à 150 °C. Donner la formule semi-développée du produit B majoritaire de cette déshydratation sachant que, majoritairement, l'alcène le plus substitué se forme (règle de Zaitsev).

6. B possède-t-il une isomérie Z/E ? Justifier.

6 Nylon

Exercice à caractère documentaire

En 1937, W. H. Carothers, de la société Dupont de Nemours, déposait aux États-Unis le brevet du Nylon. Le Nylon est un polyamide obtenu par une réaction chimique appelée polycondensation. C'est une réaction de polymérisation entre motifs monomères avec élimination de petites molécules. Une application industrielle est le « bas Nylon » ou « soie synthétique ». Cette fibre est insoluble dans l'eau et les solvants organiques usuels, elle se dissout dans le phénol et fond à 263 °C. Elle présente une meilleure élasticité que les fibres naturelles. Le Nylon-6,6 est produit par réaction entre l'hexane-1,6-diamine et l'acide hexanedioïque. Le polymère a pour formule :

$$HO{+}CO{-}(CH_2)_4{-}CO{-}NH{-}(CH_2)_6{-}NH{+}_nH$$

Données : masses molaires en $g \cdot mol^{-1}$ $M_C = 12$; $M_H = 1$; $M_N = 14$; $M_O = 16$.

1. Recopier la formule du Nylon-6,6 et entourer le(s) groupe(s) fonctionnel(s).

2. Donner la formule semi-développée du monomère hexane-1,6-diamine.

3. Dans le texte, on lit « avec élimination de petites molécules ». Quelle petite molécule est éliminée lorsque le Nylon-6,6 est synthétisé à partir du diacide (acide hexanedioïque) ?

4. Dans la formule du polymère, n est appelé « degré de polymérisation », c'est-à-dire le nombre de fois où le motif se répète dans la macromolécule (n très grand). Il est possible de déterminer la masse molaire du polymère par chromatographie. Le motif du polymère étant :

$$+CO{-}(CH_2)_4{-}CO{-}NH{-}(CH_2)_6{-}NH+$$

calculer sa masse molaire.

5. On obtient une masse molaire égale à $1{,}2 \cdot 10^5$ $g \cdot mol^{-1}$ pour le Nylon-6,6. Calculer dans ces conditions le degré n de polymérisation.

Vérifiez vos connaissances

1 Vrai-Faux

1. Vrai. Le plus petit amide contient un seul atome de carbone et se nomme méthanamide.

2. Vrai. Le mécanisme réactionnel d'une transformation complexe est une série de mécanismes réactionnels élémentaires (A, E, S) pouvant être simultanés et ayant des vitesses de réaction différentes.

3. Vrai. Dans une transformation, le mécanisme réactionnel élémentaire le plus lent impose sa cinétique.

4. Faux. Une AE est une addition électrophile, mais elle est basée sur l'attirance d'un réactif électrophile pour un site nucléophile du substrat (par exemple, la formation de composés halogénés par addition de HX sur une double liaison d'alcène).

5. Vrai. Une oxydation ménagée modifie la fonction de la molécule sans rupture de chaîne (par exemple, l'oxydation ménagée d'un alcool II qui produit une cétone).

2 Additions, éliminations ou substitutions

1. Parmi les différentes équations de réaction proposées, **b)**, **d)** et **f)** sont des **additions**, **c)** et **e)** sont des **éliminations**, et **a)** est une **substitution**.

2. **b)** et **c)** possèdent une fonction **alcool** :

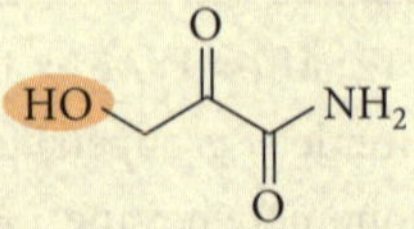

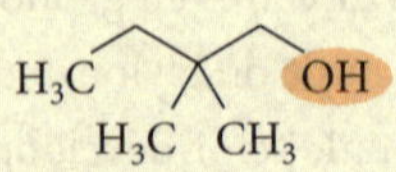

Aucune molécule ne possède de fonction aldéhyde.

d) possède deux fonctions **amine** I :

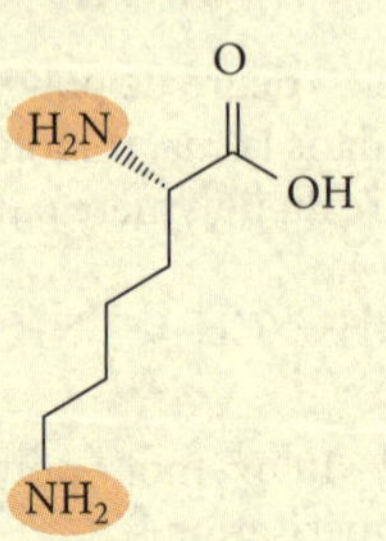

Piège à éviter

a) et **b)** possèdent une fonction amide $CO-NH_2$ qu'il ne faut pas répertorier comme des fonctions cétone + amine !

Exercices d'application

3 Déshydrogénation

1. La déshydrogénation du pentane conduit à deux alcènes isomères l'un de l'autre : il s'agit d'une élimination de deux atomes d'hydrogène liés à deux atomes de carbone consécutifs.

Premier cas : il s'agit de C_1 et C_2. L'alcène obtenu est alors le **pent-1-ène** de formule semi-développée $CH_2{=}CH{-}CH_2{-}CH_2{-}CH_3$. L'équation de la réaction de déshydrogénation est :

$$\mathbf{CH_3{-}CH_2{-}CH_2{-}CH_2{-}CH_3 \rightarrow CH_2{=}CH{-}CH_2{-}CH_2{-}CH_3 + H_2}$$

Deuxième cas : il s'agit de C_2 et C_3. L'alcène obtenu est le **pent-2-ène**, et l'équation de la réaction de déshydrogénation est :

$$\mathbf{CH_3{-}CH_2{-}CH_2{-}CH_2{-}CH_3 \rightarrow CH_3{-}CH{=}CH{-}CH_2{-}CH_3 + H_2}$$

Le pent-1-ène et le pent-2-ène sont des **isomères de position.**

Piège à éviter

La déshydrogénation $C_3 - C_4$ ou $C_4 - C_5$ produit aussi le pent-2-ène ou le pent-1-ène.

2. Le pent-2-ène présente une **isomérie Z/E** :

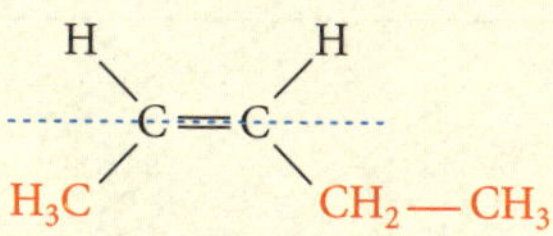

Isomère Z

(Z) pent-2-ène

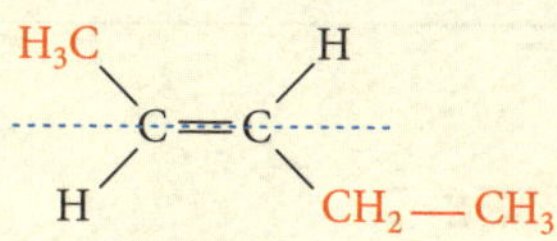

Isomère E

(E) pent-2-ène

3. Les deux isomères de constitution de chaîne du pentane sont :

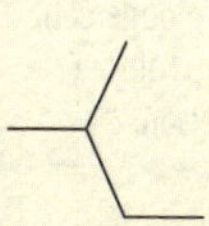

Méthylbutane

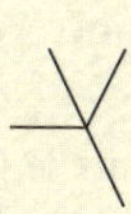

Diméthylpropane

Aucun ne présente de carbone asymétrique.

Remarque

Les numéros de l'atome de carbone de rattachement ne sont pas indispensables s'il n'y a pas d'autre choix possible.

4 Échelle d'électronégativité de Pauling

1. L'échelle de Pauling varie entre $\boldsymbol{\chi = 0{,}7}$ **et** $\boldsymbol{\chi = 4{,}0}$. L'élément le moins électronégatif est le **francium** Fr, avec $\chi_{Fr} = 0{,}7$ et le plus électronégatif est le **fluor** F, avec $\chi_F = 4{,}0$.

2. Le chlore a une électronégativité de $\boldsymbol{\chi_{Br} = 2{,}8}$. Or celle de l'hydrogène est $\chi_H = 2{,}1$. On en déduit que le chlore est plus électronégatif que l'hydrogène.

La liaison est polarisée, et les électrons ont tendance à se déplacer vers l'atome de brome plus électronégatif : $\overset{\delta^+}{H} \rightarrow \overset{\delta^-}{Br}$

3. Lors de la rupture de la liaison, le doublet électronique reste sur le brome qui devient l'ion chlore Br^-, et l'hydrogène devient un proton H^+. Le **cation H^+**, ne possédant plus d'électron sur ses couches électroniques, est susceptible de réaliser une attaque électrophile sur une double liaison d'alcène.

Voici un exemple de mécanisme réactionnel, la bromation du 2-méthylpropène :

Attaque électrophile de H^+ sur l'alcène (étape lente du fait de la rupture de la liaison HBr)

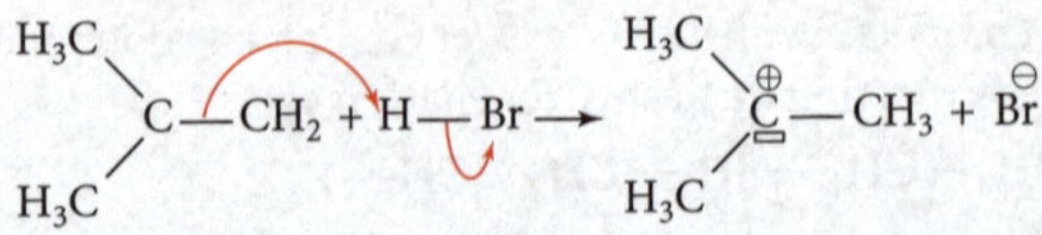

Attaque nucléophile de Br^- sur le carbocation (étape rapide du fait de la création d'une liaison entre un anion et un cation)

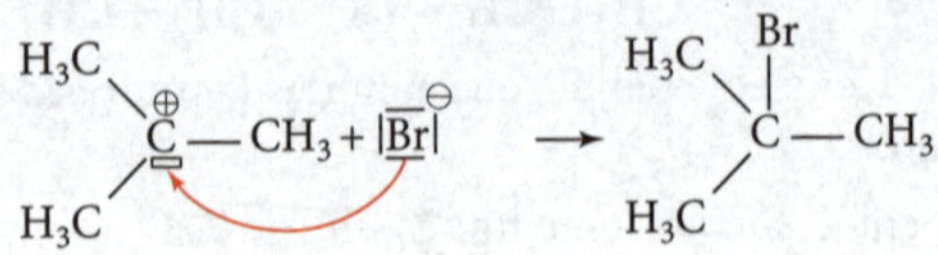

Vers le bac

5 D'un alcène à l'autre

1. L'hydratation du but-1-ène $CH_2{=}CH{-}CH_2{-}CH_3$ conduit à additionner un hydrogène H et un groupement alcool —OH de part et d'autre de la double liaison.

> **Méthode**
> Additionner le groupement – OH sur l'un ou l'autre C de la double liaison.

Possibilité 1 : l'addition de H se fait sur le C_1 et celle de —OH sur le C_2. On obtient le butan-2-ol de formule semi-développée $\mathbf{CH_3{-}CHOH{-}CH_2{-}CH_3}$.

L'équation est alors :

$$CH_2{=}CH{-}CH_2{-}CH_3 + H_2O \rightarrow CH_3{-}CHOH{-}CH_2{-}CH_3$$

Possibilité 2 : l'addition de H se fait sur le C_2 et celle de OH sur le C_1. On obtient le butan-1-ol de formule semi-développée $\mathbf{CH_2OH{-}CH_2{-}CH_2{-}CH_3}$.

L'équation est alors :

$$CH_2{=}CH{-}CH_2{-}CH_3 + H_2O \rightarrow CH_2OH{-}CH_2{-}CH_2{-}CH_3$$

2. La règle de Markovnikov nous permet de conclure que le produit A est l'alcool II de formule semi-développée $CH_3—CHOH—CH_2—CH_3$. En effet, l'hydrogène se fixe sur C_1, moins substitué que C_2. La formule topologique du butan-2-ol est :

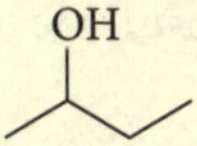

3. Ici, XY représente la molécule d'eau H_2O, avec X^+ le proton H^+ et Y^- l'ion hydroxyde HO^-. Les **sites donneurs** de doublets d'électrons sont les sites nucléophiles possédant des doublets comme l'**ion hydroxyde** ou la **double liaison de l'alcène**.

Les sites **accepteurs** de doublets électroniques ou sites électrophiles possèdent des lacunes : c'est le cas du **carbocation** obtenu après la première étape ou du proton H^+.

On peut légender les attaques par des flèches rouges dans le mécanisme ci-après :

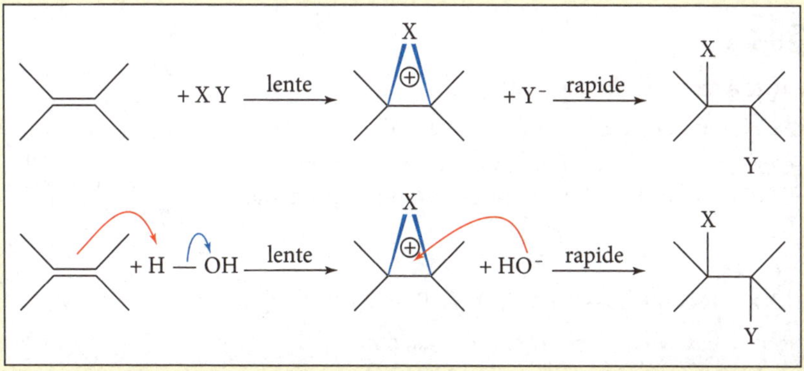

4. Le produit A possède des stéréoisomères, énantiomères l'un de l'autre :

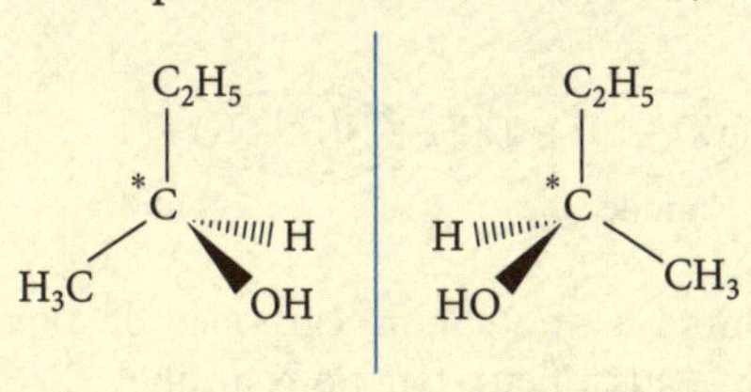

Gagnez des points !
La molécule de droite est un stéréoisomère S, alors que son image dans le miroir est R.

5. La déshydratation de A est l'élimination d'une molécule d'eau, H appartenant à un carbone et OH appartenant au carbone adjacent. Deux cas sont possibles :

– soit l'hydrogène est éliminé en C_1, et on retrouve le but-1-ène de formule semi-développée $CH_2=CH—CH_2—CH_3$;

– soit il est éliminé en C_3 et on obtient le but-2-ène de formule semi-développée $CH_3—CH=CH—CH_3$.

La règle de Zaitsev permet de prévoir que l'acène B majoritairement obtenu est celui qui est le plus substitué, c'est-à-dire le **but-2-ène** de formule semi-développée **$CH_3—CH=CH—CH_3$**.

6. B possède une isomérie Z/E, car pour chaque atome de carbone de la double liaison, ce dernier possède deux substituants différents —H et —CH_3.

Isomère Z **Isomère E**

6 Nylon

Exercice à caractère documentaire

Piège à éviter

Le Nylon ne possède pas de fonction cétone – CO – ! Développer le début et la fin de la molécule pour ne pas faire d'erreur.

1. Le Nylon possède 2*n* – 1 fonctions amide —CO—NH—, une fonction acide carboxylique —COOH et une fonction amine en extrémité de chaîne.

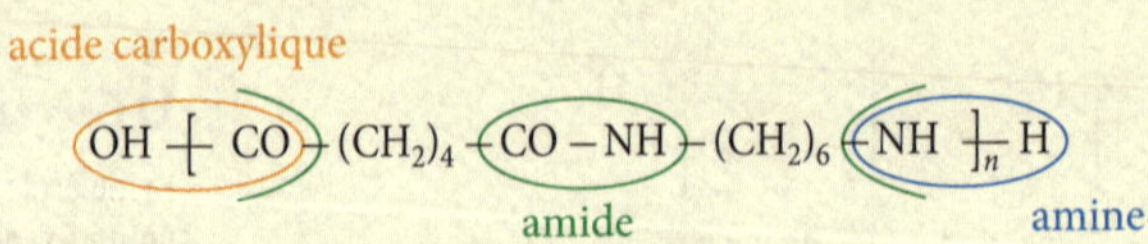

2. La molécule d'hexane-1,6-diamine a une chaîne carbonée de type hexane à 6 atomes de carbone. Elle possède aussi deux fonctions amine —N— sur les atomes de carbone n° 1 et n° 6. On complète ensuite le squelette carboné et les deux azote trivalents par des atomes d'hydrogène afin de respecter la règle de l'octet :

$$\mathbf{H_2N—CH_2—CH_2—CH_2—CH_2—CH_2—CH_2—NH_2}$$

ou

$$\mathbf{H_2N(CH_2)_6NH_2}$$

3. L'acide hexanedioïque est une molécule à 6 atomes de carbone, dont 2 fonctions —COOH en extrémité de chaîne, soit :

$$HOOC—CH_2—CH_2—CH_2—CH_2—COOH$$

La réaction est donc à répéter *n* fois :

$$HOOC\text{-}(CH_2)_4\text{-}\ HOOC + H_2N\ \text{-}(CH_2)_6\text{-}NH_2$$

$$\rightarrow HOOC\text{-}(CH_2)_4\text{-}\ CO—HN\ \text{-}(CH_2)_6\text{-}NH_2 + H_2O$$

Les petites molécules éliminées sont donc les **molécules d'eau**.

4. L'expression de la masse molaire de

$$\text{-}[CO—(CH_2)_4—CO—NH—(CH_2)_6—NH]\text{-}$$

est : $M = 12M_C + 2\,M_O + 2\,M_N + 22\,M_H$

A. N. : soit $M = 12 \times 12 + 2 \times 16 + 2 \times 14 + 22 \times 1$ soit $\boldsymbol{M = 226\ g \cdot mol^{-1}}$.

5. Les extrémités de la molécule de Nylon sont deux atomes d'hydrogène et un atome d'oxygène de masse molaire supplémentaire de 18 $g \cdot mol^{-1}$ que l'on peut négliger par rapport à $226 \times n$ $g \cdot mol^{-1}$ (*n* fois la masse molaire du motif).

On peut donc écrire que $nM = 1{,}2 \cdot 10^5\ g \cdot mol^{-1}$ pour le Nylon-6,6, soit $n = \dfrac{1{,}2 \cdot 10^5}{M}$.

A. N. : $n = \dfrac{1{,}2 \cdot 10^5}{226}$ soit $\boldsymbol{n = 5{,}3 \cdot 10^2}$ **motifs.**

Gagnez des points !

Le degré d'un polymère étant élevé, on peut négliger la masse molaire des extrémités de la molécule.

CHAPITRE 11 Réaction chimique par échange de proton

1 pH : définition et mesure

1 Définition du pH d'une solution aqueuse diluée

• Toute solution aqueuse contient, entre autres, des ions oxonium H_3O^+ et des ions hydroxyde HO^-.

Le **pH** d'une solution aqueuse diluée est un nombre sans dimension défini comme l'opposé du logarithme décimal de la concentration en ions oxonium H_3O^+ de la solution (exprimée en $mol \cdot L^{-1}$) :

$$\mathbf{pH = -\log[H_3O^+]}$$

Remarque : Dans le cas d'une solution concentrée d'acide chlorhydrique par exemple, de concentration en H_3O^+ inférieure à $5 \cdot 10^{-2}$ $mol \cdot L^{-1}$, la définition du pH n'est plus valable.

• La concentration en ions oxonium d'une solution de pH connu vaut alors :

$$\mathbf{[H_3O^+] = 10^{-pH}}$$

• L'échelle de pH des solutions aqueuses varie entre 0 et 14. Le pH est d'autant plus grand que la concentration de la solution en ions oxonium est faible.

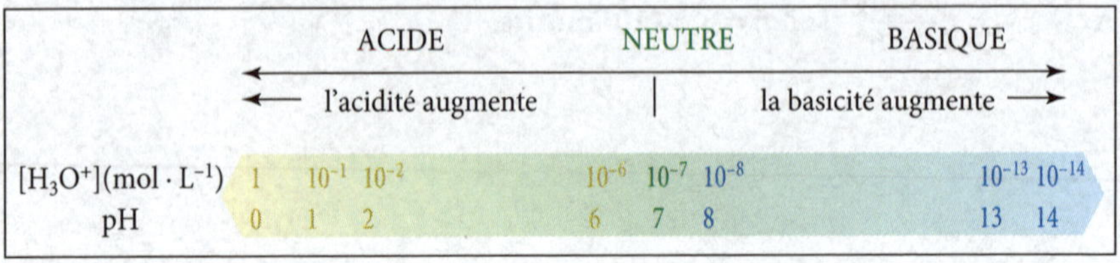

• Une solution est acide si son pH est inférieur à 7, neutre si son pH est égal à 7 et basique s'il est supérieur.

2 Mesure de pH

• Le pH d'une solution se mesure grâce à un **pH-mètre**, étalonné à l'aide de solutions tampons. Ces dernières sont des solutions stables ou « solutions étalons » de pH connu.

Remarque : Le pH d'une solution varie suivant la température de celle-ci. Il est donc nécessaire de régler la température sur le pH-mètre avant toute mesure.

- Lors d'une mesure du pH à 0,05 unité de pH près, l'incertitude sur la concentration en ions oxonium est supérieure à 10 %. Il est donc raisonnable de n'exprimer une concentration déduite d'une mesure de pH qu'avec 2 chiffres significatifs.

EXERCICE RÉSOLU

Calculer le pH d'une solution et en déduire son caractère acide, neutre ou basique

ÉNONCÉ

Pour chaque solution proposée, calculer son pH et en déduire les solutions aqueuses acides.

a. Eau minérale de concentration en ions oxonium $[H_3O^+] = 3{,}1 \cdot 10^{-7}\ mol \cdot L^{-1}$.

b. Solution d'acide chlorhydrique de concentration $c = 4{,}6 \cdot 10^{-3}\ mol \cdot L^{-1}$.

CORRIGÉ

a. Si $[H_3O^+] = 3{,}1 \cdot 10^{-7}\ mol \cdot L^{-1}$, alors :

$$pH = -\log[H_3O^+] = -\log(3{,}1 \cdot 10^{-7}) = 6{,}5$$

Le pH de l'eau minérale est de **6,5** donc cette eau est **légèrement acide** (pH inférieur à 7, mais proche de cette valeur).

b. Une solution d'acide chlorhydrique contient des ions oxonium H_3O^+ et des ions chlorure Cl^- tels que :

$$c = [H_3O^+] = [Cl^-] = 4{,}6 \cdot 10^{-3}\ mol \cdot L^{-1}$$

On en déduit donc que :

$pH = -\log[H_3O^+] = -\log(4{,}6 \cdot 10^{-3}) = 2{,}3$.

Le pH de cette solution aqueuse diluée d'acide chlorhydrique est de **2,3**, ce qui confirme bien que cette solution est **acide**, comme son nom l'indique.

Conseil

Vérifier qu'en fonction de la concentration en ions H_3O^+, la définition du pH est valable.

2 Théorie de Brönsted : acides faibles, bases faibles

1 Couples acido-basiques

Un **acide** est une espèce chimique capable de céder un proton H^+.
Une **base** est une espèce chimique capable d'accepter un proton H^+.

- On définit un **couple acide-base**, noté acide/base ou AH/A^-, comme l'ensemble des deux espèces intervenant dans la demi-équation suivante :

$$\text{Acide} = \text{Base} + H^+ \quad \text{ou encore} \quad AH = A^- + H^+$$

- L'ion oxonium H_3O^+ est un acide dont la base conjuguée est l'eau H_2O. La demi-équation associée est donc : $H_3O^+ = H_2O + H^+$
Cependant, l'eau est aussi un acide dont la base conjuguée est l'ion hydroxyde HO^-. La demi-équation associée est alors : $H_2O = HO^- + H^+$

L'eau est à la fois l'acide du couple $H_2O(l)/HO^-(aq)$ et la base du couple $H_3O^+(aq)/H_2O(l)$: on dit qu'elle est **ampholyte**.

2 Notion d'équilibre, acide faible, base faible

- Une **réaction acido-basique** fait intervenir deux couples acide-base : acide 1/base 1 et acide 2/base 2, l'acide 1 réagissant avec la base 2.

Remarque : Un acide ne peut réagir qu'avec une base, et réciproquement.

- La réaction chimique associée à la **dilution d'un acide AH dans l'eau** fait intervenir le couple AH/A^- et celui de l'eau en tant que base, soit H_3O^+/H_2O.
L'acide, cédant un proton, réagit avec l'eau : $AH(aq) + H_2O(l) \rightarrow A^-(aq) + H_3O^+(aq)$.
Cependant, dans la plupart des cas d'étude, les réactifs et les produits coexistent. La réaction n'est donc pas totale, et les produits peuvent réagir entre eux selon la réaction inverse : $A^-(aq) + H_3O^+(aq) \rightarrow AH(aq) + H_2O(l)$.
Dans ce cas, l'équation bilan se note : $AH(aq) + H_2O(l) \rightleftharpoons A^-(aq) + H_3O^+(aq)$, le symbole $\rightleftharpoons$ signifiant qu'il s'agit d'un **équilibre**.

Remarque : Il en est de même pour la dilution d'une base A^- dans l'eau, faisant intervenir le couple $H_2O(l)/HO^-(aq)$. On obtient l'équation d'équilibre $A^-(aq) + H_2O(l) \rightleftharpoons AH(aq) + HO^-(aq)$.

On appelle **acide** (resp. base) **faible**, un acide (resp. une base) dont la réaction avec l'eau n'est pas totale.

EXERCICE RÉSOLU

Montrer qu'un acide est faible

ÉNONCÉ

En TP, deux élèves mesurent le pH d'une solution d'acide acétique (ou acide éthanoïque) de concentration $c = 1{,}00 \cdot 10^{-3}\ \text{mol} \cdot \text{L}^{-1}$. Le pH-mètre indique 3,9.
Montrer que l'acide acétique est un acide faible.

CORRIGÉ

L'acide acétique CH_3COOH pur réagit avec l'eau. Les couples intervenant dans cette réaction sont CH_3COOH/CH_3COO^- (ion acétate) et le couple de l'eau en tant que base H_3O^+/H_2O. Sans présumer d'une réaction d'équilibre, on peut *a priori* écrire : $CH_3COOH + H_2O \rightarrow CH_3COO^- + H_3O^+$.
Dans le cas d'une réaction totale, le tableau d'avancement est le suivant :

Équation		CH_3COOH +	H_2O →	CH_3COO^- +	H_3O^+
État	Avancement (mol)	Quantité de matière (mol)			
EI	$x = 0$	n	Excès	0	0
EC	x	$n - x$	Excès	x	x
EF	$x = x_{max} = n$	0	Excès	n	n

À volume constant V, on en déduit que la concentration en ions oxonium à l'EF est égale à la concentration en acide acétique avant réaction, soit :

$$[H_3O^+] = \frac{n}{V} = c,$$ donc un pH prévu de $\text{pH} = -\log[H_3O^+] = -\log c$.

A. N. : $\text{pH} = -\log(1{,}00 \cdot 10^{-3}) = 3{,}0$. Or le pH mesuré par les élèves est de 3,9 ! L'hypothèse d'une réaction totale est donc erronée : la dilution de l'acide acétique est partielle, donc **l'acide acétique est un acide faible**.

Rappel

L'acide éthanoïque est un acide carboxylique à 2 atomes de carbone, soit CH_3COOH, et sa base conjuguée CH_3COO^- a perdu un proton.

3 Constante d'acidité et pK_a

1 Constante d'équilibre *K*

Si l'on considère une réaction d'équilibre $a\text{A} + b\text{B} \rightleftharpoons c\text{C} + d\text{D}$, on définit la **constante d'équilibre** *K* comme :

$$K = \frac{[\text{C}]_{\text{éq}}^{c}[\text{D}]_{\text{éq}}^{d}}{[\text{A}]_{\text{éq}}^{a}\,[\text{B}]_{\text{éq}}^{b}} \quad \text{avec} \quad \begin{cases} [\text{A}] : \text{concentration molaire de A (en mol}\cdot\text{L}^{-1}), \\ a : \text{coefficient stoechiométrique de A.} \end{cases}$$

Remarque : L'indice éq signifie que les concentrations des réactifs et des produits sont prises à l'équilibre. Si ce n'est pas le cas, on peut toujours définir le même rapport des concentrations ou quotient de réaction $Q_r = \frac{[\text{C}]_k^c\,[\text{D}]_k^d}{[\text{A}]_k^a\,[\text{B}]_k^b}$ pour un état k quelconque. Q_r tend vers *K* à l'équilibre.

- Lorsqu'il s'agit de solutions aqueuses, il est convenu de ne pas faire figurer l'eau dans l'expression de *K*.

- La constante d'équilibre est **sans unité** et ne dépend que de la température du milieu réactionnel.

Remarque : Même si ce n'est pas explicité pour ne pas alourdir l'écriture de *K*, chaque concentration est divisée par $c_0 = 1\ \text{mol}\cdot\text{L}^{-1}$ afin que *K* soit bien sans unité.

2 Produit ionique de l'eau K_e

- L'eau est un ampholyte. L'**autoprotolyse** est une réaction d'équilibre de H_2O, acide du couple $H_2O(l)/HO^-(aq)$, sur H_2O, base du couple $H_3O^+(aq)/H_2O(l)$, soit :

$$2H_2O(l) \rightleftharpoons H_3O^+(aq) + HO^-(aq)$$

La constante d'équilibre K_e associée à l'autoprotolyse de l'eau, appelée **produit ionique**, est définie comme :

$$\boldsymbol{K_e = K = [H_3O^+]_{\text{éq}}[HO^-]_{\text{éq}}} \quad \text{avec} \quad \begin{cases} [H_3O^+]_{\text{éq}} : \text{concentration en ions oxonium (en mol}\cdot\text{L}^{-1}), \\ [HO^-]_{\text{éq}} : \text{concentration en ions hydroxyde (en mol}\cdot\text{L}^{-1}). \end{cases}$$

- À 25 °C, pH = 7, donc la concentration en ions oxonium vaut $[H_3O^+] = 1{,}0\cdot10^{-7}\ \text{mol}\cdot\text{L}^{-1}$. La stoechiométrie de l'équation d'autoprotolyse montre que $[H_3O^+] = [HO^-]$.

À 25 °C, $K_e = [H_3O^+]_{\text{éq}}\,[HO^-]_{\text{éq}} = 1{,}0\cdot10^{-7} \times 1{,}0\cdot10^{-7}$ soit $\boldsymbol{K_e = 1{,}0\cdot10^{-14}}$.

3 Constante d'acidité K_a et pK_a

Pour tout couple acide-base AH/A^- en solution dans l'eau auquel on associe la réaction d'équilibre $AH(aq) + H_2O(l) \rightleftharpoons A^-(aq) + H_3O^+(aq)$, on définit la **constante d'acidité** K_a :

$$\mathbf{K_a = \frac{[A^-]_{éq}[H_3O^+]_{éq}}{[AH]_{éq}}}$$

avec $[X]_{éq}$ la concentration de X à l'équilibre (en $mol \cdot L^{-1}$).

Rappel : Pour les solutions aqueuses, l'eau n'entre pas en compte dans la définition du K_a.

À toute constante d'activité K_a, on fait correspondre une grandeur sans unité notée pK_a : $\mathbf{pK_a = -\log K_a}$ ou $\mathbf{K_a = 10^{-pK_a}}$

Dans le cas de la **réaction d'autoprotolyse de l'eau**, on définit $\mathbf{pK_e = -\log K_e}$.
À 25 °C, $pK_e = -\log K_e = -\log 10^{-14}$ soit $\mathbf{pK_e = 14}$.

EXERCICE RÉSOLU

Calculer la concentration en ions hydroxyde et oxonium à partir du pH

ÉNONCÉ

Le pH d'une solution aqueuse est de 9,4. Cette solution est-elle acide ou basique ? En déduire la concentration en ions oxonium et hydroxyde de cette solution à 25 °C.

CORRIGÉ

Le pH de la solution aqueuse est de 9,4. Il est supérieur à 7, donc la solution est **basique**.
À partir de la valeur du pH, on peut en déduire la concentration en ions oxonium : $[H_3O^+] = 10^{-pH}$, soit $[H_3O^+] = 10^{-9,4} = 4,0 \cdot 10^{-10}$ $mol \cdot L^{-1}$. En utilisant le produit ionique de l'eau à 25 °C, on en déduit la concentration en ions hydroxyde :

$$[H_3O^+][HO^-] = K_e = 10^{-14}, \text{ donc } [HO^-] = \frac{K_e}{[H_3O^+]}.$$

A. N. : $[HO^-] = \dfrac{1,0 \cdot 10^{-14}}{10^{-9,4}} = 10^{-4,6}$ soit $\mathbf{[HO^-] = 2,5 \cdot 10^{-5}\ mol \cdot L^{-1}}$.

Conseil
Utiliser le produit ionique de l'eau K_e pour calculer $[HO^-]$ à partir de $[H_3O^+]$. On oublie souvent de noter les indices éq, sachant qu'on est à l'équilibre à 25 °C.

4 Échelle des pK_a, domaine de prédominance

1 Taux d'avancement τ

Le **taux d'avancement** τ d'une réaction dans un état chimique d'avancement x est :

$$\tau = \frac{x}{x_{max}} \quad \text{avec} \quad \begin{cases} x : \text{avancement (en mol)}, \\ x_{max} : \text{avancement maximal (en mol)}. \end{cases}$$

- τ est un rapport de deux avancements, il est donc **sans dimension**.
- À l'équilibre, on définit le taux d'avancement $\tau = \frac{x_{éq}}{x_{max}} = \frac{x_f}{x_{max}}$ avec x_f l'avancement final à l'équilibre, différent de l'avancement maximal x_{max}.

Remarque : Dans le cas d'une réaction totale, $\tau = 1$ et $x_{max} = x_f$.

- La réaction d'un acide AH de concentration donnée avec l'eau a un taux d'avancement final **d'autant plus important** que la constante d'acidité K_a du couple AH/A^- est élevée (pK_a faible) ou que le pH de la solution est faible.
- La réaction d'une base A^- de concentration donnée avec l'eau a un taux d'avancement final **d'autant plus important** que la constante d'acidité K_a du couple AH/A^- est faible (pK_a élevé) ou que le pH de la solution est important.

Remarque : La constante d'équilibre K de la réaction $A^-(aq) + H_2O(l) \rightleftharpoons HO^-(aq) + AH(aq)$ est telle que $K = \frac{[AH]_{éq}[HO^-]_{éq}}{[A^-]_{éq}} = \frac{[AH]_{éq}[HO^-]_{éq}[H_3O^+]_{éq}}{[A^-]_{éq}[H_3O^+]_{éq}} = \frac{K_e}{K_a}$.

2 Domaine de prédominance

- Par définition, $K_a = \frac{[A^-]_{éq}[H_3O^+]_{éq}}{[AH]_{éq}}$, soit $[H_3O^+]_{éq} = \frac{[AH]_{éq}}{[A^-]_{éq}} K_a$. On en déduit alors :

$$\mathbf{pH = pK_a + \log\frac{[A^-]_{éq}}{[AH]_{éq}}}$$

- Au vu de cette dernière relation, on peut définir trois domaines :

– Si $pH = pK_a$, alors $[A^-]_{éq} = [AH]_{éq}$: l'acide et sa base conjuguée ont même concentration à l'équilibre.

– Si $pH \ll pK_a$, alors $[A^-]_{éq} \ll [AH]_{éq}$: l'acide est en concentration plus importante que sa base conjuguée, on dit que AH est l'espèce prédominante.

– Si $pH \gg pK_a$, alors $[A^-]_{éq} \gg [AH]_{éq}$: l'acide est en concentration plus faible que sa base conjuguée, on dit que A^- est l'espèce prédominante.

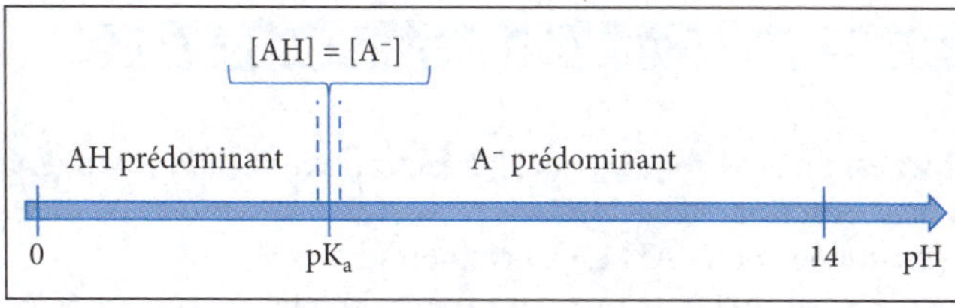

Remarque : En pratique, on considère qu'une espèce est majoritaire dans un domaine de pH excluant l'intervalle $[pK_a - 1 ; pK_a + 1]$.

EXERCICE RÉSOLU

Tracer le diagramme de prédominance des espèces dans l'eau

ÉNONCÉ

La glycine est un acide aminé ampholyte de formule $H_2N—CH_2—COOH$. Sachant que $pK_{a1} = 2,3$ et $pK_{a2} = 9,6$, tracer le diagramme de prédominance dans l'eau.

CORRIGÉ

La base conjuguée de $H_2N—CH_2—COOH$ considérée comme acide est l'espèce ayant perdu un proton. Il s'agit de $H_2N—CH_2—COO^-$. Le pK_a de ce couple est de 2,3 donc pour $pH \ll 2,3$ l'espèce prédominante est $H_2N—CH_2—COO^-$, et pour $pH \gg 2,3$ la glycine est prédominante.

L'acide conjugué de $H_2N—CH_2—COOH$ est $^+H_3N—CH_2—COOH$. Le pK_a de ce couple est de 9,6 donc pour $pH \ll 9,6$ la glycine $H_2N—CH_2—COOH$ est prédominante, et pour $pH \gg 9,6$ l'espèce prédominante est $^+H_3N—CH_2—COOH$.

Conseil
Rechercher la base conjuguée (resp. l'acide conjugué) de la glycine considérée comme acide (resp. base).

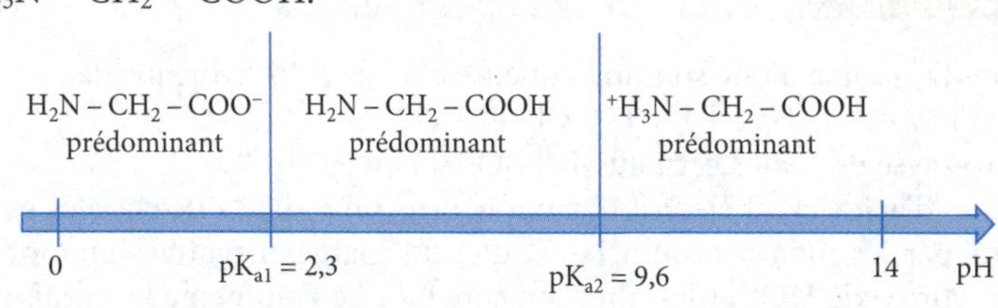

5 Acides forts, bases fortes dans l'eau

1 Acides forts, bases fortes et conjugués indifférents

Un **acide fort** est un acide pour lequel la réaction avec l'eau est totale. On notera l'équation de la réaction $AH + H_2O \rightarrow A^- + H_3O^+$, le symbole $\rightarrow$ signifiant que la réaction est totale et que AH est totalement dissocié.
De même, une **base forte** est une base pour laquelle la réaction avec l'eau est totale : $A^- + H_2O \rightarrow AH + HO^-$.

- On appelle **acide** (resp. base) **indifférent**, un acide (resp. base) ne réagissant pas avec l'eau.

- Par définition, un acide fort est une solution dans laquelle les seuls acides présents sont les ions oxonium et l'eau. Une base forte est une solution dans laquelle les seules bases présentes sont les ions hydroxyde et l'eau.

Exemple : L'acide chlorhydrique HCl ($HCl + H_2O \rightarrow Cl^- + H_3O^+$) et l'acide nitrique HNO_3 ($HNO_3 + H_2O \rightarrow NO_3^- + H_3O^+$) sont des acides forts. Les ions Cl^- et NO_3^- sont des bases indifférentes.
La soude ou hydroxyde de sodium NaOH ($NaOH\ (aq) \rightarrow Na^+ + HO^-$) et l'ion éthanolate CH_3CHO^- ($CH_3CHO^- + H_2O \rightarrow CH_3CHOH + HO^-$) sont des bases fortes. L'ion sodium et l'éthanol sont des acides indifférents.

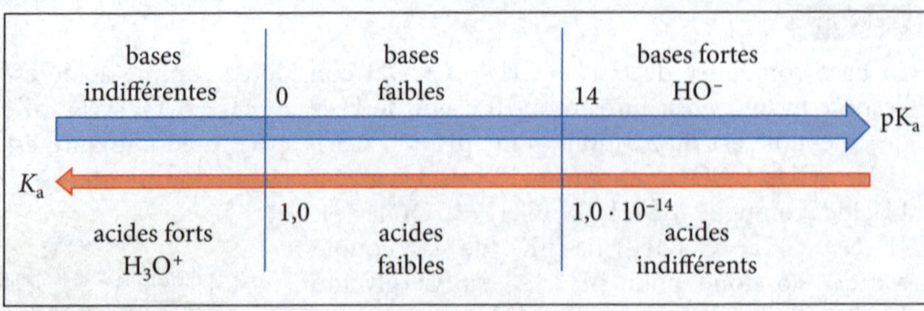

2 pH de solutions d'acides ou de bases forts

- Prenons l'exemple d'une solution aqueuse d'acide chlorhydrique de concentration c (en $mol \cdot L^{-1}$) : $HCl + H_2O \rightarrow Cl^- + H_3O^+$.
L'autoprotolyse de l'eau s'écrit aussi : $H_2O \rightarrow HO^- + H_3O^+$.
La solution d'acide étant électriquement neutre, on a autant de charges positives apportées par les ions oxonium H_3O^+ que de charges négatives apportées par les ions hydroxyde HO^- et les ions chlorure Cl^-. Le volume de la solution étant constant, l'électroneutralité s'écrit : $[H_3O^+] = [HO^-] + [Cl^-]$ avec $[Cl^-] = c$.

La solution est acide, donc les ions oxonium sont largement majoritaires devant les ions hydroxyde : $[H_3O^+][HO^-] = K_e$ et $[H_3O^+] = 10^{-pH} = \frac{K_e}{[HO^-]} = \frac{10^{-4}}{[HO^-]} \gg 10^{-7}$ mol·L^{-1} donc $[HO^-] \ll 10^{-7}$ mol·L^{-1} (négligeable).

L'électroneutralité devient : $[H_3O^+] = [Cl^-] = c$ et $pH = -\log[H_3O^+] = -\log c$.

Le pH d'une **solution aqueuse d'acide fort** de concentration c usuelle est :

$$\mathbf{pH = -\log c}$$

• Dans le cas d'une solution aqueuse de soude, par le même raisonnement et en négligeant les ions oxonium devant les ions hydroxyde, on obtient $[HO^-] = c$ et $[H_3O^+] = \frac{K_e}{[HO^-]} = \frac{K_e}{c}$.

Le pH d'une **solution aqueuse de base forte** de concentration c usuelle est :

$$\mathbf{pH = pK_e + \log c}$$

3 Réactions acide fort-base forte

La réaction d'un acide fort avec une base forte revient à considérer la réaction totale des ions oxonium avec les ions hydroxyde :

$$\mathbf{H_3O^+ + HO^- \rightarrow 2H_2O}$$

• Cette réaction est la réaction inverse de l'autoprotolyse de l'eau. Sa constante de fin de réaction vaut donc $K = \frac{1}{[HO^-][H_3O^+]} = \frac{1}{K_e}$ soit $K = 1{,}0 \cdot 10^{14}$.

Remarque : En théorie, une réaction est totale ($\tau = 1$) si sa constante K est telle que $K \gg 1$. En pratique, pour $K > 10^4$, la réaction est considérée comme totale.

• Le mécanisme de cette réaction rend compte d'un transfert de proton de H_3O^+ vers HO^-.

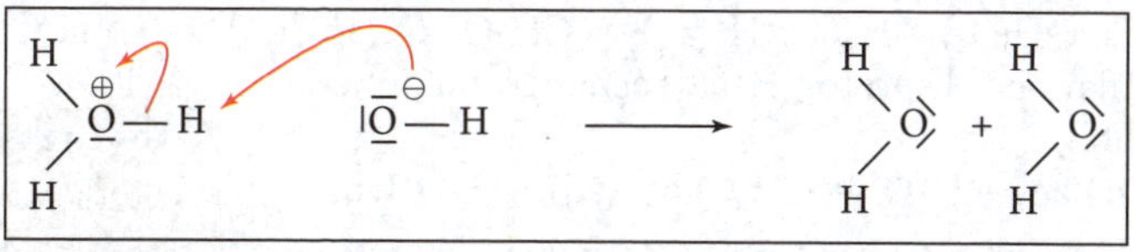

• Expérimentalement, cette réaction dégage une quantité de chaleur de l'ordre de 60 kJ·mol^{-1}, elle est très **exothermique**. Les risques de projections sont alors importants et dangereux : le port de lunettes et de gants est obligatoire, et la manipulation doit être effectuée avec précaution.

Écrire la réaction entre deux couples acide-base

ÉNONCÉ

Écrire l'équation bilan de la réaction de l'acide éthanoïque dans l'eau.

MÉTHODE

▶ **1.** Identifier l'acide et la base de chaque couple : on note toujours le couple dans le sens acide/base.

▶ **2.** Écrire les demi-équations acido-basiques, sachant qu'elles font apparaître l'acceptation du proton par la base et sa cession par l'acide.
Le sens d'écriture dépend des espèces en présence : l'acide 1 d'un couple réagit toujours avec la base 2 de l'autre couple. Commencer alors les demi-équations par l'acide 1 d'une part et la base 2 d'autre part.

▶ **3.** L'équation bilan de la réaction est alors la somme des deux demi-équations, les protons devant s'éliminer.

▶ **4.** S'il s'agit d'acides et de bases faibles, penser à remplacer la flèche simple $\rightarrow$ par une double flèche $\rightleftharpoons$ (cas d'un équilibre).

CORRIGÉ

1. L'acide éthanoïque est l'acide faible du couple $CH_3COOH(aq)/CH_3COO^-(aq)$, sa base conjuguée étant l'ion éthanoate.
Les couples de l'eau sont : $H_3O^+(aq)/H_2O$ et $H_2O/HO^-(aq)$.

2. L'acide éthanoïque, **acide** faible, ne réagit qu'avec l'eau, **base**. Il s'agit donc du couple $H_3O^+(aq)/H_2O$.
Les demi-équations sont alors : $CH_3COOH(aq) = CH_3COO^-(aq) + H^+(aq)$
$H_2O + H^+(aq) = H_3O^+(aq)$

3. L'équation bilan est la somme membre à membre des deux demi-équations :

$$CH_3COOH(aq) + H_2O + H^+(aq) \rightarrow CH_3COO^-(aq) + H^+(aq) + H_3O^+(aq)$$

En simplifiant par le proton $H^+(aq)$ échangé, on obtient finalement :
$CH_3COOH(aq) + H_2O \rightarrow CH_3COO^-(aq) + H_3O^+(aq)$

4. L'acide éthanoïque étant un acide faible, l'équation doit rendre compte de l'équilibre :
$CH_3COOH(aq) + H_2O \rightleftharpoons CH_3COO^-(aq) + H_3O^+(aq)$

Réflexe à avoir

La réaction acide-base se fait suivant la règle dite du gamma
$CH_3COOH\ (aq)/CH_3COO^-(aq)$
$H_3O^+(aq)/H_2O$

Déterminer la force d'un acide ou d'une base

ÉNONCÉ

L'acide benzoïque C_6H_5COOH est peu soluble dans l'eau : sa solubilité maximale à 25 °C est $s = 2{,}4\ g \cdot L^{-1}$. Le pH de la solution saturée est de 3,0.
En déduire quantitativement que l'acide benzoïque est un acide faible.

MÉTHODE

▶ **1.** Supposer que l'acide benzoïque est fort : écrire l'équation de la réaction supposée totale avec l'eau en utilisant la méthode de la page précédente.

▶ **2.** Calculer la concentration apportée en acide benzoïque et en déduire la concentration en ions oxonium.

▶ **3.** La réaction étant toujours supposée totale, en déduire le pH :

$$pH = -\log [H_3O^+]$$

▶ **4.** Comparer le pH calculé à celui de l'énoncé. S'ils sont différents, cela signifie que l'acide benzoïque est un acide faible.

CORRIGÉ

1. Supposons que l'acide benzoïque est un acide fort : sa dissociation dans l'eau est totale. L'équation bilan de cette réaction est :

$$C_6H_5COOH + H_2O \rightarrow C_6H_5COO^- + H_3O^+$$

2. La solubilité est $s = c_m = 2{,}4\ g \cdot L^{-1}$, soit $c = \frac{c_m}{M}$ avec M la masse molaire de l'acide benzoïque.
$M = 7M_C + 6M_H + 2M_O = 7 \times 12{,}0 + 6 \times 1{,}0 + 2 \times 16{,}0 = 122\ g \cdot mol^{-1}$.

On en déduit $c = \frac{c_m}{M} = \frac{s}{M} = \frac{2{,}4}{122} = 2{,}0 \cdot 10^{-2}\ mol \cdot L^{-1}$.

L'équation de la réaction supposée totale montre que toutes les molécules d'acide benzoïque se sont transformées et que $[H_3O^+] = c = 2{,}0 \cdot 10^{-2}\ mol \cdot L^{-1}$.

Réflexe à avoir
Un tableau d'avancement peut être établi $[H_3O^+]_f = [C_6H_5COOH]_i = c$.

3. On en déduit $pH = -\log[H_3O^+] = -\log(2{,}0 \cdot 10^{-2}) = 1{,}7$.

4. Le pH de la solution saturée est de $3{,}0 \neq 1{,}7$. L'hypothèse d'une réaction totale est invalidée : l'acide benzoïque est un acide faible, ce que confirme l'énoncé (« L'acide benzoïque C_6H_5COOH est peu soluble dans l'eau »).

Vérifiez vos connaissances

1 Vrai-Faux

Indiquer pour chaque proposition si elle est vraie (V) ou fausse (F).

1. Un acide de Brönsted libère des protons. ☐ V ☐ F

2. La constante K de la réaction d'une base faible A^- dans l'eau est l'opposée du K_a du couple AH/A^-. ☐ V ☐ F

3. $[HO^-]_{éq} = 10^{pH-14}$. ☐ V ☐ F

4. À concentrations égales, si l'on verse un volume de 10 mL de solution de soude dans un même volume de solution d'acide chlorhydrique, le pH du mélange est 7. ☐ V ☐ F

5. Une base forte de concentration $1{,}0 \cdot 10^{-4}$ mol · L^{-1} a un pH de 10. ☐ V ☐ F

2 Démonstrations

Démontrer que, pour des concentrations usuelles, le pH d'une solution aqueuse est :

1. pour une base forte de concentration c : $pH = pK_e + \log c$.

2. pour un couple acide faible/base faible AH/A^- : $pH = pK_a + \log \frac{[A^-]_{éq}}{[AH]_{éq}}$.

Exercices d'application

3 Domaine de prédominance

Le pH d'une solution aqueuse d'acide nitreux HNO_2(aq), de concentration en soluté apporté $C_1 = 0{,}20$ mol · L^{-1}, a pour valeur $pH_1 = 2{,}0$. Celui d'une solution aqueuse de méthanoate de sodium ($HCOO^-$(aq) + Na^+(aq)) de concentration en soluté apporté $C_2 = 0{,}40$ mol · L^{-1} a pour valeur $pH_2 = 8{,}7$.

1. Sur un axe des pH, placer les domaines de prédominance des deux couples acide/base mis en jeu.

2. Préciser l'espèce prédominante dans chacune des deux solutions précédentes.

3. Un mélange de ces deux solutions a un $pH_3 = 5{,}3$. En déduire les espèces prédominantes.

Données : $pK_{a1}(HNO_2/NO_2^-) = 3{,}3$; $pK_{a2}(HCOOH/HCOO^-) = 3{,}8$.

4 Une base forte : l'ion éthanolate

Dans $V = 20{,}0$ mL d'éthanol pur, on introduit 1,0 g de sodium. Une réaction exothermique assez vive se produit, accompagnée d'un dégagement gazeux important. L'éthanol, de formule C_2H_5OH, réagit avec le sodium suivant l'équation bilan :

$$C_2H_5OH(l) + Na(s) \rightarrow C_2H_5O^-(aq) + Na^+(aq) + \frac{1}{2}H_2(g) \text{ (\textbf{réaction 1})}$$

L'ion éthanolate $C_2H_5O^-$ formé au cours de cette réaction réagit avec l'eau en donnant quantitativement de l'éthanol et des ions hydroxyde. L'équation bilan de sa réaction avec l'eau est appelée **réaction 2**.

1. La **réaction 1** peut-elle être considérée comme une réaction acido-basique ? Justifier la réponse.

2. Montrer que l'éthanol est introduit en excès par rapport au sodium.

3. En déduire la quantité d'ions éthanolate formés lors de la **réaction 1**.

4. L'ion éthanolate est une base : donner la définition d'une base. Écrire l'équation bilan de la **réaction 2** et montrer que cette réaction est une réaction acido-basique.

Données : $M_{Na} = 23{,}0 \text{ g} \cdot \text{mol}^{-1}$; masse volumique de l'éthanol : $\rho = 790 \text{ g} \cdot \text{L}^{-1}$.

Vers le bac

5 pH d'un mélange

On mélange un volume $V = 200$ mL d'une solution aqueuse d'acide nitreux $HNO_2(aq)$, de concentration en soluté apporté $c_1 = 0{,}20 \text{ mol} \cdot \text{L}^{-1}$ et un même volume d'une solution aqueuse de méthanoate de sodium ($HCOO^-(aq) + Na^+(aq)$) de concentration en soluté apporté $c_2 = 0{,}40 \text{ mol} \cdot \text{L}^{-1}$.

1. Écrire l'équation de la réaction entre l'acide nitreux et l'eau. Donner l'expression de sa constante d'équilibre.

2. Même question pour la réaction entre l'ion méthanoate et l'eau.

3. Écrire l'équation de la réaction qui se produit lors du mélange entre l'acide nitreux et l'ion méthanoate.

4. Exprimer la constante d'équilibre K_3 en fonction des constantes d'acidité des couples, puis la calculer.

5. Sachant que $x_{éq} = 3{,}3 \cdot 10^{-2}$ mol, établir le tableau d'avancement de la réaction.

6. Calculer les concentrations des différentes espèces chimiques présentes à l'équilibre.

7. Vérifier que la valeur du pH du mélange est proche de la valeur $pH_3 = 4$.

Données : $pK_{a1}(HNO_2/NO_2^-) = 3{,}3$; $pK_{a2}(HCOOH/HCOO^-) = 3{,}8$.

6 Crampes et acide lactique

Exercice à caractère documentaire

Lors du métabolisme basal de l'homme, l'énergie nécessaire provient de la transformation en milieu oxygéné du glucose en dioxyde de carbone et en eau. Le dioxyde de carbone est transporté par le sang jusqu'aux poumons, où il est alors éliminé par ventilation. Lors d'un effort physique intense, les besoins énergétiques des muscles augmentent : le métabolisme basal augmente, ainsi que la ventilation.

Dans certains cas, lorsque la ventilation est insuffisante, l'énergie nécessaire au fonctionnement du muscle devient insuffisante : la crampe apparaît. Il se forme, dans la cellule musculaire, de l'acide lactique. Celui-ci, lorsqu'il passe dans le sang, provoque une diminution locale de son pH, du fait de la création en abondance de dioxyde de carbone dissous dans le sang. Cette diminution du pH sanguin déclenche des ordres hypothalamiques qui vont amplifier la ventilation.

Le sang est constitué d'un liquide plasmatique qui peut être assimilé à une solution aqueuse ionique dont le pH (d'une valeur voisine de 7,4) est quasiment constant et ne peut subir que de très faibles fluctuations. Dans le cas contraire, de fortes fluctuations nuiraient gravement à la santé.

Le maintien de la valeur du pH se fait par deux processus. Le premier met en œuvre un ensemble d'espèces chimiques régulatrices, dont notamment le couple acide-base $CO_2, H_2O/HCO_3^-$ (couple dioxyde de carbone dissous/ion hydrogénocarbonate) grâce à l'équilibre :

$$CO_2, H_2O(aq) + H_2O(l) = HCO_3^-(aq) + H_3O^+(aq) \text{ (réaction 1)}$$

Le deuxième processus physico-chimique est la respiration.

1. Donner l'expression de la constante d'acidité K_{a1} associée au couple régulateur (**réaction 1**). En déduire la relation entre le pH et le pK_{a1} du couple $CO_2, H_2O/HCO_3^-$.

2. Calculer alors la valeur du rapport $\dfrac{[HCO_3^-]}{[CO_2, H_2O]}$ dans le sang artériel normal.

3. Lors d'un effort physique, la concentration en dioxyde de carbone dissous dans le sang, au voisinage du muscle, augmente. Comment devrait varier le pH du sang ?

Pour éviter cette variation du pH du sang, l'hémoglobine et la respiration interviennent pour éliminer l'excès de dioxyde de carbone. Le transport des gaz dissous dans le sang peut être modélisé par l'équilibre :

$$HbO_2 + CO_2 \rightleftharpoons HbCO_2 + O_2$$ (**réaction 2**)

où Hb représente l'hémoglobine du sang.

4. Au voisinage du poumon, la quantité de O_2 dissous augmente. Dans quel sens l'équilibre 2 est-il déplacé ? Au voisinage du muscle, la quantité de CO_2 dissous augmente. Dans quel sens l'équilibre 2 est-il déplacé ? Expliquer comment la respiration permet de maintenir constante la valeur du pH sanguin.

5. L'acide lactique a pour formule CH_3—CHOH—COOH. Sa base conjuguée est l'ion lactate CH_3—CHOH—COO^-. Écrire l'équation de la réaction de l'acide lactique avec l'eau.

Lorsque l'acide lactique produit dans la cellule musculaire est en partie transféré dans le sang, il réagit avec les ions hydrogénocarbonate selon l'équation :

$CH_3\text{—}CHOH\text{—}COOH + HCO_3^- \rightleftharpoons CH_3\text{—}CHOH\text{—}COO^- + CO_2, H_2O$ (**réaction 3**)

On considère un volume $V = 100$ mL de sang « après » effort dans lequel apparaît $n_0 = 3{,}0 \cdot 10^{-4}$ mol d'acide lactique.

6. Calculer la constante d'équilibre K de la **réaction 3**.

7. En supposant cette réaction totale, établir le tableau d'avancement de la **réaction 3**.

8. Calculer alors, pour le sang après effort, $[HCO_3^-]_f$ et $[CO_2, H_2O]_f$.

9. En utilisant la relation établie au **1**, calculer le pH local du sang après effort.

Données à 37 °C :

– pH d'un sang artériel « normal » 7,4 ;

– $pKa(CO_2, H_2O/HCO_3^-) = 6{,}1$;

– Pour le sang avant l'effort :

- $[HCO_3^-]_i = 2{,}7 \cdot 10^{-2}$ mol · L^{-1} ;
- $[CO_2, H_2O]_i = 1{,}4 \cdot 10^{-3}$ mol · L^{-1} ;
- $pK_a(CO_2, H_2O/HCO_3^-) = pK_{a1} = 6{,}1$;
- pK_a(acide lactique/ion lactate) $= pK_{a2} = 3{,}6$.

Vérifiez vos connaissances

1 Vrai-Faux

1. Vrai. Un acide de Brönsted peut se noter AH. Il libère un ion H^+ qui est un proton.

2. Faux. La réaction est $A^- + H_2O \rightleftharpoons HO^- + AH$, et la constante de la réaction est

$$K = \frac{[AH]_{éq}\,[HO^-]_{éq}}{[A^-]_{éq}} = \frac{[AH]_{éq}\,[HO^-]_{éq}\,[H_3O^+]_{éq}}{[A^-]_{éq}\,[H_3O^+]_{éq}} = \frac{K_e}{K_a}.$$

3. Vrai. $[H_3O^+]_{éq}[HO^-]_{éq} = K_e = 10^{-14}$ avec $[H_3O^+]_{éq} = 10^{-pH}$.

$$[HO^-]_{éq} = \frac{K_e}{[H_3O^+]_{éq}} = \frac{10^{-14}}{10^{-pH}} = 10^{-14} \times 10^{+pH} = 10^{pH-14}.$$

4. Vrai. Les quantités de matière versées sont identiques, donc le mélange initial est stœchiométrique : $H_3O^+ + HO^- \rightarrow 2\,H_2O$. Le pH est donc celui de l'eau pur, soit pH = 7.

5. Vrai. Une base forte est constituée d'ions hydroxyde.

Or $[H_3O^+]_{éq}[HO^-]_{éq} = 10^{-14}$, donc :

$$[H_3O^+]_{éq} = \frac{K_e}{[HO^-]_{éq}} = \frac{10^{-14}}{1{,}0 \cdot 10^{-4}} = 10^{-10}\ \text{mol}\cdot\text{L}^{-1}$$

et $pH = -\log[H_3O^+]_{éq} = -\log 10^{-10} = 10$.

2 Démonstrations

1. Prenons l'exemple d'une solution aqueuse de soude ou hydroxyde de sodium de concentration c (en $\text{mol}\cdot\text{L}^{-1}$) :

$$NaOH \rightarrow Na^+ + HO^-$$

L'autoprotolyse de l'eau s'écrit aussi :

$$H_2O \rightarrow HO^- + H_3O^+$$

Remarque
Adapter la démonstration du cours p. 224-225 à une solution basique d'hydroxyde de sodium par exemple.

La solution basique étant électriquement neutre, on a autant de charges positives apportées par les ions oxonium H_3O^+ de l'eau et sodium Na^+ que de charges négatives apportées par les ions hydroxyde HO^-. Le volume de la solution étant constant, l'électroneutralité s'écrit donc : $[H_3O^+] + [Na^+] = [HO^-]$ avec $[Na^+] = c$.

La solution est basique, donc $pH \gg 7$. On peut ainsi penser que les ions hydroxyde sont largement majoritaires devant les ions oxonium :

$$[H_3O^+][HO^-] = K_e \text{ et } [H_3O^+] = 10^{-pH} = \frac{K_e}{[HO^-]} = \frac{10^{-14}}{[HO^-]} \ll 10^{-7}$$

donc $[HO^-] \gg 10^{-7}\ mol \cdot L^{-1}$. L'électroneutralité devient $[Na^+] = [HO^-] = c$,

et le produit ionique de l'eau donne : $[H_3O^+] = 10^{-pH} = \dfrac{K_e}{[HO^-]} = \dfrac{K_e}{c}$.

On a alors $pH = -\log[H_3O^+] = -\log \dfrac{K_e}{c} = -\log K_e + \log c$, soit :

$$pH = pK_e + \log c$$

2. Pour un couple acide faible/base faible AH/A^-, la constante d'acidité correspondant à la réaction avec l'eau $AH + H_2O \rightleftharpoons A^- + H_3O^+$ est :

$K_a = \dfrac{[A^-]_{éq}\,[H_3O^+]_{éq}}{[AH]_{éq}}$. On en déduit la concentration des ions oxonium

$[H_3O^+]_{éq} = \dfrac{[AH]_{éq}}{[A^-]_{éq}} K_a$. Or $pH = -\log\,[H_3O^+]_{éq}$, soit :

$$pH = -\log\left(\frac{[AH]_{éq}}{[A^-]_{éq}} K_a\right) = -\log \frac{[AH]_{éq}}{[A^-]_{éq}} - \log K_a$$

Rappel

$-\log \dfrac{[AH]}{[A^-]} = +\log \dfrac{[A^-]}{[AH]}$.

Sachant que $pK_a = -\log K_a$, on obtient finalement : $pH = pK_a + \log \dfrac{[A^-]_{éq}}{[AH]_{éq}}$

Exercices d'application

3 Domaine de prédominance

1. $pK_{a1} = 3{,}3$ donc pour $pH < pK_{a1}$, la forme acide HNO_2 du couple HNO_2/NO_2^- est prédominante. En revanche, pour $pH > pK_{a1}$, la forme basique est majoritaire. En effectuant un raisonnement similaire pour le couple $HCOOH/HCOO^-$ de $pK_{a2} = 3{,}8$, on en déduit le diagramme de prédominance suivant :

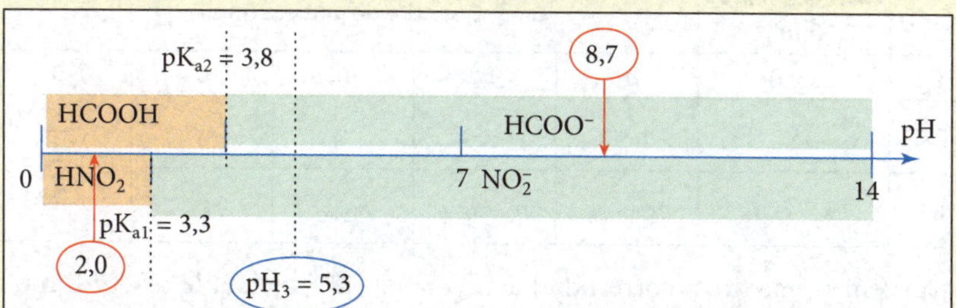

2. Le pH de la **solution 1** est de 2,0 : l'**acide nitreux** HNO_2 est donc l'espèce prédominante. Le pH de la **solution 2** est de 8,7 : l'espèce prédominante est donc l'**ion méthanoate $HCOO^-$**.

3. À pH = 5,3, soit $pH > pK_{a1}$ et $pH > pK_{a2}$, les espèces basiques des deux couples sont majoritaires, soit l'**ion méthanoate $HCOO^-$ et l'ion nitrite NO_2^-**.

> **L'astuce du prof**
> Une simple lecture du diagramme de prédominance renseigne sur l'espèce prédominante : il s'agit de celle du diagramme au pH demandé.

4 Une base forte : l'ion éthanolate

1. Ici, on peut définir un couple $C_2H_5OH(l)/C_2H_5O^-(aq)$ et une demi-équation associée $C_2H_5OH = C_2H_5O^- + H^+$, mais on ne peut définir de second couple acido-basique (avec le sodium Na(s) comme base conjuguée de l'ion Na^+(aq) par exemple).

La réaction 1 n'est donc pas une réaction acido-basique.

> **Remarque**
> La réaction 1 est acido-basique si elle fait intervenir un acide d'un couple acido-basique et une base d'un autre couple acido-basique.

2. Les quantités de matière introduites sont :

$$n_1 = n_{C_2H_5OH} = \frac{\rho V}{M_{C_2H_5OH}}$$

$$n_2 = n_{Na} = \frac{m_{Na}}{M_{Na}}$$

A. N. : $M_{C_2H_5OH} = 2 \times 12{,}0 + 6 \times 1{,}0 + 16{,}0 = 46\ g \cdot mol^{-1}$.

$n_1 = \frac{790 \times 20{,}0 \cdot 10^{-3}}{46} = \mathbf{3{,}4 \cdot 10^{-1}\ mol}$ **et** $n_2 = \frac{1{,}0}{23{,}0} = \mathbf{4{,}3 \cdot 10^{-2}\ mol}$.

Équation		$C_2H_5OH(l)$ +	$Na(s) \rightarrow$	$C_2H_5O^-(aq)$ +	$Na^+(aq)$ +	$\frac{1}{2}H_2(g)$
État	**Avancement (mol)**	**Quantité de matière (mol)**				
E I	$x = 0$	n_1	n_2	0	0	0
E C	x	$n_1 - x$	$n_2 - x$	x	x	$\frac{x}{2}$
E F	$x = x_{max}$	$n_1 - x_{max}$	$n_2 - x_{max}$	x_{max}	x_{max}	$\frac{x_{max}}{2}$

L'avancement maximal correspond à $x_{max} = 4{,}3 \cdot 10^{-2}$ mol, et le réactif limitant est bien le sodium.

On a $n_{C_2H_5OH}(EF) = n_1 - x_{max} = 3{,}4 \cdot 10^{-1} - 4{,}3 \cdot 10^{-2} = 0{,}30$ mol **introduit en excès.**

3. La quantité d'ions éthanolate est $\boldsymbol{n_{C_2H_5O^-}(EF) = X_{x_{max}} = n_2 = 4{,}3 \cdot 10^{-2}}$ **mol.**

4. Une base (au sens de Brönsted) est une espèce chimique capable d'accepter un proton H^+. Les deux couples mis en jeu dans la réaction 2 sont $C_2H_5OH(l)/C_2H_5O^-(aq)$ et un couple de l'eau. L'eau, réagissant avec l'ion éthanolate, doit être un acide. On en déduit le couple de l'eau : $H_2O/HO^-(aq)$.

Les demi-équations associées sont :

$$\begin{array}{lcl} C_2H_5O^- + H^+ & = & C_2H_5OH \\ H_2O & = & HO^- + H^+ \\ \hline \mathbf{C_2H_5O^-(aq) + H_2O} & \rightarrow & \mathbf{C_2H_5OH(l) + HO^-(aq)} \end{array}$$

Chaque demi-équation montrant un transfert de proton, on en déduit le **caractère acido-basique de la réaction 2.**

Vers le bac

5 pH d'un mélange

1. $\mathbf{HNO_2 + H_2O \rightleftharpoons NO_2^- + H_3O^+}$ (réaction d'un acide faible avec l'eau). La constante d'équilibre K_1 est ici la constante d'acidité : $K_{a1} = \dfrac{[NO_2^-]_{éq}\,[H_3O^+]_{éq}}{[HNO_2]_{éq}}$.

2. $\mathbf{HCOO^- + H_2O \rightleftharpoons HCOOH + HO^-}$
(réaction d'une base faible avec l'eau). La constante d'équilibre K_2 est alors :

$$K_2 = \frac{[HCOOH]_{éq}\,[HO^-]_{éq}}{[HCOO^-]_{éq}}$$

Remarque
On constate que $K_2 = \dfrac{K_e}{K_{a2}}$.

3. La réaction acido-basique entre les deux couples est la somme des deux demi-équations :

$$\begin{array}{lcl} HNO_2 & = & NO_2^- + H^+ \\ HCOO^- + H^+ & = & HCOOH \\ \hline \mathbf{HNO_2 + HCOO^-} & \rightleftharpoons & \mathbf{NO_2^- + HCOOH} \end{array}$$

4. Par définition, $K_3 = \dfrac{[NO_2^-]_{éq}\,[HCOOH]_{éq}}{[HCOO^-]_{éq}\,[HNO_2]_{éq}}$

d'où : $$K_3 = \frac{[NO_2^-]_{éq}\,[H_3O^+]_{éq}}{[HNO_2]_{éq}} \cdot \frac{[HCOOH]_{éq}}{[HCOO^-]_{éq}\,[H_3O^+]_{éq}} = \frac{K_{a1}}{K_{a2}}$$

d'où : $$K_3 = \frac{K_{a1}}{K_{a2}}$$

A. N. : $K_3 = \dfrac{10^{-pK_{a1}}}{10^{-pK_{a2}}} = \dfrac{10^{-3,3}}{10^{-3,8}}$ soit $\boldsymbol{K_3 = 3,2}$.

5. À l'EI, la quantité de matière d'acide nitreux n_1 s'écrit :
$n_1 = c_1V = 0,20 \times 0,200 = 0,040$ mol
et celle d'ion méthanoate : $n_2 = c_2V = 0,40 \times 0,200 = 0,080$ mol.

Équation		HNO_2 + $HCOO^-$ $\rightleftharpoons$ + HCOOH			
État	Avancement (mol)	Quantité de matière (mol)			
EI	$x = 0$	0,040	0,080	0	0
EC	x	$0,040 - x$	$0,080 - x$	x	x
EF équilibre	$x = x_{éq} = 0,033$	$7,0 \cdot 10^{-3}$	$4,7 \cdot 10^{-2}$	$3,3 \cdot 10^{-2}$	$3,3 \cdot 10^{-2}$

6. Le volume total est : $2V = 400$ mL. Les concentrations à l'état d'équilibre sont, en fonction des données du tableau d'avancement : $c = \dfrac{n}{2V}$.

$$[HNO_2]_{éq} = \frac{7,0 \cdot 10^{-3}}{0,400} = 1,75 \cdot 10^{-2} = \mathbf{1,8 \cdot 10^{-2}\ mol \cdot L^{-1}},$$

$$[HCOO^-]_{éq} = \frac{4,7 \cdot 10^{-2}}{0,400} = 0,1175 = \mathbf{0,12\ mol \cdot L^{-1}},$$

$$[NO_2^-]_{éq} = [HCOOH]_{éq} = \frac{3,3 \cdot 10^{-2}}{0,400} = 8,25 \cdot 10^{-2} = \mathbf{8,3 \cdot 10^{-2}\ mol \cdot L^{-1}}.$$

7. En utilisant le couple AH/A^-, on a :

$$pH = pK_a + \log \frac{[A^-]_{éq}}{[AH]_{éq}}$$

Gagnez des points !
Même si cela n'est pas demandé, vérifier que l'on trouve le même résultat avec le couple $HCOOH/HCOO^-$.

On a donc : $$pH_3 = pK_{a1} + \log \frac{[NO_2^-]_{éq}}{[HNO_2]_{éq}}$$

A. N. : $pH_3 = 3{,}3 + \log \frac{8{,}25 \cdot 10^{-2}}{1{,}75 \cdot 10^{-2}} = 3{,}97$ soit $\mathbf{pH_3 = 4}$.

6 Crampes et acide lactique

Exercice à caractère documentaire

1. La constante d'acidité K_{a1} associée au couple régulateur (**réaction 1**) se définit comme : $$K_{a1} = \frac{[HCO_3^-]_{éq}\,[H_3O^+]_{éq}}{[CO_2, H_2O]_{éq}}$$

On a alors : $$[H_3O^+]_{éq} = K_{a1} \frac{[CO_2, H_2O]_{éq}}{[HCO_3^-]_{éq}}$$

soit : $$pH = -\log[H_3O^+]_{éq} = -\log K_{a1} - \log \frac{[CO_2, H_2O]_{éq}}{[HCO_3^-]_{éq}}$$

et donc : $$pH = pK_{a1} + \log \frac{[HCO_3^-]_{éq}}{[CO_2, H_2O]_{éq}}$$

2. $\log \frac{[HCO_3^-]_{éq}}{[CO_2, H_2O]_{éq}} = pH - pK_{a1}$ donc $\frac{[HCO_3^-]_{éq}}{[CO_2, H_2O]_{éq}} = 10^{pH-pK_{a1}}$

A. N. : Dans le sang artériel normal, $\frac{[HCO_3^-]_{éq}}{[CO_2, H_2O]_{éq}} = 10^{7{,}4-6{,}1} = 10^{1{,}3}$

soit $\mathbf{\frac{[HCO_3^-]_{éq}}{[CO_2, H_2O]_{éq}} = 20}$.

> **Remarque**
> Utiliser les valeurs numériques à la fin de l'énoncé.

3. Lors d'un effort physique, la concentration en dioxyde de carbone $[CO_2, H_2O]_{éq}$ dissous dans le sang, au voisinage du muscle, augmente.

À concentration $[HCO_3^-]_{éq}$ constante, $\log \frac{[HCO_3^-]_{éq}}{[CO_2, H_2O]_{éq}}$ diminue, comme le pH.

Le texte le confirme bien : « **diminution locale de son pH** du fait de la création en abondance de dioxyde de carbone dissous dans le sang. »

4. Si la quantité de dioxygène augmente, l'organisme va avoir tendance à l'éliminer : **la réaction 2 est donc déplacée dans le sens 2**, de l'élimination de O_2 vers la formation de CO_2. En revanche, si la quantité de CO_2 augmente, l'organisme tente de l'éliminer, et **la réaction 2 est déplacée dans le sens 1**. Le dioxyde de carbone est éliminé par l'hémoglobine (formation de $HbCO_2$), ce qui empêche une diminution du pH. La respiration permet alors la libération du dioxyde de carbone loin du muscle par l'apport de dioxygène.

5. $\mathbf{CH_3{-}CHOH{-}COOH + H_2O \rightleftharpoons CH_3{-}CHOH{-}COO^- + H_3O^+}$

6. Par définition, on a :

$$K = \frac{[CO_2, H_2O]_{éq}\,[CH_3{-}CHOH{-}COO^-]_{éq}}{[HCO_3^-]_{éq}\,[CH_3{-}CHOH{-}COOH]_{éq}} = \frac{[CO_2, H_2O]_{éq}\,[\text{ion lactate}]_{éq}}{[HCO_3^-]_{éq}\,[\text{acide lactique}]_{éq}}$$

À la question **1**, on avait :

$$K_{a1} = \frac{[HCO_3^-]_{éq}\,[H_3O^+]_{éq}}{[CO_2, H_2O]_{éq}}$$

L'astuce du prof

Montrer que $K = \frac{K_{a2}}{K_{a1}}$.

Par définition de K_{a2}, on a : $K_{a2} = \frac{[H_3O^+]_{éq}\,[\text{ions lactate}]_{éq}}{[\text{acide lactique}]_{éq}}$. On remarque alors que le rapport des deux constantes vaut, en simplifiant par $[H_3O^+]_{éq}$ non nul :

$$\frac{K_{a2}}{K_{a1}} = \frac{\dfrac{[H_3O^+]_{éq}\,[\text{ions lactate}]_{éq}}{[\text{acide lactique}]_{éq}}}{\dfrac{[HCO_3^-]_{éq}\,[H_3O^+]_{éq}}{[CO_2, H_2O]_{éq}}} = \frac{[CO_2, H_2O]_{éq}\,[\text{ions lactate}]_{éq}}{[HCO_3^-]_{éq}\,[\text{acide lactique}]_{éq}} = K$$

soit :

$$K = \frac{K_{a2}}{K_{a1}} = \frac{10^{-pK_{a2}}}{10^{-pK_{a1}}}$$

A. N. : $K = \frac{10^{-3,6}}{10^{-6,1}} = 10^{-3,6+6,1} = 10^{2,5}$ soit $\mathbf{K = 3{,}2 \cdot 10^2}$.

7. La réaction du tableau ci-après est considérée comme totale.

Avec $n_0 = 3{,}0 \cdot 10^{-4}$ mol, on obtient :

$n_1 = [HCO_3^-]_i\, V = 2{,}7 \cdot 10^{-2} \times 0{,}100 = 2{,}7 \cdot 10^{-3}$ mol.

et $n_2 = [CO_2, H_2O]_i\, V = 1{,}4 \cdot 10^{-3} \times 0{,}100 = 1{,}4 \cdot 10^{-4}$ mol.

Équation		acide lactique + HCO_3^- → ion lactate + CO_2, H_2O			
État	**Avancement (mol)**	**Quantité de matière (mol)**			
EI	$x = 0$	n_0	n_1	0	n_2
EC	x	$n_0 - x$	$n_1 - x$	x	$n_2 + x$
EF	$x = x_f$	$n_0 - x_f$	$n_1 - x_f$	x_f	$n_2 + x_f$

Si la réaction est totale, $x_f = x_{max} = 3{,}0 \cdot 10^{-4}$ mol. On en déduit alors les quantités de matière à l'état final :

HCO_3^- : $n_1 - x_f = 2{,}7 \cdot 10^{-3} - 3{,}0 \cdot 10^{-4} = 2{,}4 \cdot 10^{-3}$ mol

CH_3—CHOH—COO^- : $x_f = 3{,}0 \cdot 10^{-4}$ mol

CO_2, H_2O : $n_2 + x_f = 1{,}4 \cdot 10^{-4} + 3{,}0 \cdot 10^{-4} = 4{,}4 \cdot 10^{-4}$ mol.

8. Après effort, les concentrations sont alors :

$$[HCO_3^-]_f = \frac{n_1 - x_f}{V} \quad \text{et} \quad [CO_2, H_2O]_f = \frac{n_2 + x_f}{V}$$

Gagnez des points !
Bien vérifier qu'après l'effort, il y a davantage de dioxyde de carbone dissous dans le sang.

A. N. : $[HCO_3^-]_f = \frac{2{,}4 \cdot 10^{-3}}{0{,}100} = \mathbf{2{,}4 \cdot 10^{-2}\ mol \cdot L^{-1}}$

$[CO_2, H_2O]_f = \frac{4{,}4 \cdot 10^{-4}}{0{,}100} = \mathbf{4{,}4 \cdot 10^{-3}\ mol \cdot L^{-1}}$.

9. Pour la question **1**, on avait établi que $pH = pK_{a1} + \log \frac{[HCO_3^-]_{éq}}{[CO_2, H_2O]_{éq}}$.

En supposant la réaction totale, on peut remplacer les concentrations précédentes par les valeurs de $[HCO_3^-]_f$ et $[CO_2, H_2O]_f$ calculées. On obtient ainsi :

$$pH = pK_{a1} + \log \frac{[HCO_3^-]_f}{[CO_2, H_2O]_f}$$

A. N. : $pH = 6{,}1 + \log \frac{2{,}4 \cdot 10^{-2}}{4{,}4 \cdot 10^{-3}}$ soit **pH = 6,8**. On vérifie bien que le pH a diminué après l'effort !

CHAPITRE

12 Transferts d'énergie entre systèmes macroscopiques

1 Système et énergie interne

1 Du macroscopique au microscopique

- Prenons l'exemple de la température. Historiquement, cette notion a été définie pour quantifier la **sensation de froid et de chaud**. L'échelle Celsius de température a été conçue de manière à ce que le point de fusion de la glace soit à 0 °C et le point d'ébullition de l'eau soit à 100 °C pour une pression de 1 bar. Cependant, cette notion *a priori* du domaine macroscopique trouve son origine au niveau microscopique : elle est l'image de l'**agitation thermique** des molécules.

- Un ensemble de molécules, défini comme système d'étude, peut alors être décrit :
– soit à l'échelle **microscopique** : on s'intéresse aux propriétés de la matière microscopique en utilisant les variables cinétiques des atomes ou des molécules (mesure de leur vitesse individuelle v_i, de leur énergie cinétique E_i, etc.) ;
– soit à l'échelle **macroscopique** : on s'intéresse aux propriétés globales de la matière (mesure de la température T, du volume V, de la pression P, etc.).

- La limite dans le choix du type de description peut correspondre à une échelle intermédiaire dite **mésoscopique** liée au nombre d'Avogadro.

Le **nombre d'Avogadro** représente une quantité de matière, appelée **mole**, correspondant à $\mathcal{N}_A = \mathbf{6{,}02 \cdot 10^{23}}$ **entités · mol^{-1}**.

Remarque : Historiquement, ce nombre a été défini comme la quantité d'atomes de ^{12}C dans 12,0 g de carbone 12.

2 Énergie interne d'un système

- Pour décrire un système, il faut donner deux informations : la **limite** du système par rapport à l'extérieur (dimensions, nombre de molécules, volume, etc.) et l'**état** du système.

Exemple : Un système fermé est un système contenant une quantité finie et invariable de molécules ou d'atomes. On peut le décrire entre deux instants par des grandeurs macroscopiques ou microscopiques.

- La thermodynamique est l'étude des transferts thermiques.

Le **premier principe de la thermodynamique** postule qu'il existe une variable pour tout système fermé, appelée **énergie interne** et notée ***U***, dont les variations ΔU lors d'une transformation d'un état 1 vers un état 2 sont associées aux transferts d'énergie sous forme de travail W et de chaleur Q reçus au cours de la transformation.

$$\boldsymbol{\Delta U = W + Q}$$

Les trois grandeurs s'expriment en joules (J).

- U est une variable dite **extensive**. Soit deux systèmes S_1 d'énergie interne U_1 et S_2 d'énergie interne U_2. Le système S réunissant $S_1 + S_2$ a une énergie interne $U = U_1 + U_2$.
- L'énergie interne d'un système macroscopique résulte de **contributions microscopiques** : elle est définie comme la somme de l'énergie potentielle d'interaction des molécules du système et de l'énergie cinétique microscopique.
- **Convention de signes** : les échanges W et Q sont toujours évalués du point de vue du système. Tout échange effectivement reçu par le système est compté positivement, et tout transfert du système vers le milieu extérieur est compté négativement.

EXERCICE RÉSOLU

Calculer une variation d'énergie interne

ÉNONCÉ

Lors d'une transformation, un gaz fournit un travail de valeur 39,5 J au milieu extérieur. Par ailleurs, il reçoit une quantité de chaleur de 138,3 J. Calculer la variation d'énergie interne du système {gaz}.

CORRIGÉ

De manière générale, la variation d'énergie interne du système est $\Delta U = W + Q$. Le travail est fourni par le système : $W = -|W| = -39{,}5\ \text{J} < 0$.
En revanche, la chaleur $Q = +138{,}3$ J est reçue par le système.
Finalement, on a :
$\boldsymbol{\Delta U} = W + Q = -39{,}5 + 138{,}3 = \mathbf{98{,}8\ J} > 0$.

Méthode
Il faut faire extrêmement attention au signe de W et de Q.

2 Transferts thermiques

1 Conduction thermique ou diffusion

- La **conduction** ou **diffusion** est un mode de transfert thermique pouvant avoir lieu entre deux systèmes immobiles S_1 et S_2 : le mouvement d'agitation thermique microscopique des molécules se transmet de proche en proche et se traduit macroscopiquement par un transfert de chaleur de S_1 vers S_2, ou inversement.

Exemple : Un glaçon dans un verre d'eau fond par transfert thermique de l'eau liquide vers le solide. Il n'y a pas de mouvements macroscopiques du glaçon ou de l'eau.

- Le mode de transfert par conduction est le seul ayant lieu dans les systèmes solides opaques au rayonnement électromagnétique.

- Les autres modes de transfert (convection et rayonnement) peuvent se superposer à la conduction en fonction des systèmes d'étude.

2 Convection

- Ce type de transfert nécessite un intermédiaire, appelé **fluide caloporteur**. Au contact d'un solide « plus chaud » par exemple, le fluide caloporteur reçoit de la chaleur qu'il peut transporter vers un endroit « plus froid ». Une convection fait donc appel aux **mouvements macroscopiques** d'un fluide pour effectuer le transfert thermique. Ces mouvements peuvent être créés par des différences de masse volumique du fluide (convection libre ou naturelle) ou par des moyens mécaniques (convection forcée).

- Ce mode de transfert est le plus important et le plus **rapide** entre une surface solide et un gaz ou un liquide : le fluide en contact avec le solide chaud reçoit de la chaleur, ce qui fait augmenter son énergie interne et sa température. Ces molécules de fluide vont ensuite se mélanger à d'autres molécules moins agitées, situées dans une région de plus faible température (mouvement macroscopique du fluide) et leur transférer leur excédent d'énergie.

Exemples : La circulation d'air lorsque l'on chauffe une pièce à l'aide d'un chauffage (convecteurs électriques créant des mouvements de convection forcée), celle des masses d'air de la planète ou les mouvements magmatiques d'un volcan (convection naturelle) correspondent à des convections.

- La convection s'accompagne d'un transfert de type conduction entre le fluide et le solide (première étape du transfert) : on parle souvent de transferts conducto-convectifs. La plupart du temps, les phénomènes convectifs masquent les phénomènes de conduction.

3 Rayonnement

Le rayonnement est le troisième mode de transfert thermique entre deux systèmes séparés par du vide ou de la matière transparente à ce rayonnement électromagnétique.

Exemple : L'exemple le plus évident est peut-être celui du transfert thermique par rayonnement solaire : la Terre est réchauffée par les rayons électromagnétiques émis par le Soleil.

EXERCICE RÉSOLU

Modéliser la convection thermique

ÉNONCÉ

Un convecteur électrique est utilisé pour chauffer une petite chambre. Sachant, comme son nom l'indique, que le mode de transfert largement majoritaire est la convection, schématiser les transferts thermiques.

CORRIGÉ

Le mode de transfert étant la convection, il faut représenter les mouvements des masses d'air du chauffage.

Rappel
Les masses d'air chaud montent dans la pièce.

3 Mesure du transfert thermique

Un transfert thermique $\Delta U = Q$ vers un système S peut avoir deux principaux effets :
– une variation de température de S sans changement d'état ;
– un changement d'état de S sans variation de sa température.

1 Variation de température : capacité thermique

• La **capacité thermique** d'un système S est l'énergie nécessaire à 1 mole de S pour élever sa température de 1 K à pression donnée.

Lorsque la température d'un système S varie de T_i à T_f, il reçoit une quantité de chaleur Q algébrique telle que :

$$\boldsymbol{\Delta U = Q = nC(T_f - T_i)} \text{ avec } \begin{cases} \Delta U = Q : \text{transfert thermique (en J)}, \\ n : \text{quantité de matière contenue dans S (en mol)}, \\ T_i \text{ et } T_f : \text{températures initiale et finale (en K)}, \\ C : \text{capacité thermique de S (en J} \cdot \text{mol}^{-1} \cdot \text{K}^{-1}). \end{cases}$$

Remarque : On rappelle que la température T en kelvins se déduit de la température θ en degrés Celsius par l'équation $T(\text{K}) = 273{,}15 + \theta(°\text{C})$. On remarque cependant que $T_f - T_i = \theta_f - \theta_i$.

• Q est une grandeur algébrique : $Q < 0$ si $T_f < T_i$ (diminution de température : le système cède de la chaleur au milieu extérieur) et $Q > 0$ si $T_f > T_i$ (élévation de température : le système reçoit de la chaleur du milieu extérieur).

• La **capacité thermique massique** est l'énergie nécessaire à 1 kg de S pour élever sa température de 1 K.

$$\boldsymbol{\Delta U = Q = mC(T_f - T_i)} \text{ avec } \begin{cases} C : \text{capacité thermique massique} \\ \text{(en J} \cdot \text{kg}^{-1} \cdot \text{K}^{-1}), \\ m : \text{masse du système S (en kg)}. \end{cases}$$

Remarque : C porte aussi le nom de chaleur spécifique molaire ou massique.

• La capacité thermique ne dépend que de la substance constituant le système étudié : la capacité thermique massique de l'eau liquide est $\boldsymbol{C_{eau} = 4\,180\ \text{J} \cdot \text{kg}^{-1} \cdot \text{K}^{-1}}$.

Exemples : $C_{éthanol} = 2\,420\ \text{J} \cdot \text{kg}^{-1} \cdot \text{K}^{-1}$; $C_{glace} = 2\,100\ \text{J} \cdot \text{kg}^{-1} \cdot \text{K}^{-1}$; $C_{aluminium} = 900\ \text{J} \cdot \text{kg}^{-1} \cdot \text{K}^{-1}$; $C_{fer} = 450\ \text{J} \cdot \text{kg}^{-1} \cdot \text{K}^{-1}$.

2 Changement d'état à température constante (rappels de 1re S)

Lors d'un changement d'état, la variation d'énergie interne ΔU vaut (en J) :

$$\Delta U = nL \quad \text{avec} \quad \begin{cases} n : \text{quantité de matière (en mol),} \\ L : \text{chaleur latente molaire (en J}\cdot\text{mol}^{-1}\text{).} \end{cases}$$

- On peut aussi définir une **chaleur latente massique** telle que $\Delta U = mL$ avec m la masse du système d'étude (en g si L est en $J \cdot g^{-1}$).
- La chaleur latente d'un changement d'état est l'**opposée** de celle du changement d'état inverse.

Exemple : $L_{fusion} = 6\ kJ \cdot mol^{-1} = -L_{solidification}$ à $P = 1$ bar pour l'eau.

EXERCICE RÉSOLU

Calculer l'énergie nécessaire à une transformation

ÉNONCÉ

Calculer l'énergie nécessaire à un glaçon de 10 g à 0 °C pour se transformer en eau à 20 °C.
Données : $C_{eau} = 4{,}18\ kJ \cdot K^{-1} \cdot kg^{-1}$; $L_{fusion} = 6{,}0\ kJ \cdot mol^{-1}$.

CORRIGÉ

La transformation est le résultat d'un changement d'état glaçon-eau à $T_{fusion} = 0$ °C constante et d'une élévation de température de l'eau liquide de 0 °C à 20 °C. On calcule alors deux quantités d'énergie : ΔU_{fusion} pour la fusion à 0 °C et $\Delta U_{thermique}$ pour l'élévation de température de 0 °C à 20 °C.

Pour le changement d'état, $\Delta U_{fusion} = nL_{fusion} = \dfrac{m}{M} L_{fusion}$.

Pour la variation de température, $\Delta U_{thermique} = mC_{eau}\Delta T$.

Avec $M = 18\ g \cdot mol^{-1}$ pour la masse molaire de l'eau, $m = 10 \cdot 10^{-3}$ kg dans l'expression de $\Delta U_{thermique}$ (car C_{eau} est en $kJ \cdot K^{-1} \cdot kg^{-1}$ et non en $kJ \cdot K^{-1} \cdot g^{-1}$), et ΔT la variation des températures en °C (car ΔT reste inchangée que les températures soient exprimées en °C ou en K, ce qui n'est pas le cas s'il ne s'agit pas d'une différence !), on obtient :

> **Conseil**
> Il faut être très vigilant par rapport aux unités des données de l'énoncé et des expressions littérales utilisées.

$$\Delta U = \Delta U_{fusion} + \Delta U_{thermique} = \frac{10}{18} \times 6{,}0 + 10 \cdot 10^{-3} \times 4{,}18 \times (20 - 0) = \mathbf{4{,}2\ kJ}.$$

4 Diffusion thermique

1 Flux thermique Φ et conductivité thermique λ

● Le **flux thermique** Φ à travers une paroi plane de surface S est la quantité de chaleur traversant S par unité de temps. Φ s'exprime en watts (W).

● Considérons une barre cylindrique de section S et de longueur L dont les températures extrêmes T_1 et T_2 sont fixées.
Le profil du champ de température à l'intérieur de la barre est, en régime permanent :

$$T(x) = \frac{T_2 - T_1}{L}x + T_1$$

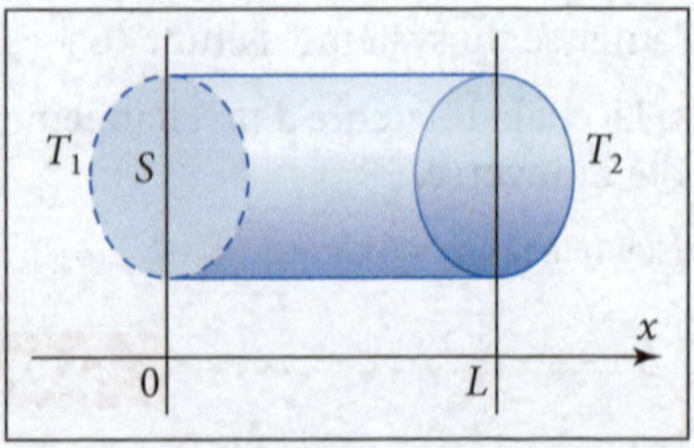

Le **flux thermique conductif** à travers toute section S de la barre est alors proportionnel à la différence des températures $T_1 - T_2$:

$$\Phi = \lambda \frac{T_1 - T_2}{L} S \text{ avec } \begin{cases} T_1 \text{ et } T_2 : \text{températures extrêmes (en K)}, \\ L : \text{longueur de la barre (en m)}, \\ S : \text{surface de la section (en m}^2), \\ \lambda : \text{conductivité thermique du matériau (en W} \cdot \text{m}^{-1} \cdot \text{K}^{-1}). \end{cases}$$

Exemples : Pour un matériau conducteur tel que le cuivre $\lambda_{cuivre} = 390\ W \cdot m^{-1} \cdot K^{-1}$; pour un isolant tel que le bois $\lambda_{bois} = 1\ W \cdot m^{-1} \cdot K^{-1}$. De manière générale, les métaux sont plus conducteurs de la chaleur que les matériaux non métalliques.

2 Résistance thermique R

On associe au cylindre précédent une résistance thermique notée R, s'exprimant en $K \cdot W^{-1}$, telle que :

$$R = \frac{T_1 - T_2}{\Phi} = \frac{L}{\lambda S} S \text{ avec } \begin{cases} T_1 \text{ et } T_2 : \text{températures extrêmes (en K)}, \\ \Phi : \text{flux thermique (en W)}, \\ S : \text{surface de la section (en m}^2), \\ L : \text{longueur de la barre (en m)}, \\ \lambda : \text{conductivité thermique (en W} \cdot \text{m}^{-1} \cdot \text{K}^{-1}). \end{cases}$$

• Cette relation a été établie par analogie avec la loi d'Ohm $U = RI$: l'intensité du courant électrique I s'apparente au flux thermique Φ, et la différence de potentiel entre deux points A et B d'un circuit (tension U_{AB}) à la différence de température entre deux points d'une barre $T_1 - T_2$.

La **conductance thermique** G (en $W \cdot K^{-1}$) est l'inverse de la résistance :

$$G = \frac{1}{R}$$

• En utilisant la même analogie électrique, on peut en déduire les lois d'association de résistances thermiques :
– si deux conducteurs sont traversés par le même flux thermique, la résistance de l'ensemble est la somme des résistances thermiques (conducteurs en série) ;
– si deux conducteurs sont soumis à la même différence de température, la résistance de l'ensemble est l'inverse de la somme des conductances thermiques (conducteurs en parallèles).

3 Un phénomène irréversible

Les transferts thermiques se font spontanément de la source chaude vers la source froide, l'inverse étant impossible. Le phénomène de diffusion est donc **irréversible** : il n'évolue que dans un sens.

Remarque : Dans la définition du flux thermique, $\Phi > 0$ correspond à un flux orienté dans le sens de l'axe (Ox) : soit $T_1 - T_2 > 0$ ou $T_1 > T_2$.

EXERCICE RÉSOLU

Calculer une résistance thermique

ÉNONCÉ

Calculer la résistance thermique d'une barre de cuivre de 20,0 cm et de section droite de 1,0 cm².
Donnée : $\lambda_{\text{cuivre}} = 390\ W \cdot m^{-1} \cdot K^{-1}$.

Rappel
Convertir les valeurs de L et S en unités du système international.

CORRIGÉ

$$R = \frac{L}{\lambda S}$$

$$\boldsymbol{R} = \frac{20{,}0 \cdot 10^{-2}}{390 \times 1{,}0 \cdot 10^{-4}} = \mathbf{5{,}1\ K \cdot W^{-1}}.$$

Représenter le profil de température d'une paroi

ÉNONCÉ

On considère un mur en béton d'une maison, de conductivité thermique λ, d'épaisseur e et de surface S.
Représenter le profil de température, sachant que l'on note T_e la température extérieure et T_i la température intérieure avec $T_e > T_i$.

MÉTHODE

▶ **1.** Faire l'hypothèse que le profil de température est indépendant du temps et linéaire, et prendre une loi du type $T(x) = ax + b$.

▶ **2.** Rechercher les expressions des coefficients a et b en explicitant les conditions de température à chaque extrémité du mur.

▶ **3.** En supposant les températures extérieure et intérieure constantes, représenter la courbe $T = T_e$ à l'extérieur du mur, $T(x) = ax + b$ dans le mur et $T = T_i$ à l'intérieur de la maison.

CORRIGÉ

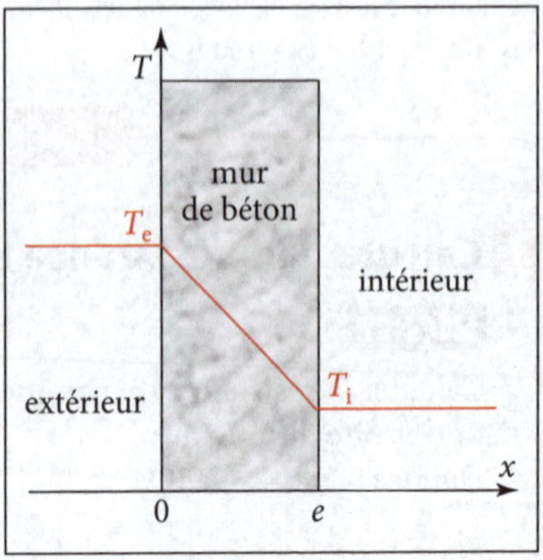

1. On suppose que la température est indépendante du temps et que le profil à l'intérieur du matériau est linéaire. On a donc :

$$T(x) = ax + b$$

2. Les conditions aux limites sont :
– en $x = 0$, $T = T_e = b$.
On en déduit que $b = T_e$;
– en $x = e$, $T = T_i = ae + T_e$.

On en déduit que $a = \dfrac{T_i - T_e}{e} < 0$

3. Pour $x < 0$, la température extérieure est constante, soit $T = T_e$.
Pour $0 < x < e$, la température décroît de manière linéaire, soit $T = \dfrac{T_i - T_e}{e}x + T_e$.
Pour $x > e$, la température intérieure est constante, soit $T = T_i$.

Réflexe à avoir
Vérifier que la courbe obtenue est bien continue.

Calculer la résistance thermique d'un ensemble de matériaux

ÉNONCÉ

Un système de double vitrage comprend deux vitres de verre d'épaisseur e entre lesquelles on emprisonne une épaisseur e' de diazote. Soit λ_v et λ_{N_2} les conductivités thermiques respectivement du verre et du diazote.
Déterminer la résistance thermique équivalente au double vitrage. On note T_e la température extérieure et T_i la température intérieure.

MÉTHODE

▶ **1.** Donner l'expression de chacune des résistances thermiques, en ne considérant que les phénomènes de conduction. Exprimer *R* en fonction du flux et de l'épaisseur.

▶ **2.** Faire l'hypothèse que le flux est conservé (il est le même dans chaque partie de l'assemblage de matériaux) et en déduire que la résistance équivalente est la somme des résistances de chaque matériau.

▶ **3.** Proposer alors une expression de *R* en fonction de l'épaisseur de chaque partie et de la surface *S* commune traversée par le flux thermique.

CORRIGÉ

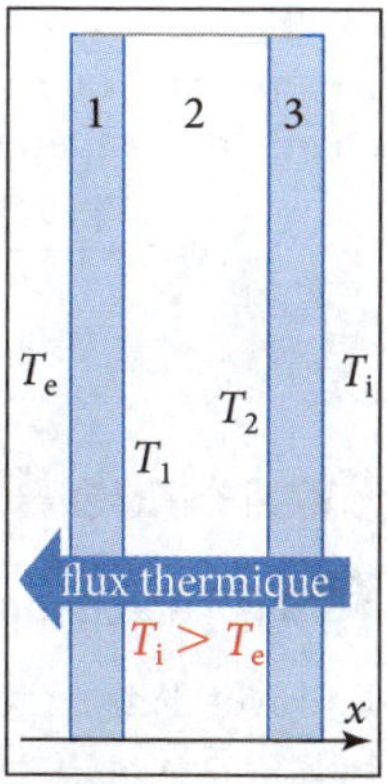

1. Par définition de la résistance thermique, en notant T_1 et T_2 les températures à la jonction verre/diazote et à la jonction diazote/verre, on a :

$$R_1 = \frac{T_e - T_1}{\Phi_1} = \frac{e}{\lambda_v S};\ R_2 = \frac{T_1 - T_2}{\Phi_2} = \frac{e'}{\lambda_{N_2} S};\ R_3 = \frac{T_2 - T_i}{\Phi_3} = \frac{e}{\lambda_v S}$$

2. De manière générale, on considère le flux global Φ tel que :

$$R = \frac{T_e - T_i}{\Phi}$$

En supposant que le flux se conserve, soit $\Phi_1 = \Phi_2 = \Phi_3 = \Phi$, on peut alors écrire :

$$R_1 + R_2 + R_3 = \frac{T_e - T_1}{\Phi} + \frac{T_1 - T_2}{\Phi} + \frac{T_2 - T_i}{\Phi} = \frac{T_e - T_i}{\Phi} = R$$

On en déduit que la résistance équivalente est la somme des résistances thermiques.

3. D'où $R = \frac{e}{\lambda_v S} + \frac{e'}{\lambda_{N_2} S} + \frac{e}{\lambda_v S} = 2\frac{e}{\lambda_v S} + \frac{e'}{\lambda_{N_2} S}$.

Réflexe à avoir

Penser à utiliser l'analogie électrique.

Vérifiez vos connaissances

1 Vrai-Faux

Indiquer pour chaque proposition si elle est vraie (V) ou fausse (F).

1. La diffusion est un mode de transfert thermique par mouvement macroscopique des masses de fluide. ☐ V ☐ F

2. La résistance thermique est proportionnelle à sa section S. ☐ V ☐ F

3. Un excellent conducteur thermique a une forte conductivité. ☐ V ☐ F

4. À pression donnée, dans un état condensé, la variation d'énergie interne par élévation de température est proportionnelle à la variation de température subie par le système. ☐ V ☐ F

5. Le travail reçu par un système est négatif. ☐ V ☐ F

2 Démonstration

On dispose de deux réservoirs à température fixée : soit T_1 la température du réservoir 1 et T_2 celle du réservoir 2. Ces sources de chaleur sont reliées entre elles par une barre en acier de longueur L.

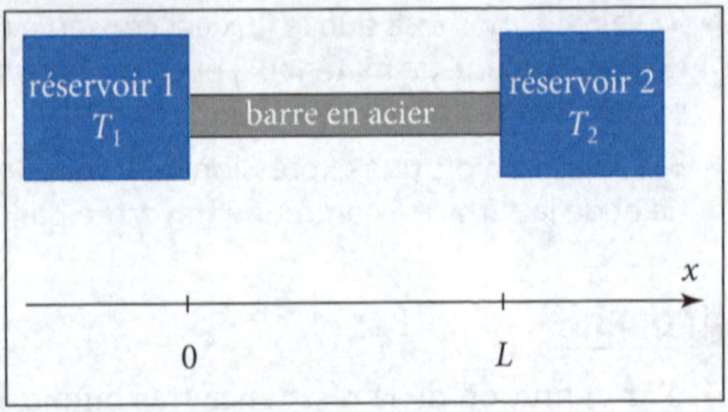

Démontrer que le profil du champ de température est :

$$T(x) = \frac{T_2 - T_1}{L}x + T_1$$

Exercices d'application

3 Bilan énergétique d'une serre

En hiver, l'air contenu dans une serre horticole est chauffé de la température initiale de 5 °C à une température finale de 12 °C. L'air de la serre est supposé parfait, c'est-à-dire que sa capacité thermique molaire vaut $C = \frac{5}{2}R$ avec R la constante des gaz parfaits.

1. Sachant que la serre, de volume V constant, contient 25,73 kg d'air, calculer la variation d'énergie interne du système {air} lors du réchauffement.

2. En déduire la quantité de chaleur si le système a par ailleurs fourni un travail de 24 kJ.

Données : constante des gaz parfaits R = 8,314 usi ; masse volumique de l'air supposée constante dans ce domaine de température $M = 29\ \text{g} \cdot \text{mol}^{-1}$.

4 Pertes thermiques d'un mur

On considère un mur en pierre de la façade d'une maison. Ses dimensions sont 4 m 60 de hauteur et 9 m 40 de large, avec une épaisseur de 35 cm. La température extérieure est de 6 °C, alors que la maison est chauffée à 21 °C.

1. Calculer la résistance thermique du mur, ainsi que les pertes de chaleur par conduction de celui-ci.

2. On ajoute une couche d'isolation interne constituée d'une couche de 4,0 cm de polystyrène expansé recouverte d'un panneau de 5,0 cm de carreau de plâtre. Calculer la résistance thermique du mur isolé et en déduire ses pertes.

Données : $\lambda_{\text{pierre}} = 3{,}5\ \text{W} \cdot \text{m}^{-1} \cdot \text{K}^{-1}$; $\lambda_{\text{polystyrène expansé}} = 0{,}042\ \text{W} \cdot \text{m}^{-1} \cdot \text{K}^{-1}$; $\lambda_{\text{carreau de plâtre}} = 0{,}70\ \text{W} \cdot \text{m}^{-1} \cdot \text{K}^{-1}$.

Vers le bac

5 Mode de transfert thermique

Un convecteur électrique est utilisé pour réchauffer une petite chambre à une température de 19 °C.

1. En l'assimilant à un corps noir, calculer la valeur de la longueur d'onde du maximum d'intensité λ_m. On supposera que la température du convecteur atteint 60 °C.

2. La loi de Stefan donne le flux énergétique surfacique par rayonnement $\Phi = \sigma T^4$, avec T en kelvins. Sachant que la surface utile est de 0,85 m², calculer le flux rayonné.

3. Le rendement du convecteur étant de 89 %, en déduire que le rayonnement est un mode de transfert négligeable pour un appareil de 1 kWh.

Donnée : constante de Stefan $\sigma = 5{,}67 \cdot 10^{-8}\ \text{W} \cdot \text{m}^{-2} \cdot \text{K}^{-4}$.

6 Sensation de froid ou de chaud

Lorsque nous posons notre main sur une table en acier, elle nous paraît froide, alors que ce n'est pas le cas d'un contact avec une table en bois.

On désire étudier ces sensations. Pour cela, on modélise la main et le matériau (acier ou bois) par deux cylindres de même section de surface S, de même axe (Ox). Les deux cylindres sont mis en contact l'un avec l'autre, et l'on suppose que la situation est indépendante du temps.

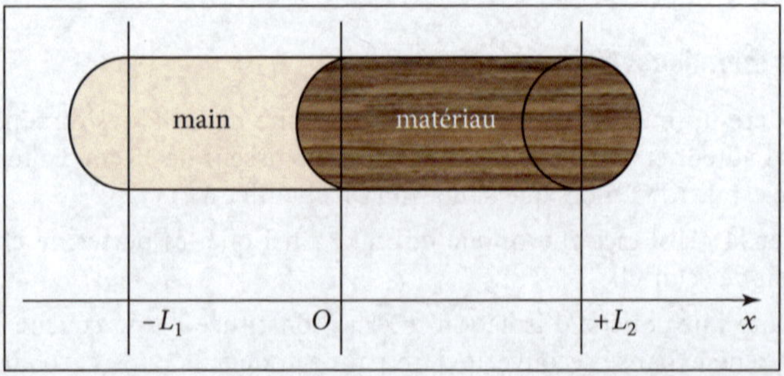

La main et le matériau à tester sont respectivement de longueur L_1 et L_2, de conductivité λ_1 et λ_2, de masse volumique μ_1 et μ_2, et de capacité thermique massique C_1 et C_2.

La jonction entre les deux cylindres est réalisée en $x = 0$; l'extrémité libre du cylindre 1 est alors à l'abscisse $x = -L_1$ et celle du cylindre 2 est à l'abscisse $x = L_2$.

1. Sachant que l'on maintient aux deux extrémités libres les températures constantes $T = T_1$ en $x = -L_1$ et $T = T_2$ en $x = L_2$, en déduire le profil de température $T(x)$ à l'intérieur des deux barres. On notera T_i la température à la jonction en $x = 0$.

2. Exprimer la température de jonction T_i en fonction de T_1 et T_2. En déduire la nouvelle expression dans le cas particulier $L_1 = L_2$.

3. Pour $L_1 = L_2$, donner une valeur numérique de T_i dans le cas de chaque contact (main/acier ou main/bois) et commenter.

Données : $T_1 = 37\ °C$; $T_2 = 20\ °C$; $\lambda_{1main} = 10\ W \cdot m^{-1} \cdot K^{-1}$;

$\lambda_{2acier} = 50\ W \cdot m^{-1} \cdot K^{-1}$; $\lambda_{2bois} = 0{,}25\ W \cdot m^{-1} \cdot K^{-1}$.

Vérifiez vos connaissances

1 Vrai-Faux

1. Faux. La diffusion se fait sans mouvement d'ensemble, le seul « mouvement » étant l'agitation des molécules qui transmettent l'énergie de proche en proche. Seul le transfert par convection se fait grâce à un mouvement macroscopique du fluide caloporteur.

2. Faux. $R = \left| \frac{T_1 - T_2}{\Phi} \right| = \frac{L}{\lambda S}$ donc R est inversement proportionnelle à la surface S de la section droite du matériau à travers laquelle on évalue le flux thermique.

3. Vrai. Un excellent conducteur a une conductivité forte, mais une résistance thermique faible.

4. Vrai. $\Delta U = nC\Delta T$, la variation d'énergie interne par élévation ou diminution de température est proportionnelle à cette dernière.

5. Faux. Tout travail reçu « entre » dans le système, il est donc positif. On parle quelquefois de « convention du banquier » !

2 Démonstration

Les conditions aux limites pour ce champ de température sont $T(x = 0) = T_1$ et $T(x = L) = T_2$.

On suppose aussi que la variation de température dans la barre est linéaire : la température suit alors une loi en $T(x) = ax + b$.

> **Gagnez des points !**
> Les conditions aux limites permettent d'avoir deux solutions particulières du champ scalaire.

La première condition en $x = 0$ montre que l'ordonnée à l'origine est $b = T_1$.

La seconde condition aux limites se traduit par $T(x = L) = aL + T_1 = T_2$.

On en déduit que le coefficient directeur est $a = \frac{T_2 - T_1}{L}$.

La température dans la barre suit par conséquent la loi $T(x) = \frac{T_2 - T_1}{L} x + T_1$.

Exercices d'application

3 Bilan énergétique d'une serre

1. La variation d'énergie interne de l'air de la serre durant l'échauffement est proportionnelle à la variation de température $\Delta T = T_f - T_i$: $\Delta U = nC\Delta T$ avec $n = \frac{m}{M}$ et $C = \frac{5}{2}R$. Finalement, on a :

$$\Delta U = \frac{5}{2} \cdot \frac{mR}{M}(T_f - T_i)$$

Remarque

$\Delta U > 0$, car le gaz reçoit de l'énergie lors de l'élévation de sa température.

A. N. : $\Delta U = \frac{5}{2} \times \frac{25{,}73 \cdot 10^3 \times 8{,}314}{29} \times (12 - 5) = 129{,}1$ kJ

soit $\Delta U = \mathbf{1{,}3 \cdot 10^5}$ **J** en ne gardant que 2 chiffres significatifs.

2. La variation d'énergie interne est la somme du travail W du gaz et de la chaleur Q : $\Delta U = W + Q$, toutes les quantités étant algébriques. On en déduit que :

$$Q = \Delta U - W$$

A. N. : $Q = 129{,}1 - (-24) = 153{,}1$ kJ, soit avec 2 chiffres significatifs $\mathbf{Q = 1{,}5 \cdot 10^5}$ **J**.

Piège à éviter

Le travail est fourni par le système. Par convention, on a donc $W < 0$.

4 Pertes thermiques d'un mur

1. Par définition, la résistance thermique du mur de pierre est $R_{\text{pierre}} = \frac{e}{\lambda S}$, soit

$$R_{\text{pierre}} = \frac{e}{\lambda hL}$$

avec e l'épaisseur du mur, h sa hauteur et L sa longueur.

A. N. : $R_{\text{pierre}} = \frac{35 \cdot 10^{-2}}{3{,}5 \times 4{,}60 \times 9{,}40}$ soit $\mathbf{R_{pierre} = 2{,}3 \cdot 10^{-3}\ K \cdot W^{-1}}$.

Les pertes thermiques sont en fait le flux conductif Φ entre la surface plane intérieure chaude à T_1 et la surface plane extérieure froide à T_2 : $T_1 > T_2$.

Par définition du flux thermique, on a : $\Phi = \frac{T_1 - T_2}{R} = \lambda \frac{T_1 - T_2}{e} S$,

d'où :

$$\Phi = \lambda \frac{T_1 - T_2}{e} hL$$

A. N. : $\Phi = 3.5 \times \frac{21 - 6}{35 \cdot 10^{-2}} \times 4{,}60 \times 9{,}40 = 6\,486$ W, soit finalement $\mathbf{\Phi = 6{,}5\ kW}$.

2. Les résistances des différentes couches d'isolation sont de la forme $R = \frac{e}{\lambda hL}$ d'où :

– pour le polystyrène expansé :

$$R_{\text{polystyrène}} = \frac{4{,}0 \cdot 10^{-2}}{0{,}042 \times 4{,}60 \times 9{,}40} = 0{,}022\ \text{K} \cdot \text{W}^{-1} = 2{,}2 \cdot 10^{-2}\ \text{K} \cdot \text{W}^{-1};$$

– pour le carreau de plâtre :

$$R_{\text{plâtre}} = \frac{5{,}0 \cdot 10^{-2}}{0{,}70 \times 4{,}60 \times 9{,}40} = 1{,}7 \cdot 10^{-3}\ \text{K} \cdot \text{W}^{-1}.$$

L'astuce du prof

Penser que l'ensemble du mur et des deux couches d'isolation correspond à une association série.

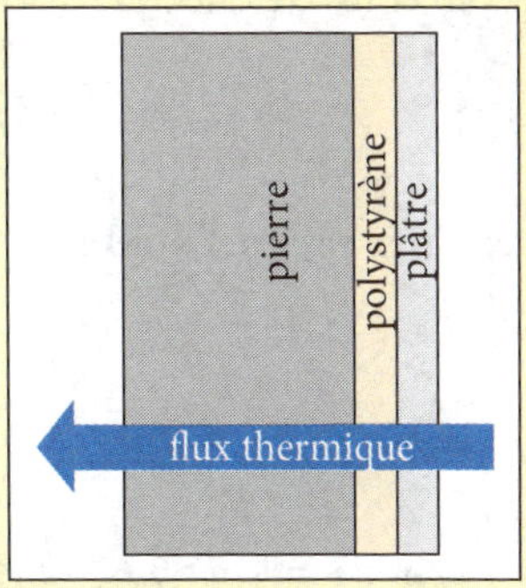

Le flux total étant celui qui traverse perpendiculairement l'ensemble des couches {mur + isolation}, la résistance totale du mur isolé est la somme des résistances :

$$R_{\text{mur isolé}} = R_{\text{pierre}} + R_{\text{polyst}} + R_{\text{plâtre}}$$

A. N. : $R_{\text{mur isolé}} = 2{,}3 \cdot 10^{-3} + 2{,}2 \cdot 10^{-2} + 1{,}7 \cdot 10^{-3}$

soit $\mathbf{R_{\text{mur isolé}} = 2{,}6 \cdot 10^{-2}\ K \cdot W^{-1}}$.

Avec le même raisonnement que précédemment, on en déduit les pertes thermiques : $\Phi' = \dfrac{T_1 - T_2}{R_{\text{mur isolé}}}$

A. N. : $\Phi' = \dfrac{21 - 6}{2{,}6 \cdot 10^{-2}} = 577$ W soit finalement $\mathbf{\Phi' = 0{,}58\ kW < \Phi} = 6{,}5$ kW.

En comparant le flux avec isolation et celui sans isolation polystyrène expansé/carreau de plâtre, on montre que $\dfrac{\Phi}{\Phi'} = \dfrac{6{,}5}{0{,}58} = 11$. Les pertes thermiques ont été ainsi réduites d'un facteur supérieur à 10 grâce à l'isolation.

Vers le bac

5 Mode de transfert thermique

Rappel

La loi du corps noir, vue en 1re S, est $\lambda_m T = 3\,000\ \mu\text{m} \cdot \text{K}$ avec T en kelvins et λ_m en µm.

1. La loi du corps noir donne $\lambda_m T = 3\,000\ \mu\text{m} \cdot \text{K}$.

A. N. : $\lambda_m = \dfrac{3000}{(60 + 273)}$, soit $\mathbf{\lambda_m = 9{,}0\ \mu m}$ pour des températures d'environ 60 °C.

2. Le flux rayonné s'écrit $\phi_{ray} = \Phi S$, soit le flux surfacique multiplié par la surface $S = 0{,}85$ m². On a donc $\phi_{ray} = \sigma T^4 S$ en appliquant la loi de Stefan.

A. N. : $\phi_{ray} = 5{,}67 \cdot 10^{-8} \times 0{,}85 \times (60 + 273)^4 = 592{,}6$ W soit $\boldsymbol{\phi_{ray} = 5{,}9 \cdot 10^2}$ **W** en ne gardant que 2 chiffres significatifs.

3. Une partie de l'énergie électrique reçue par le convecteur est transformée en énergie thermique de convection : $E_{conv} = 0{,}89\ E_{él}$.

A. N. : $E_{conv} = 0{,}89 \times 10^3 \times 3\,600 = 3{,}2 \cdot 10^6$ J $= 3{,}2 \cdot 10^6$ Ws, ce qui correspond ainsi à un flux ϕ_{conv} de $3{,}2 \cdot 10^6$ W.

En comparant les deux modes de transfert thermique, on constate que :

$$\frac{\phi_{conv}}{\phi_{ray}} = \frac{3{,}2 \cdot 10^6}{5{,}9 \cdot 10^2} = 5{,}4 \cdot 10^3 \gg 1$$

La contribution du rayonnement est donc négligeable par rapport à celle de la convection.

6 Sensation de froid ou de chaud

1. Pour le premier cylindre, les conditions aux limites sont : $T = T_1$ en $x = -L_1$ et $T = T_i$ en $x = 0$. On suppose un profil indépendant du temps t et uniquement dépendant de la variable x d'espace du type linéaire $T(x) = a_1x + b_1$.

En $x = 0$, on a $T(0) = b_1 = T_i$, donc on en déduit que $b_1 = T_i$.

En $x = -L_1$, on a $T(-L_1) = a_1(-L_1) + T_i = T_1$ donc on en déduit que $a_1 = \dfrac{T_i - T_1}{L_1}$.

Finalement, on obtient comme profil des températures dans la barre 1 :

$$T(x) = \frac{T_i - T_1}{L_1}x + T_i$$

Par le même raisonnement, on peut écrire pour la barre 2 : $T(x) = a_2x + b_2$.

En $x = 0$, on a $T(0) = b_2 = T_i$, donc on en déduit que $b_2 = T_i$.

En $x = +L_2$, on a $T(+L_2) = a_2L_2 + T_i = T_2$ donc on en déduit que $a_2 = \dfrac{T_2 - T_i}{L_2}$.

Finalement, on obtient comme profil des températures dans la barre 2 :

$$T(x) = \frac{T_2 - T_i}{L_2}x + T_i$$

2. En $x = 0$, le flux thermique peut s'obtenir de deux manières :

– soit le flux traverse la barre 1 à travers la surface $S_1 = S$ en $x = 0$:

$$\Phi_1 = \frac{\lambda_1 S(T_1 - T_i)}{L_1}$$

– soit le flux traverse la barre 2 à travers la surface $S_2 = S$ en $x = 0$:

$$\Phi_2 = \frac{\lambda_2 S(T_i - T_2)}{L_2}$$

Piège à éviter

Le flux doit être dirigé dans le sens des x croissants : des hautes températures vers les basses températures, avec $T_1 > T_i > T_2$.

Le flux se conservant en $x = 0$, on en déduit que $\Phi_1 = \Phi_2$, soit :

$$\frac{\lambda_1 S(T_1 - T_i)}{L_1} = \frac{\lambda_2 S(T_i - T_2)}{L_2}$$

d'où : $$\frac{\lambda_1 S T_1}{L_1} + \frac{\lambda_2 S T_2}{L_2} = \frac{\lambda_1 S T_i}{L_1} + \frac{\lambda_2 S T_i}{L_1} = T_i\left(\frac{\lambda_1 S}{L_1} + \frac{\lambda_2 S}{L_2}\right)$$

et finalement : $$T_i = \frac{\dfrac{\lambda_1 S T_1}{L_1} + \dfrac{\lambda_2 S T_2}{L_2}}{\dfrac{\lambda_1 S}{L_1} + \dfrac{\lambda_2 S}{L_2}}$$

soit, quelle que soit la surface S de la section : $$T_i = \frac{\dfrac{\lambda_1 T_1}{L_1} + \dfrac{\lambda_2 T_2}{L_2}}{\dfrac{\lambda_1}{L_1} + \dfrac{\lambda_2}{L_2}}$$

Dans le cas particulier $L_1 = L_2$, l'expression précédente devient :

$$T_i = \frac{\lambda_1 T_1 + \lambda_2 T_2}{\lambda_1 + \lambda_2}$$

3. Dans le cas d'un contact main/acier, on a, avec $T_1 = 37 + 273 = 310$ K et $T_2 = 20 + 273 = 293$ K :

$T_i = \dfrac{10 \times 310 + 50 \times 293}{10 + 50}$ soit **T_i(main/acier) = 296 K = 23 °C.**

Dans le cas d'un contact main/bois, on a :

$T_i = \dfrac{10 \times 310 + 0{,}25 \times 293}{10 + 0{,}25}$, soit **$T_i$(main/bois) = 310 K = 37 °C.**

On constate qu'au contact, le bois est à la température de la main, **ni chaud, ni froid**. En revanche, pour la jonction main/acier, la température est de 23 °C < 37 °C. **L'acier nous semble donc plus froid au toucher**.

CHAPITRE

13 Transferts quantiques et dualité onde-particule

1 Émission et absorption quantiques

1 Émission et absorption spontanées (rappels de 1re S)

- Au niveau microscopique, les échanges d'énergie avec la matière ne se font que par **quantités finies d'énergie** ou **quanta**.

- L'onde électromagnétique peut être considérée comme un faisceau de photons, chaque photon transportant un quantum $\boldsymbol{E = h\nu}$, avec ν la fréquence de l'onde et h la constante de Planck.

Rappel : La valeur de la constante de Planck est $h = 6{,}62 \cdot 10^{-34}$ J · s.

- Dans le cas de l'étude des lampes spectrales, on a étudié les transitions atomiques.

Prenons l'exemple de la lampe au sodium :
– lorsqu'un atome de sodium est dans un état excité d'énergie $E_2 > E_1$, il redescend dans un état plus stable d'énergie E_1 en émettant un photon d'énergie $\Delta E = E_2 - E_1$. C'est un processus d'**émission** ;
– lorsqu'un atome de sodium est éclairé par un rayonnement électromagnétique, il peut absorber un photon d'énergie $\Delta E' = E'_2 - E'_1$, le faisant passer d'un état E'_1 à un autre état E'_2 moins stable. C'est un processus d'**absorption**.

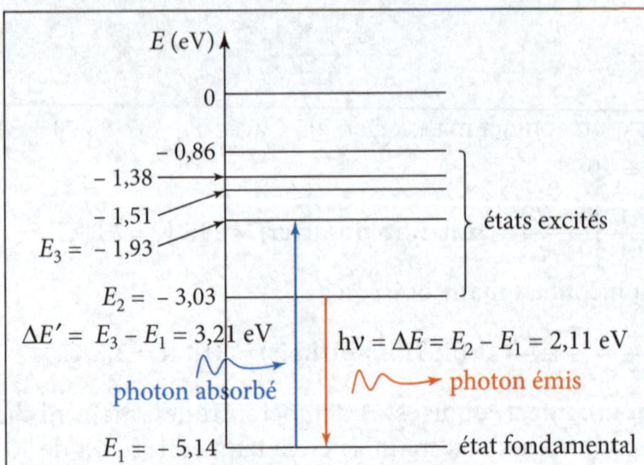

2 Émission stimulée

• Il existe un second type d'émission, appelé **émission stimulée** : lorsqu'un atome se trouve dans un état quantique excité d'énergie E_2, le choc d'un photon d'énergie $\Delta E = E_2 - E_1$ provoque la désexcitation de l'atome du niveau E_2 vers le niveau E_1.
Cette dernière s'accompagne de l'émission d'un second photon de même énergie que le photon incident.

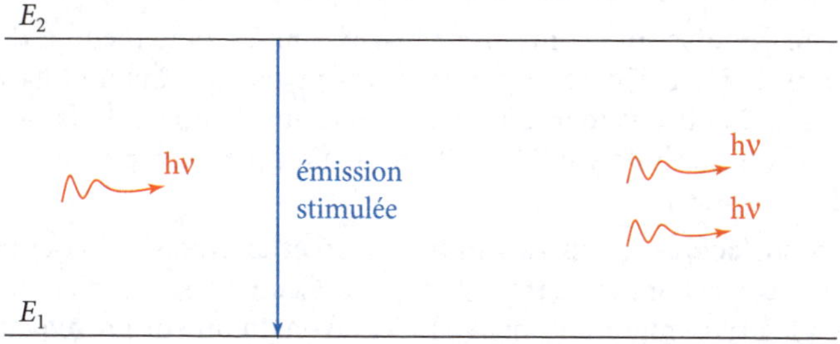

• Contrairement à l'émission spontanée, qui crée un flux de photons incohérents, la lumière produite par émission stimulée est **cohérente : les photons émis sont en phase**.

EXERCICE RÉSOLU

Calculer une énergie de transition

ÉNONCÉ

Un laser He–Ne produit une lumière de longueur d'onde $\lambda = 632{,}8$ nm.
Calculer l'énergie du photon correspondant et en déduire celle de la transition quantique.

CORRIGÉ

L'énergie du photon est $E = \text{h}\nu$, avec $\nu = \dfrac{c}{\lambda}$, soit $E = \dfrac{\text{h}c}{\lambda}$.

A. N. : $E = \dfrac{6{,}62 \cdot 10^{-34} \times 3{,}00 \cdot 10^{8}}{632{,}8 \cdot 10^{-9}} = 3{,}14 \cdot 10^{-19}$ J

soit $\boldsymbol{E = 1{,}96}$ **eV**.
L'énergie de la transition est égale à celle du photon, soit $\boldsymbol{\Delta E = 1{,}96}$ **eV**.

Rappel
1 eV = $1{,}60 \cdot 10^{-19}$ J.

2 Principe du laser

1 Caractéristiques du laser

La première réalisation du laser (*Light Amplification by Stimulated Emission of Radiation*) date des années 1960 (laser rouge à rubis de Maiman).

- **Monochromaticité :** l'analyse spectrale d'un laser montre un spectre de raies d'une longueur d'onde précise et souvent unique.
- **Directivité du faisceau :** contrairement aux lampes, qui émettent dans toutes les directions, le laser délivre un faisceau très peu élargi. Celui-ci n'est souvent pas visible par un observateur, qui ne peut que voir l'impact du faisceau sur un écran (l'observation du faisceau se fait en mettant par exemple de la poudre de craie ou de la poussière).
- **Puissance surfacique, intensité lumineuse ou éclairement :** le laser peut transporter une intensité lumineuse très importante. Celui utilisé en TP a une intensité lumineuse 4 fois plus importante que celle des rayons lumineux provenant du Soleil.
- **Cohérence :** la lumière du laser est produite par émission stimulée amplifiée, les photons produits sont donc cohérents. Les phénomènes mettant en évidence la cohérence du laser sont l'obtention de **franges d'interférence** (en éclairant des fentes d'Young par exemple) ou d'un **speckle** (en éclairant un verre dépoli).

Exemple : Pour le laser He-Ne, la longueur d'onde du rayonnement est de $\lambda = 632{,}8$ nm.

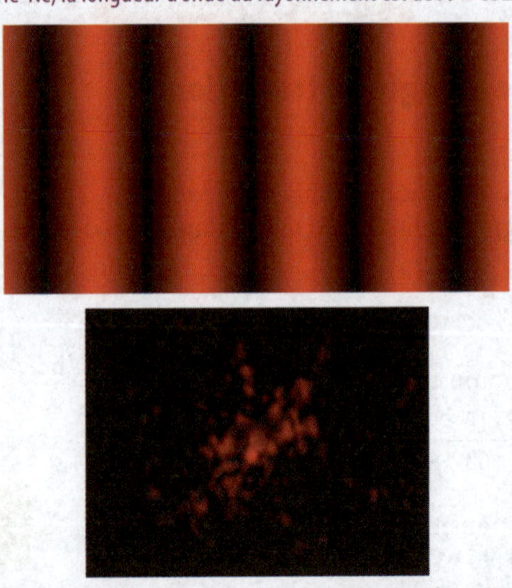

Franges d'interférence et speckle réalisé avec un laser He-Ne

2 Le laser, un oscillateur optique

• Le fonctionnement du laser est fondé sur l'**émission stimulée**. Cependant, en général, la population des niveaux quantiques d'un atome décroît exponentiellement en fonction de l'énergie : les niveaux de basse énergie sont plus peuplés que ceux d'énergie plus importante.

• Pour que l'émission stimulée soit efficace, il faut réaliser une **inversion de population** : les niveaux de haute énergie doivent être plus peuplés que les niveaux inférieurs. Un photon incident introduit dans un **milieu actif** provoque l'émission d'un second photon cohérent, doublant ainsi l'intensité lumineuse. Les photons produits sont ensuite réfléchis dans la cavité optique contenant le milieu actif, devenant à leur tour des photons incidents pour une nouvelle émission stimulée.

• Deux miroirs parallèles permettent ces allers-retours de photons, amplifiant le faisceau laser qui est en partie transmis par l'un des miroirs (environ 1 % du faisceau).

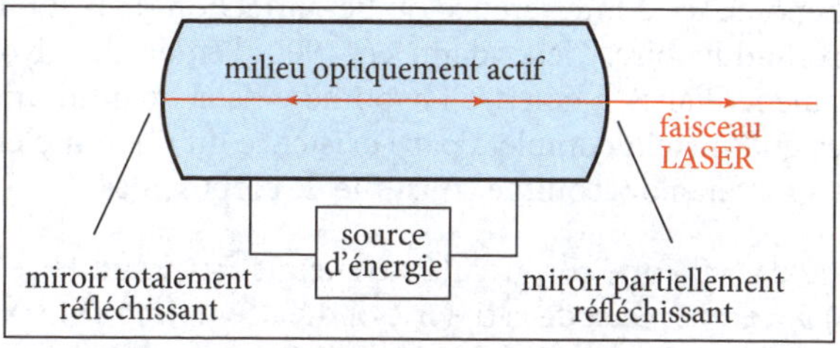

EXERCICE RÉSOLU

Évaluer la puissance surfacique du laser He-Ne

ÉNONCÉ

Le laser He-Ne de puissance $P = 2$ mW produit un faisceau directif de rayon $r = 0{,}4$ mm. Calculer sa puissance surfacique ou intensité lumineuse I.

CORRIGÉ

$I = \dfrac{P}{S}$ avec S la surface du disque représentant le point d'impact du laser sur un écran perpendiculaire au faisceau. On a alors $S = \pi r^2$, soit : $I = \dfrac{P}{S} = \dfrac{P}{\pi r^2}$.

A. N. : $I = \dfrac{2 \cdot 10^{-3}}{\pi \times (0{,}4 \cdot 10^{-3})^2} = 4 \cdot 10^3$ W · m^{-2} soit $\mathbf{I = 4\ kW \cdot m^{-2}}$.

Rappel

La surface S d'une section droite est un disque de rayon r tel que $S = \pi r^2$.

3 Onde électromagnétique et photon

1 Point de vue historique

- À la fin du XIXe siècle, on distinguait parmi les phénomènes physiques la matière et le rayonnement, pour lesquels on avait des **lois très différentes** : le mouvement des corps était géré par la mécanique newtonienne, et les phénomènes de rayonnement par la théorie de l'électromagnétisme.
- Avec les **révolutions quantique et relativiste**, les lois classiques sont mises en défaut pour des corps allant à de très grandes vitesses ou pour des corps à l'échelle atomique ou subatomique.
- Newton considérait la lumière comme un jet de particules qui pouvaient par exemple rebondir sur un miroir, alors que dans la première moitié du XIXe siècle, l'étude des phénomènes d'interférence ou de diffraction de la lumière a encouragé sa nature ondulatoire. Cependant, en 1900, l'étude du rayonnement du corps noir a amené Planck à émettre l'hypothèse de la quantification de l'énergie des atomes qu'Einstein compléta par l'existence du photon d'énergie hν : le rayonnement apparaît alors comme constitué de corpuscules.

Les paramètres de la théorie corpusculaire (énergie E et quantité de mouvement ou impulsion $p = mc$) et ceux de la théorie ondulatoire (fréquence ν et longueur d'onde λ) sont liés par les **relations de Planck-Einstein** dans le vide :

$$E = \mathrm{h}\nu \quad \text{et} \quad p = mc = \frac{\mathrm{h}}{\lambda}$$

2 Dualité onde-corpuscule : expérience des fentes d'Young

- Le dispositif des **fentes d'Young** est le suivant : un faisceau de lumière monochromatique est émis en direction d'une plaque opaque percée de deux fentes F_1 et F_2 très fines. Derrière la plaque, on observe sur un écran une répartition d'intensité lumineuse $I(x)$.

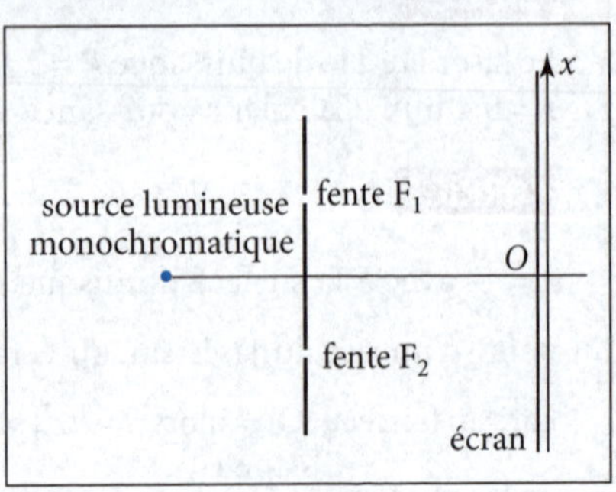

- On peut alors observer que :
– si l'une des deux fentes est obstruée, par exemple F_1, l'écran présente la figure de diffraction de la fente ouverte d'intensité $I_1(x)$;

– si les deux fentes sont ouvertes, l'écran présente des franges d'interférence, et $I(x)$ ne correspond pas à la somme des intensités produites par F_1 et F_2 séparément $I(x) \neq I_1(x) + I_2(x)$;
– si l'on diminue l'intensité lumineuse de la source, afin que les photons arrivent un à un sur la plaque, chaque photon produit un impact localisé sur l'écran, passant aléatoirement par l'une ou l'autre des fentes et reconstruisant les franges d'interférence ;
– si l'on place un détecteur sur l'une des fentes afin de compter les photons passant par elle, on n'obtient pas de franges d'interférence, mais la figure de diffraction de l'autre fente.

• Ce dispositif des fentes d'Young a permis de conclure que **la lumière était à la fois une onde et un flux de particules appelées photons**. Les aspects corpusculaire et ondulatoire de la lumière sont inséparables.

3 Aspect probabiliste

• L'expérience des fentes d'Young montre qu'il est impossible de savoir par quelle fente est passé le photon incident avant son impact sur l'écran et en même temps d'observer les franges d'interférence que le flux de photons reconstitue.

• On est obligé de renoncer à l'idée qu'un photon passe par une fente *ou* l'autre. **Le comportement du photon ne peut être prévu que de manière probabiliste.**

Remarque : La lumière étant à la fois de nature ondulatoire et particulaire, c'est l'onde qui permet de calculer la probabilité de présence du photon.

EXERCICE RÉSOLU

Déterminer la relation entre *E* et *p*

ÉNONCÉ

Déterminer la relation entre l'énergie et l'impulsion du photon dans le vide.

CORRIGÉ

En utilisant les relations de Planck-Einstein, on a pour le photon dans le vide :

$E = h\nu$ et $p = \dfrac{h}{\lambda}$. De plus, on sait que $\nu = \dfrac{c}{\lambda}$. On obtient finalement $E = \dfrac{hc}{\lambda} = pc$.

Rappel

La relation plus générale concernant une particule de masse m au repos est $E^2 = p^2c^2 + m^2c^4$, le photon ayant une masse nulle $m = 0$.

4 Particule de matière et onde de matière

1 Relations de Louis de Broglie

• C'est en 1923 que Louis de Broglie émet l'hypothèse suivante : comme les photons, les particules de matière peuvent avoir un aspect ondulatoire.

Remarque : Cette hypothèse a été postulée afin de comprendre l'origine des règles de quantification de l'énergie des atomes.

• Les premières vérifications expérimentales datent de 1927 : Davisson et Germer montrent que l'on peut obtenir des figures de diffraction avec des électrons.

De manière générale, à tout corpuscule de matière d'énergie E et d'impulsion p, on peut associer une onde de fréquence ν et de longueur d'onde λ telle que :

$$\boldsymbol{E = \mathrm{h}\nu} \text{ et } \boldsymbol{p = \frac{\mathrm{h}}{\lambda}} \text{ avec } \begin{cases} E : \text{énergie (en J)}, \\ p : \text{impulsion (en kg} \cdot \text{m} \cdot \text{s}^{-1}\text{)}, \\ \nu : \text{fréquence de l'onde de matière (en Hz)}, \\ \lambda : \text{longueur d'onde (en m)}, \\ \mathrm{h} : \text{constante de Planck } (\mathrm{h} = 6{,}62 \cdot 10^{-34}\ \text{J} \cdot \text{s}). \end{cases}$$

Ces deux relations constituent les **relations de de Broglie**.

Remarque : Les relations de de Broglie sont la généralisation à tout corpuscule ou onde de matière des relations de Planck- Einstein.

2 Interprétation

• La relation de L. de Broglie $p = \frac{\mathrm{h}}{\lambda} \Rightarrow \lambda = \frac{\mathrm{h}}{p}$ montre que la longueur d'onde correspondant à une particule de masse m et de vitesse v est d'autant plus grande que la masse et la vitesse sont faibles.

• Les propriétés ondulatoires sont d'autant plus difficiles à mettre en évidence que l'on est dans le domaine macroscopique.

• Un électron absorbé par un compteur n'est pas détruit, il peut être « intégré » par un atome ou participer à un courant électrique. Cependant, un électron rencontrant un positron s'annihile en créant un photon !

EXERCICE RÉSOLU

Déterminer la longueur d'onde de de Broglie

ÉNONCÉ

Considérons un grain de poussière de diamètre $d = 1$ µm dont la masse est de l'ordre de $m \approx 10^{-12}$ g. On suppose que la vitesse de ce grain de poussière est estimée à $v = 1\ \text{mm} \cdot \text{s}^{-1}$.

a. Exprimer la longueur d'onde de de Broglie associée à ce grain de poussière. Donner sa valeur numérique.

b. Comparer la longueur d'onde à la taille du grain de poussière et conclure.

CORRIGÉ

a. La longueur d'onde de de Broglie du grain de poussière est liée à son impulsion p. Le grain ayant une vitesse faible de $1\ \text{mm} \cdot \text{s}^{-1}$ n'est pas relativiste et $p = mv$.
On en déduit donc que sa longueur d'onde de de Broglie est :

$$\lambda = \frac{h}{p} = \frac{h}{mv}$$

avec m en kilogrammes et v en mètres par seconde.

A. N. : $\lambda = \dfrac{6{,}62 \cdot 10^{-34}}{10^{-15} \times 1 \cdot 10^{-3}} = 6{,}62 \cdot 10^{-16}$ m, soit environ $\mathbf{7 \cdot 10^{-6}}$ **Å**.

Rappel
L'impulsion s'écrit $p = mv$ en mécanique classique, c'est-à-dire si la vitesse du système est faible devant celle du photon.

b. En comparant le diamètre du grain de poussière à sa longueur d'onde, on a :

$$\frac{d}{\lambda} = \frac{1 \cdot 10^{-6}}{7 \cdot 10^{-16}} \approx 1 \cdot 10^{9} \gg 1\ !$$

On peut donc conclure que **les propriétés ondulatoires du grain de poussière sont impossibles à mettre en évidence**. Cela se généralise pour tout objet du domaine macroscopique.

Rappel
Les propriétés ondulatoires d'une particule ont des effets significatifs si sa longueur d'onde de de Broglie est de l'ordre de grandeur de ses dimensions spatiales.

Associer un domaine spectral à la nature de la transition

ÉNONCÉ

Le diagramme énergétique du sodium est le suivant :

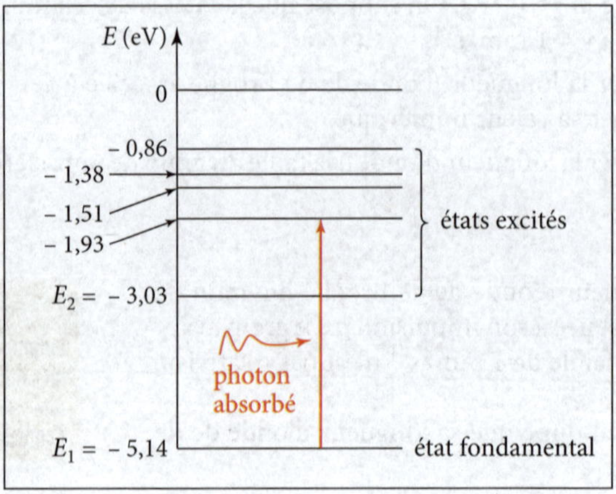

Un atome de sodium peut absorber un photon en le faisant passer de son état fondamental dans un état correspondant au 2e niveau excité.

Déterminer le domaine spectral du photon absorbé.

MÉTHODE

▶ **1.** Calculer la valeur de l'énergie de la transition ΔE par différence des énergies des niveaux concernés.

▶ **2.** En déduire la fréquence ν du photon absorbé ou émis sachant que $\Delta E = E_{\text{photon}} = h\nu$.

On rappelle que la valeur de la constante de Planck est $h = 6{,}62 \cdot 10^{-34}$ J · s et que ΔE doit être convertie en joules.

▶ **3.** Situer ensuite la fréquence du photon dans le graphe donnant les domaines de fréquence en fonction de la fréquence ν.

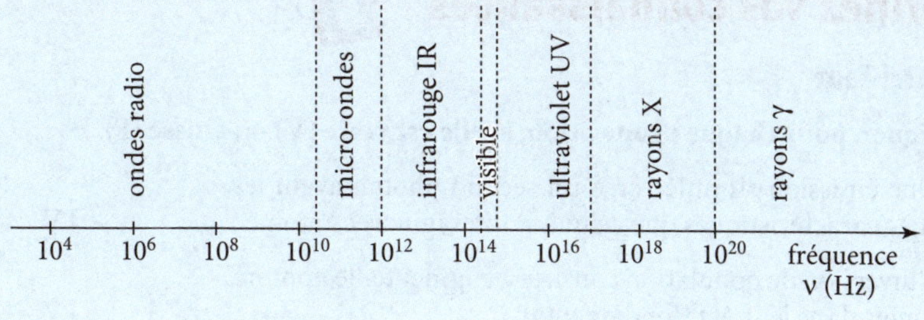

CORRIGÉ

1. Le photon absorbé passe du niveau d'énergie $E_1 = -5{,}14$ eV au niveau $E_3 = -1{,}93$ eV, soit une différence en valeur absolue de :

$$\Delta E = |E_3 - E_1| = 5{,}14 - 1{,}93 = 3{,}21 \text{ eV}$$

2. Convertissons cette énergie de transition en joules :
$\Delta E = 3{,}21 \text{ eV} \times 1{,}60 \cdot 10^{-19} \text{ J/eV} = 5{,}136 \cdot 10^{-19}$ J,
soit $\Delta E = 5{,}1 \cdot 10^{-19}$ J. Cette énergie correspond à celle du photon absorbé : on en déduit que $\Delta E = h\nu$, avec ν la fréquence du photon ou de l'onde électromagnétique.

Rappel
1 eV équivaut à $1{,}60 \cdot 10^{-19}$ J.

Finalement, $\nu = \dfrac{\Delta E}{h}$. A. N. : $\nu = \dfrac{5{,}136 \cdot 10^{-19}}{6{,}62 \cdot 10^{-34}} = 7{,}8 \cdot 10^{14}$ Hz.

3. En se référant au graphique, on constate que le rayonnement de fréquence $\nu = 7{,}8 \cdot 10^{14}$ Hz correspond au domaine visible en limite des UV.

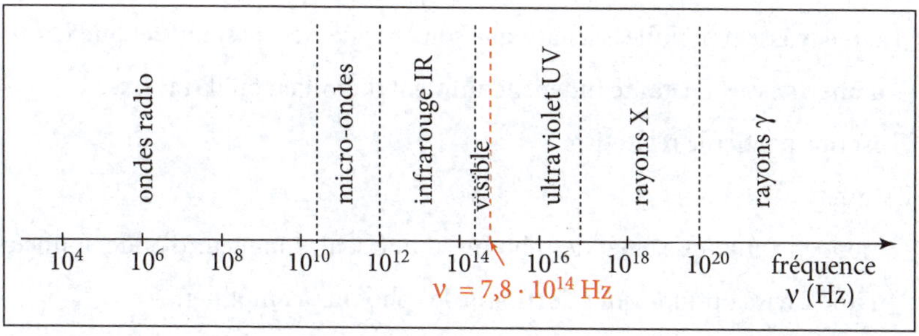

(On peut aussi calculer la valeur de la longueur correspondante λ, mais elle dépend du milieu du propagation. Dans le vide, on a $\lambda = \dfrac{c}{\nu}$ qui peut déjà nous donner une idée du domaine spectral. Ici, on a λ = 390 nm, à la limite entre le visible et le domaine ultraviolet.)

Vérifiez vos connaissances

1 Vrai-Faux

Indiquer, pour chaque proposition, si elle est vraie (V) ou fausse (F).

1. Une émission stimulée crée un second photon ayant les mêmes caractéristiques que celui qui interagit avec l'atome. ☐ V ☐ F

2. L'inversion de population consiste à augmenter le nombre d'atomes dans leur état fondamental. ☐ V ☐ F

3. Dans le vide, les photons se déplacent à la même vitesse quelle que soit leur longueur d'onde. ☐ V ☐ F

4. Les échanges d'énergie entre le rayonnement et la matière sont quantifiés. ☐ V ☐ F

5. Le photon a une masse nulle. ☐ V ☐ F

2 QCM

Pour chacune des propositions, choisir la ou les bonnes réponses.

1. Le photon de fréquence ν :

a) ☐ a une énergie E proportionnelle à ν.

b) ☐ ayant une masse nulle, a une impulsion nulle.

c) ☐ a une masse non nulle, sachant que son énergie n'est pas nulle et que $E = mc^2$.

d) ☐ a une vitesse constante indépendamment du milieu qu'il traverse.

e) ☐ est une particule relativiste.

2. Le laser :

a) ☐ monochromatique émet des photons d'une seule longueur d'onde donnée.

b) ☐ a une cavité optique qui sélectionne les photons à amplifier.

c) ☐ est basé sur l'émission stimulée d'un milieu actif.

d) ☐ a de nombreuses applications médicales, industrielles et militaires.

e) ☐ nécessite un pompage optique pour réaliser une inversion de population de son milieu actif.

Exercices d'application

3 Neutrons thermiques

On appelle neutron thermique, un neutron ayant une énergie cinétique correspondant à l'énergie d'agitation thermique à la température absolue *T*.

1. Sachant que l'énergie d'agitation thermique est proportionnelle à la température absolue *T*, soit $\frac{3}{2}$ k*T*, avec k une constante appelée constante de Boltzmann, donner l'expression de l'impulsion du neutron thermique allant à la vitesse $v \ll c$.

2. En déduire, en utilisant la relation de de Broglie, l'expression de la longueur d'onde correspondant à la vitesse v du neutron.

3. Calculer cette longueur d'onde à $T = 300$ K. Conclure.

Données : $m_n = 1{,}67 \cdot 10^{-27}$ kg ; $k = 1{,}38 \cdot 10^{-23}$ J · K^{-1}.

4 Laser Mégajoule LMJ

Exercice à caractère documentaire

> Les essais nucléaires sont interdits en France depuis 1996. De ce fait, le CEA a mis sur pied un programme SIMULATION visant à reproduire par le calcul les différentes étapes du fonctionnement d'une arme nucléaire.
> Le laser Mégajoule ou LMJ est l'une des deux expériences de l'étape de validation expérimentale de ce programme. C'est l'un des plus gros lasers au monde, prévu pour 2014 sur le site du CESTA, près de Bordeaux.
> Afin d'obtenir l'énergie nécessaire à l'expérimentation, un pilote délivre un faisceau laser de section carrée de 40 mm de côté avant d'être amplifié 20 000 fois !
> Le LMJ est dimensionné pour accueillir 30 canaux de 8 faisceaux, soit un total de 240 faisceaux laser pour une énergie globale de 1,8 MJ.

Données : célérité de la lumière dans le vide $c = 2{,}998 \cdot 10^{8}$ m · s^{-1} ; constante de Planck $h = 6{,}62 \cdot 10^{-34}$ J · s ; électron-volt 1 eV $= 1{,}602 \cdot 10^{-19}$ J.

1. Le choix s'est porté sur des lasers à verre dopé au néodyme de longueur d'onde $\lambda_1 = 1\,050$ nm. Lorsque le faisceau laser entre dans la chambre d'expérience, un dispositif triple la fréquence de l'onde lumineuse. En déduire la valeur de la longueur d'onde λ_2 du laser dans la chambre d'expérience.

2. Dans quels domaines du spectre électromagnétique se situent les rayonnements de longueurs d'onde λ_1 et λ_2 ?

3. Après le triplement de fréquence, chaque faisceau laser produit une énergie $E_{laser} = 7{,}5$ kJ. Par un calcul, montrer que la valeur de l'énergie E_{LMJ} pour l'ensemble des faisceaux lasers composant le LMJ est en cohérence avec le texte ci-avant.

4. On admet que le LMJ est capable de délivrer l'énergie E_{LMJ} en une durée $\Delta t = 5{,}0$ ns. En déduire la valeur de la puissance moyenne P_{LMJ} correspondante.

Vers le bac

5 Quelques utilisations du laser

Exercice à caractère documentaire

Utilisation en médecine

Le laser est populaire auprès du grand public grâce à ses nombreuses applications médicales. Les chercheurs en biologie ont pensé très tôt que le laser pouvait faire un bon bistouri stérile pour les tissus biologiques en les brûlant. Par ailleurs, le laser offre une large gamme de puissance pour une longueur d'onde donnée.

En médecine, on exploite les phénomènes thermiques ou photochimiques durant lesquels il y a absorption du rayonnement par les tissus pour une longueur d'onde donnée.

On peut citer le laser à CO_2 de longueur d'onde 10,6 µm, très utilisé en chirurgie du fait de sa bonne absorption par les tissus, et les lasers à excimère de longueur d'onde comprise entre 200 nm et 300 nm, employés en ophtalmologie. Ces derniers, utilisés pour les opérations de la cornée, permettent de retirer des couches de cellules presque une à une : les molécules absorbent des photons assez énergétiques qui cassent certaines de leurs liaisons intermoléculaires.

Utilisation dans l'industrie

Le laser peut être utilisé pour les soudures ou les découpes précises de matériaux. En effet, il n'émet un faisceau suffisamment énergétique que lorsqu'il est absorbé par un matériau, et la température de ce dernier augmente considérablement.

Par exemple, si l'on concentre un laser à rubis de section circulaire de diamètre 0,1 mm sur une petite surface, la puissance par unité de surface est alors d'environ 12 MW/cm^2 pour une impulsion de 1 ms.

1. Rappeler deux propriétés physiques spécifiques du laser et les mettre en évidence à partir du texte.

2. Préciser, pour le laser à excimère, le domaine dans lequel se situe le rayonnement.

3. On considère une petite portion d'une plaque d'aluminium de 0,5 cm d'épaisseur soumise au rayonnement laser pendant une impulsion. Calculer l'énergie arrivant sur cette portion de plaque.

4. L'énergie minimale nécessaire à la fusion d'une masse m d'aluminium initialement à la température θ est donnée par $mC(\theta_f - \theta) + mL_f$, avec C la capacité thermique massique de l'aluminium, L_f sa chaleur latente de fusion et θ_f sa température de fusion. Calculer cette énergie pour la petite portion de plaque initialement à la température $\theta = 20$ °C. Conclure.

Données pour l'aluminium :

– $C = 9{,}0 \cdot 10^2$ J · kg^{-1} · K^{-1},

– $L_f = 3{,}9 \cdot 10^5$ J · kg^{-1},

– $T_f = 933$ K ;

– $\rho = 2{,}7 \cdot 10^3$ kg · m^{-3} (masse volumique).

6 Pointeur laser

Un pointeur optique à laser a la forme et la taille d'un gros stylo. Le faisceau lumineux qui en sort, lorsqu'il est dirigé en direction d'un tableau, donne un point d'impact rouge très lumineux, de petites dimensions. Il permet à un conférencier, même s'il se trouve très loin du tableau, de pointer un endroit précis d'un document projeté.

Notice technique d'un pointeur optique à laser

Diode émissive 5 mW – Rouge (λ_0 comprise entre 660 et 680 nm) – Alimentation par piles – 3 heures d'autonomie – Portée supérieure à 100 m dans l'obscurité – Diamètre du spot à la sortie : 2 mm – Diamètre du spot à 6,0 m : 12 mm.

1. Soit d_1 le diamètre du faisceau à la sortie du pointeur, d_2 celui du faisceau à la distance L de la sortie et α l'angle total de divergence du faisceau, suffisamment petit pour pouvoir confondre $\tan\alpha$ ou $\sin\alpha$ avec α. Établir la relation entre d_1, d_2, L et α. Quelle est la dimension de α ?

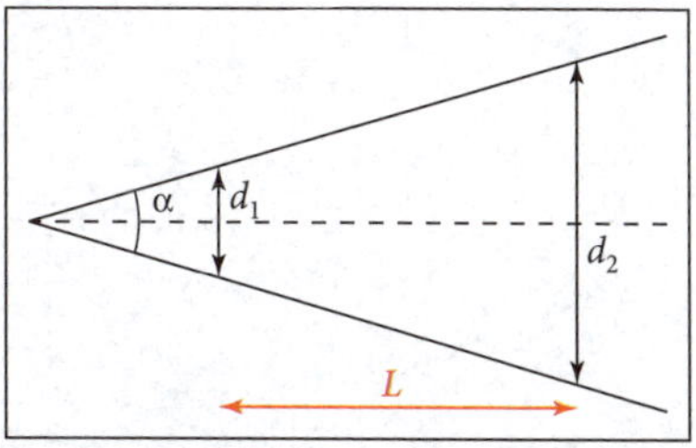

2. Donner la valeur numérique de α et vérifier qu'elle est de l'ordre du milliradian.

On appelle éclairement, la puissance lumineuse P reçue par unité de surface. L'éclairement maximal E_{max} permis sur la cornée dépend de la longueur d'onde : pour $\lambda = 670$ nm, $E_{max} = 2{,}5$ mW · cm^{-2}. On peut ainsi calculer la distance L_{min} du pointeur à partir de laquelle ce dernier ne présente plus de danger pour l'œil.

3. On propose trois expressions possibles pour L_{min} :

$$L_{min} = \frac{2}{\alpha}\sqrt{\frac{E_{max}}{\pi P}} - \frac{d_1}{\alpha}$$

$$L_{min} = \frac{2}{\alpha}\sqrt{\frac{\pi P}{E_{max}}} - \frac{\alpha}{d_1}$$

$$L_{min} = \frac{2}{\alpha}\sqrt{\frac{\pi P}{E_{max}}} - \frac{d_1}{\alpha}$$

Justifier la bonne expression par une analyse dimensionnelle.

4. Calculer L_{min} pour ce pointeur laser.

Vérifiez vos connaissances

1 Vrai-Faux

1. Vrai. Les deux photons ont les mêmes caractéristiques, on dit que la lumière est cohérente.

2. Faux. L'inversion de population consiste à augmenter le nombre d'atomes en état excité. En effet, statistiquement, un gaz contient plus d'atomes dans leur état fondamental de plus basse énergie que dans un état excité, ce qui rend l'émission stimulée peu efficace.

3. Vrai. La vitesse du photon c est invariante quelle que soit sa longueur d'onde (et quel que soit le changement de référentiel galiléen).

4. Vrai. Les échanges entre le rayonnement et la matière se font par absorption ou émission de quantum d'énergie ou photon d'énergie fixée.

5. Vrai. Le photon est une particule de lumière de masse nulle.

2 QCM

1. a) et **e)** Le photon est une particule relativiste, car elle se déplace à la vitesse c dans le vide ou à $v = \frac{c}{n}$ proche de c dans un milieu matériel d'indice n de réfraction.

Son énergie est $E = h\nu$, proportionnelle à sa fréquence, la constante de Planck étant le coefficient de proportionnalité.

En revanche, sa masse est bien nulle, mais son énergie ne correspond pas à $E = mc^2$, qui est la relation masse-énergie d'Einstein postulant cette correspondance dans le référentiel de repos de la particule. Cette correspondance n'est donc pas valable pour le photon. La relation la plus générale est $E^2 = p^2c^2 + m^2c^4$ qui, dans le cas d'une particule dans son référentiel propre, se résume bien à la relation d'Einstein.

De ce fait, on en déduit que l'impulsion du photon est $p = \frac{E}{c}$, non nulle.

2. a), b), c), d) et **e)** Un laser monochromatique émet des photons d'une longueur d'onde déterminée, produits par émission stimulée d'un milieu actif après avoir réalisé une inversion de population par pompage optique.

Le laser est utilisé dans les opérations de l'œil, chez le dentiste…

> **Remarque**
> La fréquence du laser possède tout de même une certaine largeur $\Delta\nu$ due à la cavité laser.

Exercices d'application

3 Neutron thermique

1. L'énergie du neutron thermique $E_c = \frac{1}{2}mv^2$ est égale à l'énergie d'agitation thermique $\frac{3}{2}kT$. On a donc :

$$E_c = \frac{1}{2}mv^2 = \frac{3}{2}kT$$

Piège à éviter

L'agitation thermique correspond à une marche au hasard des neutrons, ils ne sont donc pas relativistes.

Par définition de l'impulsion p en mécanique classique, $p = mv$. On en déduit alors une relation entre l'énergie cinétique et l'impulsion :

$$E_c = \frac{1}{2}mv^2 = \frac{p^2}{2m}$$

Finalement, on obtient :

$$\frac{p^2}{2m} = \frac{3}{2}kT \Rightarrow p^2 = 3mkT$$

L'expression de l'impulsion du neutron thermique est donc : $p = \sqrt{3mkT}$.

2. La longueur d'onde de matière associée au neutron est donnée par la relation de L. de Broglie, soit $\lambda = \frac{h}{p}$. On en déduit donc facilement que $\lambda = \frac{h}{\sqrt{3mkT}}$.

3. A. N. : $\lambda = \frac{6{,}62 \cdot 10^{-34}}{\sqrt{3 \times 1{,}67 \cdot 10^{-27} \times 1{,}38 \cdot 10^{-23} \times 300}} = 1{,}5 \cdot 10^{-10}$ m, soit $\boldsymbol{\lambda = 1{,}5}$ **Å**.

Cette longueur d'onde est par exemple de l'ordre de grandeur de la distance interatomique dans un réseau cristallin. Un neutron thermique arrivant dans ce type de réseau pourra donner naissance à des **phénomènes de diffraction** comme ceux observés avec les rayons X.

4 Laser Mégajoule LMJ

Exercice à caractère documentaire

1. Si la fréquence ν est triplée, comme $\lambda = \frac{c}{\nu}$ alors la longueur d'onde est divisée par un facteur 3 : $\lambda_2 = \frac{\lambda_1}{3} = \frac{1\,050}{3} = 350$ nm, soit $\boldsymbol{\lambda_2 = 0{,}35}$ **µm**.

2. Sachant que $\lambda_1 = 1\,050$ nm $= 1{,}05$ µm et $\lambda_2 = 350$ nm, on peut conclure que le **premier rayonnement** de longueur d'onde λ_1 appartient au domaine des **infrarouges** (IR), domaine défini pour $\lambda \in [1\ \mu\text{m}, 300\ \mu\text{m}]$ alors que le **second rayonnement** appartient au domaine des **ultraviolets**.

3. Chaque faisceau laser produit une énergie $E_{\text{laser}} = 7{,}5$ kJ. Or le texte mentionne 30 canaux de 8 faisceaux, soit un total de $30 \times 8 = 240$ faisceaux.

L'énergie totale produite est alors 240 fois plus élevée :

$E_{\text{totale}} = E_{\text{LMJ}} = 7{,}5 \times 240 = 1\,800\ \text{kJ} = 1{,}8 \cdot 10^6$ J soit $\mathbf{E_{LMJ} = 1{,}8}$ **MJ**.

On retrouve bien la valeur proposée par le texte.

4. Le LMJ est capable de délivrer l'énergie E_{LMJ} en une durée $\Delta t = 5{,}0$ ns, donc la puissance moyenne correspondante est :

$$P_{\text{LMJ}} = \frac{E_{\text{LMJ}}}{\Delta t}$$

A. N. : $P_{\text{LMJ}} = \dfrac{1{,}8 \cdot 10^6}{5{,}0 \cdot 10^{-9}}$, soit une puissance moyenne de $\mathbf{3{,}6 \cdot 10^{14}}$ **W**.

Vers le bac

5 Quelques utilisations du laser

Exercice à caractère documentaire

1. Un laser est **monochromatique**. Le texte mentionne une longueur d'onde (unique) donnée : « il offre une large gamme de puissance pour une longueur d'onde donnée » ou encore donne une seule valeur numérique pour λ : « le laser à CO_2 de longueur d'onde 10,6 µm ».

Un laser a une **puissance surfacique importante**. Le texte fait état de la gamme de puissance (« il offre une large gamme de puissance ») ou propose des données chiffrées pour un laser industriel (« la puissance par unité de surface est alors d'environ 12 MW/cm^2 »).

2. « les lasers à excimère de longueur d'onde entre 200 nm et 300 nm » : si l'intervalle pour λ est [200 nm, 300 nm], on en déduit que le rayonnement est **ultraviolet** (longueurs d'onde inférieures à celles du domaine visible [400 nm, 700 nm]).

Gagnez des points !

Le domaine des UV se situe à des longueurs d'onde comprises entre 10 nm et 400 nm dans le vide.

3. Le texte fait état d'une puissance surfacique de 12 MW/cm². Pour une section du laser de 0,1 mm de diamètre, on a $S = \pi R^2$ avec $R = 0{,}05$ mm le rayon de la section.

A. N. : $S = \pi \times 0{,}05^2 = 7{,}9 \cdot 10^{-3}$ mm² $= 7{,}9 \cdot 10^{-5}$ cm².

La puissance totale qui arrive sur la portion d'aluminium est :

$P = 12$ MW/cm² $\times S = 12 \cdot 10^6 \times 7{,}9 \cdot 10^{-5} = 942$ W sans arrondi sur S, soit $P = 9{,}4 \cdot 10^2$ W.

L'énergie s'écrit : $E = P \cdot \Delta t$ avec Δt la durée de l'impulsion.

A. N. : $E = 9{,}4 \cdot 10^2 \times 1 \cdot 10^{-3} = 0{,}94$ J. L'énergie est $\mathbf{E = 942}$ **mJ** localement en 1 ms.

4. L'énergie minimale nécessaire à la fusion est :

$$Q = mC(\theta_f - \theta) + mL_f$$

avec une masse d'aluminium de $m = \rho V = \rho S e$, soit finalement :

$$Q = \rho Se(C(\theta_f - \theta) + L_f)$$

A. N. : $\rho = 2{,}7 \cdot 10^3$ kg · m⁻³ et $\theta_f = T_f - 273 = 933 - 273 = 660$ °C

$m = 2{,}7 \cdot 10^3 \times 7{,}9 \cdot 10^{-9} \times 0{,}5 \cdot 10^{-2} = 1{,}067 \cdot 10^{-7}$ kg avec e et S en m et m².

On en déduit alors :

$Q = 1{,}067 \cdot 10^{-7} \times (9{,}0 \cdot 10^2 \times (660 - 20) + 3{,}9 \cdot 10^5) = 0{,}103$ J soit $\mathbf{Q = 103}$ **mJ**.

Si l'on compare E et Q, on a : $\dfrac{E}{Q} = \dfrac{942}{103} = 9$. L'énergie délivrée localement par le laser permet donc largement la fusion du métal pour la découpe, et on peut même envisager sa volatilisation.

6 Pointeur laser

1. Sur la figure ci-contre, traçons le segment parallèle à l'axe central (en pointillés noirs) à une distance $d = d_1$ de celui-ci (tracé rouge). Il décrit un triangle rectangle dont les côtés adjacents sont de longueurs L et $\dfrac{d_2 - d_1}{2}$. L'angle au sommet est $\dfrac{\alpha}{2}$.

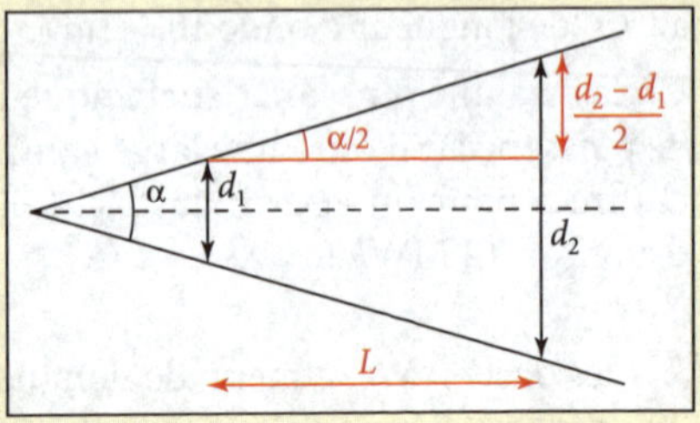

Dans ce triangle, on peut écrire :

$$\tan\frac{\alpha}{2} = \frac{\frac{d_2 - d_1}{2}}{L}$$

Dans l'approximation des petits angles, on a $\tan\frac{\alpha}{2} \approx \frac{\alpha}{2}$, soit alors :

$$\frac{\alpha}{2} = \frac{\frac{d_2 - d_1}{2}}{L}$$

En simplifiant par 2, on obtient rapidement :

$$\alpha = \frac{d_2 - d_1}{L}$$

La dimension de α est donc :

$$[\alpha] = \left[\frac{d_2 - d_1}{L}\right] = \frac{[d_2 - d_1]}{[L]} = \mathrm{L} \cdot \mathrm{L}^{-1} = 1.$$

Piège à éviter

L'analyse dimensionnelle d'une expression homogène à un angle s'exprimant en radians ou en degrés donne 1. L'angle est donc sans dimension dans le système MKSA (mètre, kilogramme, seconde, ampère).

α est **sans dimension**, cet angle peut s'exprimer en radians.

2. $\alpha = \frac{d_2 - d_1}{L} = \frac{(12 - 2) \cdot 10^{-3}}{6{,}0} = 1{,}7 \cdot 10^{-3}$ rad. L'ordre de grandeur est le **milli-radian**.

3. Pour que le pointeur ne présente plus de danger, il faut que son éclairement (ou puissance par unité de surface) soit inférieur à $E_{max} = 2{,}5$ mW · cm^{-2} pour $\lambda = 670$ nm.

L'angle α étant sans dimension, la seconde expression est à rejeter, car :

$$L_{min} = \frac{2}{\alpha}\sqrt{\frac{\pi P}{E_{max}}} - \frac{\alpha}{d_1}$$

montre que : $$[L_{min}] = \mathrm{L} = \left[\frac{2}{\alpha}\sqrt{\frac{\pi P}{E_{max}}}\right] = \left[\frac{\alpha}{d_1}\right]$$

or : $$\left[\frac{\alpha}{d_1}\right] = \mathrm{L}^{-1} \neq \mathrm{L}$$

De même, la première relation est à rejeter, car elle contient un facteur $\frac{2}{\alpha}\sqrt{\frac{E_{max}}{\pi P}}$, or :

$$\left[\frac{E_{max}}{\pi P}\right] = \left[\frac{E_{max}}{P}\right] = \left[\frac{\frac{P}{S}}{P}\right] = \left[\frac{1}{S}\right] = \mathrm{L}^{-2}$$

et donc : $$\left[\frac{2}{\alpha}\sqrt{\frac{E_{max}}{\pi P}}\right] = \mathrm{L}^{-1}$$

En revanche, $L_{min} = \frac{2}{\alpha}\sqrt{\frac{\pi P}{E_{max}}} - \frac{d_1}{\alpha}$ est satisfaisante du point de vue dimensionnel, car $\frac{2}{\alpha}\sqrt{\frac{\pi P}{E_{max}}}$ comme $\frac{d_1}{\alpha}$ sont homogènes à une longueur. On a donc :

$$L_{min} = \frac{2}{\alpha}\sqrt{\frac{\pi P}{E_{max}}} - \frac{d_1}{\alpha}$$

4. A. N. : $L_{min} = \frac{2}{1{,}7 \cdot 10^{-3}}\sqrt{\frac{\pi \times 5 \cdot 10^{-3}}{25}} - \frac{2 \cdot 10^{-3}}{1{,}7 \cdot 10^{-3}} = 28$ m.

Il faudra avoir eu soin de convertir E_{max} en W · m^{-2} (E_{max} = 2,5 mW · cm^{-2} = 25 W · m^{-2}) et le diamètre du spot en sortie en m (d_1 = 2 mm = 2 · 10^{-3} m).

La distance minimale est donc **une trentaine de mètres**.

Piège à éviter

Attention aux unités des quantités intervenant dans l'application numérique !

PARTIE

3 Agir

Défis du XXIe siècle

CHAPITRE

14 Économiser les ressources et respecter l'environnement

1 Enjeux énergétiques et respect de l'environnement

1 Économies d'énergie dans le domaine de l'habitat

• En 2002, le Parlement européen a adopté une directive (2002/91/CE) visant à réduire nos dépenses énergétiques en matière d'habitation afin d'être moins dépendants.

En effet, près de la moitié de notre énergie est importée, et 40 % de l'énergie consommée l'est par les bâtiments. Les points importants de cette directive sont :

– une unique méthode de calcul de la performance énergétique des bâtiments ;

– des normes minimales de performances énergétiques ;

– une certification obligatoire pour les bâtiments publics ou les bâtiments construits après 2007 ;

– un contrôle régulier des chaudières et climatisations, soit du fait de leur puissance nominale, soit parce qu'elles ont plus de 15 ans.

Remarque : Une nouvelle directive est en préparation. Elle propose la construction de bâtiments « zéro énergie » dès 2019, ou encore la création de bâtiments qui produisent plus d'énergie qu'ils n'en dépensent.

• Les particuliers bénéficient d'un « diagnostic énergie » de leur habitation, basé sur :

– l'estimation de la consommation d'énergie du logement (électricité, fioul, gaz naturel…) ;

– l'estimation de la production de gaz à effet de serre comme le dioxyde de carbone ;

– l'estimation de la performance énergétique du logement autour de 11 postes-clés (isolation des fenêtres, des murs, du toit, système de chauffage…).

En fonction des résultats de ce type de diagnostic, le système de chauffage et l'isolation du logement peuvent être rénovés afin de minimiser les dépenses énergétiques.

Remarque : Une même volonté de réduction des dépenses énergétiques est plus que d'actualité dans le domaine des transports.

2 Apport de la chimie au respect de l'environnement

• Dans les années 1980-1990, la chimie « verte » a fait son apparition, avec la conception de produits dans le respect de l'économie d'énergie et de l'environnement. Depuis lors, les chimistes tentent de modifier les procédés de fabrication, de supprimer ou de recycler les produits toxiques, de réduire les pollutions chimiques, de recycler les sous-produits formés ou les solvants utilisés, de valoriser les déchets, etc.

L'**utilisation atomique UA** est le rapport entre la masse molaire du produit désiré et la somme des masses molaires des réactifs utilisés. Elle s'exprime en pourcentage.
Le **facteur E** est le rapport entre la somme des masses molaires des déchets produits lors d'une synthèse et la masse molaire du produit désiré.

• Un procédé est d'autant plus **efficace** que son utilisation atomique (UA) est proche de 100 % et que son facteur E est proche de 0, l'utilisation atomique étant directement liée au facteur E.

Remarque : Le rendement d'une réaction peut être de 100 % avec une UA faible !

• Un procédé est **écologique** s'il respecte l'environnement. C'est le cas par exemple des procédés de chimie « douce » dont les processus de réaction sont à des températures proches de l'air ambiant et qui copient, à l'origine, les synthèses de micro-organismes de la nature.

Exemple : Les polycondensations sont des formes de chimie douce.

• Les pressions politiques et médiatiques pour la **réduction des gaz à effet de serre** sont fortes depuis les années 1980. La chimie peut être une des solutions de valorisation du CO_2 : en effet, la molécule de dioxyde de carbone est source, pour le chimiste, de carbone et d'oxygène.

Les travaux en cours se focalisent sur :
– la possibilité de remplacement de certains solvants par du CO_2 sous une forme physique particulière ;
– son utilisation en fluide caloporteur ;
– la synthèse de nouveaux polymères types polycarbonates ;
– la possibilité de dégradation du CO_2 par des algues ou des micro-organismes, etc.

2 Dosage par étalonnage : spectrophotométrie

1 Loi de Beer-Lambert (rappels de 1re S)

L'**absorbance** est une grandeur sans dimension qui mesure la **capacité d'un milieu** (ici une solution colorée) **à absorber la lumière**.

Elle dépend, entre autres, de la longueur d'onde de la radiation traversant la solution, de la concentration de cette dernière en espèces colorées, de la température et de la longueur de solution à traverser.

Remarque : Une solution d'absorbance nulle $A = 0$ est transparente.

La **loi de Beer-Lambert** indique que l'absorbance, à longueur d'onde donnée, est proportionnelle à la longueur de solution traversée et à la concentration de la solution en espèces colorées :

$$\boldsymbol{A = \varepsilon \ell c} \text{ avec } \begin{cases} \ell : \text{longueur de solution (en m ou en cm),} \\ c : \text{concentration (en mol} \cdot \text{L}^{-1}\text{),} \\ \varepsilon : \text{coefficient de proportionnalité appelé } \textbf{coefficient d'extinction} \\ \textbf{molaire} \text{ (en L} \cdot \text{mol}^{-1} \cdot \text{m}^{-1} \text{ ou en L} \cdot \text{mol}^{-1} \cdot \text{cm}^{-1}\text{).} \end{cases}$$

2 Dosage spectrophotométrique

- Doser une espèce chimique, c'est déterminer la concentration de cette espèce dans une solution donnée.

Remarque : Lorsqu'on connaît le volume de la solution, déterminer la concentration d'un soluté revient à déterminer sa quantité de matière.

- L'absorbance A est directement proportionnelle à la concentration c en soluté coloré dans la solution. S'il semble facile de mesurer la longueur ℓ de solution, le coefficient d'extinction molaire ε est, lui, difficile à obtenir avec précision.

- Le dosage consiste alors à tracer la **courbe d'étalonnage linéaire** de l'absorbance en fonction de la concentration en soluté coloré, soit $A = f(c)$, l'absorbance étant mesurée pour la longueur d'onde pour laquelle elle est maximale.

Remarque : L'utilisation du spectrophotomètre nécessite de « faire un blanc », c'est-à-dire une mesure de l'absorbance pour une solution de référence ne contenant pas le soluté coloré.

EXERCICE RÉSOLU

Utiliser une courbe d'étalonnage

ÉNONCÉ

On réalise plusieurs solutions de concentration en diiode (brun-jaune) différente.
Pour chaque solution, on mesure à l'aide d'un spectrophotomètre, après calibration, l'absorbance de la solution (voir ci-contre la courbe d'étalonnage obtenue).
On mesure ensuite l'absorbance $A = 0{,}40$ d'une solution inconnue.
En déduire sa concentration c.

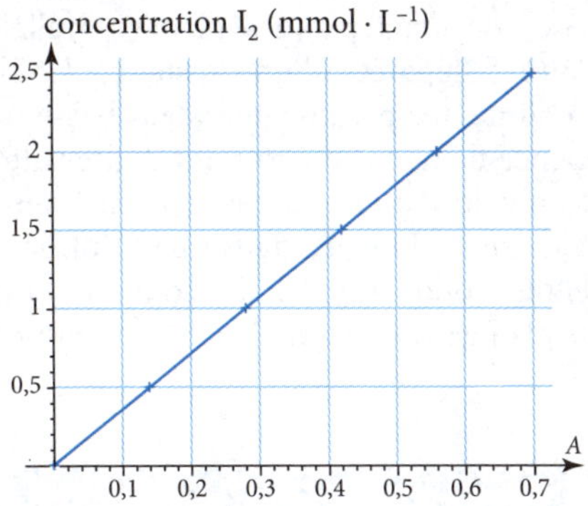

CORRIGÉ

En reportant la valeur de l'absorbance sur la courbe d'étalonnage, on obtient comme valeur de la concentration : $\boldsymbol{c = [I_2] = 1{,}45\ mmol \cdot L^{-1}}$.

Rappel
L'absorbance de la solution inconnue doit être comprise dans la gamme étalon.

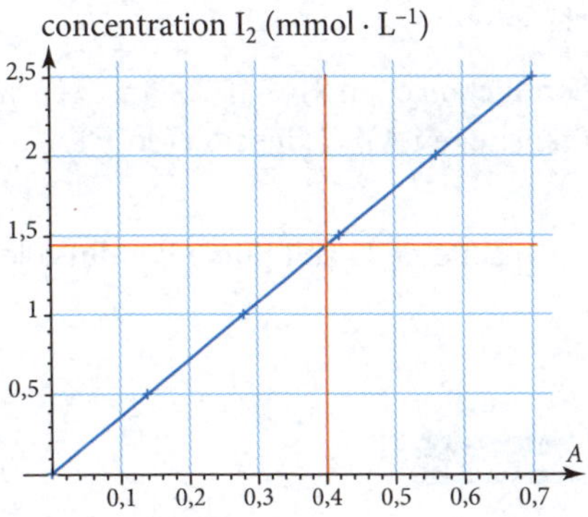

3 Dosage par étalonnage : conductimétrie

1 Cellule conductimétrique

Une cellule conductimétrique est composée de deux plaques planes parallèles d'aire S séparées d'une distance L. Elle est alimentée par un générateur basse fréquence délivrant un courant d'intensité I, et un voltmètre mesure la tension U entre les plaques. Plongée dans une solution, la cellule conductimétrique contient entre ses plaques un volume $V = SL$ de solution.

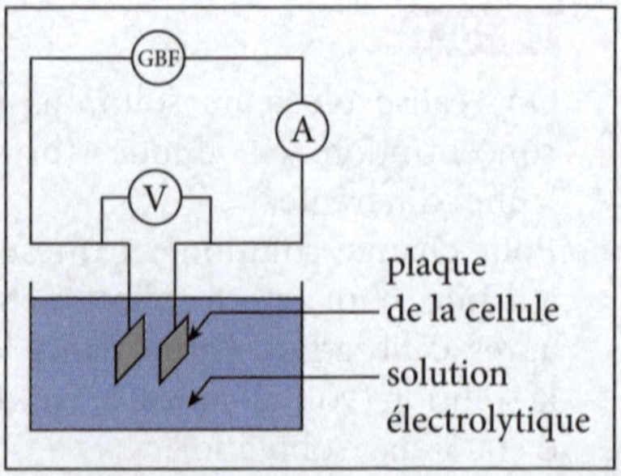

2 Conductance G de la solution

- La portion de solution contenue entre les plaques de la cellule conductimétrique est traversée par un courant d'intensité I (en A). La tension entre les plaques étant U (en V), on peut considérer que la solution se comporte comme un conducteur ohmique de résistance $R = \frac{U}{I}$ en ohms (Ω).

Remarque : Cette loi porte le nom de loi d'Ohm (rappels de collège).

La conductance G d'une solution ionique conductrice, exprimée en siemens (S), est l'inverse de la résistance R de la solution :

$$G = \frac{1}{R} = \frac{I}{U} \quad \text{avec} \quad \begin{cases} G : \text{conductance (en S)}, R : \text{résistance (en } \Omega), \\ I : \text{intensité (en A)}, U : \text{tension (en V)}. \end{cases}$$

- La conductance G représente la capacité de la solution à conduire le courant électrique qui la traverse.

3 Conductivité et loi de Kholrausch

- La conductance G d'une solution dépend à la fois de la solution ionique et de la cellule utilisée. On définit la conductivité σ de la solution telle que :

$$G = k\sigma \quad \text{avec} \begin{cases} G : \text{conductance (en S)}, \\ \sigma : \text{conductivité de la solution (en S}\cdot\text{m}^{-1}), \\ k : \text{constante de cellule (en m)}. \end{cases}$$

- Le coefficient k ne dépend que de la cellule utilisée, alors que σ ne dépend que de la solution.
- Pour de faibles concentrations des ions en solution, la conductivité σ de la solution est proportionnelle aux concentrations $[X_i]$ des ions X_i. Cette loi s'appelle la **loi de Kholrausch** :

$$\sigma = \Sigma_{\text{ions } i}\lambda_i[X_i] \quad \text{avec} \begin{cases} \sigma : \text{conductivité de la solution (en S}\cdot\text{m}^{-1}), \\ [X_i] : \text{concentration molaire de l'ion } X_i \text{ (en mol}\cdot\text{m}^{-3}), \\ \lambda_i : \text{conductivité molaire ionique de } X_i \text{ (en S}\cdot\text{m}^2\cdot\text{mol}^{-1}). \end{cases}$$

- Les coefficients λ_i sont récapitulés dans des tables de conductivité (voir annexes).

EXERCICE RÉSOLU

Utiliser une courbe d'étalonnage

ÉNONCÉ

En TP, des élèves réalisent plusieurs solutions de chlorure de sodium. Ils réalisent différentes mesures afin d'obtenir la courbe expérimentale ci-contre.

Ils mesurent ensuite la conductivité d'une solution inconnue : $\sigma = 120\ \text{mS}\cdot\text{m}^{-1}$. En déduire la concentration c en ions chlorure ou en ions sodium de cette solution.

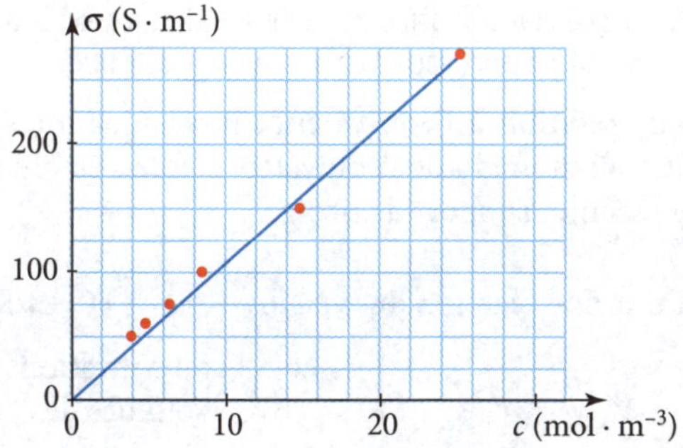

CORRIGÉ

En reportant sur la courbe la valeur $\sigma = 120\ \text{mS}\cdot\text{m}^{-1}$, on obtient $\boldsymbol{c = 11\ \text{mol}\cdot\text{m}^{-3}}$.

> **Rappel**
> La conductivité de la solution inconnue doit être comprise dans la gamme étalon.

4 Dosage direct : principe du titrage

1 Réaction support de titrage

• La méthode de dosage par titrage direct est une méthode destructive qui s'appuie sur une réaction chimique entre l'espèce chimique à doser (réactif titré ou réactif à titrer) et un autre réactif bien connu (réactif titrant).

• La réaction, pour être utilisée comme support de titrage, doit posséder trois caractéristiques. Elle doit être :
– **unique :** il ne doit pas y avoir plusieurs réactions possibles ayant le même réactif et donnant des produits différents ;
– **totale :** à la fin du dosage, tous les réactifs doivent avoir réagi ;
– **rapide :** on doit pouvoir repérer immédiatement l'état final afin de connaître la quantité de réactif titrant introduite.

2 Équivalence

L'équivalence est l'état final d'un système chimique pour lequel les réactifs ont été introduits, à l'état initial, dans les proportions stœchiométriques.

Remarque : On peut définir plus simplement l'équivalence comme l'état du système pour lequel on passe d'un réactif limitant (réactif titrant) à l'autre (réactif titré).

• La **relation à l'équivalence** lie les quantités de matière des réactifs titrant et titré au moment de l'équivalence. Elle s'établit grâce au tableau d'avancement de la réaction support de titrage.

Pour une réaction du type $a\text{A} + b\text{B} \rightarrow c\text{C} + d\text{D}$, la relation à l'équivalence est :

$$\frac{c_\text{A} V_\text{A}}{a} = \frac{c_\text{B} V_\text{B}}{b}$$ avec
- c_A et c_B : concentrations en A et B (en $\text{mol}\cdot\text{L}^{-1}$),
- V_A et V_B : volumes de A et B versés à l'équivalence (en L),
- a et b : coefficients stœchiométriques de l'équation support de titrage.

• Si A est le réactif titré et B le réactif titrant, alors la connaissance de V_A et V_B permet de déduire la concentration en A sachant celle en B : $c_\text{A} = \frac{c_\text{B} V_\text{B}}{b} \frac{a}{V_\text{A}}$ ou encore $c_\text{A} = c_\text{B} \frac{a}{b} \frac{V_\text{B}}{V_\text{A}}$.

3 Indicateur de fin de réaction

- Toute la difficulté expérimentale réside dans le repérage de l'équivalence du titrage.
- Une des méthodes permettant de repérer l'équivalence d'un titrage est l'utilisation d'un **indicateur coloré** : on ajoute à la solution à titrer quelques gouttes d'un indicateur spécifique à la réaction support de titrage (acido-basique, rédox…). Au moment de l'équivalence, on observe un **changement brutal de couleur**.
- L'indicateur utilisé pour les réactions acides forts-bases fortes est le bleu de bromothymol (BBT), qui passe brutalement du jaune au bleu, ou le contraire, selon que l'espèce titrée est l'acide ou la base.

Remarque : Le BBT est jaune si la solution est acide, et bleu si elle est basique.

- L'empois d'amidon est un bon indicateur rédox pour le titrage du diiode : il est noir en présence de diiode et incolore dès qu'il n'y en a plus dans la solution titrée. Il faut cependant l'introduire au dernier moment.
- Expérimentalement, il est souhaitable de réaliser le titrage en deux temps :
– on procède à un **premier titrage rapide** lors duquel on repère sans trop de précision le volume de solution titrante versé V_E lors du changement de couleur ;
– on réalise ensuite un **second titrage précis**, dit « à la goutte », en étant très précis sur la lecture de V_E. La lecture se fait en regardant le volume indiqué par une burette graduée sur laquelle on installe un goutte-à-goutte lent à partir de $V_E - 2$ mL.

EXERCICE RÉSOLU

Déterminer la concentration de la solution titrée

ÉNONCÉ

En TP, des élèves réalisent un titrage de $V_A = 10{,}0$ mL d'acide chlorhydrique par une solution titrante de soude de concentration $c_B = 1{,}0 \cdot 10^{-2}$ mol · L^{-1}. La réaction support de titrage est $H_3O^+(aq) + HO^-(aq) \rightarrow 2H_2O$. Le BBT vire du jaune au bleu pour $V_E = 10{,}4$ mL. Donner l'expression de la relation à l'équivalence et en déduire la concentration de la solution d'acide chlorhydrique.

CORRIGÉ

La relation à l'équivalence est $c_A V_A = c_B V_B$,

donc $c_A = \frac{V_B}{V_A} c_B$. On en déduit que :

$c_A = \frac{10{,}4}{10{,}0} \times 1{,}0 \cdot 10^{-2}$, d'où $c_A = 1{,}04 \cdot 10^{-2}$ mol · L^{-1} $\approx 1{,}0 \cdot 10^{-2}$ mol · L^{-1}.

Rappel
Ici, $a = b = 1$.

5 Dosage par titrage direct : titrage pH-métrique

1 Dispositif expérimental de titrage

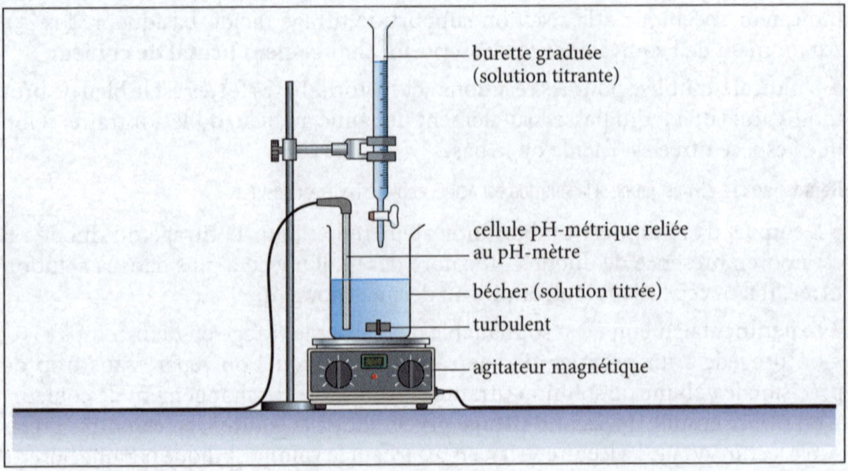

Un titrage pH-métrique permet de connaître la concentration d'une solution titrée acide (resp. basique) en la titrant par une solution basique (resp. acide) de concentration connue.

2 Courbe expérimentale de titrage

- La courbe expérimentale du titrage pH-métrique est la courbe représentative du pH en fonction du volume de solution titrante versé : $pH = f(V_{\text{versé}})$.
- La **méthode des tangentes** (voir méthode p. 293) permet de repérer le **point d'équivalence** E dont les coordonnées sur la courbe sont le volume de solution titrante versé à l'équivalence V_E (en mL) et le pH de la solution à l'équivalence pH_E.
- On en déduit ensuite la concentration initiale de la solution titrée grâce à la relation à l'équivalence : $\frac{c_A V_A}{a} = \frac{c_B V_B}{b}$.

Remarque : Dans le cas d'un dosage acido-basique, l'indice A correspond à l'espèce acide et B à l'espèce basique.

- À partir de la courbe pH = $f(V)$, on déduit la courbe de la dérivée du pH par rapport à V : $\dfrac{dpH}{dV}$ en fonction du volume versé. Le maximum de ce pic correspond au volume à l'équivalence.

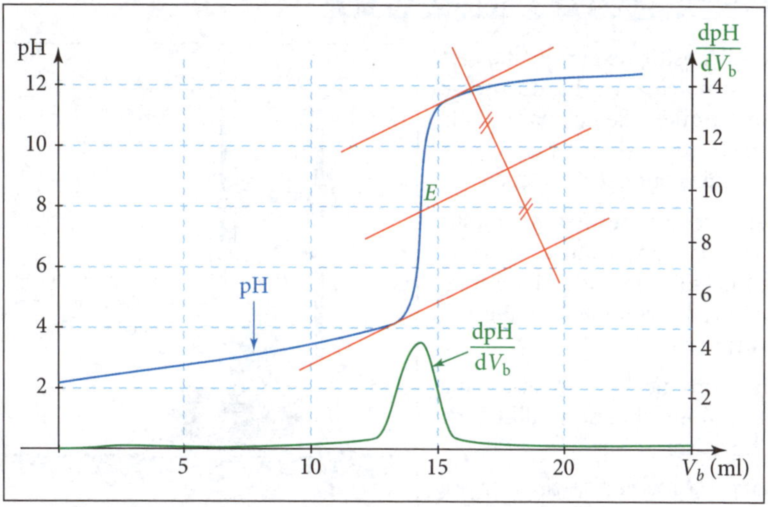

EXERCICE RÉSOLU

Déterminer le volume à l'équivalence et pH_E

ÉNONCÉ

À l'aide des deux courbes proposées ci-avant, repérer le volume de soude versé à l'équivalence, ainsi que le pH_E.

CORRIGÉ

La méthode des tangentes (tracé rouge) montre que la droite moyenne entre les deux tangentes coupe la courbe pH = $f(V)$ en un point E de coordonnées (V_E = 14,3 mL ; pH_E = 7,7).

Méthode

Vérifier que V = 14,3 mL correspond bien à l'abscisse du pic de la courbe $\dfrac{dpH}{dV} = f(V)$.

6 Dosage par titrage direct : titrage conductimétrique

1 Dispositif expérimental de titrage

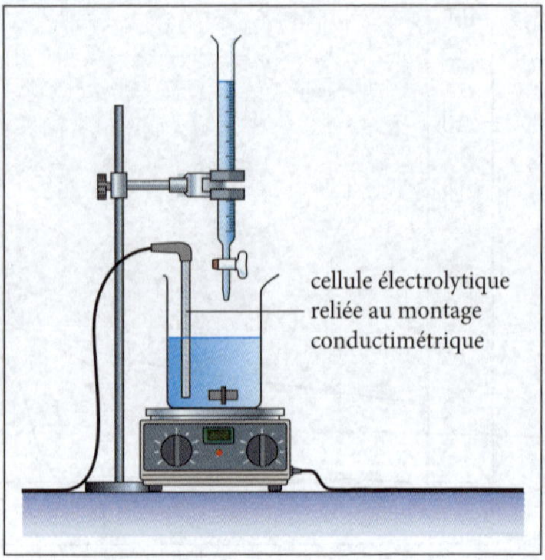

- Le dispositif expérimental est assez semblable à celui du titrage pH-métrique. Seule la sonde pH-métrique est remplacée par une cellule conductimétrique.
- Cette cellule permet de mesurer soit la conductance G de la solution, soit sa conductivité σ en fonction du volume de solution titrante versé.
- En pratique, on réalise une mesure pour chaque millilitre de solution titrante versé.

Remarque : Autour de l'équivalence, on peut cependant faire des mesures plus rapprochées, par exemple une tous les 0,5 mL de solution versés.

2 Repérage de l'équivalence

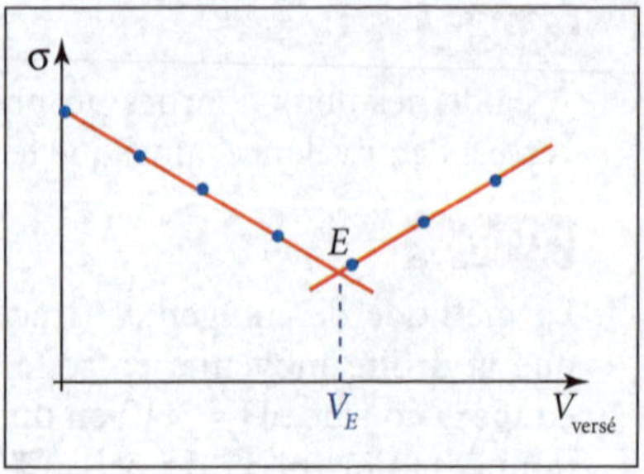

- Les mesures effectuées permettent de tracer la courbe de la conductivité σ ou de la conductance G de la solution en fonction du volume de solution titrante versé $V_{versé}$.
- Cette courbe est constituée de deux demi-droites sécantes en E, point d'équivalence du titrage réalisé.
- Le volume versé V_E se lit directement sur la courbe.

EXERCICE RÉSOLU

Déterminer la concentration d'une solution titrée par conductimétrie

ÉNONCÉ

On dose V_b = 100,0 mL d'une solution d'hydroxyde de sodium diluée au 200e de Destop© par de l'acide chlorhydrique de concentration $c_a = 0{,}50\ \text{mol}\cdot\text{L}^{-1}$.

Un suivi conductimétrique permet d'obtenir la courbe de la conductance en fonction du volume d'acide versé.

a. Déterminer le volume versé à l'équivalence.

b. En déduire la concentration du déboucheur d'évier en hydroxyde de sodium.

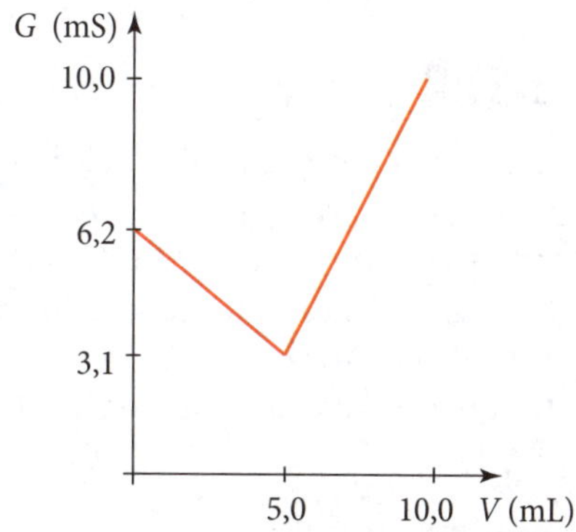

CORRIGÉ

a. Par lecture graphique, on a V_{ae} = 5,0 mL.

b. On a précédemment établi que pour le dosage de la soude par l'acide chlorhydrique, on a la relation à l'équivalence :

$c_a V_a = c_b V_b$, soit ici $c_b = \dfrac{c_a V_{ae}}{V_b}$.

La solution est diluée au 200e, donc la concentration du Destop© est :

$$c_0 = 200 c_b$$

A. N. :

$$\boldsymbol{c_0} = 200 \times \frac{0{,}50 \times 5{,}0}{100{,}0} = \mathbf{5{,}0\ mol\cdot L^{-1}}.$$

Méthode

Le point d'équivalence E est l'intersection des deux portions de droite.

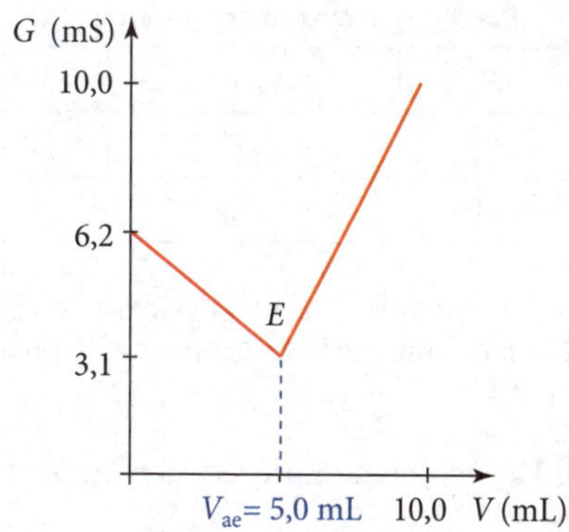

Établir la relation à l'équivalence

ÉNONCÉ

On dose un volume V_A d'une solution d'acide faible AH par une solution de soude de concentration c_B. En notant V_{BE} le volume de soude versé à l'équivalence, en déduire l'expression de la concentration c_A de l'acide.
La réaction support de titrage est $AH + HO^- \rightarrow A^- + H_2O$.

MÉTHODE

- **1.** Exprimer la concentration initiale en ions hydroxyde HO^- à partir de c_B.
- **2.** Établir le tableau d'avancement de la réaction support de dosage en fonction de c_A, V_A, c_B et V_B, avec V_B le volume de soude versé.
- **3.** À l'équivalence, noter que les quantités de réactifs sont nulles. En déduire la relation entre c_A, V_A, c_B et V_{BE}.
- **4.** Donner l'expression de c_A en fonction de celle précédemment établie.

CORRIGÉ

1. La formule de la soude est $Na^+ + HO^-$, donc on en déduit que $c_B = [Na^+] = [HO^-]$ à l'état initial, c'est-à-dire lorsque le titrage n'a pas commencé.

2. Le tableau d'avancement de la réaction support de titrage est :

Équation		$AH + HO^- \rightarrow A^- + H_2O$			
État	Avancement (mol)	Quantité de matière (mol)			
EI	$x = 0$	c_AV_A	c_BV_B	0	Excès
EC	x	$c_AV_A - x$	$c_BV_B - x$	x	Excès
Équivalence	$x = x_E$	$c_AV_A - x_E$	$c_BV_B - x_E$	x_E	Excès

3. À l'équivalence, on a $c_AV_A - x_E = c_BV_B - x_E = 0$.
On en déduit que l'avancement à l'équivalence est tel que :

$$x_E = c_AV_A = c_BV_B = c_BV_{BE}$$

Remarque
À l'équivalence, on passe d'un réactif limitant à l'autre.

4. De l'expression précédente, on peut écrire :

$$c_A = \frac{V_{be}}{V_a}c_B$$

Déterminer l'équivalence *E* par la méthode des tangentes

ÉNONCÉ

On réalise le titrage de 10,0 mL d'une solution aqueuse d'acide chlorhydrique par de la soude (solution aqueuse d'hydroxyde de sodium) à $1{,}0 \cdot 10^{-1}$ mol · L^{-1}. La courbe expérimentale du pH de la solution titrée en fonction du volume *V* de soude versé est donnée ci-contre. En déduire par la méthode des tangentes le point *E*, équivalence du titrage.

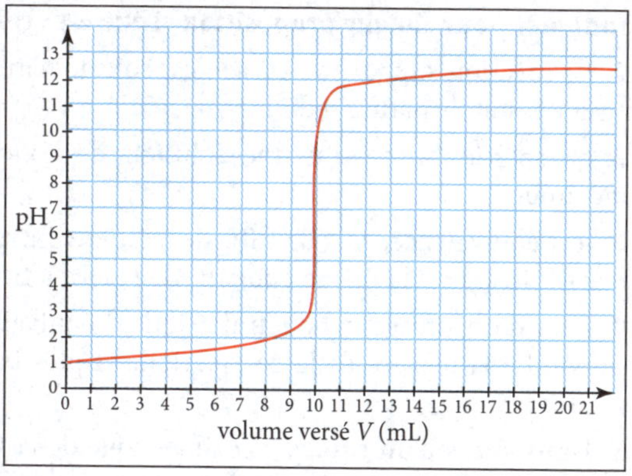

MÉTHODE

▶ **1.** Tracer les tangentes à la courbe de titrage en P_1 et P_2 (au niveau des courbures) dont les pentes sont égales. Soient T_1 et T_2 ces tangentes.

▶ **2.** Tracer la droite perpendiculaire *D* à T_1 et T_2. *D* coupe T_1 et T_2 en D_1 et D_2. Soit *M* le milieu du segment $[D_1D_2]$.

▶ **3.** Tracer la droite T_E parallèle aux tangentes T_1 et T_2 passant par *M*. Elle coupe la courbe expérimentale de titrage au point *E* d'équivalence.

CORRIGÉ

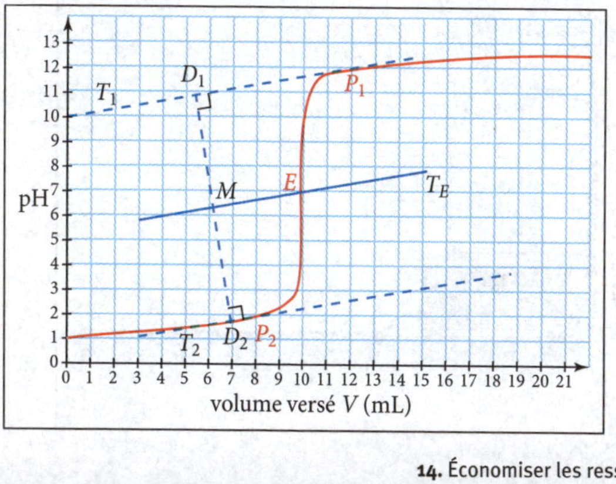

Réflexe à avoir

Apporter un soin particulier à la construction, la position de *E* en dépend !

Vérifiez vos connaissances

1 Vrai-Faux

Indiquer pour chaque proposition si elle est vraie (V) ou fausse (F).

1. La réaction support de titrage est soit de nature acido-basique, soit de nature rédox. ☐ V ☐ F

2. La solution titrée est une solution de concentration inconnue. ☐ V ☐ F

3. À l'équivalence, la quantité de matière introduite de réactif titrant est la même que celle de réactif à titrer. ☐ V ☐ F

4. Lors d'un titrage conductimétrique, l'équivalence correspond à la mesure de la conductivité la plus basse de la solution. ☐ V ☐ F

5. Dans le cas d'un titrage colorimétrique de la soude par l'acide chlorhydrique, l'équivalence peut se repérer par le passage du jaune au bleu du BBT. ☐ V ☐ F

2 Légende d'un dispositif expérimental

Légender le dispositif expérimental de titrage conductimétrique.

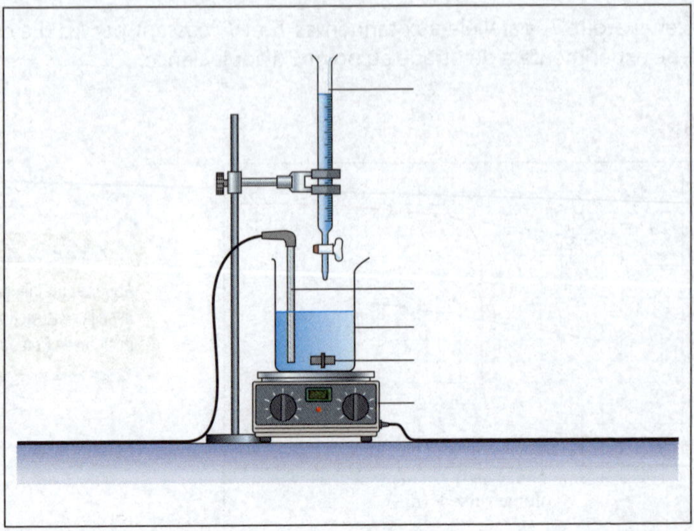

Exercices d'application

3 Dosage par étalonnage

Exercice à caractère expérimental

En TP, des élèves réalisent une série de solutions aqueuses de chlorure de sodium de concentrations différentes et en mesurent la conductance à l'aide d'une cellule conductimétrique.

La courbe ci-contre représente les variations de la conductance G en fonction de la concentration c.

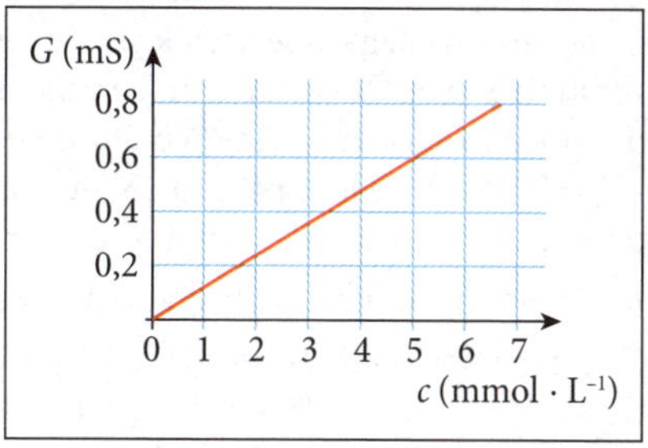

Ces élèves veulent ensuite connaître la concentration d'un sérum physiologique (solution de chlorure de sodium). Ils réalisent une dilution au 40e de la solution commerciale et mesurent sa conductance.

1. La conductance mesurée est $G_S = 473\ \mu S$. En déduire la concentration molaire.

2. Comparer cette valeur à l'étiquette du flacon « sérum physiologique à 9 ‰ en masse » que l'on supposera égale à une concentration massique de $9\ g \cdot L^{-1}$.

Données : $M_{Na} = 23{,}0\ g\ mol^{-1}$; $M_{Cl} = 35{,}5\ g\ mol^{-1}$.

4 Dosage d'une solution commerciale

Exercice à caractère expérimental

Au cours d'une séance de travaux pratiques de chimie, le professeur propose à ses élèves de doser une solution commerciale S d'acide bromhydrique. Cette solution résulte de la dissolution de bromure d'hydrogène liquide (HBr) dans de l'eau.

L'acide bromhydrique est un acide totalement dissocié en solution aqueuse.

L'étiquette de la solution S indique : « pourcentage en masse 46 %, densité $d = 1{,}47$ ».

1. Écrire la réaction du bromure d'hydrogène avec l'eau.

2. Vérifier que la concentration molaire c de la solution S est égale à $8{,}35\ mol \cdot L^{-1}$.

Pour vérifier cette concentration, on envisage d'utiliser une solution d'hydroxyde de sodium de concentration $c_b = 0{,}10\ mol \cdot L^{-1}$. Avant de laisser les élèves faire leur dosage, le professeur leur propose de prévoir le volume de la solution titrée à verser pour atteindre la fin du dosage.

3. Quelle est l'équation de la réaction mise en jeu dans ce dosage ?

4. Qu'appelle-t-on équivalence dans un dosage acido-basique ?

5. Quel est le volume V_{be0} de solution d'hydroxyde de sodium nécessaire pour atteindre cette équivalence si le volume V_A de solution S dosée est de 20,0 mL ?

Commenter le résultat compte tenu du matériel disponible.

Le professeur demande aux élèves de diluer 100 fois la solution S et de préparer une solution S' avec la verrerie disponible. Les groupes ayant préparé cette solution S' de concentration molaire c' vont faire leur dosage en parallèle. Ils prélèvent chacun $V'_A = 20,0$ mL de leur solution S' qu'ils dosent avec la même solution d'hydroxyde de sodium en présence d'un indicateur coloré.

6. Proposer un indicateur coloré utilisable pour ce dosage. Justifier la réponse.

7. Un groupe d'élèves mesure à l'équivalence un volume de solution d'hydroxyde de sodium V_{be1} de 16,7 mL. Quelle valeur va-t-il trouver pour la concentration molaire de S' puis pour celle de S ? Le résultat est-il en accord avec celui de la question **2** ?

Données : masse molaire atomique $M_{Br} = 80,0 \text{ g} \cdot \text{mol}^{-1}$.

Vers le bac

5 Titrage par précipitation des ions dans une eau minérale

Exercice à caractère expérimental

Les eaux minérales contiennent des espèces dissoutes. La législation impose un étiquetage précisant les quantités contenues dans un litre d'eau.

On dégaze l'eau minérale par agitation et on prélève un volume $V_1 = 20,0$ mL que l'on introduit dans un grand bécher. On rajoute un volume d'environ 200 mL d'eau distillée. On plonge dans le milieu une cellule de conductimétrie. À l'aide d'une burette graduée, on ajoute progressivement une solution aqueuse de nitrate d'argent ($Ag^+(aq) + NO_3^-(aq)$) de concentration molaire $c_2 = 2,00 \cdot 10^{-2} \text{ mol} \cdot \text{L}^{-1}$.

Le mélange obtenu dans le bécher est maintenu sous une agitation régulière. On donne la courbe d'évolution de la conductivité σ du mélange en fonction du volume V_2 versé de la solution de nitrate d'argent. Lors de ce titrage, les ions chlorure $Cl^-(aq)$ réagissent avec les ions argent $Ag^+(aq)$ pour former un précipité blanc de chlorure d'argent $AgCl(s)$. La transformation associée à la réaction est totale.

L'équation de la réaction de précipitation est la suivante :

$$Ag^+(aq) + Cl^-(aq) \rightarrow AgCl(s)$$

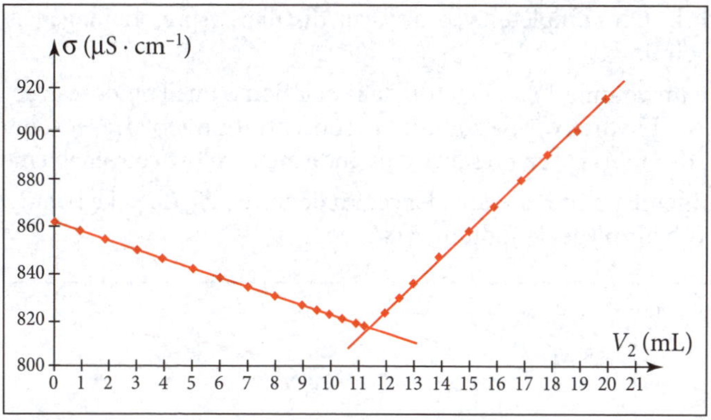

1. Ce titrage est-il direct ou indirect ?

2. Établir le tableau décrivant l'évolution du système à l'équivalence. On note $n_{2éq}$ la quantité de matière (en mol) d'ions argent versée à l'équivalence. En déduire la relation entre la quantité initiale n_1 (en mol) d'ions chlorure et la quantité de matière $n_{2éq}$ (en mol) d'ions argent versée à l'équivalence.

3. Quel événement correspond au point d'intersection des deux segments de droite de la courbe ci-avant ? Expliquer qualitativement le changement de pente.

4. En déduire la valeur du volume $V_{2éq}$ de la solution de nitrate d'argent versé à l'équivalence.

5. En utilisant les questions précédentes, calculer la concentration molaire c_1 des ions chlorure dans l'eau minérale étudiée. En déduire leur concentration massique t_1.

Données : masse molaire du chlore $M_{Cl} = 35{,}5$ g · mol⁻¹ ; conductivités molaires ioniques $\lambda_{NO_3^-} = 7{,}14 \cdot 10^{-3}$ S · m² · mol⁻¹ et $\lambda_{Cl^-} = 7{,}63 \cdot 10^{-3}$ S · m² · mol⁻¹.

6 Vitamine C

Exercice à caractère expérimental

L'acide ascorbique $C_6H_8O_6$, couramment dénommé vitamine C, est un réducteur naturel que l'on qualifie usuellement d'« antioxydant ». On le trouve dans de nombreux fruits et légumes. Une carence prolongée en vitamine C favorise le scorbut. On a montré que la vitamine C peut prévenir des petits maux quotidiens tels que le rhume et aider dans le traitement de certains cancers.

En pharmacie, il est possible de trouver de l'acide ascorbique, par exemple sous forme de comprimés de « vitamine C 500 ».

On écrase un comprimé de « vitamine C 500 » dans un mortier. On dissout la poudre dans un peu d'eau distillée et on introduit l'ensemble dans une fiole jaugée de 200,0 mL. On complète avec de l'eau distillée. Après homogénéisation, on obtient la solution S.

On prélève un volume $V_A = 50,0$ mL de la solution S que l'on dose avec une solution aqueuse d'hydroxyde de sodium de concentration molaire en soluté apporté $C_B = 2,00 \cdot 10^{-2}$ mol · L^{-1} en présence d'un indicateur coloré convenablement choisi.

1. Déterminer le point E d'équivalence. En déduire pH_E (le pH à l'équivalence) et le volume d'hydroxyde de sodium versé.

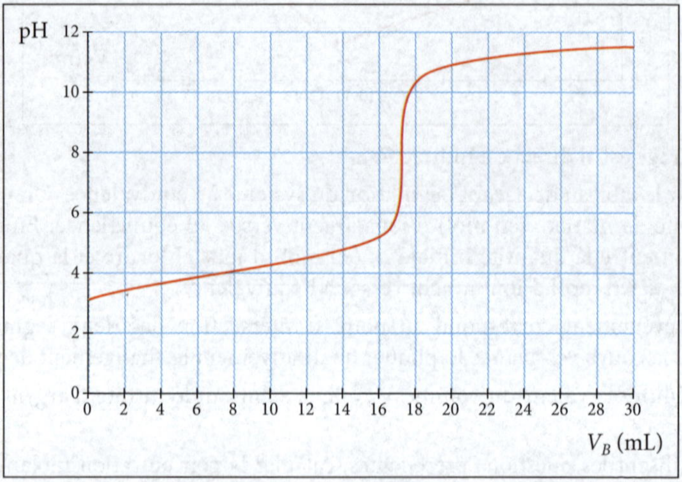

2. Quel indicateur coloré doit-on choisir parmi les trois proposés ci-après ?

Indicateur coloré	Zone de virage
Rouge de méthyle	4,2 – 6,2
Bleu de bromophénol	3,0 – 4,6
Rouge de crésol	7,2 – 8,8

3. Calculer la quantité d'acide ascorbique dans les 10,0 mL de solution titrée.

4. En déduire la masse m (en mg) d'acide ascorbique contenue dans un comprimé.

5. L'indication du fabricant est donnée ci-après : « Vitamine C – Acide ascorbique : 247,7 mg, ascorbate de sodium : 284,4 mg, acide ascorbique total : 500 mg. »

Conclure.

Vérifiez vos connaissances

1 Vrai-Faux

1. Faux. La réaction de support de titrage peut être par exemple une réaction de précipitation.

2. Vrai. En général, on ne connaît pas la concentration de la solution titrée.

3. Faux. Les quantités de matière sont dans les proportions stœchiométriques. Il faut donc tenir compte de la stœchiométrie de l'équation support de dosage.

4. Faux. Lors d'un titrage conductimétrique, l'équivalence correspond à l'intersection des deux demi-droites expérimentales. Cependant, ce point d'intersection ne correspond pas forcément à un point expérimental, c'est-à-dire un « point-mesure ».

5. Faux. Le changement de couleur s'opère dans le sens bleu → jaune : en présence de soude, le BBT est bleu, alors qu'il est jaune en milieu acide.

2 Légende d'un dispositif expérimental

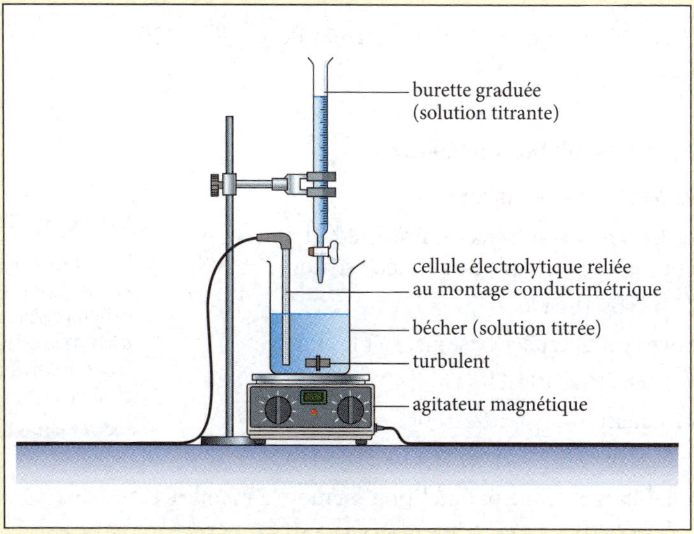

Exercices d'application

3 Dosage par étalonnage

Exercice à caractère expérimental

1. Par lecture graphique, les élèves déduisent directement la concentration de la solution diluée :

$c_S = 3{,}8$ mmol · L^{-1}

$c_S = 3{,}8 \cdot 10^{-3}$ mmol · L^{-1}

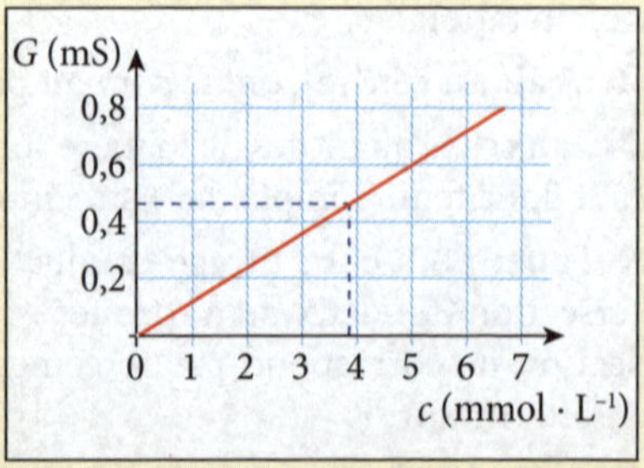

La solution commerciale étant 40 fois plus concentrée, on en déduit : $c = 40c_S$.

A. N. : $c = 40 \times 3{,}8 \cdot 10^{-3} = \mathbf{0{,}15\ mol \cdot L^{-1}}$.

2. La concentration massique du sérum est alors $c_m = cM$, avec M la masse molaire du chlorure de sodium.

A. N. : $M = M_{Na} + M_{Cl} = 23{,}0 + 35{,}5 = 58{,}5$ g · mol^{-1} et

$c_m = 0{,}15 \times 58{,}5 = 8{,}8$ g · L^{-1}, soit une erreur de $\frac{9 - 8{,}8}{9} \times 100 = 2\,\%$.

4 Dosage d'une solution commerciale

Exercice à caractère expérimental

1. HBr est un acide au sens de Brönsted, il peut donc céder un proton. Le couple mis en jeu est alors :

$\underline{HBr(l)}/Br^-(aq)$

Il réagit avec l'eau, espèce basique, soit le couple :

$H_3O^+(aq)/\underline{H_2O}$

Les demi-équations associées sont :

$HBr = Br^- + H^+$ et $H_2O + H^+ = H_3O^+$

L'équation bilan obtenue par addition membre à membre est :

$$\mathbf{HBr(l) + H_2O \rightarrow Br^-(aq) + H_3O^+(aq)}$$

Rappel

Un acide réagit toujours avec une base. Le couple de l'eau à choisir est donc celui pour lequel H_2O est la base conjuguée de l'ion oxonium.

2. Un volume $V = 1{,}0$ L de solution a une masse de :

$$\rho V = d\rho_0 V$$

A. N. : $\rho V = 1{,}47 \cdot 10^3 \times 1{,}0 = 1{,}47 \cdot 10^3$g avec $\rho_0 = \rho_{eau} = 1{,}0 \cdot 10^3$g · L^{-1}.

La masse d'acide bromhydrique ne constitue que 46 % de cette masse, soit $m = 0{,}46 \times 1{,}47 \cdot 10^3 = 676$ g.
La concentration molaire de la solution est alors : $c = \frac{n}{V}$

soit :

$$c = \frac{m}{MV}$$

avec $V = 1{,}0$ L de solution de référence et m la masse d'acide bromhydrique de masse molaire M.

A. N. : $\boldsymbol{c} = \frac{676}{(80{,}0 + 1{,}0) \times 1{,}0}$ = **8,35 mol · L^{-1}** comme proposé dans l'énoncé.

> **Rappel**
> Raisonner sur un volume simple de solution : $V = 1{,}0$ L par exemple.

3. La réaction de l'acide bromhydrique sur l'eau produit des ions oxonium H_3O^+ à doser. La réaction de dosage met donc en jeu le couple $\underline{H_3O^+(aq)}/H_2O$ et le couple $H_2O/\underline{HO^-(aq)}$.

Les demi-équations correspondantes sont :

$$H_3O^+ = H_2O + H^+ \text{ et } HO^- + H^+ = H_2O$$

L'équation support du dosage est donc : $\mathbf{H_3O^+(aq) + HO^-(aq) \rightarrow 2H_2O}$.

4. L'équivalence est l'**état pour lequel on passe d'un réactif limitant à l'autre.**

5. On établit la relation à l'équivalence :

Équation		H_3O^+ +	HO^- →	$2H_2O$
État	**Avancement (mol)**	**Quantité de matière (mol)**		
EI	$x = 0$	$n_a = c_aV_a$	$n_b = c_bV_b$	excès
EC	x	$c_aV_a - x$	$c_bV_b - x$	excès
Équivalence	$x = x_{max}$	$c_aV_a - x_{max}$	$c_bV_b - x_{max}$	excès

À l'équivalence, on a :

$$\begin{cases} c_aV_a - x_{max} = 0 \\ c_bV_b - x_{max} = 0 \end{cases} \Leftrightarrow x_{max} = c_aV_a = c_bV_b$$

d'où la relation :

$$c_aV_a = c_bV_b$$

On en déduit :

$$V_{be0} = \frac{c_aV_a}{c_b}$$

A. N. : $V_{\mathbf{be0}} = \dfrac{8{,}35 \times 20{,}0 \cdot 10^{-3}}{0{,}10} = \mathbf{1{,}67\ L.}$

Le volume à verser est énorme !

Gagnez des points !

Les burettes de laboratoire sont souvent d'un volume maximal de 25,0 mL.

6. On est en présence du dosage des ions oxonium par les ions hydroxyde. L'indicateur coloré le mieux adapté est le **bleu de bromothymol** (BBT). On observe un brutal changement de couleur, du jaune au bleu, lors de l'équivalence.

7. La relation à l'équivalence permet d'écrire pour la concentration de S' :

$$c'_{\mathrm{al}} = \frac{c_{\mathrm{b}} V_{\mathrm{bel}}}{V'_{\mathrm{a}}}$$

et

$$c_{\mathrm{al}} = 100 c'_{\mathrm{al}} \quad \text{(dilution au 100}^{\mathrm{e}}\text{)}$$

A. N. : $c'_{\mathbf{al}} = \dfrac{0{,}10 \times 16{,}7 \cdot 10^{-3}}{20{,}0 \cdot 10^{-3}} = \mathbf{8{,}35 \cdot 10^{-2}\ mol \cdot L^{-1}}$

$c_{\mathbf{al}} = 100 \times 8{,}35 \cdot 10^{-2} = \mathbf{8{,}35 \cdot L^{-1}}$

On retrouve bien le résultat de la question **2**.

Vers le bac

5 Titrage par précipitation dans une eau minérale

Exercice à caractère expérimental

1. L'espèce à titrer (ions chlorure) réagit directement avec l'espèce titrante (ions argent) : le titrage est donc **direct**.

2. Le tableau d'avancement de la réaction de titrage est :

Équation		$Ag^+(aq)$ +	$Cl^-(aq)$ →	$AgCl\ (s)$
État	Avancement (mol)	Quantité de matière (mol)		
EI	$x = 0$	n_2	n_1	0
EC	x	$n_2 - x$	$n_1 - x$	
Équivalence	$x = x_{éq}$	$n_2 - x_{éq}$	$n_1 - x_{éq}$	$x_{éq}$

L'équation de dissolution du nitrate d'argent est $AgNO_3 \rightarrow Ag^+ + NO_3^-$

On en déduit que si la quantité initiale de nitrate d'argent est notée n_2, alors on a aussi :

$$n(Ag^+) = n(NO_3^-) = n_2 = c_2V_2$$

avec c_2 la concentration de la solution de nitrate d'argent et V_2 le volume versé.

Gagnez des points !

Expliquer le lien entre la concentration de la solution et celle des ions argent.

À l'équivalence, on passe d'un réactif limitant à l'autre, donc il s'agit de l'état du système pour lequel $n_1 - x_{éq} = n_2 - x_{éq} = 0$. On en déduit donc la relation à l'équivalence, sachant que $n_2 = n_{2éq}$:

$$n_1 = n_{2éq} = x_{éq}$$

3. À l'intersection des deux demi-droites, on a le **point équivalence** noté *E*.

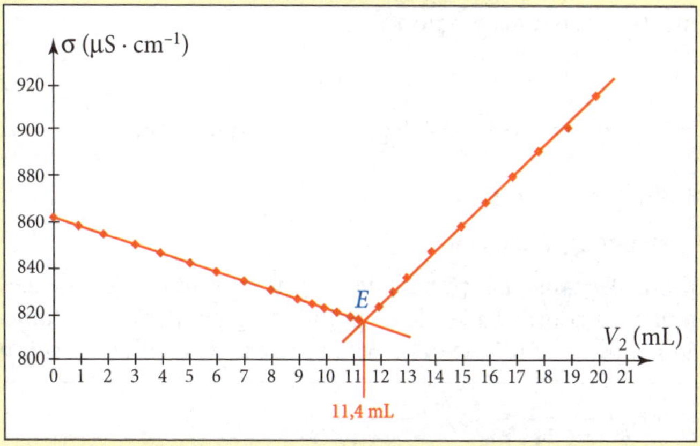

Avant l'équivalence, la solution contient les ions de l'eau minérale utilisée, dont l'ion chlorure. L'introduction de nitrate d'argent ajoute à la solution des ions nitrate NO_3^- et des ions argent Ag^+.

Cependant, la réaction de titrage $Ag^+ + Cl^- \rightarrow AgCl$ élimine les ions argent dès qu'ils sont introduits dans la solution et les ions chlorure.

Le titrage, avant l'équivalence tend à remplacer les ions chlorure Cl^- de la solution par les ions nitrate NO_3^- provenant de la solution titrante. Or la conductivité molaire ionique des ions chlorure $\lambda(Cl^-)$ est supérieure à celle $\lambda(NO_3^-)$ des ions nitrate : on constate donc une diminution de la conductivité de la solution (pente descendante).

Après l'équivalence, tous les ions chlorure ont été consommés, et l'ajout de nitrate d'argent, qui ne réagit plus, augmente la quantité d'ions de la solution et donc sa conductivité (pente ascendante).

4. La rupture de pente correspond à un volume de nitrate d'argent versé $V_{2éq}$ **= 11,4 mL.**

5. À l'équivalence, le tableau d'avancement de la réaction support de titrage donne la relation à l'équivalence : $n_1 = n_{2éq} = x_{éq}$. En fonction des concentrations, on en déduit que $c_1V_1 = c_2V_{2éq}$, soit :

$$c_1 = \frac{c_2V_{2éq}}{V_1}$$

L'astuce du prof
Utiliser la relation à l'équivalence en fonction des concentrations des solutions titrante et titrée.

A. N. : $c_1 = \frac{2{,}00 \cdot 10^{-2} \times 11{,}4 \cdot 10^{-3}}{20{,}0 \cdot 10^{-3}} = 11{,}4 \cdot 10^{-3}\ \text{mol} \cdot \text{L}^{-1}$

soit $\boldsymbol{c_1 = 1{,}14 \cdot 10^{-2}\ \text{mol} \cdot \text{L}^{-1}}$.

La concentration massique est alors :

$$t_1 = M_{Cl} \cdot c_1$$

A. N. : $t_1 = 35{,}5 \times 1{,}14 \cdot 10^{-2} = 0{,}405\ \text{g} \cdot \text{L}^{-1}$ soit $\boldsymbol{t_1 = 405\ \text{mg} \cdot \text{L}^{-1}}$.

6 Vitamine C

Exercice à caractère expérimental

1. La méthode des tangentes permet de repérer le point E, équivalence du titrage pH-métrique. Les coordonnées de ce point correspondent au volume de soude versé à l'équivalence, soit V_{BE} **= 17,2 mL**, et au pH de la solution, soit pH_E **= 7,8**.

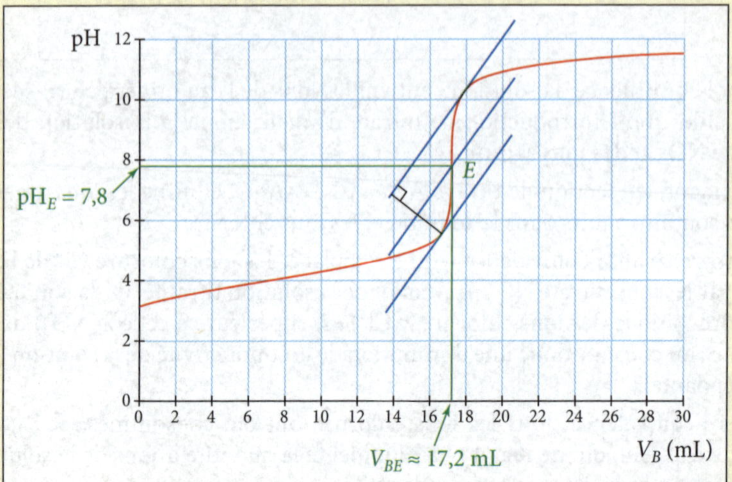

2. L'indicateur coloré à choisir est le **rouge de crésol** pour lequel le pH_E, égal à 7,8, appartient à la zone de virage (7,2-8,8) de l'indicateur coloré.

L'astuce du prof

pH_E doit appartenir à la zone de virage de l'indicateur du titrage.

3. On a ici un titrage acido-basique pour lequel la relation à l'équivalence est toujours $n_A = n_B$. On en déduit :

$$n_A = n_B + c_B V_{BE}$$

A. N. : $n_A = 2{,}00 \cdot 10^{-2} \times 17{,}2 \cdot 10^{-3}$ soit $\boldsymbol{n_A = 3{,}44 \cdot 10^{-4}}$ **mol**.

4. Le volume total de la solution étant de 200,0 mL pour un prélèvement de $V_A = 50{,}0$ mL, on en déduit que la quantité d'acide ascorbique est : $n'_A = \frac{200{,}0}{50{,}0} n_A$

soit :

$$n'_A = 4n_A$$

A. N. : $n'_A = 4 \times 3{,}44 \cdot 10^{-4} = \boldsymbol{1{,}376 \cdot 10^{-3}}$ **mol**.

La masse molaire M_A de l'acide ascorbique est $M_A = 6M_C + 8M_H + 6M_O$, soit $M_A = 6 \times 12{,}0 + 8 \times 1{,}0 + 6 \times 16{,}0 = 176{,}0 \text{ g} \cdot \text{mol}^{-1}$.

La masse d'acide ascorbique par comprimé est alors :

$$m_A = n'_A M_A$$

A. N. : $m_A = 1{,}376 \cdot 10^{-3} \times 176{,}0$ d'où $\boldsymbol{m_A = 0{,}242}$ **g**.

5. La masse théorique est $m_{th} = 247{,}7$ mg et $m_A = 242$ mg, soit un écart relatif de $\frac{247{,}7 - 242}{247{,}7} = \mathbf{2{,}3\ \%}$.

CHAPITRE 15

Synthétiser des molécules, fabriquer de nouveaux matériaux

1 Stratégie de la synthèse organique

1 Synthèse organique

- Une **synthèse organique** est constituée d'une ou de plusieurs étapes réactionnelles permettant de transformer progressivement un ensemble d'espèces chimiques en une espèce chimique « cible ». On appelle **stade** d'une synthèse, un ensemble de plusieurs étapes successives.

Exemple : Dans le même montage à reflux, plusieurs étapes peuvent être réalisées sans isolement des produits intermédiaires.

- Le choix de la nature et de l'organisation de ces stades, afin d'obtenir l'espèce cible de la manière la plus efficace, constitue la **stratégie de la synthèse organique**.

Remarque : Il existe plusieurs types de synthèse en fonction de l'organisation des stades : la synthèse **linéaire** (les stades s'enchaînent) et la synthèse **convergente** (les stades convergent vers l'obtention de l'espèce cible).

2 Choix d'une technique de synthèse

- Le choix d'une technique de synthèse organique s'établit en fonction des réponses aux questions suivantes : comment combiner expérimentalement les espèces chimiques disponibles et les réactions chimiques connues afin d'obtenir l'espèce cible ? Comment isoler et identifier les espèces produites ? Comment choisir la stratégie la plus efficace ?

- Le protocole expérimental d'une synthèse (qui donne des précisions sur le choix du montage, des techniques de purification ou d'analyse du produit…) explicite alors les points suivants :
– l'identification des réactifs, du solvant, du catalyseur et des produits dans le but d'obtenir l'espèce cible ;
– les quantités des espèces mises en jeu, car plus la masse totale mise en jeu dans la synthèse est importante, plus le coût de production est grand ;
– le choix des paramètres expérimentaux (température, solvant, durée de la réaction, pH) qui permettent de minimiser le coût de production pour un rendement de synthèse le plus important possible.

3 Comparaison de deux stratégies

Le **rendement *r* d'une synthèse** est le rapport entre la quantité de matière de l'espèce cible obtenue expérimentalement et celle calculée théoriquement :

$$r = \frac{n(\text{exp})}{n(\text{théo})}$$

Remarque : *r* est une valeur sans unité comprise entre 0 et 1. Il peut être donné en pourcentage en multipliant le résultat numérique par 100. $r = 1 = 100\ \%$ correspond ainsi au rendement maximal.

● Les critères de comparaison de deux stratégies de synthèse organique sont :
– le **rendement global** *R*, qui correspond à la multiplication des rendements de chaque stade d'une synthèse ;
– la **masse totale**, qui est la somme des masses des différentes espèces mises en jeu dans la synthèse. De manière générale, elle correspond assez bien au coût généré par les quantités de réactifs secondaires, de solvant, d'énergie, de matière spécifique… ;
– l'**ordre** des stades d'une synthèse en fonction de leur rendement.

● Une stratégie de synthèse est d'autant plus efficace que son rendement global est important et sa masse totale faible. Par ailleurs, lorsqu'un stade a un rendement faible, il est d'autant plus efficace qu'il est placé en début de synthèse : on évite une perte importante de matière première en fin de synthèse.

EXERCICE RÉSOLU

Calculer un rendement global

ÉNONCÉ

Calculer le rendement global d'une synthèse à trois stades si le rendement de chacun des stades est $r = 80\ \%$. Même question si $r = 90\ \%$.

CORRIGÉ

Si $r = 80\ \%$, alors $R = (0{,}80)^3 = 0{,}512 = 51\ \%$.
Si $r = 90\ \%$, alors $R = (0{,}90)^3 = 0{,}729 = 73\ \%$.

Méthode

Bien noter *r* entre 0 et 1 avant de l'élever à la puissance *n* correspondant au nombre de stades de la synthèse.

2 Composé polyfonctionnel : réactif chimiosélectif et protection des fonctions

1 Réactif chimiosélectif

Une **molécule polyfonctionnelle** est une espèce chimique constituée de plusieurs groupes fonctionnels.

Exemple : La molécule de glucose $CH_2OH — CHOH — CHOH — CHOH — CHOH — CHO$ est une molécule polyfonctionnelle, qui comporte une fonction alcool (I), quatre fonctions alcool (II) et une fonction aldéhyde.

Un réactif est **chimiosélectif** si l'attaque de ce réactif sur un composé polyfonctionnel se fait préférentiellement sur une fonction, alors que plusieurs fonctions sont en concurrence.

- Un réactif chimiosélectif est nécessaire pour l'attaque d'une seule fonction. Dans le cas contraire, on peut obtenir divers produits qui ne sont pas des produits cibles.
- Le choix des conditions expérimentales favorise la chimiosélectivité.

2 Protection des fonctions organiques

- Lors d'une synthèse, plusieurs types d'aménagement peuvent être envisagés :
– les **aménagements structurels** par modification, diminution ou augmentation du nombre de liaisons C — C. Ils peuvent amener à des modifications des fonctions organiques de la molécule concernée ;
– les **aménagements fonctionnels** par modification de la fonction organique, sans modifier le nombre de liaisons du squelette de la molécule.
- Dans ce dernier cas, les autres fonctions du réactif polyfonctionnel non concernées par l'aménagement ne doivent pas réagir : ces fonctions doivent donc être **protégées** tout en étant préservées avant de procéder à la synthèse proprement dite.

Remarque : Les protections se font par réaction chimique entre la fonction à protéger et un réactif spécifique (chimiosélectif).

- Lors d'une ultime étape du protocole expérimental, on procède à une **déprotection** qui consiste à récupérer la fonction précédemment protégée.

Remarque : L'étape de déprotection doit avoir un rendement de 100 %.

3 Exemple de la synthèse peptidique

Un **acide aminé** est une molécule organique polyfonctionnelle comportant une fonction acide carboxylique —COOH et une fonction amine —NH_2.
Un **peptide** est un petit fragment de protéine constitué de deux à quelques dizaines d'acides aminés liés entre eux par des liaisons peptidiques —CONH— (liaisons amide).

Prenons le cas le plus simple de synthèse peptidique à partir de deux acides aminés AA1 et AA2 : le dipeptide cible est la molécule AA1-AA2. On recherche alors un couplage entre la fonction —COOH de AA1 et la fonction —NH_2 de AA2. La stratégie simplifiée de la synthèse est donc la suivante :
- protection des fonctions —NH_2 de AA1 et —COOH de AA2 ;
- protection latérale d'éventuelles fonctions réactives autres que les fonctions amine ou acide carboxylique des molécules AA1 et AA2 ;
- activation de la fonction —COOH de AA1, afin de rendre le couplage plus efficace avec AA2 (rendement de l'ordre de 100 %) ;
- couplage AA1-AA2 et formation de la liaison peptidique ;
- élimination des réactifs en excès ;
- déprotection.

Remarque : Dans le cas d'un peptide plus grand, il faut déprotéger la fonction —COOH du dernier acide aminé de la molécule formée pour qu'elle puisse réagir avec un nouvel acide aminé activé.

EXERCICE RÉSOLU

Déterminer les produits d'une synthèse peptidique

ÉNONCÉ

Lors de la synthèse d'un dipeptide à partir des acides aminés AA1 et AA2, quelles sont les différentes molécules pouvant être obtenues si l'on a protégé les fonctions de sites actifs autres que —COOH et —NH_2 ?

CORRIGÉ

Il y a quatre possibilités : AA1-AA1, AA2-AA2, AA1-AA2 et AA2-AA1.

Rappel

Un acide aminé non protégé peut réagir sur une molécule identique, formant une liaison peptidique —CONH—.

3 Polymérisation

1 Polymères naturels et synthétiques

Un **polymère** est une macromolécule, c'est-à-dire une molécule de grande dimension constituée de quelques milliers d'atomes. Il est constitué d'un enchaînement de molécules qui se lient entre elles par une réaction chimique appelée **polymérisation**.

Remarque : Au sens étymologique du terme, polymère signifie « fait de plusieurs parties ». Les polymères peuvent être naturels (cellulose, ADN, caoutchouc…) ou synthétiques (polyéthylène PE, polychlorure de vinyle PVC…).

2 Polyaddition et polycondensation

Il existe deux types de réactions de polymérisation : la polyaddition et la polycondensation.

- La **polyaddition** ne fabrique pas de sous-produits.

Un initiateur de polymérisation agit sur une insaturation de type liaison double des molécules à polymériser. Sous son action, la double liaison s'ouvre, rendant possible l'addition entre molécules.

Exemple : Si l'on symbolise l'addition de deux molécules d'éthylène (éthène) dans la macromolécule de PE, on a : $2\,CH_2{=}CH_2 \rightarrow 2 -CH_2-CH_2- \rightarrow -CH_2-CH_2-CH_2-CH_2-$.
De manière générale, l'équation de polyaddition pour le PE s'écrit : $nCH_2{=}CH_2 \rightarrow -\!\!(CH_2-CH_2)\!\!-_n$

- La **polycondensation** engendre un sous-produit (souvent une petite molécule comme H_2O, comme c'est le cas dans la formation des liaisons peptidiques).

La polymérisation du Nylon 6,6 résulte d'une réaction entre la fonction acide carboxylique COOH d'un diacide et la fonction amine d'une diamine : on crée une liaison peptidique par élimination d'une molécule d'eau.

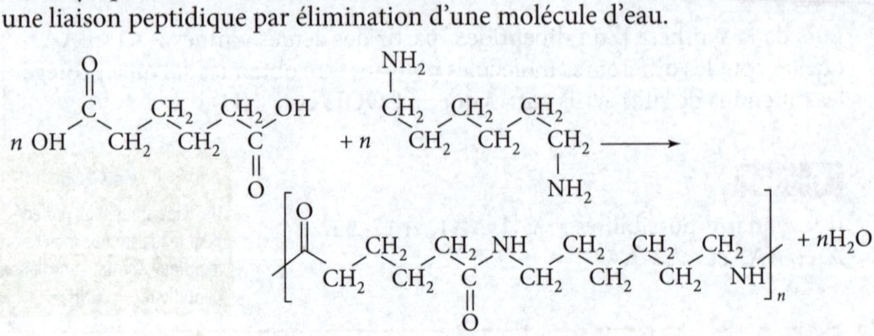

3 Monomère, motif et degré de polymérisation

Le **monomère** est la molécule de base dont la liaison double peut s'ouvrir afin de s'additionner à un autre monomère.
Le **motif** est la séquence d'atomes, provenant du monomère, qui se répète dans la molécule de polymère.
Le **degré *n* de polymérisation** est le nombre de répétitions du motif dans le polymère.

$$n\,CH_2{=}CH2 \rightarrow \left(CH_2-CH_2 \right)_n$$

EXERCICE RÉSOLU

Donner l'équation de polymérisation

ÉNONCÉ

Le PVC ou polychlorure de vinyle est obtenu à partir de la molécule de chlorure de vinyle $CHCl{=}CH_2$.

a. Donner l'équation de polymérisation.

b. En déduire le motif du polymère.

c. De quel type de polymérisation s'agit-il ?

CORRIGÉ

a. La polymérisation s'effectue en ouvrant la double liaison du monomère et en liant les monomères les uns aux autres :
$nCHCl{=}CH_2$
$\rightarrow -CHCl-CH_2-CHCl-CH_2-\ldots-CHCl-CH_2-$
$\rightarrow \left(CHCl-CH_2 \right)_n$

b. Le motif du polymère est $-CHCl-CH_2-$, le polymère constituant la répétition de ce motif.

c. Il s'agit d'une polyaddition, car cette polymérisation résulte d'une ouverture de double liaison et aucun produit secondaire n'est formé.

Conseil

Pour identifier le type de polymérisation, regarder si le monomère possède une double liaison et si les produits de la réaction sont multiples.

4 Structure des polymères

1 Relation entre structure et propriétés

• La réponse mécanique d'un polymère est complexe et dépend de très nombreux facteurs. On peut en citer quelques-uns qui seront développés par la suite :
– la **nature de la chaîne** linéaire, qui conditionne généralement la souplesse et la cohésion du polymère par liaisons intramoléculaires et intermoléculaires ;
– la **structure spatiale** en 1, 2 ou 3D ;
– la **tacticité ou les configurations possibles** des atomes de la chaîne de polymère permettant les liaisons intermoléculaires ;
– les **conformations autorisées**, car toute déformation engendre des changements de conformations locales induisant généralement des changements de conformations globales de la macromolécule.

Remarque : Dans cette étude, il faudrait aussi considérer les effets de la température, les contraintes dues aux conditions d'utilisation, les solvants et autres produits…

2 Dimensionnalité

• Une **molécule monodimensionnelle** est une molécule dite **linéaire** qui fait une courbe dans l'espace. C'est le cas des polymères industriels comme le PE, PP, PVC ou PS, les polyamides, les polycarbonates…
Cette structure permet cependant à des petites molécules de se greffer au squelette du polymère : on parle alors de polymère **ramifié** sans pour autant considérer une structure 2D.

Exemple : Le polyéthylène basse densité (PEBD) est un polymère ramifié. Comme les autres polymères linéaires ou ramifiés, il est thermoplastique, c'est-à-dire qu'il se ramollit sous l'effet de la chaleur et se durcit en refroidissant, pouvant ainsi être recyclé.

• Un exemple de **structure bidimensionnelle** est une **structure en feuillets**. Les macromolécules forment des plans superposables pouvant glisser les uns sur les autres, ce qui fait de ces polymères de bons lubrifiants.

• Les **structures tridimensionnelles** sont des **structures en réseau**. La réticulation ou formation du réseau peut se faire à partir des macromolécules linéaires déjà formées ou en même temps que leur synthèse.
On distingue généralement deux classes de polymères tridimensionnels : les polymères **élastomères** dont le réseau est lâche, et les polymères **thermodurcissables** dont le réseau est dense.

Remarque : Un polymère thermodurcissable se durcit de manière irréversible sous l'effet de la chaleur.

3 Tacticité et configurations d'un polymère

- Dans les cas de polymères dont le monomère est de type $CH_2{=}CHR$, la position spatiale des différents atomes d'hydrogène et des substituants R de la macromolécule permet des **configurations différentes**.
- On classe ces polymères en trois catégories : les polymères **isotactiques** pour lesquels R est toujours du même côté du plan constitué par les atomes de carbone de la chaîne, les polymères **syndiotactiques** avec alternance de R et H, et les polymères **atactiques** dont les positions de R sont aléatoires.

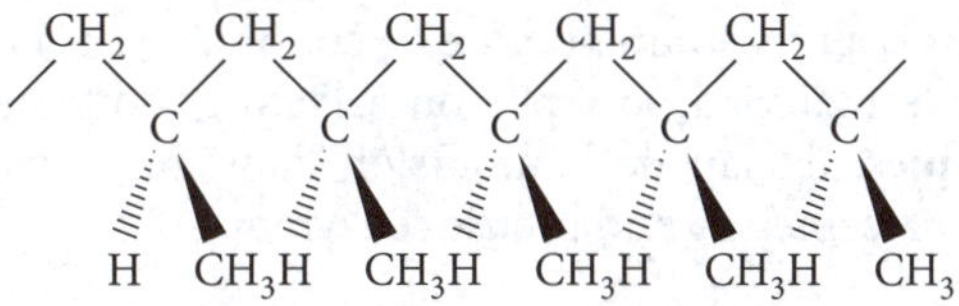

Isotactique

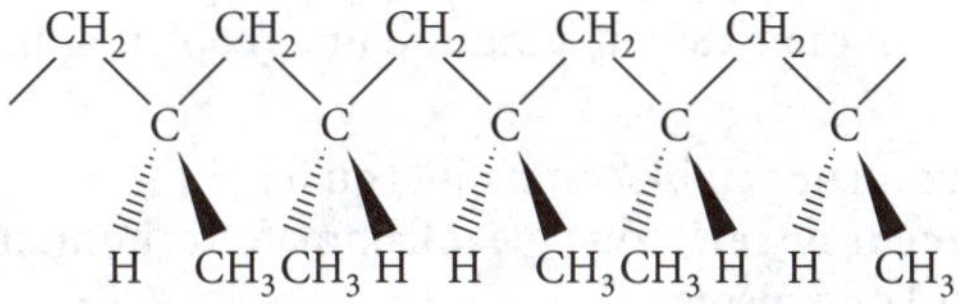

Syndiotactique

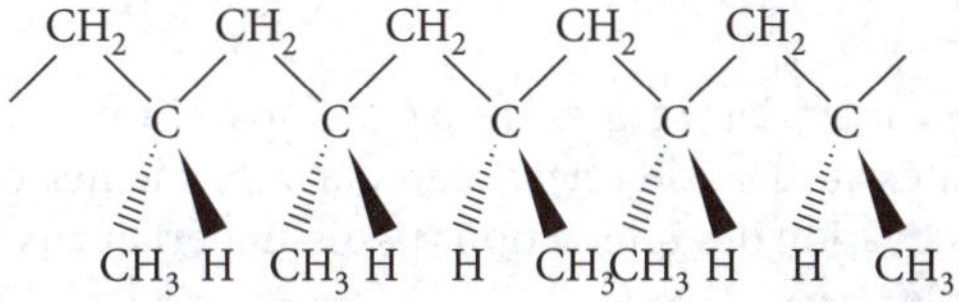

Atactique

Exemple : Les polymères ci-dessus sont les configurations du polypropylène PP pour lequel le substituant R est $—CH_3$.

4 Conformations d'un polymère

L'existence d'une conformation particulière dépend de plusieurs facteurs : l'enchaînement covalent de la chaîne linéaire, son encombrement stérique (permettant ou non certaines rotations des liaisons de la macromolécule), les interactions intramoléculaires à grande distance et les interactions intermoléculaires (avec le solvant par exemple) qui peuvent bloquer ces rotations.

Remarque : Dans l'état amorphe, seules les fluctuations de conformations sont énergétiquement possibles.

5 Exemples particuliers

1 Polymères biocompatibles

- Un **biomatériau** est un matériau non vivant conçu pour interagir avec des milieux biologiques.

Exemple : Le champ d'usage des biomatériaux est relativement large. Ils peuvent être employés dans des appareils médicaux destinés à faire des diagnostics, comme substituts de tissus ou d'organes, ou encore comme dispositifs d'assistance fonctionnelle.

- Un biomatériau est soumis à un certain nombre de contraintes, à la fois **mécaniques** (forces que subit le matériau au repos ou à l'effort, frottements…) et **chimiques** ou **biochimiques**, du fait de l'immersion dans un milieu aqueux, ionique, dans lequel sont présentes de nombreuses enzymes.

- La première propriété d'un biomatériau est d'être biocompatible. La **biocompatibilité** est la capacité d'un biomatériau à induire une réponse appropriée de l'hôte qui l'accueille.

En pratique, on attend d'un matériau biocompatible qu'il :
- n'induise **pas de phénomène de rejet** (du type inflammatoire, immunitaire…) ;
- ne soit **pas toxique** pour l'organisme ;
- ne soit **pas cancérigène**.

- La biocompatibilité d'un matériau se mesure par comparaison avec le comportement d'un autre matériau dit « de référence » dans les mêmes conditions d'implantation, et par observation des interactions tissus-matériau aux interfaces d'implantation par exemple.

- L'observation de l'interface doit montrer une reconstruction des tissus de manière identique à la croissance des tissus d'accueil, une stabilité géométrique de l'interface et une absence de facteurs d'origine pathologique, infectieuse…

- Dans le cas de la prothèse de la hanche par exemple, les matériaux utilisés sont de plusieurs types : métaux (alliages à base de chrome-cobalt, de titane ou d'oxinium®), polymères (polyéthylène PE) et/ou céramiques (oxydes métalliques).

Remarque : L'oxinium® est un nouveau matériau dont la première utilisation chirurgicale date de 1995. C'est un alliage zirconium Zr/niobium Nb de formule Zr_2Nb_5, dont la couche superficielle a été oxydée (pénétration de dioxygène O_2). Hautement résistant aux contraintes mécaniques, et en particulier aux frottements, il est utilisé dans les prothèses de la hanche ou du genou.

2 Dépolymérisation

- Depuis plus d'une dizaine d'années, les matières plastiques constituent la catégorie de matériaux pour laquelle la volonté d'augmenter le taux de recyclage est la plus grande.

- En matière de consommation, la plus importante est celle du polyéthylène PE, puis vient celle du polypropylène PP, du polychlorure de vinyle PVC ou des styréniques, et enfin celle des polyamides, polycarbonates…

- Les procédés de recyclage de ces polymères sont divers et adaptés à chacun, par exemple :
– la **dépolymérisation thermique** consiste à chauffer le polymère, sans apport de réactif, afin de couper les liaisons entre les motifs. On obtient, dans la majorité des cas, le monomère correspondant, mais en présence de nombreux sous-produits et avec des rendements faibles ;
– la **dépolymérisation chimique** consiste à couper les longues chaînes du polymère à l'aide d'un réactif chimique adapté comme un acide, un dérivé du phénol…

Exemples : Les polymères d'addition (PE, PP, PVC, PS, PPMA) sont principalement dépolymérisés par voie thermique, alors que les polymères de condensation (PET, PA, PC, PET) se prêtent mieux à la dépolymérisation chimique.

Remarque : Il existe d'autres procédés de recyclage : la dissolution permet de nettoyer le polymère des déchets qui l'accompagnent, et la solvolyse est une dépolymérisation particulière dont le réactif est le solvant.

3 Polymères biodégradables

- Les polymères biodégradables sont aujourd'hui une catégorie particulière, en plein développement.

- Le journal officiel de la communauté européenne définit ainsi la biodégradation : « sous l'action de micro-organismes en présence d'oxygène, décomposition d'un composé chimique organique en dioxyde de carbone, eau et sels minéraux des autres éléments présents (minéralisation) et apparition d'une nouvelle biomasse ; en absence d'oxygène, décomposition en dioxyde de carbone, méthane, sels minéraux et création d'une nouvelle biomasse. »

Exemples : Les polymères biodégradables sont classés en deux catégories : les agro-polymères (protéines ou polysaccharides) et les polyesters biodégradables (polymères dérivés d'acide lactique ou issus de ressources fossiles).

Écrire l'équation de polymérisation

ÉNONCÉ

Donner l'écriture de l'équation de polymérisation du styrène PS de formule $C_6H_5-CH=CH_2$ et l'équation d'obtention du polyéthylène téréphtalate PET à partir d'éthylène glycol de formule $HO-CH_2-CH_2-OH$ et de téréphtalate de diméthyle de formule $CH_3-O-CO-C_6H_4-CO-O-CH_3$.

MÉTHODE

- **1.** Identifier s'il s'agit d'une polyaddition ou d'une polycondensation.
- **2.** Dans le cas d'une polyaddition, ouvrir la double liaison pour plusieurs monomères et les additionner les uns à la suite des autres. Dans le cas contraire, réaliser une « condensation » entre deux fonctions organiques.
- **3.** Généraliser l'écriture précédente avec un nombre *n* quelconque de monomères.

CORRIGÉ

1. L'équation de polymérisation du PS est une polyaddition nécessitant une ouverture de la liaison double du styrène, alors que la seconde correspond à une polycondensation entre l'éthylène glycol et le téréphtalate de diméthyle.

> **Réflexe à avoir**
> Si le monomère possède une double liaison, il s'agit d'une polyaddition du monomère sur lui-même.

2. Dans le cas de la polyaddition, on passe du styrène insaturé au motif suivant : $-\underset{\substack{|\\ C_6H_5}}{CH}-CH_2-$. Ce dernier va s'additionner à lui-même, afin de former le polymère :

$$\ldots-\underset{\substack{|\\ C_6H_5}}{CH}-CH_2-\underset{\substack{|\\ C_6H_5}}{CH}-CH_2-\underset{\substack{|\\ C_6H_5}}{CH}-CH_2-\ldots$$

Dans le cas de la polycondensation, la fonction alcool de l'éthylène glycol va réagir avec la fonction $-COO-$ du téréphtalate de diméthyle, afin de former une molécule de méthanol :

$$HO-CH_2-CH_2-OH+CH_3-O-CO-C_6H_4-CO-O-CH_3$$
$$\rightarrow HO-CH_2-CH_2-O-CO-C_6H_4-CO-O-CH_3+CH_3-OH$$

3. De manière générale pour *n* réactifs, on a :

$$n\,C_6H_5-CH=CH_2 \rightarrow -\!\!\left(\underset{\substack{|\\ C_6H_5}}{CH}-CH_2\right)_{\!n}\!- \text{ polystyrène}$$

$$n\,HO-CH_2-CH_2-OH+n\,CH_3-O-CO-C_6H_4-CO-O-CH_3$$
$$\rightarrow HO-\!\!\left(CH_2-CH_2-O-CO-C_6H_4-CO-O\right)_{\!n} CH_3+(n-1)\,CH_3-OH$$

Calculer le rendement d'une synthèse

ÉNONCÉ

On considère la synthèse linéaire d'un polymère polypeptidique de degré n. En supposant que chaque synthèse de liaison peptidique a un rendement r, déterminer le rendement global R de la synthèse.
On réalise la même synthèse avec un protocole convergent. En déduire le nombre de stades à réaliser et le nouveau rendement global R'.
Données : $r = 99{,}7\,\%$ et $n = 512$.

MÉTHODE

- **1.** Dans le cas d'une synthèse linéaire, les stades s'enchaînent les uns aux autres. Si n est le degré du polymère, alors il faut réaliser $n - 1$ liaisons. R est égal à r^{n-1}.
- **2.** Pour une synthèse convergente, le degré n du polymère est fonction du nombre de stades N de la synthèse : $n = 2^N$ et le rendement global est $R' = r^N$.

CORRIGÉ

1. La synthèse linéaire est une réaction de synthèse peptidique. Si n est le degré du polymère, alors il s'agit de réaliser $n - 1$ liaisons.
Le rendement global est le produit des rendements de chaque stade, soit $R = r^{n-1}$.
A. N. : $R = 0{,}997^{511} = 0{,}215$ soit un rendement global de 21,5 %.

Piège à éviter
Bien penser à faire l'application numérique avec un rendement de 0,997 et non de 99,7 !

2. Pour la synthèse convergente d'un polypeptide à N stades, le rendement global est $R' = r^N$ et correspond au produit des rendements de chaque stade.
Le nombre de stades est tel que le degré de polymérisation n de la macromolécule vaut 2^N :

$$n = 2^N$$

On en déduit, en passant par les logarithmes par exemple :

$$\log n = \log 2^N = N \log 2$$

soit alors :

$$N = \frac{\log n}{\log 2}$$

A. N. : $N = \dfrac{\log 512}{\log 2}$ et $R' = 0{,}997^9 = 0{,}973$ soit un rendement global de 97,3 %, bien supérieur à celui de la synthèse linéaire.

Réflexe à avoir
Utiliser le logarithme décimal ou le logarithme népérien afin de déterminer le nombre N de stades de la synthèse convergente.

Vérifiez vos connaissances

1 Vrai-Faux

Indiquer pour chaque proposition si elle est vraie (V) ou fausse (F).

1. Le rendement théorique d'une synthèse organique est toujours inférieur à 1. ☐ V ☐ F

2. L'addition de *n* molécules d'éthylène $CH_2{=}CH_2$ conduit au polyéthylène PE constitué de 2*n* motifs $-CH_2-$. ☐ V ☐ F

3. La polymérisation par condensation conduit à la formation d'une macromolécule et d'un grand nombre de petites molécules identiques. ☐ V ☐ F

4. Dans un polymère, les liaisons de la chaîne linéaire sont de nature covalente, alors que celles responsables de la structure 2D ou 3D sont souvent de nature Van der Waals. ☐ V ☐ F

5. La dépolymérisation thermique aboutit à la restitution du monomère. ☐ V ☐ F

2 QCM

Pour chacune des propositions, choisir la ou les bonnes réponses.

1. Le PVC ou polychlorure de vinyle est produit :

a) par polycondensation.

b) par polyaddition.

c) à partir du monomère $-CH_2-CHCl-$.

d) de manière linéaire, à une dimension.

e) à partir de chlorure de vinyle.

2. Les propriétés d'un polymère dépendent :

a) des contraintes mécaniques qu'il subit.

b) de sa structure spatiale mono, bi ou tridimensionnelle.

c) de sa fabrication.

d) de sa configuration spatiale.

e) de la température d'utilisation.

Exercices d'application

3 Synthèse peptidique

La glycine et l'alanine sont des acides aminés dc formules semi-développées :

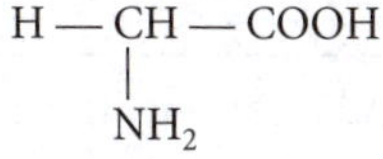

Glycine

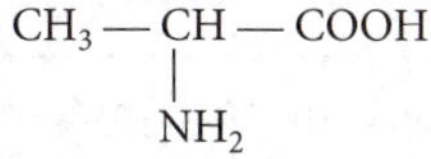

Alanine

1. Identifier les fonctions amine et acide carboxylique pour chacun des acides animés.

2. On considère un mélange équimolaire de ces deux acides aminés. Combien de dipeptides peut-on obtenir par synthèse peptidique ? Donner leur formule semi-développée.

3. Le dipeptide suivant est obtenu à partir de deux acides animés : l'alanine et la cystéine. En déduire la formule semi-développée de la cystéine.

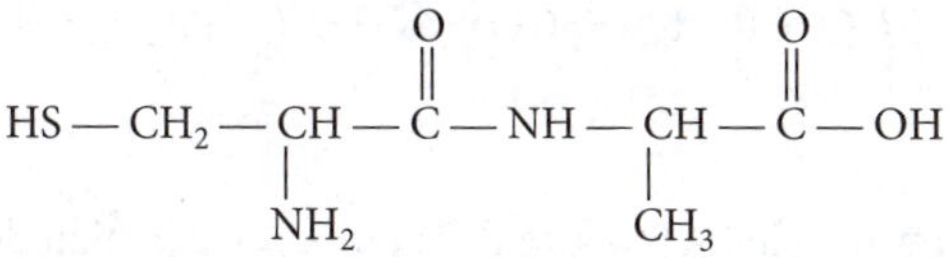

4 Casque de moto

La coque du casque de moto est réalisée par injection de polycarbonate PC, polymère obtenu par réaction entre du phosgène $COCl_2$ et du bisphénol A de formule :

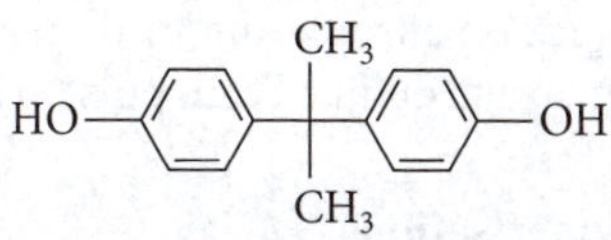

1. Donner la formule semi-développée du phosgène.

2. La température d'ébullition du phosgène est de 8 °C. Sous quelle forme physique se trouve-t-il à température ambiante ?

3. Déterminer le motif du PC, sachant que chaque réaction produit une petite molécule HCl.

4. De quel type de polymérisation s'agit-il ?

5. Avec d'excellentes propriétés mécaniques et optiques, le polycarbonate est le composé des visières et des écrans de protection. C'est un polymère thermoplastique et amorphe. Définir ces deux termes.

Vers le bac

5 Nylon 6,6

Exercice à caractère documentaire et expérimental

> Le Nylon est un polyamide obtenu par polycondensation, une réaction de polymérisation entre monomères avec élimination de petites molécules. Ce polymère, insoluble dans l'eau et dans les solvants organiques courants, peut se dissoudre dans le phénol. Sa température de fusion est de 263 °C. Une application industrielle est le «bas Nylon» ou «soie synthétique» présentant une meilleure élasticité que les fibres naturelles.

Le Nylon-6,6 est produit par réaction entre l'hexane-1,6-diamine et l'acide hexanedioïque.

Le polymère a pour formule :

$$HO \!+\! CO-(CH_2)_4-CO-NH-(CH_2)_6-NH \!+_n\! H$$

Protocole

Au laboratoire, on utilise le dichlorure d'hexanedioyle au lieu de l'acide.

Dans un bécher, on verse avec précaution 10 mL d'une solution de dichlorure d'hexanedioyle en solution à 5 % en masse dans le dichlorométhane. Le long d'un agitateur en verre, on fait couler la solution aqueuse d'hexane-1,6-diamine. Il se forme deux phases. On rajoute quelques gouttes de phénolphtaléine. À l'aide d'un crochet, on tire une fibre que l'on enroule autour d'un agitateur. On obtient un fil Nylon rose. On effectue un lavage du fil à l'eau, puis on le met à l'étuve.

Polymère et degré de polymérisation

1. Recopier la formule du Nylon-6,6 et entourer le groupe amide.

2. Donner la formule semi-développée du monomère hexane-1,6-diamine.

3. Dans le texte, on lit «avec élimination de petites molécules». Quelle petite molécule est éliminée lorsque le Nylon-6,6 est synthétisé à partir du diacide (acide hexanedioïque) ?

4. Le motif du polymère étant $+ CO-(CH_2)_4-CO-NH-(CH_2)_6-NH +$, calculer sa masse molaire.

5. On obtient une masse molaire égale à $1{,}2 \cdot 10^5$ g · mol^{-1} pour le Nylon-6,6. En déduire dans ces conditions le degré n de polymérisation.

Synthèse du Nylon

6. À l'aide des données physico-chimiques, expliquer pourquoi les deux solutions ne sont pas miscibles.

7. Pourquoi qualifie-t-on cette polycondensation d'interfaciale ?

8. Dans quel état physique obtient-on la fibre de Nylon ?

9. La solution aqueuse est colorée, ainsi que la fibre de Nylon. La solution d'hexane-1,6-diamine est-elle acide, neutre ou basique ?

10. Quel est le rôle du lavage ? Quelle opération effectue-t-on dans l'étuve ?

Recyclage et rendement

Les moquettes ou tapis de sol automobiles contiennent du polyamide.
Le recyclage des mélanges de polyamide 6,6 et polyamide 6 utilise un procédé dit d'ammonolyse basé sur la dépolymérisation : le Nylon réagit avec un excès d'ammoniaque entre 300 et 350 °C, à des pressions comprises entre 35 et 175 bar en présence d'un catalyseur au phosphate.
Les produits obtenus sont un mélange de monomères et d'eau. Le rendement en monomères atteint 18 % en masse avec le Nylon.
Une unité de recyclage de l'Ontario recycle 1 000 tonnes de polymères par an.

11. Quel est le réactif utilisé par l'ammonolyse ?

12. Pourquoi utilise-t-on un catalyseur ?

13. Quel est l'intérêt de l'évacuation de l'eau ?

14. Quelle masse annuelle de monomères l'unité de l'Ontario va-t-elle produire ?

Données : zone de virage de la phénolphtaléine pour un pH compris entre 8,2 et 10 (couleur acide incolore, couleur basique rose).

Espèce chimique	Solubilité dans l'eau	Densité	Sécurité
Dichlorure d'hexanedioyle	Insoluble	1,1	Corrosif
Hexane-1,6-diamine	Soluble	0,9	Corrosif
Dichlorométhane	Insoluble	1,3	Inflammable

6 Protection des fonctions

Pour réaliser la synthèse d'un polypeptide, on utilise deux molécules polyfonctionnelles A et B.

1. Quelles doivent être les fonctions communes à A et B afin de créer des liaisons peptidiques en chaîne ?

2. En ne considérant qu'une seule liaison et sachant que la probabilité de condensation est la même quelle que soit la liaison créée, déterminer le rendement de synthèse d'un dipeptide particulier si la synthèse est réalisée sans protection des fonctions organiques.

3. Calculer le rendement global pour 10 opérations dans le cas d'une synthèse linéaire. En déduire la nécessité d'une protection de certaines fonctions avant la synthèse peptidique.

4. Les réactifs de blocage de la fonction amine sont des dérivés de type anhydride d'acide ou chlorure d'acide. Un exemple couramment utilisé est le dicarbonate de ditertiobutyle, noté plus simplement BOC.

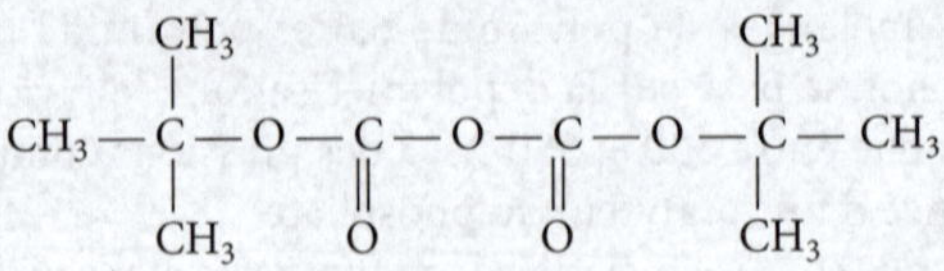

La fonction amine, en milieu basique et sous l'action du BOC, est N-protégée en $R-O-CO-O-NH-$. Proposer une équation de la réaction de protection de l'alanine, notée Ala, de formule : $CH_3-\underset{\displaystyle NH_2}{\underset{|}{CH}}-COOH$.

5. La protection de la fonction acide carboxylique consiste en une transformation en ester de groupe caractéristique $-COO-$. En déduire l'équation de blocage de la cystéine Cys de formule $HS-CH_2-\underset{\displaystyle NH_2}{\underset{|}{CH}}-COOH$ par action d'un alcool $R-OH$.

6. Donner l'équation de formation de la liaison peptidique entre l'alanine N-bloquée et la cystéine dont la fonction $-COOH$ est protégée.

7. La dernière étape libère la fonction $-NH_2$ par hydrogénation :

$$R'-O-\underset{\displaystyle O}{\underset{\|}{C}}-NH- \longrightarrow R'OH + CO_2 + H_2N-$$

La fonction carbonyle est elle-même libérée par la réaction suivante :

$$R'-COO-R + HO^- \rightarrow R'-COO^- + R-OH$$

avec l'ion carboxylate $R'-COO^-$ qui se transforme en acide carboxylique $R'-COOH$ en milieu acide. En déduire la molécule de dipeptide obtenue.

Conclure sur le rendement de ce stade de la synthèse par rapport à celui calculé à la question 2.

8. On cherche à synthétiser le polypeptide $-\!\!\left(\text{AlaCys}\right)\!\!-_n$. Quelle fonction du dipeptide précédent ne doit-on pas débloquer afin d'ajouter un à un les différents acides aminés les uns à la suite des autres ?

9. Déterminer le motif du polypeptide.

10. En supposant que la synthèse est linéaire et que le rendement de chaque stade est de 98 %, en déduire le rendement global pour un enchaînement de quatre motifs. Comparer au rendement global d'une synthèse convergente pour laquelle le schéma de synthèse est :

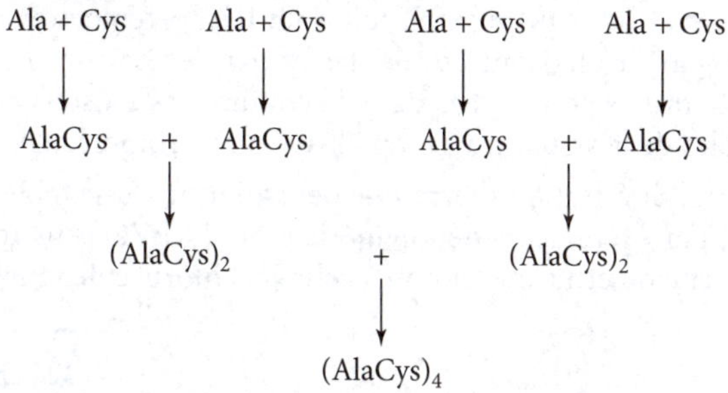

On considérera que le rendement de chaque stade de la synthèse convergente est égal à 98 %.

Vérifiez vos connaissances

1 Vrai-Faux

1. Faux. Le rendement théorique peut être de 100 %, mais le rendement expérimental est inférieur à 1 (perte de produits).

2. Faux. L'addition de *n* molécules d'éthylène $CH_2=CH_2$ conduit au polyéthylène PE constitué de $2n$ groupes $-CH_2-$. Cependant, ces groupes ne sont pas appelés motifs : le motif provient du monomère et est $-CH_2-CH_2-$.

3. Vrai. La polycondensation peptidique par exemple conduit à la formation de la macromolécule de polypeptide et d'un nombre $n - 1$ de molécules d'eau H_2O, *n* correspondant au degré du polymère.

4. Vrai. Les atomes de la macromolécule sont liés fortement entre eux dans la chaîne linéaire par des liaisons covalentes et par des liaisons de type Van der Waals s'ils ne sont pas consécutifs dans la chaîne. Les liaisons électrostatiques sont responsables de la structure 2D ou 3D de la macromolécule.

5. Faux. La dépolymérisation thermique peut aboutir à une molécule différente du monomère. Par exemple, la dépolymérisation du PVC peut aboutir à la formation de l'éthène ou éthylène, et non à celle du chlorure de vinyle.

2 QCM

1. b) d) et **e)** Le polychlorure de vinyle est obtenu par polyaddition à partir du monomère de chlorure de vinyle $CH_2=CHCl$. C'est une molécule linéaire qui fait une courbe dans l'espace.

> **Piège à éviter**
> Bien faire la différence entre un motif $-CH_2-CHCl-$ et un monomère $CH_2=CHCl$.

2. a) b) c) d) et **e)** Toutes les réponses sont exactes. Les propriétés physiques d'un polymère dépendent d'une multitude de facteurs : les contraintes mécaniques que l'on fait subir au matériau, sa structure spatiale, sa fabrication, sa configuration spatiale…

Exercices d'application

3 Synthèse peptidique

1. Un acide aminé est un composé polyfonctionnel avec une fonction amine $-\mathbf{NH_2}$ (en rouge) et acide carboxylique $-\mathbf{COOH}$ (en bleu).

glycine

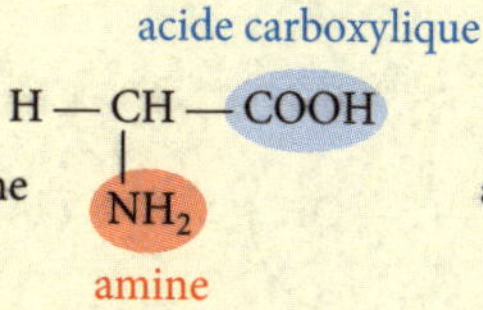

alanine

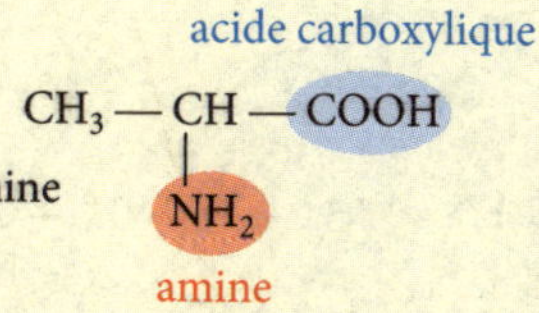

Gagnez des points !

Un acide aminé comporte une fonction amine — NH_2 et une fonction acide carboxylique — COOH.

2. Si l'on considère les réactions entre une fonction acide carboxylique — COOH et une fonction amine — NH_2 formant la liaison peptidique — CONH —, on a **quatre** possibilités :

– soit une molécule de glycine Gly réagit avec une autre molécule de glycine Gly. On a alors le dipeptide Gly-Gly de formule :

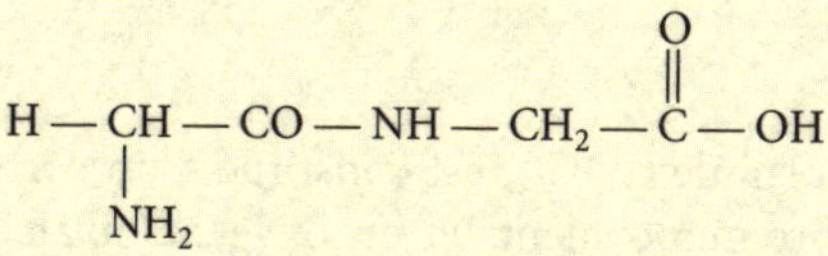

– soit une molécule d'alanine Ala réagit avec une autre molécule d'alanine Ala. On a alors le dipeptide Ala-Ala de formule :

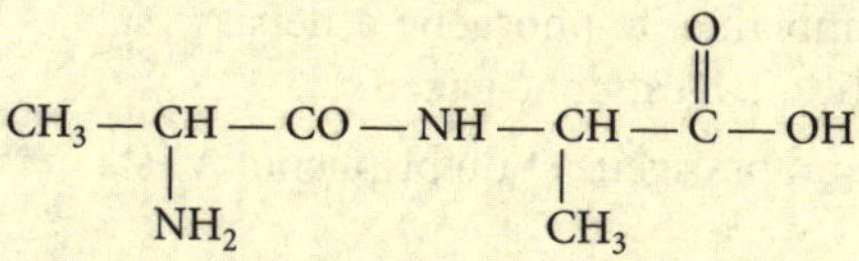

– soit une molécule d'alanine Ala réagit avec une molécule de glycine Gly. On a alors le dipeptide Gly-Ala de formule :

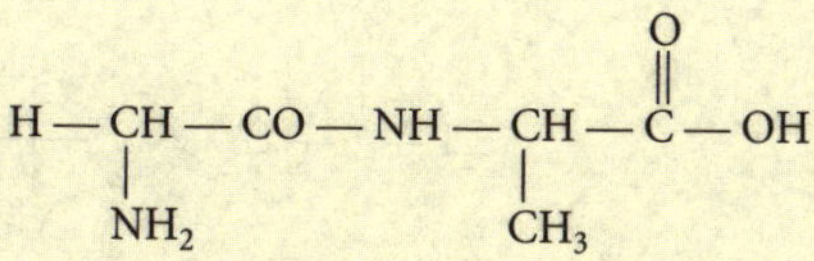

ou le dipeptide Ala-Gly de formule :

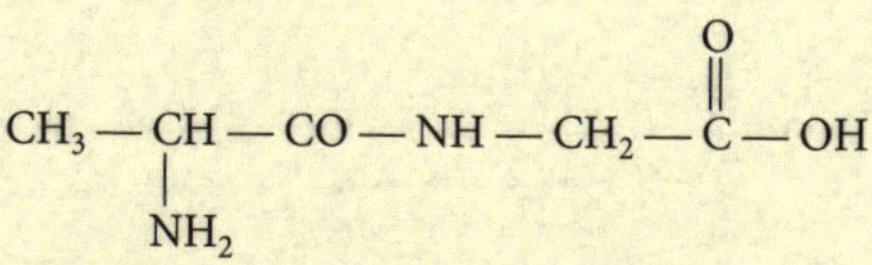

3. La molécule de cystéine doit comporter une fonction amine et une fonction acide carboxylique, et l'une des deux fonctions doit être mise en jeu dans la fonction amide de la molécule de dipeptide proposée.

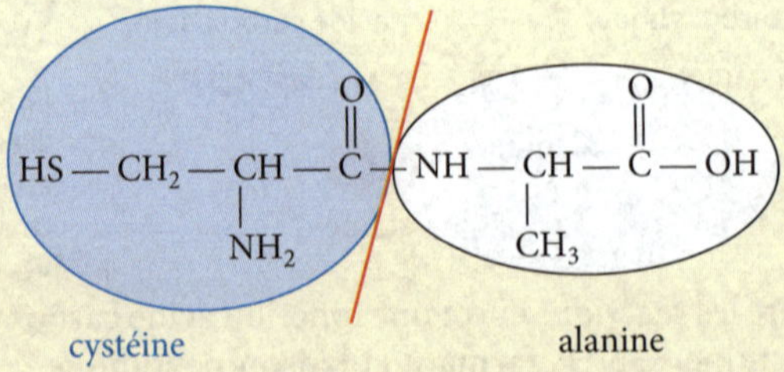

On en déduit la formule semi-développée de la cystéine : **HS—CH$_2$—CH(NH$_2$)—C(=O)—OH.**

4 Casque de moto

1. Le phosgène, de formule $COCl_2$, est constitué d'un carbone tétravalent lié à deux atomes de chlore monovalents et un oxygène bivalent. Sa formule semi-développée est donc **Cl — C(=O) — Cl**

2. À température ambiante, le phosgène a dépassé sa température d'ébullition, il est donc **gazeux**.

> **Remarque**
> La température ambiante est de l'ordre de 20 °C.

3. La réaction entre un phosgène et un bisphénol A est :

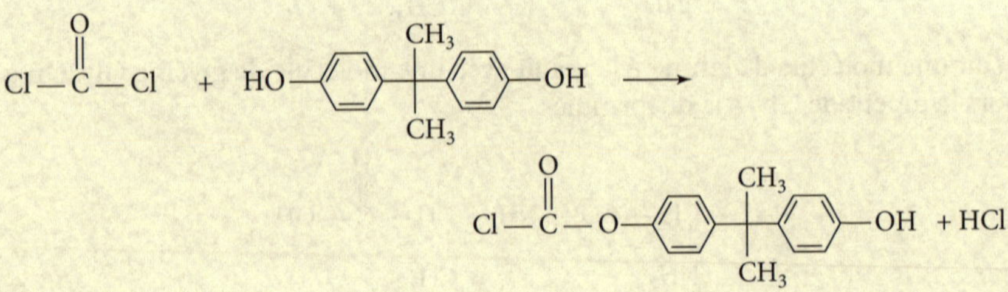

L'équation de polymérisation est alors :

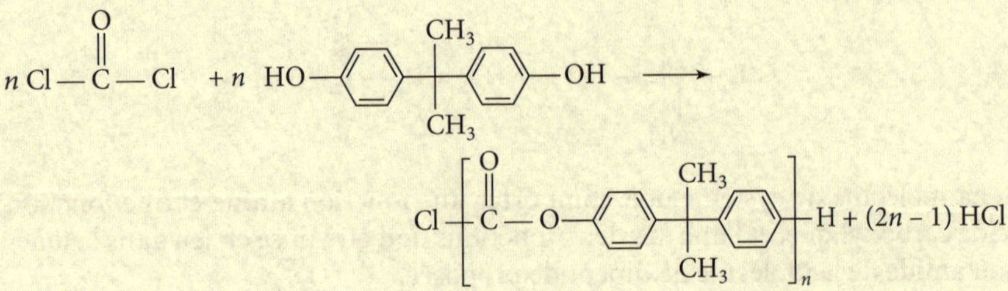

Le motif du PC est donc : 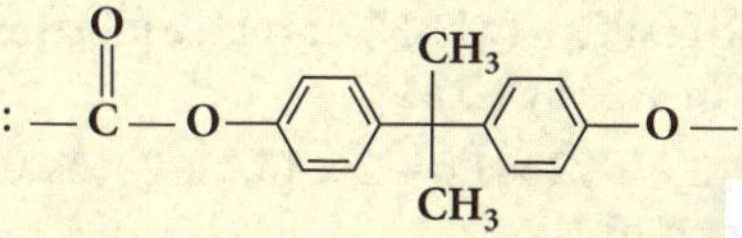

4. Le PC est obtenu par addition de deux sortes de molécules, et une petite molécule HCl est produite à chaque addition : il s'agit donc d'une **polymérisation par polycondensation**.

5. Un polymère **thermoplastique** est un polymère qui se ramollit lorsque la température augmente. Cette transformation est cependant réversible.

Le PC est aussi un polymère **amorphe** : il possède une structure 3D, mais les chaînes linéaires sont emmêlées dans tous les sens. Le polymère n'a pas d'arrangement spatial ordonné de ses macromolécules.

L'astuce du prof

Écrire l'équation de polymérisation avant de constater que le motif est la portion du polymère qui se répète. Celle-ci correspond à l'ensemble des atomes entre parenthèses.

Vers le bac

5 Nylon 6,6

Exercice à caractère documentaire et expérimental

1. La molécule de Nylon 6,6 possède une fonction amide —CO—NH— :

$HO\left[CO-(CH_2)_4-CO-NH-(CH_2)_6-NH\right]_n H.$

fonction amide

2. L'hexane-1,6-diamine est une molécule possédant 6 atomes de carbone dans une chaîne linéaire (hexane-…) et 2 fonctions amine $-NH_2$ (…-diamine) fixées sur le 1er et le 6e atomes de carbone, soit le premier et le dernier.

On obtient donc la molécule suivante :

$$H_2N-CH_2-CH_2-CH_2-CH_2-CH_2-CH_2-NH_2$$

ou encore de manière plus compacte :

$$H_2N\left(CH_2\right)_6NH_2$$

3. L'acide hexanedioïque est une molécule possédant 6 atomes de carbone enchaînés les uns aux autres, donc 2 fonctions acide carboxylique —COOH à chaque extrémité de la chaîne : $HOOC\left(CH_2\right)_4COOH$.

Si l'on fait réagir un monomère d'hexane-1,6-diamine avec un monomère d'acide hexanedioïque, on obtient :

$$HOOC\left(CH_2\right)_4COOH + H_2N\left(CH_2\right)_6NH_2 \rightarrow HOOC-(CH_2)_4-CO-NH-(CH_2)_6-NH_2 + H_2O$$

La petite molécule produite est une **molécule d'eau**.

4. La formule du motif est $C_{12}H_{22}O_2N_2$ de masse molaire :
$M_{motif} = 12M_C + 22M_H + 2M_O + 2M_N$

A. N. : $M_{motif} = 12 \times 12{,}0 + 22 \times 1{,}0 + 2 \times 16{,}0 + 2 \times 14{,}0$
Soit $\mathbf{M_{motif} = 226{,}0\ g \cdot mol^{-1}}$.

> **Gagnez des points !**
> Apprenez par cœur les masses molaires atomiques de C, H, O et N.

5. Au vu de la masse molaire du polymère (10^5 g · mol^{-1}), la prise en compte des atomes aux extrémités de la macromolécule, hors motif, n'est pas nécessaire. On a alors, en négligeant ces quelques atomes : $M_{polymère} = nM_{motif}$.

On en déduit :

$$n = \frac{M_{polymère}}{M_{motif}}$$

A. N. : $n = \frac{1{,}2 \cdot 10^5}{226}$ d'où $\boldsymbol{n = 5{,}3 \cdot 10^2}$ avec deux chiffres significatifs.

6. D'après les données physicochimiques, le dichlorure d'hexanedioyle est insoluble dans l'eau, alors que l'hexane-1,6-diamine y est soluble. Les deux solutions constituent donc deux phases différentes : **elles ne sont pas miscibles**.

7. La polycondensation est ici à la rencontre entre les deux phases : elle a donc lieu **à l'interface**.

8. Le protocole précise que le Nylon est obtenu sous forme de fil, donc à l'état **solide**.

9. La phénolphtaléine colore la solution et le fil de Nylon en rose, couleur basique de l'indicateur coloré. Le pH de la solution est donc supérieur à 10, et la solution est **basique**.

10. Le lavage permet de **rendre le Nylon neutre** (pH = 7). Il devient ainsi incolore. L'étuve sèche le polymère en réalisant une **déshydratation**, soit une élimination des molécules d'eau accompagnant le Nylon ou produites par polymérisation.

11. Le réactif utilisé est l'**ammoniaque**, solution aqueuse d'ammoniac $NH_3(aq)$.

12. L'utilisation du catalyseur permet d'**augmenter la vitesse de la dépolymérisation sans toutefois modifier le rendement de la réaction de recyclage**.

13. L'évacuation de l'eau permet de **déplacer la réaction de dépolymérisation dans le sens de la formation du monomère** : le rendement de la réaction de recyclage augmente.

> **Gagnez des points !**
> L'élimination d'un produit permet d'augmenter le rendement de la réaction dans le sens de la formation de ce produit.

14. Le rendement *R* vaut 0,18 donc :

$$m_{monomère} = 0{,}18 \times m_{polymère}$$

A. N. : $m_{monomère} = 0{,}18 \times 1\,000$, d'où $\boldsymbol{m_{monomère}} = \mathbf{1{,}8 \cdot 10^2}$ **tonnes**.

6 Protections des fonctions

1. A et B doivent posséder des fonctions carbonyle ou **acide carboxylique** —COOH et **amine** —NH_2. Ces deux fonctions se « condensent », créant la liaison peptidique —CO—NH— et une molécule d'eau H_2O.

2. Il y a quatre possibilités de formation de la liaison peptidique entre les molécules A et B : AA, BB, AB ou BA avec la même probabilité d'obtention, soit $\frac{1}{5} = 25\,\% = 0{,}25$.

On en déduit donc que le rendement d'obtention d'un dipeptide cible est $\boldsymbol{r = 0{,}25}$.

3. Dans le cas d'une synthèse linéaire à 10 opérations, le rendement global s'écrit :

$$R = r^{10}$$

A. N. : $R = 0{,}25^{10} = 9{,}5 \cdot 10^{-7}$ d'où $\boldsymbol{R \approx 10^{-6}}$.

R est extrêmement faible, et ce pour un faible degré de polymérisation ($n = 10$). Il est donc nécessaire de protéger certaines fonctions amine et carbonyle de A ou B afin de sélectionner la liaison peptidique intéressante par condensation maîtrisée et d'obtenir un rendement bien plus important que $r = 0{,}25$.

4. L'équation de réaction de protection de l'alanine, en milieu basique, s'écrit :

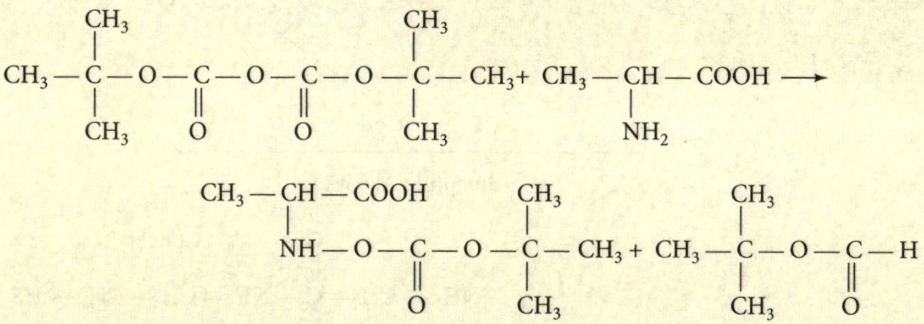

5. L'équation de blocage de la cystéine est :

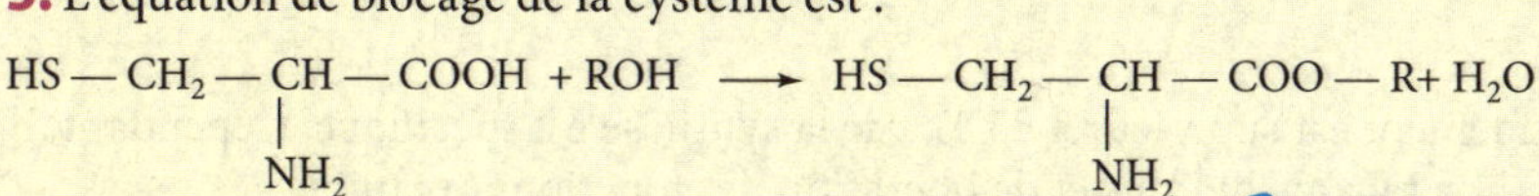

6. Les fonctions étant bloquées, l'équation de la formation de la liaison peptidique est ainsi :

> **Rappel**
> Bien penser à la molécule d'eau formée en même temps que la liaison peptidique.

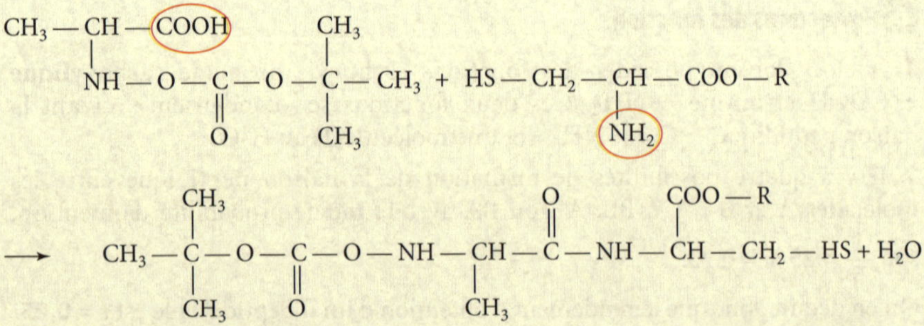

7. De manière schématique, les libérations des fonctions aboutissent à la **molécule de AlaCys** :

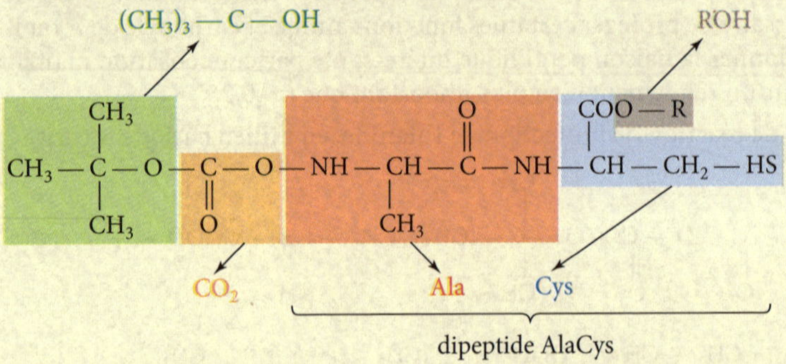

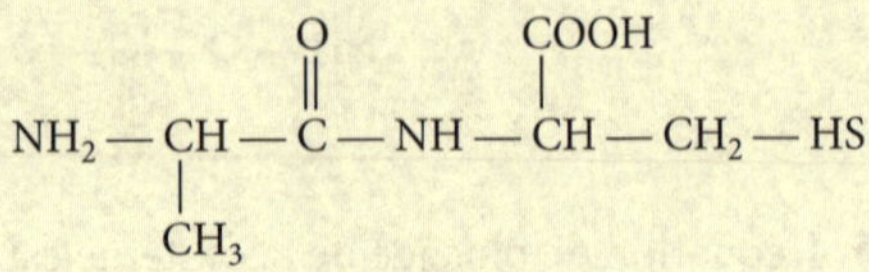

Le rendement est supérieur à 25 %, car la synthèse est spécifique. Cependant, il dépend du taux de blocage et de libération des fonctions organiques.

8. Au dipeptide AlaCys doit maintenant s'ajouter par condensation une autre molécule d'alanine Ala. Seule la fonction —COOH de la cystéine doit donc être débloquée. **La fonction $-NH_2$ de l'alanine du dipeptide doit rester protégée** afin qu'elle ne réagisse pas.

9. Le polymère à quatre acides aminés est :

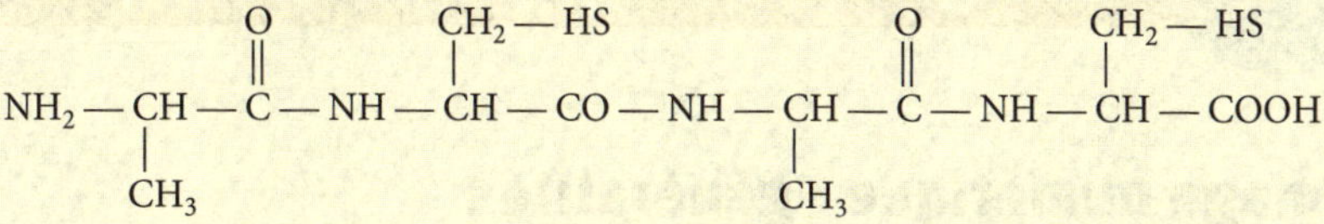

De manière générale, pour un polymère de degré *n*, on peut l'écrire sous la forme :

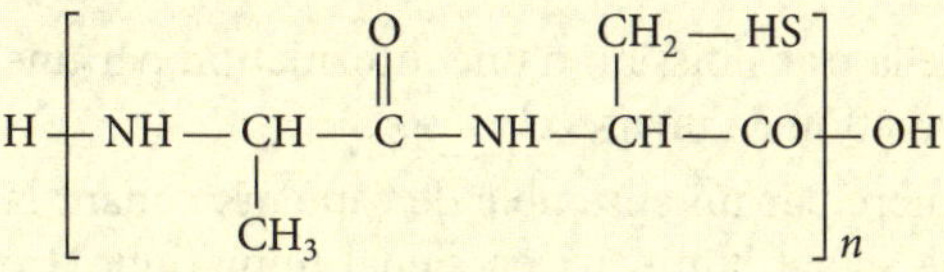

> **L'astuce du prof**
> Vérifier que la formule est correcte avec $n = 2$ pour 4 acides aminés.

de motif :

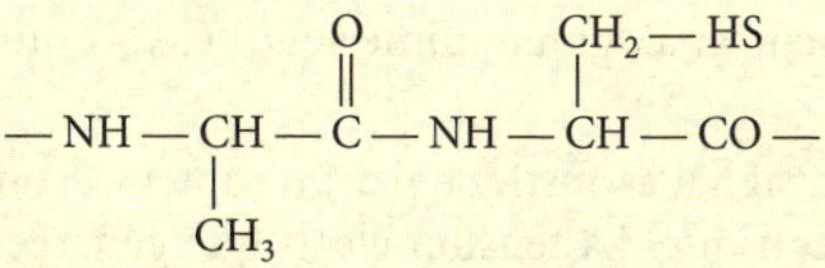

10. Quatre motifs correspondent à 8 acides aminés, soit 7 liaisons peptidiques à synthétiser de manière successive. On en conclut que le rendement global s'écrit :

$$R = r^7$$

A. N. : $R = 0{,}98^7 = 0{,}87$ soit $\boldsymbol{R = 87\,\%}$.
Dans le cas de la synthèse convergente, on a quatre stades de même rendement r. On en conclut que le rendement global de cette synthèse est :

$$R = r^4$$

A. N. : $R' = 0{,}98^4 = 0{,}92$ soit $\boldsymbol{R' = 92\,\%}$.
La synthèse convergente est donc plus efficace en termes de rendement global.

CHAPITRE 16

Chaîne de transmission d'informations : image numérique et signal analogique/numérique

1 Image numérique : généralités

1 Chaîne de transmission d'informations

• Si l'on prend l'exemple courant de la transmission d'une information par une vidéo, on peut découpler cette information en images et en sons :

– l'image est l'acquisition de la lumière par un ensemble de capteurs codant la luminosité reçue et transformant le signal lumineux en signal numérique. Ce codage nécessite un convertisseur analogique/numérique (CAN) qui numérise l'image source ;

– le son est l'enregistrement du signal acoustique par un capteur acoustique qui transforme le son en signal électrique. La tension électrique générée doit alors être numérisée ou digitalisée, et un convertisseur analogique/numérique (CAN) est nécessaire.

• La qualité de l'information dépend ainsi :

– des propriétés de l'image numérique créée (pixellisation, codage RVB ou noir et blanc…) ;

– et/ou de l'échantillonnage et de la quantification de la conversion analogique/numérique du signal (images ou sons).

Une **image numérique** est une image nécessitant une **acquisition**, un **traitement de l'information** qu'elle contient, un **enregistrement** et un **stockage**.

• Il existe deux sortes d'images numériques : les images vectorielles et les images matricielles.

2 Image vectorielle

• Les objets des **images vectorielles** sont représentés par des **figures géométriques** que l'on traite de manière mathématique en les codant sous forme vectorielle, c'est-à-dire sous forme de coordonnées.

• L'avantage de telles images est qu'elles ne prennent que peu d'espace de mémoire. Ce type d'image est utilisé pour les logiciels de dessin industriel ou de traitement de texte.

Exemple : Un cercle pourra être codé sous la forme : (cercle, centre du cercle, rayon du cercle).

3 Image matricielle

• Une **image matricielle** est constituée d'un **ensemble de données à 2 dimensions**, c'est-à-dire sous la forme d'un tableau de points ou de pixels.

• Plus le nombre de points ou d'informations est important, et plus l'image est de bonne qualité. De ce fait, le traitement de l'image est d'autant plus long que le nombre de points codant l'image est grand. Il en est de même pour la place en mémoire. Ce type d'image est celui des appareils photo numériques, des scanners, de la télévision…

4 Stockage des données

• Le stockage des données pour les images matricielles se fait :

– soit directement, point par point (ou pixel par pixel) au format BMP. Cela pose cependant des problèmes, car les fichiers sont lourds, et le temps de traitement est directement lié à la taille des fichiers ;

– soit par compression, comme pour les fichiers JPEG, GIF ou PNG. Le logiciel ouvrant ce type de fichier reconnaît son format et le décompresse au fur et à mesure de son ouverture la plupart du temps.

• En pratique, ces formats sont utilisés dans les cas suivants :

– JPEG est utilisé pour des images qui ne sont pas destinées au web, car plus la compression de ces fichiers est importante, plus la qualité de l'image est dégradée ;

– GIF est utilisé pour des logos, des schémas…, soit toute image qui ne nécessite pas trop de couleurs et qui peut être animée ;

– PNG est utilisé pour les images destinées à Internet.

2 Image numérique : pixellisation

1 Résolution d'une image

Un **pixel**, noté px, est un élément de base de l'image numérique. Il représente un petit carré de couleur uniforme permettant de coder une partie élémentaire de l'image.

Remarque : Le mot pixel vient de la contraction de l'anglais ***pic**ture **el**ement*.

- La qualité d'une image dépend de son nombre de pixels.

La **résolution** d'une image numérique est le nombre de pixels par centimètre.

Exemple : Une image carrée de 10 cm de côté avec une résolution de 100 pixels par cm est codée sur $1\,000 \times 1\,000 = 1\,000\,000$ pixels = 1 Mpx.

- On peut aussi utiliser l'unité anglo-saxonne du pouce ou inch pour remplacer le centimètre. On parle alors de pixels par pouce ou points par pouce : *dots per inch* (dpi). Un pouce vaut 2,54 cm.

2 Effets de pixellisation

- La photographie ci-dessous a été prise par un appareil photo numérique avec une résolution de 96 dpi.

Résolution de 96 dpi

- Les photographies ci-après sont issues de la précédente avec une résolution beaucoup plus faible : on note un effet de pixellisation.

Plus le nombre de pixels par image diminue, plus l'image est dégradée.

Effets de pixellisation

EXERCICE RÉSOLU

Déterminer le nombre de pixels d'une image

ÉNONCÉ

Une image est conservée dans un ordinateur avec une résolution de 180 dpi.

a. Déterminer le nombre de pixels par cm de cette image.

b. Les dimensions de l'image sont 10 cm × 7,5 cm. En déduire le nombre de pixels à stocker.

CORRIGÉ

a. La résolution de l'image est de 180 dpi, soit 180 pixels par pouce.
On en déduit que la résolution est de
$\frac{180}{2,54} = 70,9$ pixels par cm, soit 70,9 px/cm.

Méthode
1 dpi = 1 pixel pour 1 pouce
= 1 pixel pour 2,54 cm.

b. La largeur de l'image est de 7,5 cm, soit 70,9 × 7,5 = 532 px.
Par le même raisonnement, on en déduit que le nombre de pixels sur la longueur de 10 cm est 70,9 × 10 = 709 px.
L'image est donc une matrice de 709 px × 532 px.
Le nombre total de pixels est donc de 709 × 532 = 377 188 px.

3 Image numérique : codage

1 Mémoire élémentaire ou bit

- Le codage de l'information se fait de manière **binaire**. On considère un système qui ne peut prendre que deux valeurs : ouvert ou fermé, noir ou blanc… Les états du système sont alors codés en « état 0 » ou « état 1 ». Ce sont les états d'une unité de codage binaire appelée **bit**.

- Le **codage sur *n* bits donne 2^n possibilités**. En effet, le codage sur 1 bit donne 2 possibilités (0 ou 1) ; sur 2 bits, il donne 4 possibilités (00, 01, 10 ou 11) ; sur 8 bits constituant **1 octet**, il donne 256 possibilités.

Remarque : Un kilooctet correspond à 2^{10} octets ; un mégaoctet à 2^{20} octets ; un gigaoctet à 2^{30} octets.

2 Codage binaire noir et blanc

- Le codage noir et blanc donne à chaque bit la valeur noir ou blanc (0 ou 1).

- Une image codée sur *N* pixels correspond donc à un stockage en mémoire de *N* bits.

Remarque : Ce type de codage convient parfaitement à un texte.

Codage binaire noir et blanc

3 Codage niveaux de gris

- Le codage niveaux de gris est un codage de chaque pixel sur 8 bits, soit 1 octet. On peut alors attribuer à chaque pixel $2^8 = 256$ possibilités parmi le blanc, le noir et 254 niveaux de gris différents.

- Chaque pixel occupe donc un octet de mémoire, et une image de *N* pixels occupe *N* octets.

Codage niveaux de gris

4 Codage couleurs RVB

• Le codage RVB (rouge/vert/bleu) est à la fois basé sur celui, trichromique, de la rétine humaine et sur la **synthèse additive**.
L'image est fragmentée en **points triples :** l'un de couleur rouge, l'autre de couleur verte et le dernier de couleur bleue. La couleur de ce point triple est perçue par l'œil comme la synthèse additive des 3 couleurs RVB, en tenant compte de leurs intensités respectives.

Remarque : Les couleurs primaires de la synthèse additive sont le rouge, le vert et le bleu, l'absence de couleur est le noir, alors que la somme des trois couleurs primaires avec la même intensité donne du blanc.

• Chaque couleur primaire est codée sur 8 bits, soit un octet. Il en résulte que la couleur résultant de la synthèse additive RVB est codée sur $3 \times 8 = 24$ bits.

• Ce codage correspond à celui de la plupart des écrans d'ordinateur et demande un espace mémoire relativement important par image.

• Si le codage se fait sur un nombre plus restreint de couleurs, on obtient une image qui occupe beaucoup moins de place mémoire, mais de qualité faible.

Codage 16 couleurs

4 Conversion d'un signal analogique en signal numérique : échantillonnage

1 Convertisseur analogique numérique (CAN)

Un **convertisseur analogique numérique** (CAN) a pour fonction de transformer un signal analogique tel qu'une tension ou un courant (grandeur physique continue $x(t)$) en signal numérique (mot binaire du type 1001101).

La conversion d'un signal analogique $x(t)$ en signal numérique nécessite :
- un **échantillonnage** de $x(t)$;
- une **quantification** des valeurs exactes échantillonnées ;
- un **codage binaire** des valeurs quantifiées en valeurs numérisées.

2 Échantillonnage

L'**échantillonnage** d'un signal analogique consiste à le remplacer par une série de valeurs $x(t_n)$ correspondant à la valeur de $x(t)$ au temps t_n.

Le signal est alors converti en un **tableau de données** du type :

Temps t_n	t_0	t_1	t_2	t_3	t_4	t_5	…
Valeurs échantillonnées $x(t_n)$	$x(t_0)$	$x(t_1)$	$x(t_2)$	$x(t_3)$	$x(t_4)$	$x(t_5)$	…

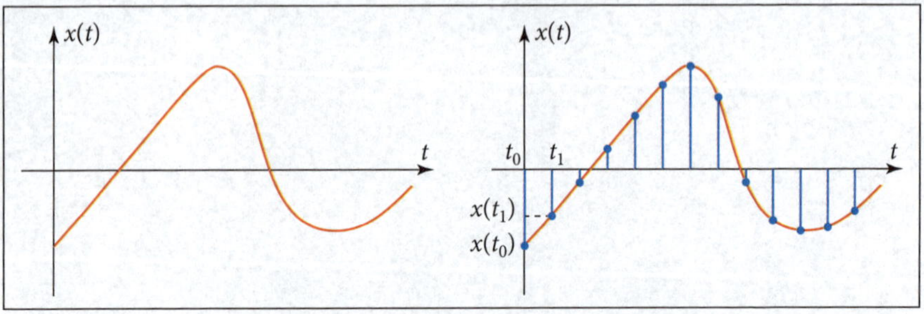

Signal analogique $x(t)$ et signal échantillonné

3 Critère de Shannon

- Pour qu'un échantillonnage soit représentatif du signal analogique, il faut que ce dernier **ne varie pas trop** durant le temps nécessaire à l'échantillonnage.

Si f_{max} est la fréquence maximale du signal analogique à échantillonner, alors la fréquence d'échantillonnage f_e doit au moins être le double de f_{max} :

Critère de Shannon : $f_e \geqslant 2f_{max}$

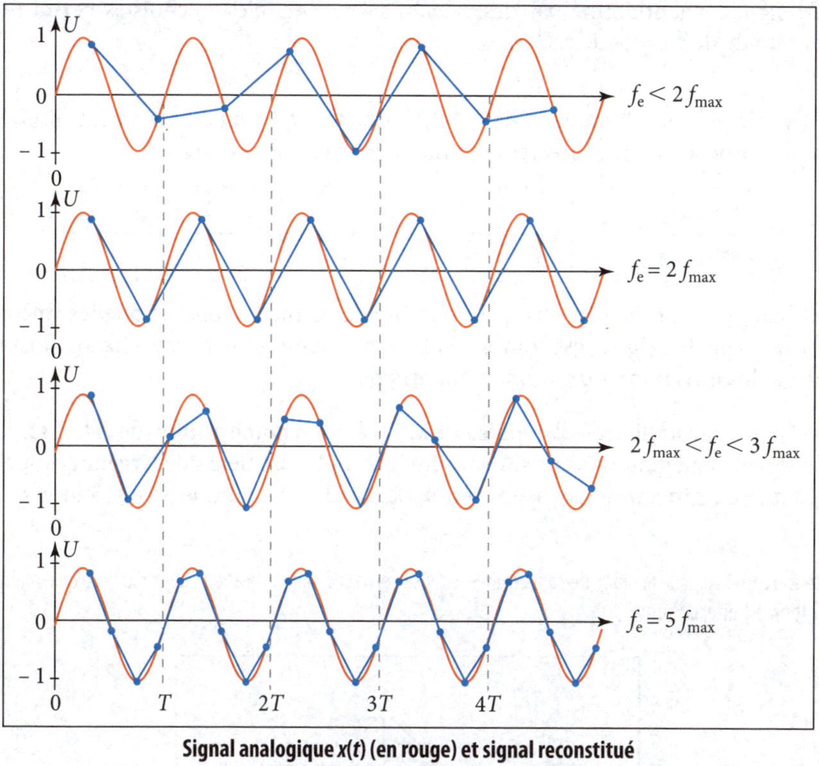

Signal analogique *x*(*t*) (en rouge) et signal reconstitué d'après l'échantillonnage (en bleu)

- Dans le cas d'un CAN, si le signal est suréchantillonné ($f_e \gg 2f_{max}$), l'échantillonnage prend beaucoup de temps, et le stockage des valeurs échantillonnées demande beaucoup d'espace mémoire. En revanche, dans le cas d'un sous-échantillonnage, le signal reconstruit est erroné. Une solution consiste à utiliser un **échantillonneur-bloqueur** qui garde en mémoire la valeur à échantillonner. Le signal analogique reste ainsi fixe le temps nécessaire à l'échantillonnage.

5 Conversion d'un signal analogique en signal numérique : quantification et numérisation

1 Quantification

La **quantification** correspond au remplacement des valeurs exactes $x(t_n)$ du signal échantillonné par des valeurs approximatives x_n choisies parmi un ensemble de valeurs discrètes.

- La valeur approximative x_n de la valeur exacte $x(t_n)$ peut être la valeur discrète la plus proche ou celle directement inférieure à la valeur exacte.

Temps t_n	t_0	t_1	t_2	t_3	t_4	t_5	...
Valeurs x_n	x_0	x_1	x_2	x_3	x_4	x_5	...

- Chaque valeur discrète x_n est un nombre de même dimension que les valeurs $x(t)$ du signal. Celui-ci est compris entre deux nombres extrêmes, fixant ainsi la **plage de conversion** ou **gamme dynamique**.

- Chaque valeur discrète x_n représente à l'inverse un nombre infini de valeurs $x(t_n)$ du signal analogique comprises dans un intervalle de valeurs de largeur Δ appelé **pas de quantification**. On a alors entre deux valeurs quantifiées consécutives :

$$x_{n+1} - x_n = \Delta$$

Remarque : Lorsque la plage de conversion est divisée en pas de quantification égaux entre eux, la quantification est dite uniforme.

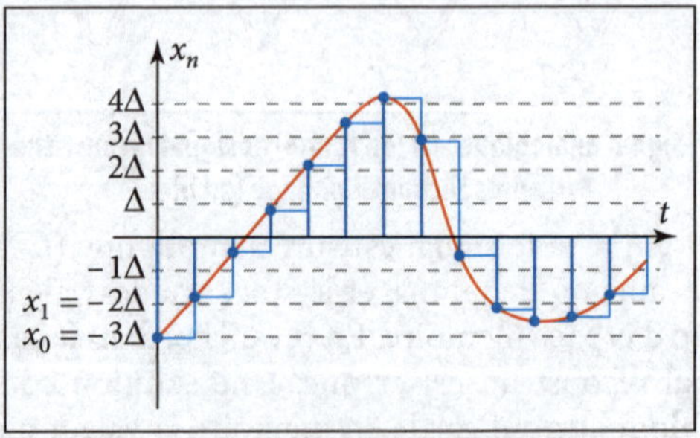

Signal échantillonné et quantification

2 Numérisation

- Chaque valeur discrète x_n doit être convertie en mot binaire, séquence de 0 et 1.
- Le codage dépend des valeurs quantifiées minimale et maximale, ainsi que du pas de quantification. Pour un codage sur 8 niveaux, on a :

Valeur x_n	-3Δ	-2Δ	$-\Delta$	0	Δ	2Δ	3Δ	4Δ
Mot binaire	000	001	010	011	100	101	110	111

EXERCICE RÉSOLU

Déterminer les valeurs numériques correspondant au signal analogique

ÉNONCÉ

Sachant que la valeur maximale du signal analogique précédent est de 1,0 V et que la valeur discrète d'une valeur échantillonnée est la valeur inférieure la plus proche (quantification par troncature), déterminer l'ensemble des valeurs discrètes de tension de ce signal.

CORRIGÉ

La valeur maximale U_{max} = 1,0 V correspond à la valeur discrète de 4Δ. On en déduit que le pas de quantification est $\Delta = \frac{1,0}{4} = 0,25$ V.

Méthode
Utiliser la courbe de la page précédente afin de déterminer les valeurs échantillonnées.

Pour t_0, la valeur échantillonnée $x(t_0)$ correspond à la valeur discrète :
$-3\Delta = -3 \times 0,25 = -0,75$ V.
En faisant de même pour les autres valeurs, on obtient pour les valeurs quantifiées représentant le signal :
– 0,50 V ; – 0,25 V ; + 0 V ; + 0,50 V ; + 0,75 V ; + 1,0 V ; + 0,50 V ; – 0,25 V ; – 0,75 V ; – 0,75 V ; – 0,75 V ; – 0,50 V.
Les valeurs quantifiées sont au nombre de 8, de -3Δ à $+4\Delta$.
Elles sont donc codées sur 3 bits soit, en fonction des valeurs quantifiées correspondantes :
000 ; 001 ; 010 ; 011 ; 101 ; 110 ; 111 ; 101 ; 010 ; 000 ; 000 ; 000 ; 001.

Rappel
Le nombre n de bits de codage est tel que $2^n = 8$, soit $n = 3$.

Déterminer l'espace mémoire de stockage d'une image

ÉNONCÉ

On considère une image de 10 cm × 10 cm, de résolution 300 dpi.
Déterminer la place qu'elle occuperait en mémoire dans le cas d'un codage noir et blanc.

MÉTHODE

▶ **1.** Convertir la résolution fournie en dpi en pixels par cm.

▶ **2.** Déterminer le nombre de pixels correspondant à la largeur de l'image et à sa longueur. En déduire le nombre de pixels de l'image en multipliant les deux valeurs obtenues.

▶ **3.** Sachant que le codage noir et blanc est un codage binaire, soit 1 bit par pixel, déterminer la mémoire nécessaire pour le codage de l'image en bits, puis en octets, et enfin en kilooctets (Ko).

CORRIGÉ

1. 1 dpi est 1 pixel par pouce.
Sachant que 1 pouce correspond à 2,54 cm, on en déduit que 1 dpi correspond à $\frac{1}{2{,}54} = 0{,}393\,7$ pixel par cm.
La résolution de 300 dpi correspond donc à $300 \times 0{,}393\,7 = 118$ pixels par cm.

2. La largeur ou la longueur de 10 cm de l'image nécessite $10 \times 118 = 1\,180$ pixels.
On en déduit pour la totalité de l'image 10 cm × 10 cm un nombre de pixels de $1\,180 \times 1\,180 = 1\,392\,400$.

3. Le codage noir et blanc est un codage binaire sur 1 bit par pixel.
On en déduit qu'il faut 1 392 400 bits pour la totalité de l'image, soit :

– en octets $\frac{1\,392\,400}{8} = 174\,050$ octets ;

– en kilooctets $\frac{174\,050}{1\,024} = 170$ Ko environ.

Réflexe à avoir

1 octet correspond à 8 bits et 1 kilooctet correspond à 1 024 octets et non à 1 000 octets !

Associer un tableau de valeurs à un signal analogique

ÉNONCÉ

Une petite partie de l'enregistrement de la bande-son d'une vidéo est donnée ci-après. Déterminer l'ensemble des valeurs discrètes de tension représentant ce signal sur 2 ms si le pas de quantification est de 0,5 V, sachant que la valeur 0 est une valeur discrète et que la fréquence d'échantillonnage est $f_e = 5 \cdot 10^3$ Hz.

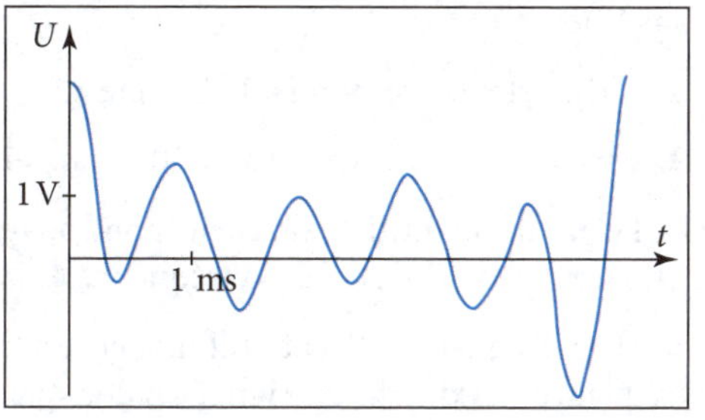

MÉTHODE

▶ **1.** Déterminer la période d'échantillonnage $T_e = \frac{1}{f_e}$.

▶ **2.** Pour tout $t = nT_e$ avec $n \in \mathbb{N}$, repérer sur la courbe la valeur de la tension $U(t)$. C'est la phase d'échantillonnage.

▶ **3.** Déterminer, en fonction de la gamme de tensions, les valeurs discrètes autorisées. Elles correspondent à des valeurs successives dont la différence est égale au pas de quantification.

▶ **4.** Remplacer chaque valeur repérée en **2.** par la valeur discrète directement inférieure.

CORRIGÉ

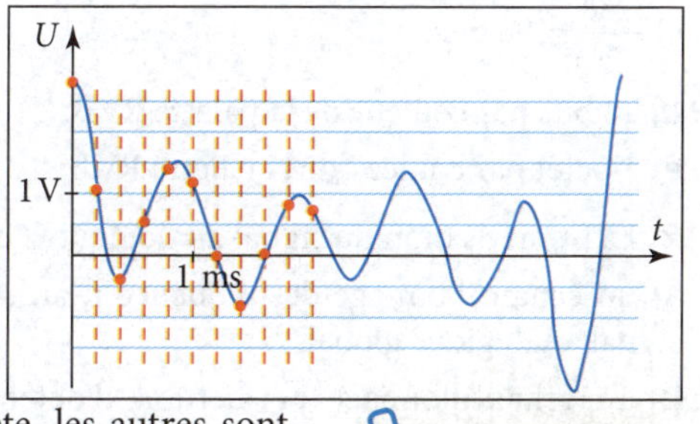

1. $T_e = \frac{1}{f_e} = \frac{1}{5 \cdot 10^3} = 2 \cdot 10^{-4}$ s.

2. Pour $t = 0$; 0,2 ms ; 0,4 ms…, on repère la valeur de la tension $U(t)$ (points rouges pour les premières 2 ms).

3. La valeur 0 est une valeur discrète, les autres sont donc 0,5/1,0/1,5/2,0 V… pour les valeurs positives, et les mêmes valeurs précédées du signe « – » pour les valeurs négatives.

Réflexe à avoir

Vérifier que la fréquence d'échantillonnage est grande devant celle du signal.

4. Les valeurs discrètes par défaut sont donc :
2,5/1,0/– 0,5/0,5/1,0/1,0/0/– 1,0/0/0,5/0,5 sur une durée de 2 ms.

Vérifiez vos connaissances

1 Vrai-Faux

Indiquer pour chaque proposition si elle est vraie (V) ou fausse (F).

1. Lors du codage des données, chaque donnée est codée sur 1 bit. ☐ V ☐ F

2. 1 kilooctet correspond à 1 024 octets. ☐ V ☐ F

3. 1 mégaoctet correspond à 1 000 kilooctets. ☐ V ☐ F

4. Le pas de quantification correspond au temps entre deux mesures : c'est l'inverse de la fréquence f_e. ☐ V ☐ F

5. Si la fréquence d'échantillonnage est le double de la fréquence maximale du signal analogique, alors le signal numérique permet de bien reconstituer le signal analogique. ☐ V ☐ F

2 QCM

Pour chacune des propositions, choisir la ou les bonnes réponses.

1. La numérisation d'une image couleur est telle qu'elle est codée sur :

a) trois couleurs (rouge, vert et bleu).

b) $256 \times 3 = 768$ couleurs.

c) $\frac{768}{2^3} = 96$ bits.

d) 24 bits par couleur de la palette RVB.

e) 1 octet par couleur de la palette RVB.

2. La numérisation du signal analogique d'une vidéo est telle qu'elle nécessite :

a) un échantillonnage de fréquence f_e au moins supérieure à deux fois celle du signal analogique global.

b) un échantillonnage permettant d'obtenir une série de valeurs discrétisées représentant le signal à numériser.

c) une quantification qui fait le choix d'une série de valeurs discrétisées représentant le signal à numériser.

d) un codage sur 3 bits des valeurs discrètes.

e) un stockage des valeurs numérisées.

Exercices d'application

3 Espace mémoire d'une photo numérique

Une photo numérique a les dimensions suivantes : $L \times \ell = 5{,}2$ cm $\times$ 3,8 cm.

1. Sachant que la résolution est de 180 dpi, déterminer le nombre de pixels de la photo.

2. En déduire l'espace mémoire nécessaire au codage de cette photo numérique pour un codage en 256 niveaux de gris.

3. Même question pour un codage couleurs 24 bits.

4 Modèle RVB

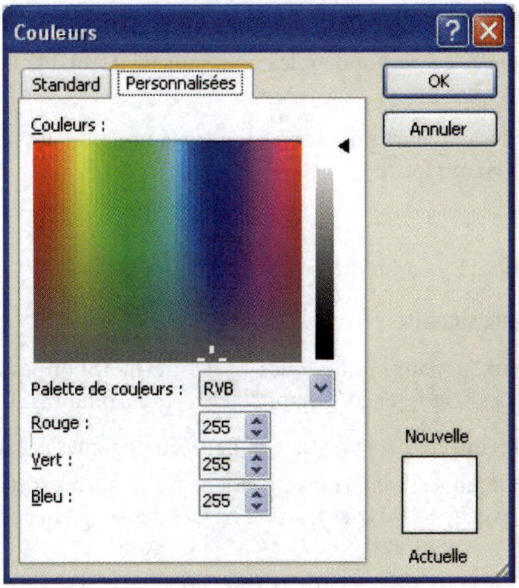

Le modèle RVB est celui du codage de toute couleur par synthèse additive à partir des couleurs primaires rouge, vert et bleu. Ce modèle a été largement utilisé dans l'industrie dès lors que l'on a découvert le fonctionnement des cônes de la rétine humaine.

La couleur obtenue par synthèse dépend du nombre de couleurs primaires superposées, mais aussi de l'intensité (luminosité) de chaque couleur.

Il a donc été naturel de coder cette couleur synthétisée par son pourcentage de RVB.

De manière générale, une couleur C est notée dans le modèle RVB comme suit :

$$C = \%\,R(R) + \%\,V(V) + \%\,B(B)$$

ou encore plus simplement : $C = \%\,R, \%\,V, \%\,B$

avec % X la luminosité de la couleur primaire X codée entre 0 et 1.

1. Quelle est la couleur notée 1(R) + 1(B) ou 1,0,1 ?

2. Quelle particularité présente la notation d'une couleur primaire ?

3. Donner la notation dans le modèle RVB du blanc.

La palette couleur d'un ordinateur équipé de logiciels Microsoft est codée en RVB sur 8 bits, soit 256 niveaux de couleur pour chaque primaire (de 0 à 255).

4. À quelles couleurs correspondent les notations 255,255,255 et 0,0,0 ?

5. À quelles couleurs correspondent les notations 96,0,0 et 242,0,0 ? Quelle est la couleur la plus sombre ?

6. À laquelle de ces couleurs peut correspondre la notation 200,252,42 : bleu ciel, vert pomme ou marron foncé ?

Vers le bac

5 Somme de deux signaux

On considère deux signaux numériques s_1 et s_2, échantillonnés avec respectivement les fréquences f_1 et f_2, et contenant N_1 et N_2 mots binaires.

1. Quelles sont les durées Δt_1 et Δt_2 des signaux analogiques échantillonnés ?

Les signaux analogiques sont respectivement de la forme $s_1(t) = \sin(2\pi f_1 t)$ et $s_2(t) = \sin(2\pi f_2 t)$ avec $f_1 = 30$ Hz et $f_2 = 70$ Hz. Ces deux signaux sont ensuite additionnés :

$$s_3(t) = s_1(t) + s_2(t)$$

2. Comment choisir la fréquence f_3 d'échantillonnage pour la numérisation de $s_3(t)$?

Donnée : $\sin a + \sin b = 2 \sin\left(\frac{a+b}{2}\right) \cos\left(\frac{a+b}{2}\right)$.

6 Numérisation d'un signal analogique

On donne l'enregistrement d'un capteur de type photodiode qui transforme un signal lumineux en signal électrique.

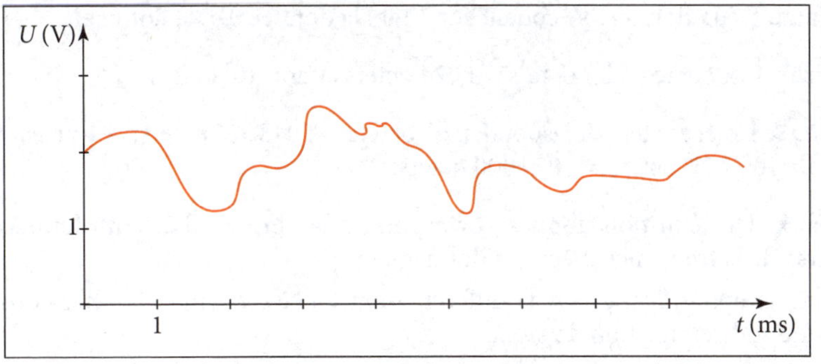

1. Le signal est échantillonné avec une fréquence $f_e = 5000$ Hz. Est-ce une fréquence adaptée au signal ? Justifier.

2. Quelle est la gamme dynamique du signal ?

3. En précisant la valeur du pas de quantification, déterminer les valeurs discrètes de quantification si le codage se fait sur 3 bits.

4. En justifiant la démarche adoptée, déterminer l'ensemble des valeurs discrètes représentant le signal analogique à la sortie de la photodiode.

5. Quelles sont les valeurs numériques correspondant à l'ensemble des valeurs discrètes déterminées à la question **3** ?

6. En déduire le tableau des valeurs binaires représentant le signal analogique.

Vérifiez vos connaissances

1 Vrai-Faux

1. Faux. Deux données se codent sur 1 bit : la donnée 0 et la donnée 1.

2. Vrai. 1 kilooctet = 2^{10} octets = 1 024 octets et non 10^3 octets.

3. Faux. 1 mégaoctet correspond à 2^{20} octets = 1 048 576 octets, ce qui est différent de $10^3 \times 2^{10}$ octets = 1 024 000 octets.

4. Faux. La définition donnée correspond à la période d'échantillonnage T_e, inverse de la fréquence d'échantillonnage.

Le pas de quantification est la différence entre deux valeurs discrètes consécutives de la discrétisation du signal.

5. Faux. Le critère de Shannon est une condition nécessaire, mais non suffisante.

Plus le rapport entre la fréquence d'échantillonnage et la fréquence maximale du signal est grand, plus la reconstitution est fidèle.

2 QCM

1. d) Le codage d'une image numérique se fait sur 256 nuances de rouge (R), 256 nuances de bleu (B) et 256 nuances de vert (V).

En revanche, le total des couleurs de la palette est différent de 768 couleurs, car chaque couleur est une combinaison de trois nuances parmi les 256 possibles pour chaque nuance.

Chaque couleur de la palette est donc l'addition d'une nuance de rouge, d'une nuance de bleu et d'une nuance de vert, que l'on peut coder sur 8 bits ($2^8 = 256$), soit un total de 24 bits pour chaque couleur de la palette.

2. c) et **e)** La numérisation du signal analogique d'une vidéo est telle qu'elle nécessite une quantification qui fait le choix des valeurs discrètes les plus proches ou inférieures aux valeurs échantillonnées.

L'échantillonnage est réalisé à une fréquence au moins supérieure au double de la fréquence la plus grande du signal, qui ne correspond pas souvent à la fréquence globale.

> **Gagnez des points !**
> Attention à ne pas confondre échantillonnage et quantification !

Exercices d'application

3 Espace mémoire d'une photo numérique

1. 180 dpi correspondent à 180 pixels par pouce ou 180 pixels par 2,54 cm.

Une longueur $L = 5{,}2$ cm correspond alors à :
$\frac{180 \times 5{,}2}{2{,}54} = 369$ px.
De même, la largeur $\ell = 3{,}8$ cm correspond à :
$\frac{180 \times 3{,}8}{2{,}54} = 269$ px.
Le nombre total de pixels pour cette photo est donc de 369 × 269 = **99 261 px.**

> **Rappel**
> 1 pouce = 2,54 cm et
> 1 Ko = 1 024 octets.

2. 256 niveaux de gris correspondent à un codage de chaque pixel sur 8 bits, car $2^8 = 256$, soit 1 octet. On en déduit que le nombre de pixels correspond au nombre d'octets de mémoire d'une image en 256 niveaux de gris. Dans le cas de la photo proposée, on a donc un codage sur 99 261 octets.

En kilooctets, on a $\frac{99\,261}{1\,024}$ = **97 Ko** d'espace mémoire pour cette photo.

3. Dans le cas d'un codage 24 bits = 3 × 8 bits, on utilise 3 fois plus d'espace mémoire que dans le codage précédent, soit 3 × 97 = **291 Ko.**

4 Modèle RVB

1. La couleur 1(R) + 1(B) ou 1,0,1 est la superposition en synthèse additive du rouge et du bleu. On obtient donc du **cyan**.

2. Le rouge se note 1,0,0 ; le vert se note 0,1,0 ; le bleu se note 0,0,1 : les trois couleurs primaires sont donc codées avec **deux 0** et **un 1**.

3. Le blanc est la superposition des trois couleurs primaires en intensité suffisante, c'est-à-dire maximale. Le blanc est donc noté **1,1,1** (ou **1(R) + 1(V) + 1(B)**).

4. La notation 255,255,255 correspond à celle de la question précédente : il s'agit donc du **blanc**.

La notation 0,0,0 est l'absence de couleur en synthèse additive : il s'agit donc du **noir**.

> **Gagnez des points !**
> Regarder la copie d'écran, ainsi que la couleur correspondante indiquée en bas à droite !

5. Les couleurs 96,0,0 et 242,0,0 n'ont pas de composantes verte V ou bleu B. Il s'agit donc de teintes différentes de rouge. La couleur la plus sombre correspond à celle qui est la plus proche du noir (codé 0,0,0) et la plus éloignée du blanc (codé 255,255,255). On en déduit que la couleur la plus sombre porte les plus petits nombres, soit le **rouge 96,0,0**.

6. La couleur 200,252,42 n'est presque composée que de rouge R et de vert V (soit R + V = J). Sans composante bleue B, il pourrait s'agir d'un jaune très lumineux, proche du blanc.

La composante bleue et l'intensité supérieure en vert nous permettent de conclure à la couleur **vert pomme** (déplacement du jaune vers la partie bleue du spectre de la palette).

Vers le bac

5 Somme de deux signaux

1. Si un signal contient N mots binaires, alors ces derniers nécessitent une durée d'échantillonnage :

$$\Delta t = NT = \frac{N}{f}$$

avec N le nombre d'échantillons et f la fréquence d'échantillonnage.

On en déduit donc que, pour chaque signal :

$$\Delta t_1 = \frac{N_1}{f_1}$$

et

$$\Delta t_2 = \frac{N_2}{f_2}.$$

2. On sait que :

$$s_3(t) = s_1(t) + s_2(t)$$

soit : $$s_3(t) = \sin(2\pi f_1 t) + \sin(2\pi f_2 t) = 2\sin\left[2\pi\frac{f_1+f_2}{2}t\right]\cos\left[2\pi\frac{f_1-f_2}{2}t\right]$$

Le signal analogique $s_3(t)$ apparaît comme un signal de fréquence $\frac{f_1 + f_2}{2}$ (haute fréquence en traits pleins sur la figure) dans une enveloppe de fréquence $\left|\frac{f_1 - f_2}{2}\right|$ (basse fréquence en pointillés).

L'astuce du prof

Utiliser l'identité trigonométrique et découpler le signal haute fréquence (porteuse) du signal basse fréquence (enveloppe).

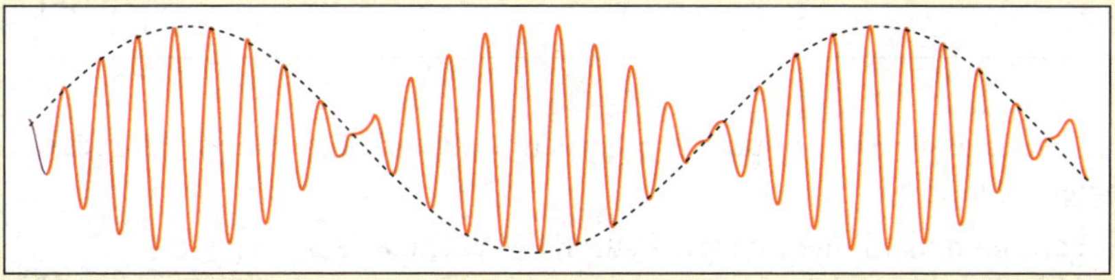

Le critère de Shannon doit alors s'appliquer à la plus haute fréquence. La fréquence d'échantillonnage f_3 doit être supérieure au double de la haute fréquence, soit :

$$f_3 > 2 \times \frac{f_1 + f_2}{2} \quad \text{et} \quad \boldsymbol{f_3 > f_1 + f_2}$$

A. N. : $f_3 > 30 + 70 = 100$ Hz.

f_3 doit être supérieure à 100 Hz.

6 Numérisation d'un signal analogique

1. Le signal est globalement un signal plat, donc toute fréquence d'échantillonnage est *a priori* adaptée.

Cependant, les variations temporelles des détails du signal sont pour la plupart de l'ordre de 0,5 ms, soit :

$$f = \frac{1}{0{,}5 \cdot 10^{-3}} = 2\,000 \text{ Hz}$$

L'astuce du prof

Évaluer la fréquence f du signal et montrer que $f_e \geqslant 2f$.

Le critère de Shannon est donc respecté avec une fréquence d'échantillonnage **f_e = 5 000 Hz**.

2. La gamme dynamique du signal est l'intervalle **[1,2 V ; 2,6 V]**, soit une différence de 2,6 – 1,2 = 1,4 V.

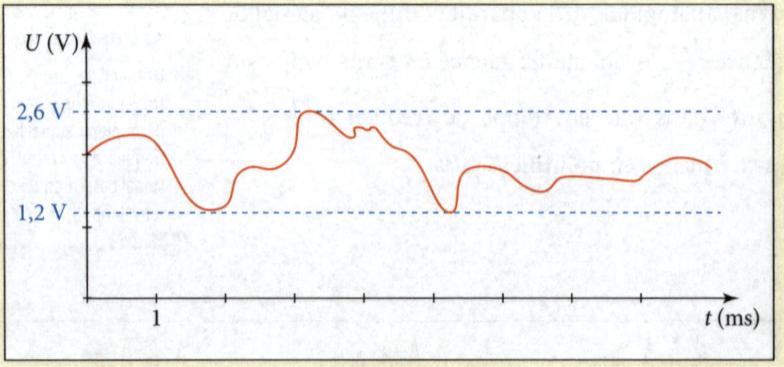

3. Le codage sur 3 bits impose $2^3 = 8$ valeurs et donc 7 intervalles entre ces différentes valeurs.

La gamme dynamique du signal sur 1,4 V permet de conclure que le pas de quantification est de :

$\frac{1,4}{7} = 0,2$ V, soit $\Delta = 0,2$ V.

> **Gagnez des points !**
> Vérifier qu'il y a bien $2^3 = 8$ valeurs discrètes pour un codage 3 bits.

L'ensemble des valeurs discrètes est (en V) :

{1,2 ; 1,4 ; 1,6 ; 1,8 ; 2,0 ; 2,2 ; 2,4 ; 2,6}

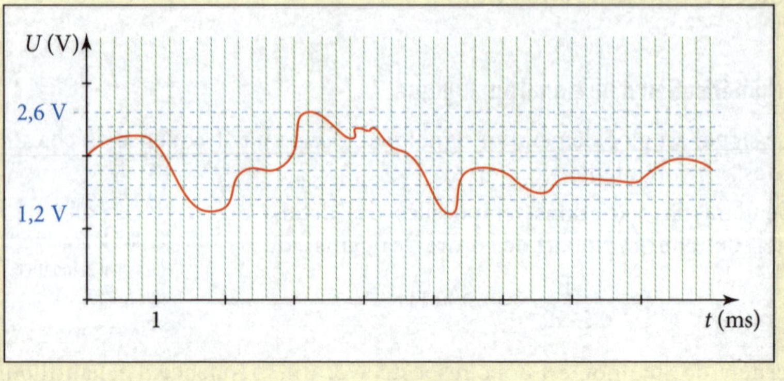

4. Les valeurs discrètes correspondent à celles directement inférieures aux valeurs analogiques de $U(t)$ prises toutes les $\frac{1}{f_e}$ s, c'est-à-dire toutes les $\frac{1}{5\,000} = 0,2$ ms.

Les valeurs sont alors, par séquences de 1 ms d'échantillonnage :

2,0/2,0/2,2/2,2/2,2
2,2/1,8/1,4/1,2/1,2
1,2/1,6/1,8/1,8/1,8
2,0/2,6/2,4/2,4/2,2
2,4/2,4/2,0/2,0/1,8
1,4/1,2/1,6/1,8/1,8
1,8/1,6/1,4/1,4/1,6
1,6/1,6/1,6/1,6/1,6
1,6/1,8/1,8/1,8/1,8

5. En codant sur 3 bits, la valeur la plus basse correspond au mot binaire 000 et la valeur la plus haute à 111. On en déduit la correspondance :

Valeur discrète	1,2	1,4	1,6	1,8	2,0	2,2	2,4	2,6
Mot binaire	000	001	010	011	100	101	110	111

6. Le signal analogique à la sortie de la photodiode est alors codé de la manière suivante :

100 100 101 101 101 101 011 001 000 000 000 010 011 011 011 100 111 110 110 101 110 110 100 100 011 001 000 010 011 011 011 010 001 001 010 010 010 010 010 010 010 011 011 011 011

CHAPITRE 17

Procédés physiques de transmission et codage optique

1 Généralités

1 Deux types de propagation

Un signal à transmettre peut se propager dans l'espace de manière libre ou dans un câble, une fibre, etc. On parle alors respectivement de **propagation libre** ou de **propagation guidée**.

Exemples : La transmission hertzienne est un exemple de propagation libre ; les transmissions par fibre optique ou par câble sont des exemples de propagation guidée.

Quel que soit le choix de la transmission du signal, on considère :
– la **fréquence maximale** du signal transmis en hertz (bande passante) ;
– le débit binaire d'information en bits par seconde ;
– le **taux d'erreur** de la transmission, qui fait que le signal reçu est différent du signal à transmettre ;
– la **longueur** et la **vitesse** de la transmission ;
– l'**atténuation** du signal transmis…

2 Débit binaire

Le **débit binaire** mesure la vitesse de propagation d'un signal numérique. Il se mesure en bits par seconde (bits/s) et est lié à la fréquence de transmission du signal en hertz.

Exemple : En général, les débits binaires sont de l'ordre de quelques mégabits par seconde (Mbits/s). Le débit binaire d'une transmission par câble coaxial est de l'ordre de 10 à 100 Mbits/s.

3 Atténuation

L'**atténuation** caractérise l'affaiblissement du signal transmis au cours de sa propagation.

- Les raisons de l'atténuation d'un signal sont multiples : phénomènes de diffusion, absorption par le milieu de propagation (absorption par les fonctions hydroxyde —OH de la silice d'une fibre optique), perte de signal à chaque connexion dans le cas d'une propagation guidée, phénomène de réflexions parasites, interaction avec l'environnement (champ magnétique par exemple), etc.
- On définit généralement un coefficient d'**atténuation linéique α** ou atténuation par unité de longueur. Le coefficient d'atténuation linéique d'une transmission est souvent exprimé en dB/m ou en dB/km. Dans ce cas, on a $\boldsymbol{\alpha_{dB} = 4{,}343\alpha}$.

Le lien entre les puissances d'entrée et de sortie s'écrit :

$\boldsymbol{P_s = P_e \cdot e^{-\alpha L}}$ avec :
- P_e et P_s : puissances d'entrée et de sortie du signal à transmettre (en W),
- L : longueur de la transmission (en m),
- α : coefficient d'atténuation linéique (en m^{-1}).

Remarque : Par abus de langage, on parle d'atténuation du signal en dB/km.

EXERCICE RÉSOLU

Déterminer la puissance du signal transmis

ÉNONCÉ

Un modem émet un signal d'une puissance de 1 mW en direction d'un PC. La transmission par câble a les caractéristiques suivantes : atténuation 25 dB, résistance 600 Ω et longueur 2,0 m. Déterminer le coefficient d'atténuation de la ligne et en déduire la puissance reçue par le PC et le pourcentage de perte.

CORRIGÉ

Le coefficient d'atténuation linéique s'écrit :

$$\alpha_{dB} = \frac{25}{2{,}0} = 12{,}5 \text{ dB/m} \quad \text{soit} \quad \alpha = \frac{\alpha_{dB}}{4{,}343} = \frac{12{,}5}{4{,}343}$$

soit un coefficient d'atténuation de 2,88 m^{-1}.

$P_s = P_e \cdot e^{-\alpha L} = 1 \cdot 10^{-3} \times e^{-2{,}88 \times 2{,}0}$, soit une puissance de sortie de la ligne de $3{,}15 \cdot 10^{-6}$ W.

Le pourcentage de perte est défini par :

$$\frac{|P_s - P_e|}{P_e} \text{ soit } \frac{1 \cdot 10^{-3} - 3{,}15 \cdot 10^{-6}}{1 \cdot 10^{-3}} = 0{,}997 \text{ soit } 99{,}7\ \%.$$

Méthode

Déterminer le coefficient d'atténuation en dB/m grâce aux données de l'énoncé et le convertir en m^{-1}.

2 Fibres optiques

1 Différentes fibres optiques

Une fibre optique est constituée de trois éléments principaux : le **cœur**, la **gaine** et la **protection**. La différence d'indice de réfraction entre le cœur et la gaine est telle qu'il y a réflexion totale à l'interface cœur/gaine : le signal à transmettre est ainsi piégé dans le cœur.

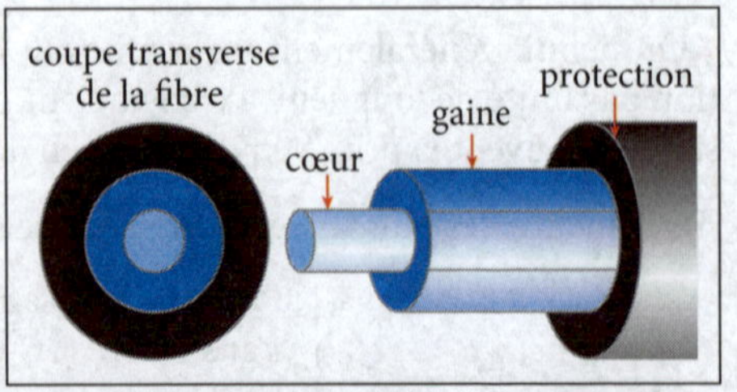

- En général, les fibres optiques, appelées brins, sont regroupées en câble de 2, 6 ou 12 fibres.

Remarque : Le cœur est en silice (forme pure du verre) dopée ou non afin de faire varier son indice de réfraction.

Il existe deux types de fibres optiques.

- Les **fibres multimode** ont été les premières sur le marché. Dans ces fibres, certains modes de propagation ou trajets optiques sont autorisés. Dans ce cas, le cœur est de diamètre très supérieur à la longueur d'onde du signal transmis.

On trouve :

– les **fibres à saut d'indice** pour lesquelles il y a rupture d'indice entre le cœur et la gaine ;

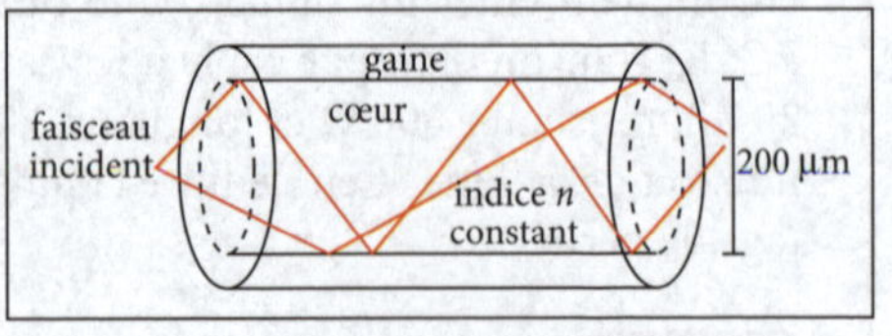

Fibre à saut d'indice

– les **fibres à gradient d'indice** pour lesquelles l'indice décroît du centre vers la périphérie. Les signaux proches du centre parcourent alors une distance plus faible pendant un temps de parcours plus grand que les signaux se propageant en périphérie. Globalement, les signaux arrivent en même temps à la sortie de la fibre avec un étalement temporel faible.

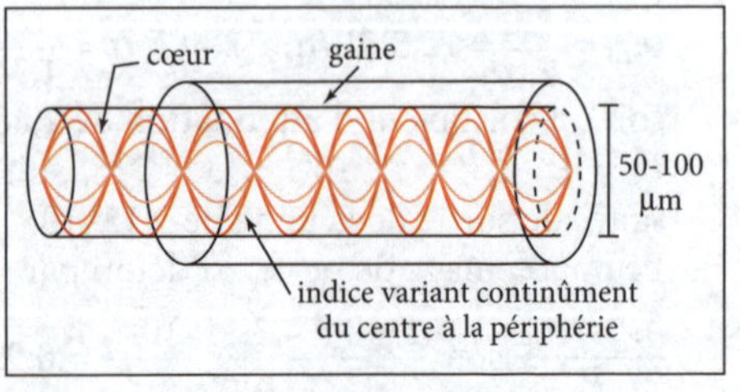

Fibre à gradient d'indice

Les **fibres monomode** sont souvent utilisées par les opérateurs de télécommunications. Le diamètre de leur cœur est de l'ordre de grandeur de la longueur d'onde du signal, ce qui entraîne un seul mode de propagation possible.

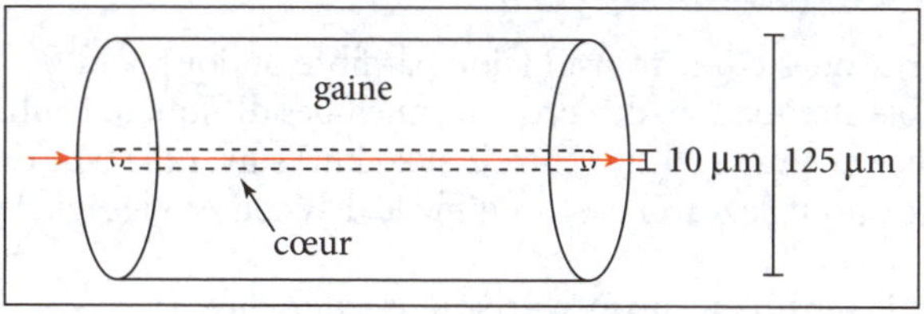

Fibre monomode

2 Modes de propagation et ouverture numérique ON

L'**ouverture numérique ON** d'une fibre est proportionnelle au sinus de l'angle maximal θ_{0max}. Pour une fibre multimode à saut d'indice, on a :
$\mathbf{ON} = \boldsymbol{n_0} \mathbf{sin}\, \boldsymbol{\theta_{0max}} = \sqrt{\boldsymbol{n_c^2 - n_g^2}}$ avec n_c et n_g les indices du cœur et de la gaine.

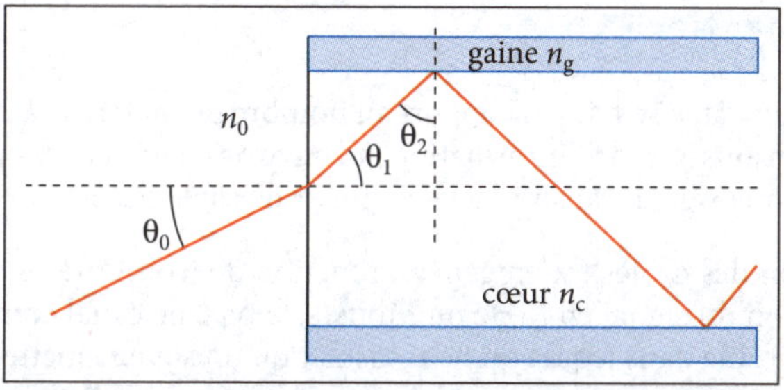

Un **mode** est un trajet possible dans la fibre optique pour une transmission donnée. Le nombre M de modes de propagation est égal au nombre d'angles θ_0 admissibles.

Dans le cas d'un saut d'indice, le **nombre de modes de transmission** est :

$$M = \left(\frac{2\pi d}{\lambda} \cdot \mathrm{ON}\right)^2 \text{ avec } \begin{cases} \mathrm{ON} : \text{ouverture numérique de la fibre (sans unité)}, \\ d : \text{diamètre (en m)}, \\ \lambda : \text{longueur d'onde du signal (en m)}. \end{cases}$$

Remarque : Dans le cas d'un gradient d'indice, $M = \left(\frac{\pi d}{\lambda} \cdot \mathrm{ON}\right)^2$.

3 Transmission de l'information

1 Transmission par fibre optique

- Les caractéristiques d'une transmission par fibre optique sont :
– une très faible atténuation, de l'ordre de quelques dB/km, qui entraîne une très grande distance de propagation (entre 2 et 20 km) suivant le type de fibre ;
– une sécurité optimale, car il est très difficile d'« écouter » le signal piégé dans le cœur ;
– une très faible sensibilité aux perturbations extérieures ;
– un débit binaire important ;
– une légèreté intéressante du matériau.

- En revanche, il faut noter que le coût d'une telle transmission reste élevé et que la propagation, unidirectionnelle, nécessite un brin pour transmettre le signal émis et un second brin pour le signal retour.

2 Transmission par câble

- Le choix d'un câble se fait par rapport au nombre de matériels à raccorder, à la vitesse de transmission de l'information, à l'environnement et ses perturbations éventuelles sur le signal transmis, à la longueur de câble nécessaire…

- L'appellation des câbles est en général fonction de trois critères : la fréquence de transmission du signal en MHz ou Mbits/s, le type de canal comme bande de base pour un câble dans lequel on ne transmet qu'un signal émetteur à la fois, et la longueur maximale.

Exemple : Le câble 10BASE2 de type bande de base a une vitesse de transmission de 10 Mbits/s et une longueur maximale de 185 m. On peut utiliser au maximum 5 câbles les uns à la suite des autres, soit une longueur totale de $5 \times 185 = 925$ m.

- En salle de TP, les oscilloscopes sont souvent reliés au circuit par des câbles coaxiaux. Ce sont des câbles contenant deux conducteurs cylindriques séparés par un isolant (du polyéthylène PE ou du polypropylène PP par exemple). La fréquence maximale est de l'ordre du MHz, ce qui permet la propagation de plusieurs types d'informations de manière simultanée. Ce type de câble a la particularité d'être peu sensible aux parasites extérieurs.

3 Transmission hertzienne

- Ce type de transmission est peu utilisé de nos jours, en dehors des transmissions radio ou télécommunications à grande distance : les ondes électromagnétiques se propagent dans l'espace de manière libre.

Exemple : Le système Bluetooth permet de transmettre la voix et des données par transmission radio de courte portée, de l'ordre d'une dizaine de mètres. Le débit binaire est au maximum de 1 Mbits/s pour un périphérique récepteur à moins de 4 m et de 75 Kbits/s entre 4 et 10 m.

- L'avantage de la transmission hertzienne est qu'elle ne nécessite pas de support : elle peut donc être utilisée s'il s'avère difficile de poser un fil entre deux zones d'émission/réception.

- En revanche, cette transmission présente l'inconvénient d'être sensible aux perturbations extérieures, d'avoir un faible niveau de sécurité (l'information est facilement disponible) et enfin de proposer un spectre de signaux limité.

EXERCICE RÉSOLU

Déterminer les caractéristiques d'une transmission par câble

ÉNONCÉ

Une chaîne de transmission de l'information comporte un câble coaxial 10BASE5.

a. Déduire de sa dénomination les caractéristiques du câble.

b. On sait qu'on ne peut mettre bout à bout que 5 segments maximum et que le segment de plus petite taille est de 23,4 m. Déterminer la longueur maximale de câble pouvant être utilisée et les 4 premiers endroits où l'on peut le couper, sachant qu'au plus petit segment, on ne peut ajouter qu'un nombre fini de segments de 46,8 m.

CORRIGÉ

a. Le 10BASE5 de type bande de base a un débit binaire de 10 Mbits/s et une longueur de 500 m.

Méthode — Reprendre l'exemple ci-avant du 10BASE2.

b. La longueur maximale est donc de $5 \times 500 = 2\,500$ m, soit 2,5 km.

Les segments d'un câble peuvent être de : 23,4 m ; $23{,}4 + 46{,}8 = 70{,}2$ m ; $70{,}2 + 46{,}8 = 117$ m ; $117 + 46{,}8 = 163{,}8$ m.

4 Stockage optique : lecture d'un CD

1 Description d'un CD

• Un Compact Disc ou CD est un disque de 12 cm de diamètre et de 1,2 mm d'épaisseur sur lequel est gravée une piste spirale de 5 km sur 22 188 tours, chaque tour étant distant du suivant de 1,6 µm. Il offre ainsi une capacité d'écoute de 74 min.

Remarque : Les premiers CD Sony-Philips avaient un diamètre de 115 mm pour 60 min d'enregistrement. La petite histoire veut que l'épouse du directeur de Sony a demandé une augmentation de cette capacité afin de pouvoir écouter, en un seul CD, la version la plus lente de la 9e symphonie de Beethoven.

• Un CD est constitué d'une succession de couches :
- un substrat en polycarbonate ;
- un miroir métallique ou fine couche d'or, d'argent ou d'aluminium ;
- une couche de laque anti-UV afin de protéger les données enregistrées ;
- une couche de polymère qui peut être imprimée (titre, nom de l'auteur…).

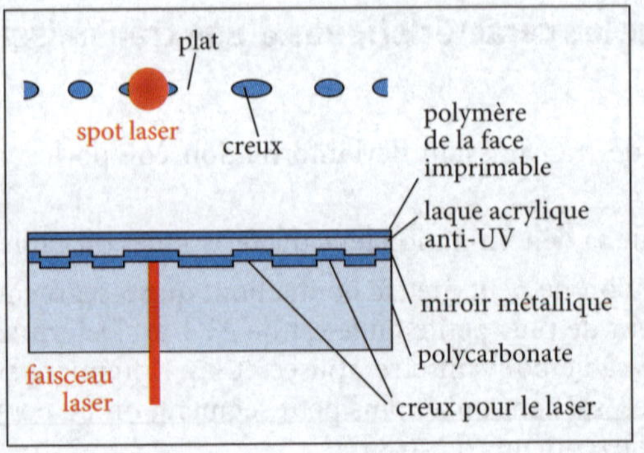

• La partie supérieure du polycarbonate est imprimée d'un ensemble **de creux et de plats** : les creux ont une profondeur de $e = 0{,}12$ µm et une largeur de 0,6 µm, avec des longueurs variant entre 0,84 µm et 3,3 µm.

2 Procédure de lecture

• La lecture se fait à l'aide du spot laser dont la longueur d'onde ($\lambda = 780$ nm) est adaptée à l'épaisseur des creux. Ce spot, d'un diamètre de 1,6 µm, balaye la piste de lecture avec la vitesse linéaire constante de $1{,}2 \text{ m} \cdot \text{s}^{-1}$.

- Lorsque le laser éclaire un plat, le faisceau se réfléchit sur le miroir métallique au niveau du plat, et l'onde aller interfère avec l'onde retour : l'interférence est **constructive**.
- Lorsque le laser éclaire un creux, la longueur d'onde étant accordée pour que la profondeur du creux soit égale à un quart de longueur d'onde, soit $e = \frac{\lambda}{4}$, l'interférence est destructive.

Remarque : Pour que la lecture par interférence fonctionne, il faut utiliser une source monochromatique.

- L'amplitude du faisceau laser résultant est donc modulée en fonction de la lecture d'un creux, d'un plat ou d'une transition. Le signal lumineux est ensuite focalisé sur une photodiode qui le transforme en signal électrique. Ce dernier pourra être numérisé.

Remarque : La lecture est complétée par un système de faisceaux lasers secondaires permettant de contrôler la focalisation du laser de lecture sur la piste du CD.

EXERCICE RÉSOLU

Déterminer la profondeur des creux

ÉNONCÉ

La piste d'un CD est composée de creux et de plats. Dans l'hypothèse d'une interférence destructive lorsque le faisceau laser irradie un creux de la piste, déterminer la profondeur du creux.
On sait que, dans la plupart des appareils de lecture CD, la longueur d'onde du laser est de $\lambda = 780$ nm et l'indice n du polycarbonate de 1,55.

CORRIGÉ

Deux faisceaux cohérents sont en interférence destructive si leur différence est de $\lambda/2$. Or dans le cas de la lecture du CD, la différence de chemin est égale au double de la profondeur (aller et retour dans le creux).

> **Méthode**
> La condition d'interférence destructive est $nd = \lambda/2$, avec d la différence de chemin entre les deux ondes qui interfèrent.

On a donc, en tenant compte de l'indice du polycarbonate : $\frac{\lambda}{2} = 2ne$. On en déduit $e = \frac{\lambda}{4n} = \frac{780}{4 \times 1,55}$, soit une profondeur de creux de 126 nm.

5 Stockage optique : écriture d'un CD-R ou d'un CD-RW

1 Codage de l'information

• La taille d'un bit correspond à une distance d'enregistrement sur un CD de 0,278 µm.

Le codage en « 0 » correspond à un creux ou à un plat, alors que celui en « 1 » correspond à la transition creux/plat ou plat/creux.

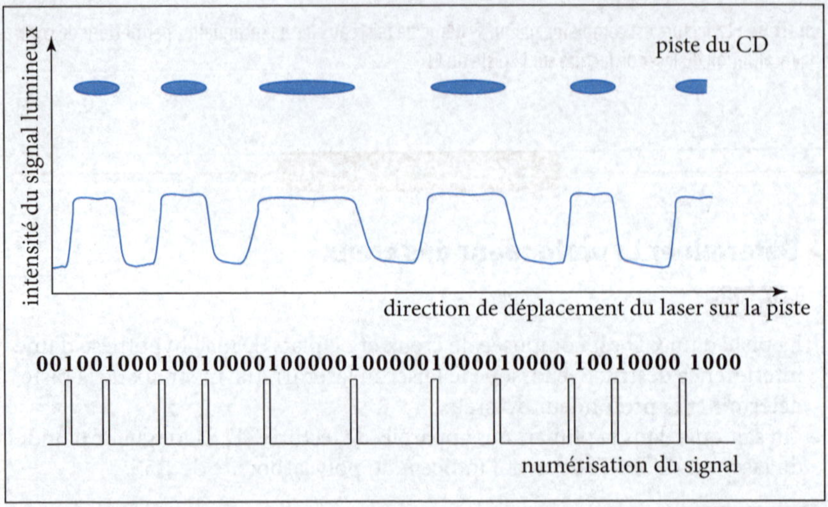

• Dans le système de codage EFM (*Eight to Fourteen Modulation*), chaque bloc de 8 bits d'information lu sur le CD est étendu à 14 bits par ajout de 6 bits supplémentaires. Les règles suivantes doivent être respectées :
- il faut deux « 0 » entre deux « 1 » consécutifs. Techniquement, cela signifie qu'un creux ou un plat doit avoir au moins $3 \times 0{,}278 = 0{,}834$ µm de long ;
- un bloc de 14 bits ne doit pas comporter plus de dix « 0 » entre deux « 1 » : un creux ou un plat ne doit donc pas dépasser $11 \times 0{,}278 = 3{,}06$ µm ;
- entre les blocs de 14 bits, on intercale ensuite des séquences de 3 bits.

Remarque : Les 650 Mbits utiles d'information se transforment, au final, en 600 à 800 Mo de données !

2 Enregistrement d'un CD-R ou d'un CD-RW

• La procédure d'écriture sur un CD utilise aussi un laser, mais de puissance nettement supérieure à celle nécessaire à la lecture.

• Le laser brûle localement une couche photosensible, ou résine de cyanine verte ou bleue, qui est intercalée entre le polycarbonate et le miroir métallique.

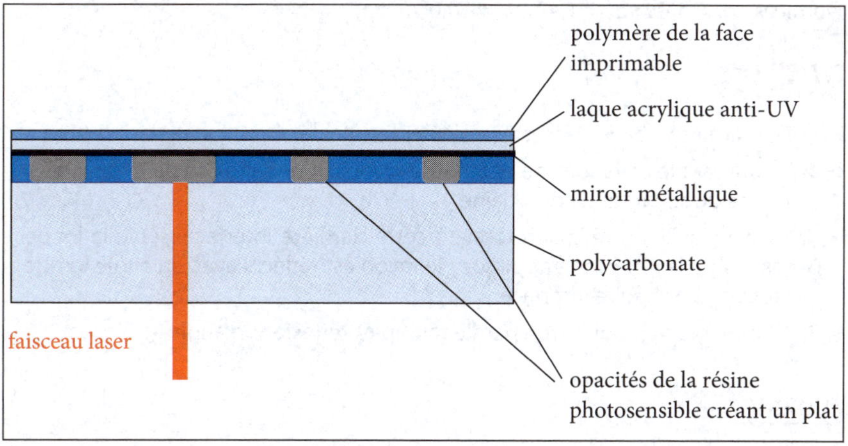

Vue en coupe d'un CD-R

• Dans les endroits irradiés, la couche photosensible fond et, en se solidifiant, prend une forme amorphe irréversible : on crée ainsi des zones opaques formant un plat et correspondant aux données à enregistrer.

• Pour les CD ré-enregistrables (CD-RW), le processus de gravure est réversible. Le matériau photosensible est une structure polycristalline contenant le plus souvent de l'argent, de l'indium, de l'antimoine et du tellure. L'écriture se fait aussi par impulsions lasers, mais avec une puissance supérieure à 10 mW créant une température entre 600 °C et 800 °C qui fait fondre le matériau et le rend amorphe.

En revanche, pour la procédure d'effacement, le laser est utilisé avec des impulsions plus longues qu'en écriture et avec une puissance plus faible, de l'ordre de 5 mW. Cela a pour effet de redonner au matériau sa structure cristalline transparente : il est à nouveau prêt pour une nouvelle écriture.

Déterminer le trajet du faisceau laser dans une fibre optique à saut d'indice

ÉNONCÉ

Déterminer le trajet d'un laser dans une fibre à saut d'indice.
Données : $n_c = 1{,}49$; $n_g = 1{,}47$; $\theta_0 = 10{,}0°$.

MÉTHODE

▶ **1.** En utilisant la loi de Descartes, calculer l'angle de réfraction θ_1 dans la fibre.

▶ **2.** En utilisant les relations de géométrie plane, en déduire l'angle θ_2 du laser à la surface de séparation cœur/gaine.

▶ **3.** Sachant qu'il y a réflexion totale à cette dernière interface, seule la loi de Descartes de la réflexion s'applique : le rayon est réfléchi avec un angle θ_2 que l'on retrouve à chaque interface.

▶ **4.** Terminer le trajet du rayon par de multiples réflexions d'angle θ_2.

CORRIGÉ

1. À l'entrée dans la fibre, $n_0 \sin\theta_0 = n_c \sin\theta_1$ d'où :

$$\sin\theta_1 = \frac{n_0 \sin\theta_0}{n_c} = \frac{1{,}0 \times \sin 10{,}0}{1{,}49} = 0{,}117 \text{ et } \theta_1 = 6{,}7°$$

2. θ_2 est le complémentaire de θ_1, donc $\theta_2 = 90° - 6{,}7° = 83{,}3°$.

3. À cette interface, la réflexion est totale et le laser est réfléchi avec $\theta_2 = 83{,}3°$.

4. Le faisceau est ainsi confiné dans la fibre et se réfléchit à chaque interface cœur/gaine avec le même angle de 83,3° (voir schéma ci-après non à l'échelle).

Gagnez des points !
Vérifier que θ_1 est bien inférieur à 14° et que θ_2 est bien supérieur à l'angle limite de 80,6°.

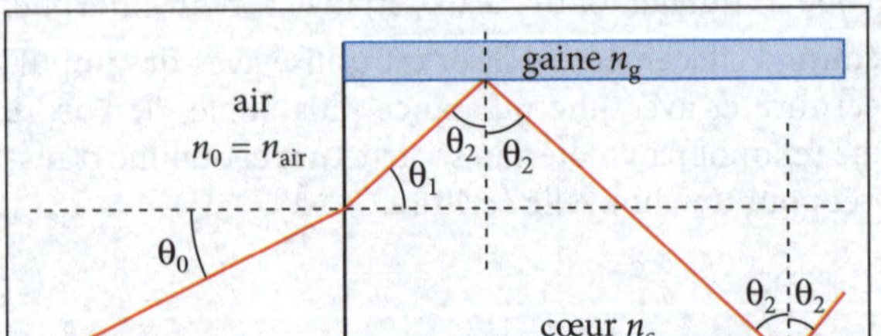

Coder le signal utile d'une piste de CD

ÉNONCÉ

On reproduit une portion de piste d'un CD. Les zones bleues correspondent à des creux pour la lecture laser. Déterminer le code binaire correspondant à cette portion de piste, sachant que le sens de lecture est de la gauche vers la droite.

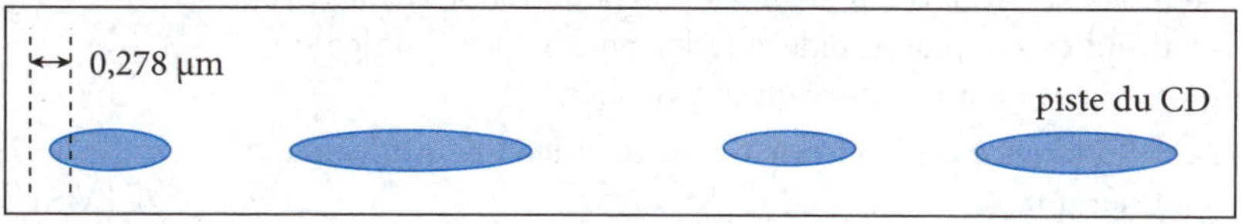

MÉTHODE

▶ **1.** Discrétiser l'espace entre le début de la première zone bleue et la fin de la dernière, de manière à ce que le début du premier creux corresponde au centre de chaque portion.

▶ **2.** Coder par un bit de poids fort (« 1 ») les ruptures plat/creux ou creux/plat et par des bits de poids faible (« 0 ») tout le reste. On peut s'aider d'une représentation graphique en escalier, les marches basses représentant les « 0 » et les marches hautes les « 1 ».

▶ **3.** Écrire la séquence binaire complète, suite de « 0 » et de « 1 », en vérifiant que deux « 1 » sont bien encadrés d'au moins deux « 0 », et qu'il n'existe pas de séquence de plus de dix « 0 » consécutifs.

CORRIGÉ

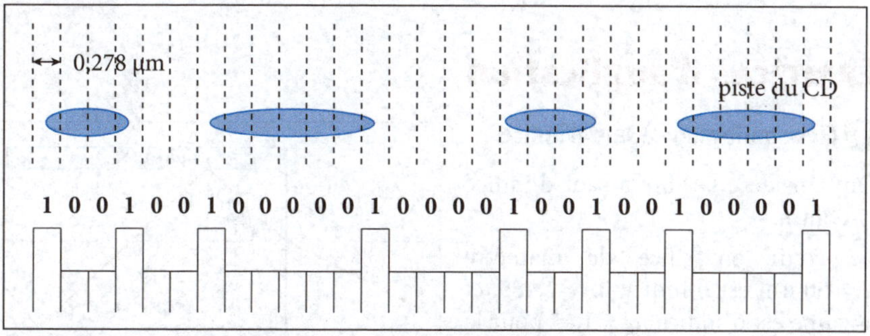

La séquence binaire, avant codage EFM par exemple, est :

10010010000010000100100100001

Vérifiez vos connaissances

1 Vrai-Faux

Indiquer pour chaque proposition si elle est vraie (V) ou fausse (F).

1. Une propagation par fibre optique à gradient d'indice est une propagation guidée. ☐ V ☐ F

2. Le mode se propageant au centre de la fibre optique à gradient d'indice est plus rapide que les autres, car l'indice du cœur est plus faible au centre qu'en périphérie. ☐ V ☐ F

3. Le débit binaire est la vitesse de transmission de l'information numérique. ☐ V ☐ F

4. La numérisation des données d'un CD est telle qu'un creux correspond au code « 0 » et qu'un plat correspond au code « 1 ». ☐ V ☐ F

5. Un câble coaxial, utilisé en TP, est un conducteur double peu sensible aux parasites extérieurs. ☐ V ☐ F

2 Démonstrations

1. À partir de la relation entre les puissances d'entrée et de sortie d'un signal $P_s = P_e \cdot e^{-\alpha L}$, démontrer que le coefficient d'atténuation linéique en dB/m est tel que $\alpha_{dB} = 4{,}343\alpha$.

2. Démontrer que, dans une fibre multimode à saut d'indice, l'ouverture numérique ON s'écrit :

$$ON = n_0 \sin\theta_{0max} = \sqrt{n_c^2 - n_g^2}$$

Exercices d'application

3 Fibre multimode à saut d'indice

On considère la fibre à saut d'indice ci-contre.

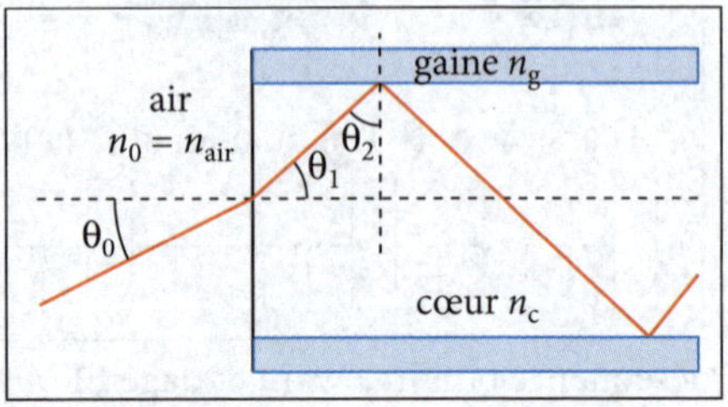

Le cœur en silice de diamètre d = 50 µm est d'indice n_c = 1,485, et la gaine est d'indice n_g = 1,47 pour la longueur d'onde λ = 820 nm du signal à transmettre.

1. Quel est l'indice n_0 de l'air ?

2. Vérifier que la condition nécessaire de réflexion est respectée.

3. Quelle est alors la vitesse de propagation du signal à l'intérieur de la fibre ?

4. Calculer l'ouverture numérique ON de cette fibre à saut d'indice.
En déduire θ_{0max}.

5. En déduire le nombre de modes de propagation.

4 Lecteur CD

Exercice à caractère documentaire

Le principe du lecteur de Compact Disc est représenté sur le schéma ci-contre. La lumière émise par une diode laser est transformée en une onde plane grâce à la lentille L_1. Le faisceau de lumière parallèle est partiellement réfléchi (50 %) par le cube séparateur. La lentille L_2 permet de focaliser le faisceau sur le disque optique. La lumière réfléchie repasse par L_2 et traverse le cube séparateur pour être focalisée par la lentille L_3 sur le détecteur.

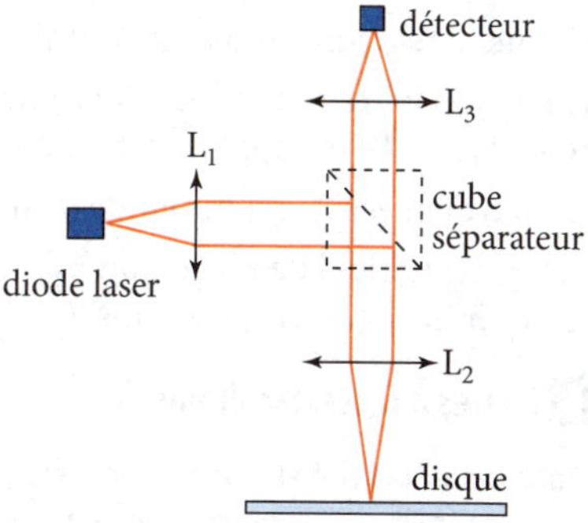

1. De quel côté se trouve la partie imprimée du disque ? Justifier.

2. Donner un exemple de détecteur. Quel est son rôle ?

3. De quelle intensité est le faisceau passant par L_3 si le signal laser irradie un creux ?

4. Quelle condition sur la profondeur du creux e doit-on alors avoir ?

5. Un système de codage à la suite du détecteur permet de coder une toute petite partie de l'information utile en 01001. Préciser la signification du mot « utile » et en déduire la forme de la partie de la piste du CD lue.

Donnée : 1 bit correspond à 0,278 μm.

Vers le bac

5 Courbure d'une fibre optique

Une fibre optique épaisse de diamètre d est composée d'un cœur en polyméthacrylate de méthyle PPMA.

1. Déterminer l'expression de l'angle θ_L à la surface cœur/gaine en limite de réfraction. Calculer θ_L.

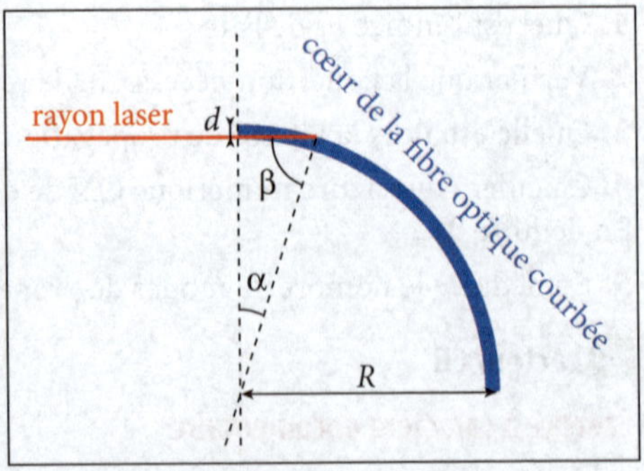

Cette fibre optique est par la suite courbée : on note R le rayon de courbure externe. Un rayon laser pénètre dans la fibre en incidence normale à la limite du bord inférieur.

2. Donner l'expression de l'angle α en fonction du rayon de courbure de la fibre et de son diamètre de cœur d.

3. Quelle relation simple existe-t-il entre les angles α et β ?

4. Le signal reste confiné dans la fibre. Exprimer le rayon de courbure minimale R_{min} et faire l'application numérique.

5. Pourquoi est-il recommandé de ne pas tordre une fibre optique ?

Données : indices de réfraction $n_{\text{air}} = 1{,}0$: $n_c = n_{\text{PPMA}} = 1{,}50$ et $n_g = 1{,}47$; diamètre du cœur de la fibre $d = 1{,}0$ µm.

6 Lames à faces parallèles

On considère une succession de plusieurs lames à faces parallèles.
On note α les différents angles d'incidence et β les angles de réfraction dans les différentes lames.

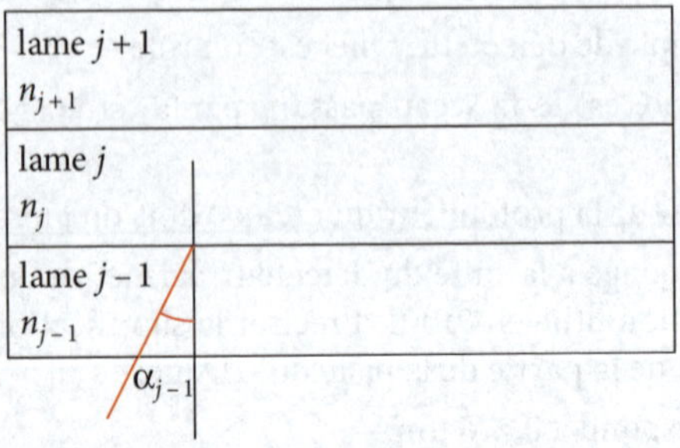

1. Donner l'expression de l'angle β_j de réfraction dans la lame j du rayon issu de la lame j – 1. En déduire celle de α_j.

2. Sachant que $n_{j-1} > n_j > n_{j+1}$, en déduire la relation d'ordre entre les angles α.

3. Proposer un tracé du rayon à travers les lames.

4. Cette succession de lames à faces parallèles permet de modéliser une partie d'une fibre optique multimode à gradient d'indice. Expliquer.

Vérifiez vos connaissances

1 Vrai-Faux

1. Vrai. La propagation par fibre optique est une propagation guidée, par opposition à la propagation libre. Le signal est contraint de rester dans la fibre lors de la transmission.

2. Faux. Le mode se propageant au centre de la fibre est le plus lent, car l'indice au centre est plus important qu'en périphérie, et non le contraire.

3. Faux. Le débit binaire est le nombre d'informations numériques transmises en une seconde. Il correspond donc à la fréquence de l'information numérique et non à sa vitesse.

4. Faux. La numérisation d'une piste d'un CD est telle qu'une rupture creux/plat ou plat/creux correspond à un « 1 », et une lecture de plat ou de creux sans rupture à un « 0 ».

5. Vrai. Un câble coaxial est un double conducteur cylindrique blindé, c'est-à-dire peu sensible aux perturbations extérieures.

2 Démonstrations

1. La définition du coefficient d'atténuation $P_S = P_e \cdot e^{-\alpha L}$ permet d'écrire que :

$$-\alpha L = \ln \frac{P_S}{P_e}$$

Or par définition d'une grandeur en dB, on a par ailleurs :

$$-\alpha_{dB} L = 10\log \frac{P_S}{P_e}$$

En notant le rapport des puissances de sortie et d'entrée du signal comme suit, $\frac{P_S}{P_e} = e^{\ln \frac{P_S}{P_e}}$ et en remplaçant dans l'expression de $-\alpha_{dB} L$, on obtient :

$$-\alpha_{dB} L = 10\log \frac{P_S}{P_e} = 10\log\left(e^{\ln \frac{P_S}{P_e}}\right) = 10\ln \frac{P_S}{P_e} \log(e)$$

Or la valeur numérique de log(e) est 0,434 3.

> **Rappel**
> $\log(a^b) = b \cdot \log(a)$.

Finalement, on obtient :

$$-\alpha_{dB} L = 10 \times \ln \frac{P_S}{P_e} \times 0{,}434\,3 = 4{,}343 \times \ln \frac{P_S}{P_e} = 4{,}343 \times (-\alpha L)$$

En simplifiant, on retrouve bien :

$$\alpha_{dB} = 4{,}343\,\alpha$$

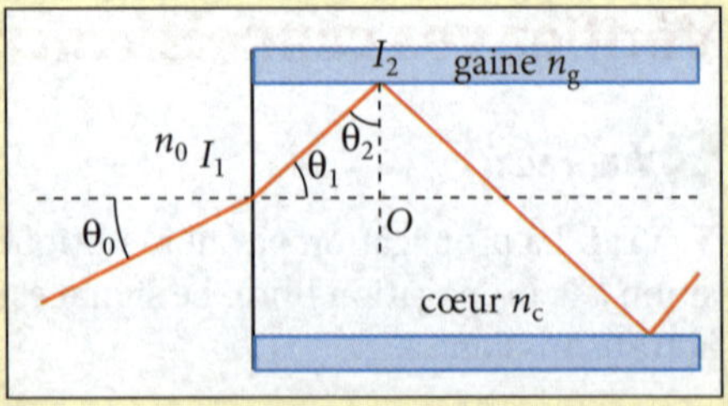

2. En I_2, le signal doit rester dans le cœur, donc la réflexion doit être totale.

On se place en limite de réflexion et on trouve :

$$n_2 \sin\theta_2 = n_c \sin\theta_2 = n_g \sin 90° = n_g$$

soit :

$$n_c \sin\theta_2 = n_g \quad \textbf{(1)}$$

En I_1, la loi de Descartes de la réfraction s'écrit :

$$n_0 \sin\theta_0 = n_1 \sin\theta_1 = n_c \sin\theta_1 \quad \textbf{(2)}$$

Dans le triangle OI_1I_2 rectangle en O, la somme des angles est égale à 180°, avec un angle droit de 90° ($180° = 90° + \theta_1 + \theta_2$), donc θ_1 et θ_2 sont complémentaires puisque :

$$\theta_1 + \theta_2 = 90° \quad \textbf{(3)}$$

En introduisant la relation **(3)** dans la relation **(2)**, on obtient :

$$n_0 \sin\theta_0 = n_c \sin\theta_1 = n_c \sin(90° - \theta_2) = n_c \cos\theta_2$$

Rappel

$\sin(90° - \theta) = \cos\theta$ et $\sin^2\theta + \cos^2\theta = 1$.

En élevant cette dernière expression au carré et en remplaçant $\cos^2\theta$ par $1 - \sin^2\theta$, on trouve :

$$n_0^2 \sin^2\theta_0 = n_c^2 \cos^2\theta_2 = n_c^2(1 - \sin^2\theta_2)$$

En utilisant le carré de l'expression **(1)**, soit $n_c^2 \sin^2\theta_2 = n_g^2$, on aboutit à :

$$n_0^2 \sin^2\theta_0 = n_c^2\left(1 - \frac{n_g^2}{n_c^2}\right) = n_c^2 - n_g^2$$

Or $n_c^2 > n_g^2$, car les indices sont des nombres positifs, et l'indice du cœur est supérieur à l'indice de la gaine dans la fibre optique à saut d'indice.

On en déduit donc que :

$$\text{ON} = n_0 \sin\theta_0 = n_0 \sin\theta_{0max} = \sqrt{n_c^2 - n_g^2}$$

Gagnez des points !

θ_0 est en fait θ_{0max}, car on a considéré la limite de réfraction au point I_2, soit θ_{2min}.

Exercices d'application

3 Fibre multimode à saut d'indice

1. L'indice de l'air est très proche de celui du vide, soit $n_0 = \boldsymbol{n_{air} = 1,0}$.

2. Le phénomène de réflexion totale ne peut exister que si l'indice du cœur est supérieur à l'indice de la gaine :

$$\boldsymbol{n_c = 1,485 > n_g = 1,47}$$

> **Remarque**
> Cette condition est une condition nécessaire, mais non suffisante. Il faut que l'angle θ_2 soit aussi supérieur à un angle limite $\mathrm{Arcsin}(n_g/n_c)$.

3. Le signal se propage uniquement dans le cœur d'indice $n_c = \frac{c}{v}$, avec c la célérité de la lumière dans le vide.

On en déduit : $v = \frac{c}{n_c}$.

A. N. : $v = \frac{3,00 \cdot 10^8}{1,485}$ soit $\boldsymbol{v = 2,02 \cdot 10^8\ m \cdot s^{-1}}$.

4. $ON = n_0 \sin \theta_{0max}$, soit $ON = \sqrt{n_c^2 - n_g^2} = \sin \theta_{0max}$ et $\theta_{0max} = \mathrm{Arcsin}(ON)$.

A. N. : $ON = \sqrt{1,485^2 - 1,47^2}$, soit une ouverture numérique de **ON = 0,21**.

$\theta_{0max} = \mathrm{Arcsin}(0,21)$, soit un angle incident maximal $\boldsymbol{\theta_{0max} = 12°}$.

5. Le nombre de modes est : $M = \left(\frac{2\pi d}{\lambda} \cdot ON\right)^2$

A. N. : $M = \left(\frac{2\pi \times 50 \cdot 10^{-6}}{820 \cdot 10^{-9}} \times 0,21\right)^2$ soit $\boldsymbol{M = 6\,473}$.

4 Lecteur CD

Exercice à caractère documentaire

1. La partie imprimée du CD est la partie non éclairée par le laser, c'est-à-dire ici la partie **inférieure** sur le schéma de l'énoncé.

2. Un détecteur est par exemple une **photodiode** qui **transforme le signal lumineux reçu en signal électrique**.

3. Le signal traversant L_3 est le signal correspondant à l'interférence entre le signal émis par la diode et celui réfléchi par le CD. Dans le cas d'une réflexion dans un creux, l'interférence est destructive et l'intensité du signal est **minimale ou nulle**.

4. La condition d'interférence destructive est $2ne = \frac{\lambda}{2}$ ou encore $e = \frac{\lambda}{4ne}$, avec n l'indice du polycarbonate et λ la longueur d'onde du signal laser.

5. L'information utile est l'information contenue *stricto sensu* dans la piste du CD. Chaque système de codage y ajoute des bits supplémentaires de contrôle, de segmentation… Dans le cas d'un code 01001, on peut conclure qu'à chaque « 1 », il y a une rupture et à chaque « 0 », il y a un plat ou un creux.

On a donc deux possibilités.

La première correspond à :

– une fin de plat codée sur 0,278 µm + $\frac{1}{2}$ × 0,278 µm = 0,417 µm ;

– puis $\frac{1}{2}$ × 0,278 µm + 2 × 0,278 µm + $\frac{1}{2}$ × 0,278 µm = 0,834 µm de creux ;

– puis un début de plat codé sur seulement $\frac{1}{2}$ × 0,278 µm = 0,139 µm.

La seconde possibilité est simplement de remplacer les plats par des creux et le creux par un plat.

Piège à éviter

Penser qu'un bit 1 code pour la moitié de la distance de 0,278 µm pour un plat et l'autre moitié pour un creux.

Vers le bac

5 Courbure d'une fibre optique

1. L'angle limite est tel que l'angle de réfraction dans la gaine est égal à la valeur limite de 90° : $n_g \sin 90° = n_g = n_c \sin \theta_L$

soit : $\sin \theta_L = \frac{n_g}{n_c}$

A. N. : $\sin \theta_L = \frac{1,47}{1,50} = 0,98$ donc $\theta_L = \text{Arcsin}(0,98)$,

soit un angle limite $\boldsymbol{\theta_L = 78,5°}$.

2. En utilisant la définition du cosinus, on peut écrire en s'appuyant sur le triangle OAB rectangle en A que :

$$\cos \alpha = \frac{OA}{OB} = \frac{R - d}{R}$$

L'astuce du prof

Remarquer que la distance entre le centre de courbure et le rayon laser à la surface air/cœur est de $R - d$.

L'angle est alors obtenu par la fonction inverse du cosinus :

$$\alpha = \text{Arccos}\left(\frac{R-d}{R}\right)$$

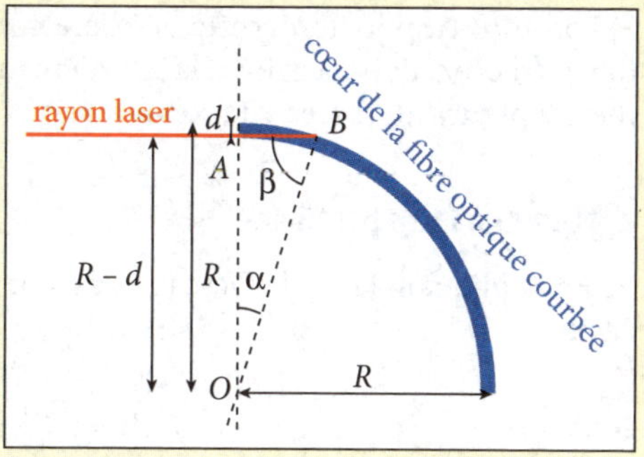

3. Dans le triangle OAB, la somme des angles est de 180°, et le triangle est rectangle en A, soit $\widehat{A} = 90°$. On en déduit donc que $180° = 90° + \alpha + \beta$, et que les angles α et β sont complémentaires : $\alpha + \beta = 90°$.

4. Le signal reste confiné dans la fibre s'il n'y a pas de réfraction à l'interface cœur/gaine en B (phénomène de réflexion totale). On doit donc avoir $\beta > \theta_L = 78{,}5°$ ou encore $\beta = 90° - \alpha > \theta_L = 78{,}5°$.

Cela signifie donc que : $\alpha < 90° - \theta_L$

La relation établie précédemment permet d'écrire :

$$\cos\alpha = \frac{R-d}{R} > \cos(90° - \theta_L)$$

soit encore : $R - d > R\cos(90° - \theta_L)$

En regroupant les facteurs dépendant du rayon R de courbure, on obtient finalement :

$$R > \frac{d}{1 - \cos(90° - \theta_L)}$$

Le rayon de courbure minimale pour que le signal reste confiné dans la fibre est donc :

$$R_{\text{min}} = \frac{d}{1 - \cos(90° - \theta_L)}$$

A. N. : $R_{\text{min}} = \frac{1{,}0}{1 - \cos(90° - 78{,}5°)}$ soit $\mathbf{R_{min} = 49{,}8\ \mu m}$.

Piège à éviter

Si $\alpha < \beta$, alors $\cos\alpha > \cos\beta$.

5. Si l'on calcule le rapport des rayons, on trouve que $\frac{R}{r} = \frac{R}{\frac{d}{2}} = \frac{49{,}8}{0{,}50} = 99{,}6$.

Le rayon de courbure doit être supérieur à environ 100 fois le diamètre de la fibre, afin que le signal reste confiné.

Si l'on tord trop la fibre, cette dernière condition n'est pas remplie, et il y aura une réfraction dans la gaine à la première interface cœur/gaine. Le signal à transmettre perdra alors très vite son intensité.

6 Lames à faces parallèles

1. En appliquant la loi de Descartes à l'interface entre les lames $j-1$ et j, on peut écrire :

$$n_{j-1}\sin\alpha_{j-1} = n_j \sin\beta_j$$

soit :

$$\sin\beta_j = \frac{n_{j-1}}{n_j}\sin\alpha_{j-1}$$

Les angles β_j et α_j sont alternes-internes, ils sont donc égaux : $\boldsymbol{\alpha_j = \beta_j}$.

2. Si les indices sont tels que $n_{j-1} > n_j > n_{j+1}$, on en déduit que les rapports du type $\frac{n_{j-1}}{n_j}$ sont supérieurs à 1. Il en découle donc que :

$$\sin\beta_j = \sin\alpha_j = \frac{n_{j-1}}{n_j}\sin\alpha_{j-1} > \sin\alpha_{j-1}$$

soit :

$$\sin\alpha_{j+1} > \sin\alpha_j > \sin\alpha_{j-1}$$

Cet ordre étant conservé pour les angles, on en déduit :

$$\boldsymbol{\alpha_{j+1} > \alpha_j > \alpha_{j-1}}$$

Rappel

Si $\alpha < \beta$, alors $\sin\alpha < \sin\beta$.

3. Le tracé est tel que les angles d'incidence sur les différentes surfaces de séparation augmentent :

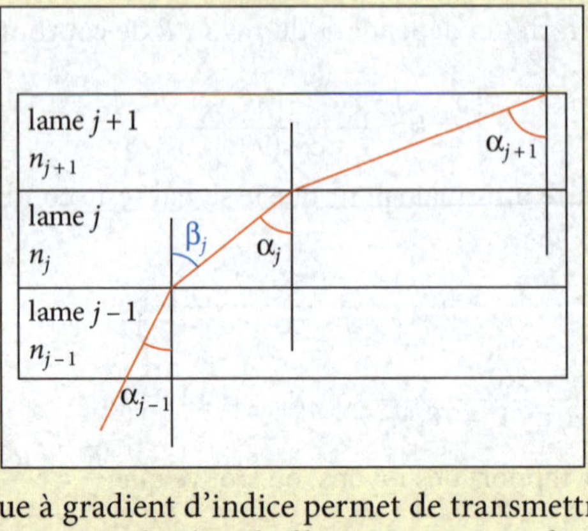

4. Une fibre optique à gradient d'indice permet de transmettre des signaux qui empruntent un chemin courbe dans la fibre. Une portion de ce trajet peut donc être modélisée par le trajet d'un rayon lumineux à travers un empilement serré de lames à faces parallèles d'indices très proches les uns des autres.

Annexes

La classification périodique des éléments

Légende : numéro atomique → Z ; symbole de l'élément → X ; nom ; masse molaire « atomique » de l'élément (g · mol⁻¹) → M

Couleurs : métaux ; non-métaux ; gaz nobles ; Lanthanides et Actinides

périodes ↓ / colonnes →	1	2	3	4	5	6	7	8	9	10	11	12	13	14	15	16	17	18
1	H 1 hydrogène 1,0																	He 2 hélium 4,0
2	Li 3 lithium 6,9	Be 4 béryllium 9,0											B 5 bore 10,8	C 6 carbone 12,0	N 7 azote 14,0	O 8 oxygène 16,0	F 9 fluor 19,0	Ne 10 néon 20,2
3	Na 11 sodium 23,0	Mg 12 magnésium 24,3											Al 13 aluminium 27,0	Si 14 silicium 28,1	P 15 phosphore 31,0	S 16 soufre 32,1	Cl 17 chlore 35,5	Ar 18 argon 39,9
4	K 19 potassium 39,1	Ca 20 calcium 40,1	Sc 21 scandium 45,0	Ti 22 titane 47,9	V 23 vanadium 50,9	Cr 24 chrome 52,0	Mn 25 manganèse 54,9	Fe 26 fer 55,8	Co 27 cobalt 58,9	Ni 28 nickel 58,7	Cu 29 cuivre 63,5	Zn 30 zinc 65,4	Ga 31 gallium 69,7	Ge 32 germanium 72,6	As 33 arsenic 74,9	Se 34 sélénium 79,0	Br 35 brome 79,9	Kr 36 krypton 83,8
5	Rb 37 rubidium 85,5	Sr 38 strontium 87,6	Y 39 yttrium 88,9	Zr 40 zirconium 91,2	Nb 41 niobium 92,9	Mo 42 molybdène 95,9	Tc 43 technétium (98)	Ru 44 ruthénium 101,1	Rh 45 rhodium 102,9	Pd 46 palladium 106,4	Ag 47 argent 107,9	Cd 48 cadmium 112,4	In 49 indium 114,8	Sn 50 étain 118,7	Sb 51 antimoine 121,7	Te 52 tellure 127,6	I 53 iode 126,9	Xe 54 xénon 131,3
6	Cs 55 césium 132,9	Ba 56 baryum 137,3	La	Hf 72 hafnium 178,5	Ta 73 tantale 180,9	W 74 tungstène 183,9	Re 75 rhénium 186,2	Os 76 osmium 190,2	Ir 77 iridium 192,2	Pt 78 platine 195,1	Au 79 or 197,0	Hg 80 mercure 200,6	Tl 81 thallium 204,4	Pb 82 plomb 207,2	Bi 83 bismuth 209,0	Po 84 polonium ≈209	At 85 astate ≈210	Rn 86 radon ≈222
7	Fr 87 francium ≈223	Ra 88 radium ≈226	Ac	Ku 104 Kurtchatovium ≈261	Ha 105 Hahnium ≈262	Sg 106 seaborgium ≈266	Ns 107 Nielsbohrium ≈264	Hs 108 hassium ≈269	Mt 109 meitnerium ≈268	X 110 – –								

La = Lanthanides (57 à 71) ; Ac = Actinides (89 à 103))

Les conductivités molaires ioniques

Ion	Conductivité molaire ionique ($S \cdot m^2 \cdot mol^{-1}$)
λ_{Cl^-}	$7{,}6 \cdot 10^{-3}$
λ_{HO^-}	$19{,}9 \cdot 10^{-3}$
$\lambda_{NO_3^-}$	$7{,}14 \cdot 10^{-3}$
λ_{CHOO^-}	$5{,}46 \cdot 10^{-3}$
λ_{CN^-}	$7{,}80 \cdot 10^{-3}$
$\lambda_{Mg^{2+}}$	$10{,}6 \cdot 10^{-3}$
$\lambda_{NH_4^+}$	$7{,}35 \cdot 10^{-3}$
$\lambda_{H_3O^+}$	$35{,}0 \cdot 10^{-3}$

Les énergies de liaison

Liaison	Énergie de liaison ($kJ \cdot mol^{-1}$)
C=C	$D_{C=C} = 612$
C—C	$D_{C-C} = 348$
C—H	$D_{C-H} = 410$
C—O	$D_{C-O} = 356$
C=O*	$D_{C=O*} = 708$
C=O**	$D_{C=O**} = 795$
O—H	$D_{O-H} = 460$
O=O	$D_{O=O} = 494$
H—H	$D_{H-H} = 432$
H—Cl	$D_{H-Cl} = 428$
N—H	$D_{N-H} = 388$
Cl—Cl	$D_{Cl-Cl} = 240$

* dans les aldéhydes et les cétones.

** dans le dioxyde de carbone.

Les indicateurs colorés

Indicateur coloré	Couleur de la forme acide	Zone de virage	Couleur de la forme basique
Rouge de métacrésol	Rouge	1,2 – 2,8	Jaune
Héliantine	Rouge	3,1 – 4,4	Jaune
Vert de bromocrésol	Jaune	3,8 – 5,4	Bleu
Rouge de chlorophénol	Jaune	4,8 – 6,4	Rouge
Rouge de bromophénol	Jaune	5,2 – 6,8	Rouge
Bleu de bromothymol	Jaune	6,0 – 7,6	Bleu
Rouge neutre	Rouge	6,8 – 8,0	Jaune
Rouge de crésol	Jaune	7,2 – 8,8	Rouge
Phénolphtaléine	Incolore	8,2 – 10,0	Rouge violacé
Jaune d'alizarine R	Jaune	10,0 – 12,1	Rouge
Carmin d'indigo	Bleu	11,6 – 14,0	Jaune

Le cercle chromatique

Le spectre de la lumière blanche

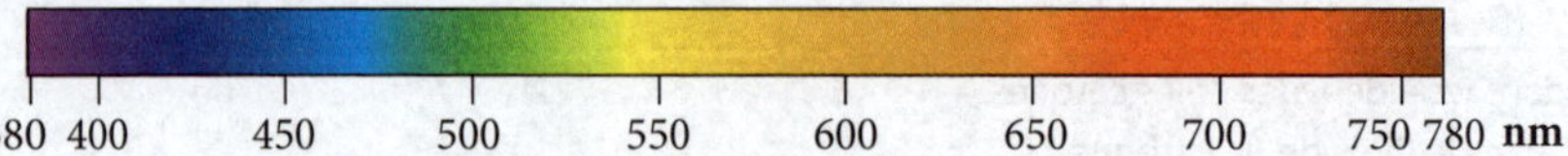

Index

A

Absorbance 282
Absorption d'une solution 76
Acide 218
- aminé 309
- carboxylique 198
- faible 218
- fort 224

Addition 200
Alcool 198
Aldéhyde 198
Amide 198
Amine 198
Ampholyte 218
Analyse spectrale 40, 76
Atténuation 354
Autocatalyse 166
Autoprotolyse 220

B

Base 218
- de Frénet 108
- faible 218
- forte 224

Beer-Lambert 76, 282
Bilan énergétique 127
Biomatériau 314
Brönsted 218

C

CAN 337, 338
Capacité thermique 245
Capteur 20
Carbone asymétrique 182
Catalyse 166
Célérité d'une onde 22
Centre de masse 100
Cercle chromatique 378
Cétone 198
Chaleur latente 245
Changement d'état 245
Chimiosélectif 308
Chiralité 182
Chronophotographie 100
Cinétique 162
Codage 336
Coefficient d'amortissement 129
Composé polyfonctionnel ... 308
Conditions d'interférences 59
Conductance 284
- thermique 247

Conductimétrie 284
Conduction thermique 242
Conductivité 284
- molaire ionique 377
- thermique 246

Configuration absolue R,S ... 189
Conformère 186
Constante
- d'acidité K_A 220
- d'équilibre 220

Convection 242
Convertisseur analogique/numérique 337, 338
Couleur d'une solution 86
Couple acido-basique 218
Courbe
- d'étalonnage 283, 285
- d'intégration 83
- expérimentale de titrage 288

Critère de Shannon 339

D

Débit binaire 354
Décalage en fréquence 59
Décibel 37
Degré de polymérisation 311
Déplacement chimique 82
Dépolymérisation 315
Détecteur 21
Diagramme de prédominance 223
Diastéréoisomérie 184
Diffusion 242
- thermique 246

Dilatation des durées 150
Domaine
de prédominance 222
Doppler 59
Dosage
spectrophotométrique ... 282

E

Échantillonnage 338
Échelle de Richter 18
Effet Doppler 59
Efficacité 20
Électrophile 202
Élimination 200
Émission stimulée 259
Énantiomérie 182
• de liaison 377
• de transition 133, 259
• interne 240
• mécanique 127
• potentielle 126
Équation
du mouvement 128, 134
Équilibre 218
Équivalence 286, 290, 292
Espace-temps 148
Ester 198
Événement 148

F

Facteur
• cinétique 163
• de qualité 128-129
• E 281
Fentes d'Young 262
Fibre optique 356
Figure
• de diffraction 56
• d'interférences 59
Fluide caloporteur 242
Flux thermique 246
Fonction
organique 79-81, 198
Fondamental 40
Force
• conservative 126
• dissipative 127
• gravitationnelle 108
Formule topologique ... 180, 188
Frange d'interférences ... 58, 260
Fréquence d'une onde 16

H

Hadron 15
Harmonique 40
Hauteur d'un son 38
Horloge atomique 132

I

Image
• matricielle 333
• numérique 332
• vectorielle 332
Indicateur coloré 378
Intensité
• acoustique 36
• d'un son 38
Interférences 58-59
Interfrange 58
Intervalle
• de temps impropre 150
• de temps propre 150
Isomérie 180

K

K_e 220
Kholrausch 284

L

Laser 260
Lepton 15
Linéarité 20
Loi
• de Beer-Lambert ... 76, 282
• de Kepler 106
• de Kholrausch 284
• de Newton 104-105
• des actions
réciproques 105
• des aires 106
Longueur d'onde 16
Louis de Broglie 264

M

Magnitude 18, 19

Massif 83
Mécanisme réactionnel 202
Méthode des tangentes 293
Mode de propagation 357
Monochromaticité 260
Monomère 311
Motif 311
Mouvement d'un satellite 108

N

Niveau sonore 36-37, 43
Nombre d'onde 76
Nucléophile 202
Numérisation 340-341

O

Observateur 148
Onde
- acoustique 36
- de surface 18, 22
- de volume 18
- longitudinale 16
- mécanique 16
- périodique 23
- primaire 18
- secondaire 18
- sonore 36
- transversale 16

Oscillations libres 128
Ouverture
- angulaire 57
- numérique 357

P

Pas de quantification 340
Peptide 309
Période d'une onde 16
Périodicité 16
pH 216
Pixel 334
Pixellisation 334
pK_A 220
Planck-Einstein 262
Polyaddition 310
Polycondensation 310
Polymère 312
Polymérisation 310, 316
Premier principe de la thermodynamique 241
Principe d'inertie 100-101, 104
Produit ionique de l'eau 220
Profil de température 248
Projection de Newman 186
Propagation
- d'une onde 16
- guidée 354

Q

Quantification 340
Quantité de mouvement 104
Quantum d'énergie 132, 258
Radioactivité 15
Raie d'absorption 14
Rayonnement 243
- α 15
- β 15
- γ 15
- cosmique 15
- électromagnétique solaire 14
- primaire 15

R

Réactif 200
Réarrangement 200
Redshift 61
Référence TMS 82
Référentiel 100, 148
- galiléen 104

Régime de variation 130
Relation de Planck-Einstein 262
Relations de de Broglie 264
Relativité du temps 146
Rendement d'une synthèse 307, 317
Représentation de Cram 180
Résistance thermique 246, 249
Résolution 334
Résonance magnétique nucléaire 82
Richter 18
RMN 82

S

Satellite 108

Shannon 339
Son musical 38
Speckle 260
Spectre
- de Fourier 40
- de la lumière blanche... 378
- infrarouge 76, 79-81
- musical 41
- RMN du proton 82, 87
- solaire 14

Spectrophotométrie 282
Spectroscopie
- d'absorption 76
- d'infrarouge 79

Stade d'une synthèse 306
Stéréoisomérie 180
Stockage optique 360
Substitution 200
Substrat 200
Synthèse
- additive 337
- organique 306
- peptidique 309

Système 100

T

Tache centrale de diffraction 56
Taux d'avancement 222
Temps
- de demi-réaction 164
- de réponse 20
- impropre 150
- propre 150

Théorème du centre d'inertie 104
Timbre d'un son 38
Titrage 286
- conductimétrique 290
- pH-métrique 288

Transfert thermique 244
Transmittance 76
Transposition 200
Travail
- d'une force 124
- élémentaire 124

U

Uniformité 20
Utilisation atomique 281

V

Vecteur
- accélération 103
- position 102
- vitesse 102

Vitesse
- absolue 146
- de réaction 164
- relative 146
- volumique 164

MIXTE
Papier issu de sources responsables
FSC® C022030
www.fsc.org

N° éditeur : 10225170 / JPM
Dépôt légal : avril 2016
Imprimé en France par Loire Offset Titoulet